# 2022
# 我国水生动物重要疫病状况分析

## 2022 ANALYSIS OF MAJOR AQUATIC ANIMAL DISEASES IN CHINA

农业农村部渔业渔政管理局
Bureau of Fisheries, Ministry of Agriculture and Rural Affairs

全国水产技术推广总站
National Fisheries Technology Extension Center

中国农业出版社
北　京

# 编 写 说 明

一、《2022 我国水生动物重要疫病状况分析》以正式出版年份标序。其内容和数据起讫日期为：2021 年 1 月 1 日至 2021 年 12 月 31 日。

二、本资料所称疾病，是指水生动物受各种生物性和非生物性因素的作用，而导致正常生命活动紊乱甚至死亡的异常生命活动过程。

本资料所称疫病，是指传染病，包括寄生虫病。

本资料所称新发病，是指未列入我国法定疫病名录，近年在我国新确认发生，且对水产养殖产业造成严重危害，并造成一定程度的经济损失和社会影响，需要及时预防、控制的疾病。

三、本资料内容和全国统计数据中，均未包括香港特别行政区、澳门特别行政区和台湾省。

四、读者对本报告若有建议和意见，请与全国水产技术推广总站联系。

# 编辑委员会名单

# 前　　言

为全面掌握我国水生动物病情发生及流行状况，为政府决策提供支撑，2021 年，农业农村部继续组织开展《全国水产养殖动植物病情测报》，实施《2021 年国家水生动物疫病监测计划》（以下简称《计划》）。全国共设置测报工作监测点 4 147 个，监测面积近 30 万 hm²，约占全国水产养殖面积的 4%，监测到发病养殖种类 65 种。《计划》针对鲤春病毒血症等重要水生动物疫病进行专项监测，对虾肝肠胞虫病等有关病害开展调查，采集样品 2 297 份，检测鱼虾约 34 万尾，并组织各省（自治区、直辖市）及首席专家对监测结果进行分析，对发病趋势进行了研判，起草编写了《2022 我国水生动物重要疫病状况分析》。本书分综合篇和地方篇两部分，综合篇主要收录了全国水生动物病情综述和各首席专家对 9 种重要水生动物疫病和 4 种新发疫病的状况分析；地方篇收录了 29 个省（自治区、直辖市）和新疆生产建设兵团的分析报告。本书是全面反映我国 2021 年水生动物病害发生情况的权威资料，对各地开展水生动物病害风险评估、对策研究具有重要参考价值。

本书的出版，得到了各位首席专家及各地水产技术推广部门、水生动物疫病预防控制机构的大力支持，也离不开各级疫病监测信息采集分析人员的无私奉献，在此一并致以诚挚的感谢！

编　者

2022 年 8 月

# 目　　录

综 合 篇

# 2021 年全国水生动物病情综述

由于水产绿色健康养殖技术推广"五大行动"的推进以及水产苗种产地检疫制度的全面实施，2021 年水生动物病害发生面积和造成的经济损失相比 2020 年有所减少。但是，2021 年由于受气候、水环境变化以及诸多其他因素的影响，我国主要水产养殖品种的重要疫病依旧严重，新发疫病的威胁仍然存在。2021 年，我国水产养殖因病害造成的经济损失约 539 亿元（人民币，全书同），比 2020 年减少了 50 亿元，约占渔业产值的 3.6%。

## 一、2021 年我国水生动物病情概况

### （一）发生疾病养殖种类

根据全国水产养殖动植物病情测报结果，2021 年对 83 种养殖种类进行了监测，监测到发病的养殖种类有 65 种，包括鱼类 38 种、虾类 10 种、蟹类 3 种、贝类 8 种、藻类 2 种、两栖/爬行类 3 种、棘皮动物类 1 种，主要的养殖鱼类和虾类都监测到疾病发生（表 1）。

表 1　2021 年全国监测到发病的养殖种类

| 类别 | | 种类 | 数量 |
|---|---|---|---|
| 淡水 | 鱼类 | 青鱼、草鱼、鲢、鳙、鲤、鲫、鳊、泥鳅、鲇、鮰、黄颡鱼、鲑、鳟、河鲀、短盖巨脂鲤、长吻鮠、黄鳝、鳜、鲈、乌鳢、罗非鱼、鲟、鳗鲡、鲮、倒刺鲃、鲌、笋壳鱼、白斑狗鱼、金鱼、锦鲤 | 30 |
| | 虾类 | 罗氏沼虾、日本沼虾、克氏原螯虾、凡纳滨对虾、澳洲岩龙虾 | 5 |
| | 蟹类 | 中华绒螯蟹 | 1 |
| | 贝类 | 河蚌 | 1 |
| | 两栖/爬行类 | 龟、鳖、大鲵 | 3 |
| 海水 | 鱼类 | 鲈、鲆、大黄鱼、河鲀、石斑鱼、鲽、半滑舌鳎、卵形鲳鲹 | 8 |
| | 虾类 | 凡纳滨对虾、中国明对虾、斑节对虾、日本囊对虾、脊尾白虾 | 5 |
| | 蟹类 | 梭子蟹、拟穴青蟹 | 2 |
| | 贝类 | 牡蛎、鲍、螺、蛤、扇贝、蛏、蚶 | 7 |
| | 藻类 | 紫菜、海带 | 2 |
| | 其他类 | 海参 | 1 |
| 合计 | | 65 | |

（二）主要疾病

淡水鱼类监测到的主要疾病有：鲤春病毒血症、草鱼出血病、传染性造血器官坏死病、锦鲤疱疹病毒病、传染性脾肾坏死病、鲫造血器官坏死病、鲤浮肿病、鳗鲕疱疹病毒病、传染性胰脏坏死病、细菌性败血症、链球菌病、小瓜虫病、水霉病等。

海水鱼类监测到的主要疾病有：病毒性神经坏死病、石斑鱼虹彩病毒病、大黄鱼内脏白点病、鱼爱德华氏菌病、诺卡氏菌病、刺激隐核虫病、本尼登虫病等。

虾蟹类监测到的主要疾病有：白斑综合征、传染性皮下和造血组织坏死病、十足目虹彩病毒病、急性肝胰腺坏死病、虾肝肠胞虫病、梭子蟹肌孢虫病等。

贝类监测到的主要疾病有：鲍脓疱病、三角帆蚌气单胞菌病等。

两栖、爬行类监测到的主要疾病有：鳖溃烂病、红底板病等。

（三）主要养殖方式的发病情况

2021 年监测的主要养殖模式有海水池塘、海水网箱、海水工厂化，淡水池塘、淡水网箱和淡水工厂化。从不同养殖方式的发病情况看，各主要养殖方式的平均发病面积率约 13％，比 2020 年略有降低。其中，海水池塘养殖和海水工厂化养殖发病面积率仍然维持在较低水平；但是，淡水池塘养殖和淡水工厂化养殖发病面积率却仍然居高不下；海水网箱养殖的发病面积率与上一年相比增幅较大；淡水网箱养殖的发病面积率比上一年有所降低（图 1）。

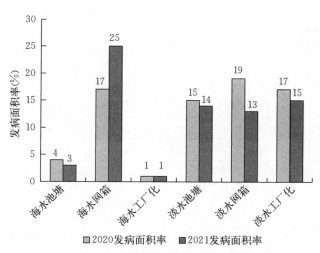

图 1　主要养殖方式的发病面积率

（四）经济损失情况

2021 年，我国水产养殖因病害造成的经济损失约 539 亿元，约占水产养殖总产值的 4.6％，约占渔业产值的 3.6％，比 2020 年减少了 50 亿元。专家分析原因，主要得益于水产苗种产地检疫制度全面铺开，从源头控制了疾病传播风险，使得主要养殖品种的重要疾病发生率明显降低；对虾、克氏原螯虾、中华绒螯蟹、石斑鱼、大菱鲆、海参等品种的养殖产量均有所增加。

但是疾病依然是水产养殖产业发展的主要瓶颈。2021 年，虾肝肠胞虫病、十足目虹彩病毒病、罗氏沼虾"铁虾病"等多种新发病对甲壳类养殖造成较大危害，草鱼出血病、病毒性神经坏死病、鳗鲡疱疹病毒病等对鱼类养殖造成较大危害。另外，草鱼、黄颡鱼、虹鳟等主要养殖品种均发生不同规模疫情；山东、河北两省养殖牡蛎发生较为严重的非正常死亡。浙江、福建两省养殖坛紫菜发生大规模的高温烂菜脱苗现象，江苏养殖条斑紫菜发生细菌性病烂等问题，也造成了较大的经济损失。

在疾病造成的经济损失中，甲壳类损失最大，为 172 亿元，约占 31.9%；鱼类损失 151 亿元，约占 28.0%；贝类损失 153 亿元，约占 28.4%；其他水生动物损失 33 亿元，约占 6.1%；紫菜等水生植物损失 30 亿元，约占 5.6%。主要养殖种类测算经济损失情况如下：

（1）甲壳类　因疾病造成测算经济损失较大的主要有：中华绒螯蟹 71 亿元，凡纳滨对虾 57 亿元，克氏原螯虾 14 亿元，罗氏沼虾 11 亿元，斑节对虾 8 亿元，梭子蟹 5 亿元，锯缘青蟹 5 亿元。其中，中华绒螯蟹不明病因的"水瘪子病"在我国南方点状小区域发生，"牛奶病"在我国北方的发病死亡率也有所增加。和 2020 年相比，2021 年中华绒螯蟹养殖情况总体良好，罗氏沼虾不明病因的"铁虾病"发病死亡率有所下降，凡纳滨对虾疾病发生情况明显减轻并有所增产。总体而言，甲壳类的测算经济损失比 2020 年大幅度降低。

（2）鱼类　因病害造成测算经济损失较大的主要有：草鱼 20 亿元，石斑鱼 18 亿元，鲈 17 亿元，鲫 11 亿元，鳜 11 亿元，鳗鲡 10 亿元，黄颡鱼 8 亿元，大黄鱼 8 亿元，罗非鱼 7 亿元，鲤 7 亿元，鳙 6 亿元，鲢 6 亿元，观赏鱼 5 亿元，黄鳝 5 亿元，乌鳢 3 亿元，鲆鲽类 3 亿元，鲴 3 亿元，鲟和鲑鳟 2 亿元，卵形鲳鲹 1 亿元。与 2020 年相比，2021 年大口黑鲈养殖病害情况有所改善，未发生严重死亡现象，全年监测点总发病率降至 8.3%；鳜发病死亡率降至 2.4%。总体而言，鱼类的测算经济损失比 2020 年略有下降。

（3）贝类　因病害造成测算经济损失较大的主要有：牡蛎 58 亿元，扇贝 26 亿元，蛤 22 亿元，鲍 19 亿元，螺 15 亿元，蛏 8 亿元，蚶 5 亿元，贻贝 1 亿元。总体而言，贝类的测算经济损失比 2020 年明显增加。

（4）其他水生动物　因疾病造成测算经济损失较大的主要有：海参 27 亿元，鳖 5 亿元，龟 1 亿元。与 2020 年相比，2021 年养殖海参总体成活率较高，一方面是因为山东、河北和辽宁采取了养殖池塘遮阴，地下水循环降温等技术手段，2021 年未发生度夏大量死亡现象；另一方面是因为福建吊笼养殖密度适宜，水温稳定，苗种成活率较高。

另外，水生植物因病害造成测算经济损失较大的主要有：紫菜 29 亿元，微藻 2 亿元。据我国主要养殖藻类病害损失评估的结果显示，所调查 12 种主要养殖藻类中，坛紫菜、条斑紫菜、红球藻和螺旋藻等 4 个物种发生大规模的病害。2021 年末，山东养殖海带首次出现大规模病烂现象，预计将对 2022 年度海带产量和产值产生较大的影响。

## 二、2022 年发病趋势分析

2022 年，根据中央推进农业绿色高质量发展的战略部署，强化渔业风险防控、促进渔业安全发展，持续推进实施水产绿色健康养殖技术推广"五大行动"，进一步督导落实水产苗种产地检疫制度，推进无规定疫病苗种场建设等相关政策和措施的出台，将在一定程度上从源头降低疾病发生和传播风险。但是，水产苗种产地检疫工作进展缓慢，重要疫病专项监测覆盖面不足，现有水生动物疫苗种类满足不了防病需求等问题依然存在，2022 年水生动植物疾病防控形势依然严峻，局部地区仍有可能出现突发疫情。

# 2021 年鲤春病毒血症状况分析

深圳海关 佛山科技技术学院 深圳技术大学

（温智清 曾伟伟 贾 鹏 刘 荭）

## 一、前言

鲤春病毒血症（Spring viraemia of carp，SVC），是由鲤春病毒血症病毒（Spring viraemia of carp virus，SVCV）引起的急性、出血性的病毒性疾病。世界动物卫生组织（World organization for animal health，WOAH）将其列入水生动物疫病名录，我国将其列为《一、二、三类动物疫病病种名录》二类动物疫病、《中华人民共和国进境动物检疫疫病名录》二类疫病。2004 年江苏省暴发 SVC 疫情，渔业主管部门高度重视，并于次年开始实施《国家水生动物疫病监测计划》。

从 2005 年至今，我国已经对 SVC 开展了 17 年的连续监测，累计监测场点 7 421 个，抽样 11 770 批次，SVC 阳性样品 441 批次。上述结果阐明了我国不同省（自治区、直辖市）鲤科鱼类养殖场 SVCV 流行和病原感染情况，为我国主管部门向 WOAH 或世界粮农组织（Food and Agriculture Organization，FAO）、亚太水产养殖网络中心（Network of Aquaculture Centres in Asia–Pacific，NACA）通报 SVC 疫情提供科学依据，基本明确了 SVC 在我国的分布、病毒毒力、基因型、易感宿主、传播路径以及对我国养殖业可能造成潜在风险和危害等情况，保障了我国鲤科鱼类（特别是观赏鱼）国际贸易健康发展。

本报告将对 2021 年 SVC 国家监测数据进行总结和分析，包括监测点分布、监测点类型、监测品种以及阳性检出情况等。此外，还将 2021 年 SVC 国家检测数据与历年监测数据进行比较分析，结合 SVC 最新研究进展，通过分子流行病学和生物信息学手段，分析 SVC 对我国鲤科鱼类养殖业和观赏鱼国际贸易可能存在的潜在风险和影响，并提出相应的防控措施和应对措施。

## 二、2021 年 SVC 监测实施情况

### （一）监测范围

2021 年，SVC 监测范围为北京、天津、河北、内蒙古、辽宁、吉林、黑龙江、上海、江苏、浙江、安徽、江西、山东、河南、湖北、湖南、重庆、四川、青海、宁夏和新疆 21 个省（自治区、直辖市）的 141 个县 184 个乡（镇），其中青海省是自 2005 年开展监测以来，首次纳入监测。

（二）监测点的类型和分布

2021 年，SVC 监测任务中 21 个省（自治区、直辖市）设置监测点 5 大类，共计 222 个，包括国家级原良种场 7 个、省级原良种场 46 个、苗种场 51 个、观赏鱼养殖场 26 个、成鱼养殖场 92 个（图 1）。与 2020 年相比较，2021 年监测点总数减少 190 个，减少 46.1%。在 222 个监测点中，2020 年有进行采样的有 84 个，占比 37.8%，其中国家级原良种场 3 个、省级原良种场 26 个、苗种场 19 个、观赏鱼养殖场 7 个、成鱼养殖场 29 个。

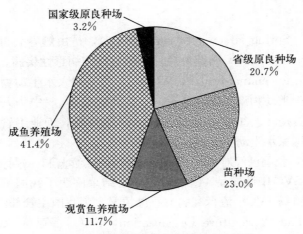

图 1　2021 年不同类型监测点占比情况

在所有参与监测的省份中，江苏省的监测点类型最为丰富，涉及了 5 种不同类型的监测点；河北、上海、江西、山东、湖北和湖南 6 省（直辖市）涉及了 4 种类型监测点；吉林、浙江、河南和青海 4 省涉及了 3 种类型监测点；其他省份的监测点都较为单一，其中有一些省（直辖市）未将任何一级苗种场纳入 SVC 监测范围（图 2）。

（三）各省份监测任务完成情况

2021 年，SVC 国家监测拟计划在 22 个省（自治区、直辖市）采集样品 205 份。截止到 2021 年 12 月 31 日，在 21 省（自治区、直辖市）完成监测样品 241 份。陕西省因为受疫情影响，未开展采样。北京、河北、江苏、山东、湖南 5 个省（直辖市）超额完成任务，其他省份按计划完成全部检测任务（图 3）。

（四）监测种类/品种

2021 年，监测样品包括鲤、锦鲤、裸鲤、鲢、鳙、鲫、金鱼、草鱼、青鱼等。其中鲤占 67.2%、锦鲤占 10.4%、鲢占 4.6%、鳙占 4.1%、鲫占 3.3%、金鱼占 3.3%、草鱼占 3.3%、裸鲤占 2.1%、青鱼占 1.7%。对 SVC 进行监测时，首选鲤和锦鲤，以

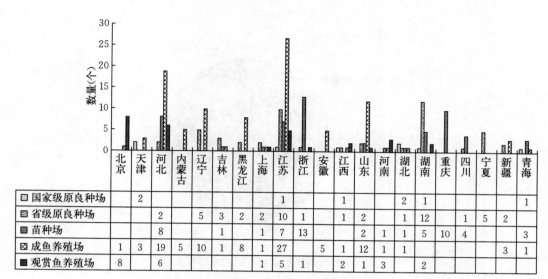

| | 北京 | 天津 | 河北 | 内蒙古 | 辽宁 | 吉林 | 黑龙江 | 上海 | 江苏 | 浙江 | 安徽 | 江西 | 山东 | 河南 | 湖北 | 湖南 | 重庆 | 四川 | 宁夏 | 新疆 | 青海 |
|---|---|---|---|---|---|---|---|---|---|---|---|---|---|---|---|---|---|---|---|---|---|
| 国家级原良种场 | | 2 | | | | | | | 1 | | 1 | | | | | 2 | 1 | | | | 1 |
| 省级原良种场 | | | 2 | | 5 | 3 | 2 | 2 | 10 | 1 | | 1 | 2 | | 1 | 12 | | 1 | 5 | 2 | |
| 苗种场 | | | 8 | | | 1 | | 1 | 7 | 13 | | | 2 | | 1 | 5 | 10 | 4 | | | 3 |
| 成鱼养殖场 | 1 | 3 | 19 | 5 | 10 | 1 | 8 | 1 | 27 | | 5 | 1 | 12 | 1 | 1 | | | | | 3 | 1 |
| 观赏鱼养殖场 | 8 | | 6 | | | | | 1 | 5 | 1 | | | 2 | 1 | 3 | | 2 | | | | |

图 2　2021 年各省份不同类型监测点数量

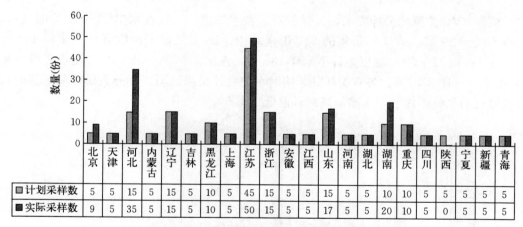

| | 北京 | 天津 | 河北 | 内蒙古 | 辽宁 | 吉林 | 黑龙江 | 上海 | 江苏 | 浙江 | 安徽 | 江西 | 山东 | 河南 | 湖北 | 湖南 | 重庆 | 四川 | 陕西 | 宁夏 | 新疆 | 青海 |
|---|---|---|---|---|---|---|---|---|---|---|---|---|---|---|---|---|---|---|---|---|---|---|
| 计划采样数 | 5 | 5 | 15 | 5 | 15 | 5 | 10 | 5 | 45 | 15 | 5 | 5 | 15 | 5 | 5 | 10 | 10 | 5 | 5 | 5 | 5 | 5 |
| 实际采样数 | 9 | 5 | 35 | 5 | 15 | 5 | 10 | 5 | 50 | 15 | 5 | 5 | 17 | 5 | 5 | 20 | 10 | 5 | 0 | 5 | 5 | 5 |

图 3　2021 年各省份 SVC 监测样品完成情况

及杂交鲤，其次选择鲤与鲫的杂交品种及其他鲤科鱼类，如鲫、金鱼、草鱼、鳙和鲢。

（五）监测点养殖模式

2021 年度监测点养殖模式以淡水池塘养殖为主，全部 241 份样品中有 219 份样品来自淡水池塘养殖模式，8 份样品来自淡水流水池塘养殖模式，7 份样品来自淡水工厂化养殖模式，4 份样品来自淡水网箱养殖模式，3 份样品来自其他养殖模式，不同养殖模式的占比见图 4。在所有监测省份中，河北和江苏 2 省包含 3 种不同养殖模式；北京、天津、湖南和青海 4 省（直辖市）包括 2 种不同养殖模式，其他省份均采自淡水池塘养殖模式。

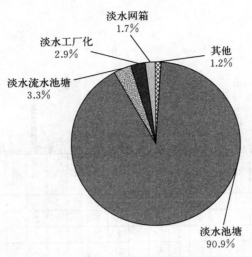

图4 2021年监测样品来自不同的养殖模式分布

## （六）采样水温

根据SVC监测的采样要求，采样在春、秋季节进行，应在水温11～17℃时进行，一般不高于20℃。2021年采集的241份样品中，10℃及以下温度条件下采样11个，占4.6%；在11～20℃温度条件下采样139个，占比57.7%；21～25℃温度条件下采样91个，占比37.7%。各省份样品采集时水温统计结果表明，部分省份样品采集时没有在适宜的水温条件下，水温偏高或者偏低（图5）。

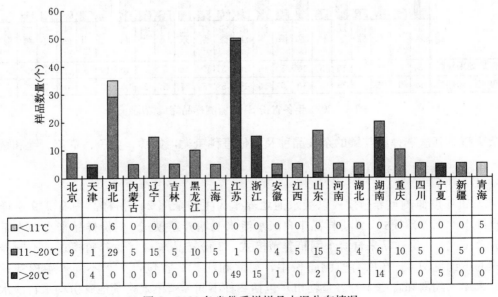

| | 北京 | 天津 | 河北 | 内蒙古 | 辽宁 | 吉林 | 黑龙江 | 上海 | 江苏 | 浙江 | 安徽 | 江西 | 山东 | 河南 | 湖北 | 湖南 | 重庆 | 四川 | 宁夏 | 新疆 | 青海 |
|---|---|---|---|---|---|---|---|---|---|---|---|---|---|---|---|---|---|---|---|---|---|
| <11℃ | 0 | 0 | 6 | 0 | 0 | 0 | 0 | 0 | 0 | 0 | 0 | 0 | 0 | 0 | 0 | 0 | 0 | 0 | 0 | 0 | 5 |
| 11～20℃ | 9 | 1 | 29 | 5 | 15 | 5 | 10 | 5 | 1 | 0 | 4 | 5 | 15 | 5 | 4 | 6 | 10 | 5 | 0 | 5 | 0 |
| >20℃ | 0 | 4 | 0 | 0 | 0 | 0 | 0 | 0 | 49 | 15 | 1 | 0 | 2 | 0 | 1 | 14 | 0 | 0 | 5 | 0 | 0 |

图5 2021各省份采样样品水温分布情况

（七）样品规格和保存状态

2021 年绝大多数样品采用体长作为规格指标，提供体重数据的样品进行了体长估算。从统计结果来看，2021 年各省份采集的样品主要以苗种或夏花（规格小于 10 cm）等苗期样品为主（图 6），符合监测要求。241 份样品中，有 8 份为冷冻样品，其中吉林 3 份，新疆 5 份，其余 233 份样品均为活体样品。

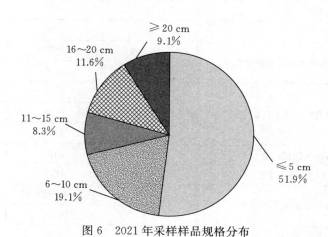

图 6 2021 年采样样品规格分布

（八）检测单位分布情况

2021 年，共 15 个单位参与了 SVC 监测样品的检测工作，均采用监测计划规定方法 [《鲤春病毒血症诊断规程》（GB/T 15805.5—2018）] 进行检测。其中省级疫控中心（推广系统）4 个，承担检测样品 90 份，占总样品量的 37.4%；科研院所 6 个，承担检测样品 96 份，占总样品量的 39.8%；海关技术中心 5 个，承担检测样品 55 份，占总样品量的 22.8%。不同检测单位承担检测任务量和委托检测等情况见表 1。所有参与检测机构均通过农业农村部组织的相关疫病检验检测能力验证，确保检测结果准确有效。

表 1　2021 年不同检测单位承担检测任务量及检测情况

| 检测单位 | 检测样品总数 | 样品来源 | 各省份送样数 |
| --- | --- | --- | --- |
| 江苏省水生动物疫病预防控制中心 | 40 | 江苏 | 40 |
| 河北省水产技术推广总站 | 30 | 河北 | 30 |
| 中国水产科学研究院黑龙江水产研究所 | 25 | 黑龙江 | 10 |
| | | 吉林 | 5 |
| | | 河北 | 5 |
| | | 青海 | 5 |
| 长沙海关技术中心 | 20 | 湖南 | 20 |

（续）

| 检测单位 | 检测样品总数 | 样品来源 | 各省份送样数 |
|---|---|---|---|
| 中国检验检疫科学研究院 | 19 | 天津 | 5 |
| | | 北京 | 9 |
| | | 内蒙古 | 5 |
| 浙江省淡水水产研究所 | 15 | 浙江 | 15 |
| 大连海关技术中心 | 15 | 辽宁 | 15 |
| 重庆市水生动物疫病预防控制中心 | 15 | 四川 | 5 |
| | | 重庆 | 10 |
| 中国水产科学研究院珠江水产研究所 | 15 | 江西 | 5 |
| | | 宁夏 | 5 |
| | | 新疆 | 5 |
| 山东省海洋生物研究院 | 12 | 山东 | 12 |
| 连云港海关综合技术中心 | 10 | 江苏 | 10 |
| 中国水产科学研究院长江水产研究所 | 10 | 安徽 | 5 |
| | | 湖北 | 5 |
| 武汉海关技术中心 | 5 | 河南 | 5 |
| 上海市水产技术推广站 | 5 | 上海 | 5 |
| 青岛海关技术中心 | 5 | 山东 | 5 |

# 三、2021 年 SVC 监测结果分析

## （一）2021 年监测点阳性检出情况

2021 年，从 222 个监测点中检出 1 个阳性监测养殖场点，该阳性监测养殖场点为国家级原良种场，省级原良种场、苗种场、观赏鱼养殖场、成鱼养殖场均未检出阳性（图 7）。这是继 2015 年后，再次从国家级原良种场监测到 SVCV，提示国家级原良种

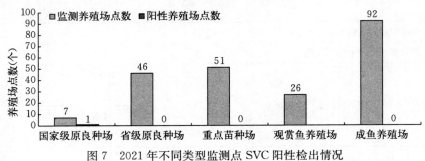

图 7　2021 年不同类型监测点 SVC 阳性检出情况

场的生物安保体系有待进一步提升，确保处于无疫状态，保障苗种安全。

在 2020 年的 30 个阳性监测点中（湖北 10 个、天津 6 个、河南 4 个、山东 3 个、湖南 2 个、辽宁 2 个、内蒙古 1 个、陕西 1 个和宁夏 1 个），2021 年对其中的 8 个阳性监测点进行了采样监测，分别为山东 3 个、湖北 3 个、湖南和宁夏各 1 个，监测结果显示为阴性，显示以上 3 个省份上一年度对阳性养殖场的处置取得一定效果。由于不少省份样品数有限以及监测点的布置上欠考虑等因素，难以覆盖各级苗种场，以及上一年有阳性检出的养殖场，从而无法对苗种场状况进行全面、系统的评估；没有覆盖全部阳性检出的场，会导致无法评估上一年度所采取措施的有效性，流行病学数据出现断裂。

统计 2017—2019 年的监测结果显示，有 5 个原良种场连续 5 年监测结果为阴性，其中国家级原良种场 4 个，省级原良种场 1 个；12 个原良种场（苗种场）连续 4 年监测结果为阴性，其中国家级原良种场 3 个，省级原良种场 4 个，苗种场 5 个；29 个原良种场（苗种场）连续 3 年检测结果为阴性，其中国家级原良种场 3 个，省级原良种场 17 个，苗种场 9 个；118 个原良种场（苗种场）连续两年监测结果为阴性，其中国家级原良种场 3 个，省级原良种场 42 个，苗种场 73 个。随着各级苗种场制度和管理的不断完善，以及国家推进健康养殖体系和水产苗种检疫制度，我国水产养殖行业防疫水平不断提高。

（二）2021 年 SVCV 阳性检出区域

2021 年，在 21 省（自治区、直辖市）中，仅湖北省武汉市江夏区江夏国有鲁湖养殖场检出 1 批阳性样品。而 2020 年共有 9 省（自治区、直辖市）的 21 个市、区、县检出了 SVCV 阳性样品，涉及省级原良种场、苗种场、观赏鱼养殖场和成鱼养殖场 4 种类型养殖场点。

综合 2017—2021 年 SVCV 阳性养殖场点检出分布情况（表 2），2017 年从 9 省（自治区、直辖市）中 27 个乡镇中检出阳性样品；2018 年从 11 省（自治区、直辖市）的 18 个乡镇检出了阳性样品；2019 年从 8 省（自治区、直辖市）的 22 个乡镇检出了阳性样品；2020 年从 9 省（自治区、直辖市）的 30 个乡镇检出了阳性样品；2021 年，仅从湖北省武汉市江夏区检出了阳性样品。湖北省是全国唯一连续 5 年监测到 SVCV 的省份，应引起重视。

**表 2　2017—2021 年 SVCV 主要分布区域以及阳性监测点数量（个）**

| 年份 | 浙江 | 四川 | 北京 | 黑龙江 | 江苏 | 河北 | 新疆兵团 | 新疆 | 上海 | 陕西 | 河南 | 辽宁 | 湖南 | 宁夏 | 内蒙古 | 山东 | 天津 | 湖北 |
|---|---|---|---|---|---|---|---|---|---|---|---|---|---|---|---|---|---|---|
| 2017 | 1 | 1 | 0 | 1 | 1 | 0 | / | 0 | 3 | 0 | 9 | 1 | 0 | 0 | 0 | 7 | 0 | 3 |
| 2018 | 0 | 0 | 1 | 3 | 1 | 0 | 2 | 0 | 1 | 1 | 0 | 4 | 1 | 3 | 2 | 0 | 0 | 2 |
| 2019 | 0 | 0 | 0 | 0 | 0 | 8 | 1 | 1 | 1 | 1 | 0 | 0 | 0 | 0 | 2 | 7 | 8 | 4 |
| 2020 | 0 | 0 | 0 | 0 | 0 | 0 | / | 0 | 0 | 1 | 4 | 2 | 2 | 1 | 1 | 3 | 6 | 10 |
| 2021 | 0 | 0 | 0 | 0 | 0 | 0 | / | 0 | 0 | 0 | 0 | 0 | 0 | 0 | 0 | 0 | 0 | 1 |

注："/"代表未纳入监测。

（三）检出宿主及比较分析

2021 年，监测养殖品种有锦鲤、鲤、裸鲤、草鱼、金鱼、鲫、鲢、鳙、青鱼共 9 个品种，在鲤中检出 1 批次 SVCV 阳性样品。2005—2021 年监测数据显示，监测到的阳性样品中 70.7％为鲤，其他依次为锦鲤 12.0％、金鱼 8.0％、鲫 5.2％、草鱼 1.8％、鲢 1.4％、鳙 0.2％，其他品种 0.7％。

（四）阳性样品和水温的关系

2021 年，该批阳性样品的采样水温为 24 ℃，采用淡水池塘养殖模式（表 3）。统计结果表明，部分省份样品采集时没有在适宜的水温条件下，水温偏高或者偏低，今后应注意采样季节，选取适宜的水温，提高监测结果的有效性。

**表 3　2021 年 SVC 阳性监测点信息**

| 省份 | 监测点名称 | 养殖方式 | 采样日期 | 水温 | pH | 品种 | 规格 | 检测单位 |
|------|-----------|---------|---------|------|-----|------|------|---------|
| 湖北 | 江夏国有鲁湖养殖场 | 淡水池塘 | 2021 年 5 月 31 日 | 24 ℃ | 7.8 | 鲤 | 50 g | 中国水产科学研究院长江水产研究所 |

（五）2021 年阳性样品基因型分析

2021 年共计监测到 SVCV 阳性毒株 1 个，获得有效基因序列 1 个。基于 SVCV *G* 基因（507 bp）片段，对 2021 年检出的 1 株 SVCV 分离株进行基因型分析（图 8）。结果表明，该毒株属于 Ⅰa 基因亚型，为我国主要流行基因亚型毒株。

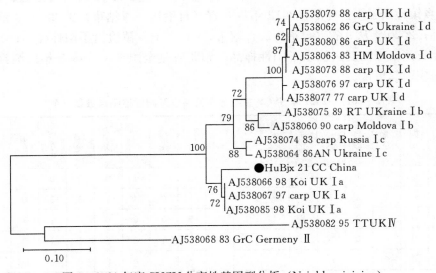

图 8　2021 年度 SVCV 分离株基因型分析（Neighbor joining）

## 四、SVC 监测风险分析

### （一）养殖品种风险点分析

从 2005—2021 年的监测结果来看，不同监测品种的阳性检出占比差异较大，鲤的阳性检出要远远大于其他品种，其养殖感染风险较高。锦鲤和金鱼等高价值观赏鱼类在我国大部分地区均有养殖，同时具有跨省跨地区运输的特点，其发病鱼或隐性感染者将成为 SVC 的传染源，病毒传播风险极高。同时，混养模式在我国较为常见，鲢和团头鲂等品种鱼类隐性带毒情况也需要关注。一旦其携带病原，将成为不可忽视的传染源，病毒暴露和扩散传播风险极高。

因此，在进行 SVC 监测时，应首选鲤或者相近品种，如锦鲤或锦鲤和鲤的杂交品种，次选杂交鲤（如鲤与鲫的杂交品种）及其他鲤科鱼类，如鲫、金鱼、草鱼、鳙和鲢。

### （二）水温与 SVCV 阳性率的关系

SVC 发病的最适合水温为 11～17 ℃，一般不高于 20 ℃，而 2021 年 42.3%样品的采样水温不在此范围，会对监测结果造成一定影响。统计 2017—2021 年监测结果显示，5 年中共监测出 SVCV 阳性样品 110 份，其中在适宜水温下检出 77 份，占比 70.0%，在其他水温范围内检出 33 份，占比 30.0%，以上阳性样品均是从无症状鱼中检出的。

### （三）样品规格和 SVC 阳性率的关系

监测计划要求各单位进行监测采样时，采集苗种期的易感动物。2021 年依然有 29.0%的样品规格在 10 cm 以上（图 7），采样有待进一步规范，以此提高监测的有效性。统计发现在 2017—2021 年中监测到的 110 份阳性样品中，规格在 0～10 cm 的样品为 72 个，占比为 65.5%；其他规格样品 38 份，占比为 34.5%。监测出的阳性样品主要以苗种和夏花等苗期样品为主，越小的鱼越易被感染。相关研究也表明通常 1 龄以下幼鱼最易感染 SVCV，出现临床症状而发病。

### （四）SVCV 在我国的地理分布

依据连续 16 年的监测数据，SVC 主要分布在我国东北的辽宁省和黑龙江省；华北的天津市、河北省和内蒙古自治区；西北的陕西省、宁夏回族自治区和新疆维吾尔自治区；华中的河南省、湖南省和湖北省。湖北省连续 5 年监测到 SVCV 阳性样品，应适当增加该省的监测样品数量。

### （五）SVC 中国株基因型

2021 年监测到的 SVCV 阳性样品，基因型分析表明该毒株属于Ⅰa 基因亚型，为我国主要 SVCV 流行基因亚型毒株。Ⅰa 基因亚型毒株在我国鲤科鱼类养殖体系分布广泛，但不同毒株致病力不同。2004 年江苏、2016 年新疆和 2018 年辽宁的有限区域内发生 SVC 疫情，发病动物主要为食用鲤等鲤科鱼类。2020 年我国首次从天津的两个养殖场的鲤样品中监测出Ⅰd 基因亚型 SVCV 毒株，该毒株的致死率为 60%～90%，属于高致病性毒株。通过系统发育树分析可以发现，来自同一省份或地区的阳性样品，其同源性也要比不同地区更高一些，这一现象仍需要大量的流行病学和基因数据来研究证实。

（六）SVC 在不同类型养殖场风险分析

2021 年从国家级原良种场监测到 SVC，这是时隔 5 年后再次从国家级原良种场中监测到阳性样品。2015—2020 年，省级原良种场、苗种场、观赏鱼养殖场和成鱼养殖场每年均有监测到 SVC，这一现象提示 2021 年 SVC 监测可能存在异常现象。从往年数据分析认为，省级原良种场、苗种场、观赏鱼养殖场和成鱼养殖场均有较高的感染风险，需持续加强监测。

SVCV 通过原良种场和苗种场传出并扩散的风险较高。苗种场污染 SVC，将对我国鱼类种质资源存量以及优良亲本和苗种供应战略保障造成极大威胁，SVC 通过苗种扩大传播的风险极高，造成的社会和经济损失后果风险极高。另外，基于糖蛋白基因的遗传进化分析表明，相似的 SVCV 毒株在重庆、江西、湖北、河南间相互传播，进一步预示 SVCV 通过苗种传播。

监测数据显示，食用鲤感染 SVC 的比例最高，占比达 70.7%，SVCV 污染成鱼养殖场广泛。虽然成鱼养殖场主要以生产食用性鱼为主，水生动物多数直接进入消费市场，SVCV 通过成鱼传播的风险较低。但成鱼养殖场大多为半开放养殖水域，未经处理的成鱼养殖场污水、器具等传播 SVCV 的风险不容忽视。

（七）各省份对 SVC 阳性养殖场采取的控制措施

近年的监测都有阳性样品检出，但各省份均未报道 SVC 疫情，显示通过多年的监测，对 SVC 的防控取得一定成效。对于阳性样品，各省份水产技术推广站对阳性结果进行确认后，及时报告至省级渔业行政主管部门，行政主管部门指导地方相关部门人员对阳性场开展处置工作，对苗种来源、流行病学等信息开展调查。

为了防止病原扩散，对阳性养殖场采取隔离措施，禁止养殖场水生动物移动；对养殖场水体、器械、池塘和场地实施严格的封闭消毒措施，严禁未经消毒处理的水体排除场外；对被污染水生动物进行无害化处理；对阳性养殖场采取持续监控。部分省份水产技术推广站制定了《鲤春病毒血症防控技术建议》，并下发全省各级水产防疫部门，加强防控意识。

（八）疫情对 SVC 监测工作的影响

全国新冠疫情防控形势依然严峻，水产养殖业也受到不同程度的影响，是导致 2021 年 SVC 检测阳性率异常的原因之一。首先，航空等运输途径需要货物出具新冠检测证明，导致水产苗种跨地区运输受限，养殖户就近购买苗种。同时，锦鲤等观赏鱼跨地区运输减少。其次，由于疫情防控需要，区域内人员流动性降低，养殖场相互交叉污染的概率下降。第三，疫情之下，养殖户不仅提升了新冠防控意识，同时也提升了鱼类养殖场疫病防控意识，不允许跨养殖场拉网捕鱼，或者为了降低新冠感染风险，养殖户自己拉网捕鱼。另一方面，养殖户对饲料生物安全要求提高。第四，因国家或地方政策要求以及养殖户担心新冠疫情传播风险，各单位的采样范围缩小。

## 五、监测中存在的主要问题

### （一）对 SVC 阳性养殖场防控措施执行不到位

SVC 作为一类动物疫病，阳性检出养殖场由于涉及经费补偿以及政策规定不明确等问题，多数无法采取扑杀措施。SVCV 对外界环境具有一定抵抗力。当水温为 10 ℃时，SVCV 在河水中可存活 30 d 以上；水温为 4 ℃时，SVCV 可在淤泥中存活 36 d 左右。因此，一旦该养殖场被污染，SVCV 可能在该养殖场的自然环境中存活一定时间。如果不能对被污染养殖场进行彻底无害化处理，仅更换养殖品种，无法达到根除 SVCV 的目的。通常，当养殖场被 SVCV 污染后，养殖户会更换鲢、草鱼等品种进行养殖。根据目前监测结果，草鱼和鲢等品种是 SVCV 的携带者，即使 SVCV 无法在草鱼和鲢等体内增殖引起发病，但 SVCV 可以在草鱼和鲢体内存活较长时间。因此，一旦养殖池塘被污染，清塘并进行消毒处理是根除 SVCV 的有效手段。

### （二）检测单位出具的检测报告信息有待统一

不同检测单位出具的检测报告略有不同。2021 年除中国检验检疫科学研究院、河北省水产技术推广总站、中国水产科学研究院黑龙江水产研究所和长沙海关技术中心四家检测单位报告上有病毒分离培养和 PCR 检测方法及结果信息，浙江省淡水水产研究所和中国水产科学研究院珠江水产研究所两家检测单位报告上有 PCR 检测方法及结果信息，其他检测单位的报告上均未体现检测方法信息。各检测单位上传的检测报告格式信息有待统一。

### （三）国家水生动物监测系统某些模块需要升级

原始数据下载模块没有筛选功能；缺乏 2 年连续监测监测点汇总功能。

## 六、SVC 国家监测工作建议

### （一）建设 SVC 无疫区和无疫生物安全隔离区

动物疫病区域化管理和生物安全隔离区建设是当前国际认可的重要动物卫生措施，并成为技术贸易措施中的关键手段。例如非洲猪瘟，欧盟区域化成果得到美国的认可，而俄罗斯的贸易制裁被 WTO 判定违规。

各省主管部门应根据本省水产养殖和病害发生情况，对 SVC 特定疾病制定长远计划，实行多种疾病统筹考虑，分片区、有步骤、彻底明确某地某种疾病的流行状况，然后逐步推进至其他地区，为无疫区和无疫生物安全隔离区建设奠定基础。这将有利于 SVC 防控和净化以及促进我国鲤科鱼类国际贸易的发展。

（二）快速检测平台应用和免疫防控技术储备

加强现场快速检测和诊断便携式设备和快速检测试剂盒的评价和推广应用，提升基层监测点检测手段。加强 SVC 被动监测的力度，及时掌握发病信息，以便采取及时有效的控制措施。

对我国流行的Ⅰa 基因型的分化进行深入解析，对新疆致病株的毒力做进一步确定。同时，结合国外流行的 SVCV 致病毒株的其他基因型序列，研发储备具有较好防控效果的口服或者浸泡疫苗，为开展 SVCV 的免疫或者非免疫无疫区建设，以及我国 SVCV 的净化打下基础。

（三）优化监测方案

加大苗种场和观赏鱼监测力度的同时，扩大苗种产地检疫实施范围，逐步建立观赏鱼跨省跨地区调运检疫制度。

在疫病监测计划中明确必须对上一年度阳性养殖场连续监测。对上一年度监测为阳性的养殖场，需要进行连续监测，直到连续两年监测均为阴性，方可调整。对于连续多年监测结果为阴性的养殖场，下一年度可采取减少采样数量和采样种类等措施。

（四）与 CEV、KHV 共感染情况需要关注

鲤浮肿病毒（Carp edema virus，CEV）在我国作为一种新发疾病，已经在多个省份监测中发现，对鲤科鱼类养殖存在潜在威胁。锦鲤疱疹病毒（KHV）作为一种对鲤科鱼类危害严重的疾病，对我国鲤科鱼类养殖业威胁较大。

目前，在对往年 SVC 监测样品进行回顾性检测时发现，部分样品存在 SVCV 和 CEV、SVCV 和 KHV 感染的现象，这将对 SVC 防控提出新的挑战。

（五）适当扩大采样品种范围

往年曾在草鱼、鲢、鳙和团头鲂中检出阳性样品，建议继续对其进行监测。另外，虹鳟、罗非鱼和鲇等作为 SVCV 潜在的易感宿主，应该逐步纳入监测采样范围。

（六）每年彻底查清阳性养殖场的流行病学信息

建议检出阳性样品的省份，应按照农业农村部要求开展流行病学调查，查明阳性监测场点种苗来源和去向，以便进行溯源和关联性分析，特别是良种场、苗种场。

（七）加强苗种质量管理

制定水产苗种良好生产操作管理规范（GAP），不断加强对苗种疫病的检验检疫；引导教育养殖户自觉主动对引入苗种检疫并消毒，建立苗种隔离池，加强日常管理。对苗种实行产地溯源制度。

开展水生动物苗种产地检疫工作。从源头抓起，控制和减少病害流行。鲜活水产品流通交易日益频繁，大大增加了病原体传播的机会，这也是病害种类逐渐增多的原因。因此，为防止新的病原随苗种带入或盲目引进带病的苗种，必须对运输苗种进行检疫，杜绝疾病传入，减少疾病流行。

（八）不断扩大重大水生动物疫病监测种类和样品数量

水生动物疫病常常会引起鱼类的大量死亡，给渔民造成较大的经济损失，甚至会影响产业的持续发展。近些年因为水产养殖品种种质退化、品种贸易频繁等因素，重大水生动物疫病的发生种类多、危害巨大，因此建议依照常规监测模式，不断扩大重大水生动物疫病监测种类和样品数量。

# 2021 年锦鲤疱疹病毒病状况分析

江苏省水生动物疫病预防控制中心

（张朝晖　袁　锐　刘肖汉　方　苹　倪金俤　陈　静
吴亚锋　郭　闯　王晶晶　唐嘉荩　陈　辉）

## 一、前言

锦鲤疱疹病毒病（Koi hepesvirus disease，KHVD），世界动物卫生组织（WOAH）将其列入水生动物疫病名录，我国将其列入《一、二、三类动物疫病病种名录》二类动物疫病。易感宿主主要为鲤和锦鲤，是一种具有高传染性、高发病率和高死亡率的鱼类病毒性疾病。KHVD 流行范围广、危害大，曾给我国及世界多个国家的鲤及锦鲤养殖业造成严重的经济损失。

KHVD 的病原是鲤疱疹病毒Ⅲ型，又名锦鲤疱疹病毒（KHV），为疱疹病毒目（Herpesbirales）异样疱疹病毒科（*Alloherpesbiridae*）鲤疱疹病毒属（*Cyprinibirus*）成员。自 1997 年在德国首次暴发后，KHV 迅速在全球蔓延，目前已有 26 个国家报道过锦鲤疱疹病毒病，遍布欧洲（波兰、英国、奥地利、比利时、捷克、丹麦、法国、匈牙利、意大利、卢森堡、荷兰、爱尔兰、瑞士、罗马尼亚、斯洛文尼亚、西班牙），北美洲（加拿大、美国），亚洲（中国、日本、韩国、新加坡、马来西亚、印度尼西亚、泰国），非洲（南非）。

为及时了解我国 KHVD 发病流行情况并有效控制该病的发生和蔓延，农业农村部渔业渔政管理局从 2014 年开始已连续 8 年下达了 KHVD 监测与防治项目。项目下达后各承担单位能够按照监测实施方案的要求，认真组织实施，较好地完成了年度目标和任务。

## 二、各省 KHVD 监测实施情况

### （一）各省监测情况分析

2021 年，KHVD 疫病监测共采集样品 164 个，各省份监测情况如图 1 所示。其中，共检出阳性样品 6 个，分别是安徽 4 个、河北 2 个。共设置监测养殖场点 159 个，其中国家级原良种场 1 个，未检出阳性；省级原良种场 33 个，检出 1 个阳性，检出率为 3.03%；重点苗种场 37 个，检出 1 个阳性，检出率是 2.7%；观赏鱼养殖场 29 个，检出 2 个阳性，检出率是 6.90%；成鱼养殖场 59 个，检出 2 个阳性，检出率为 3.39%；无引育种中心来源样品。与 2020 年相比，监测点、监测样品数大幅下降，而阳性率大幅上升。

各省份监测任务完成情况如图 1 所示，2021 年，KHVD 的监测范围是北京、天津、河北、内蒙古、辽宁、吉林、黑龙江、江苏、浙江、安徽、江西、山东、河南、湖南、广东、重庆、四川、宁夏、新疆共 19 个省（自治区、直辖市）。其中，北京、天津、河北、内蒙古、辽宁、吉林、黑龙江、江苏、浙江、安徽、江西、山东、四川、重庆等 14 个省（自治区、直辖市）连续 8 年参加 KHVD 监测；河南、广西 2019、2020 和 2021 年均未进行 KHVD 监测，其余年份均参加了 KHVD 监测；广东自 2017 年参加 KHVD 监测以来，已连续 6 年进行 KHVD 的监测；新疆则是首次参与 KHVD 监测。综上表明，KHVD 监测网不断完善，已经基本覆盖全国锦鲤和鲤养殖区。

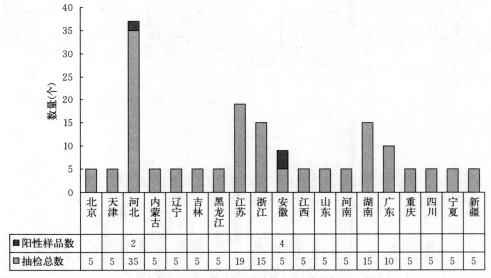

图 1　各省份检测任务完成情况

各省监测点设置分布情况如图 2 所示，共有 12 省（自治区、直辖市）对至少一种类型的苗种场开展监测，其中河北、辽宁等 12 个省（自治区、直辖市）对省级以上的原良种场进行了监测。2021 年共有多达 6 个省（自治区、直辖市）未对任意一种苗种场开展苗种监测，其中不乏一些往年始终坚持监测苗种场的省份。分析认为，一方面可能是受到新冠病毒疫情的影响，另一方面可能是往年监测的苗种场点出现了生产上的调整。建议各省份根据养殖实际情况，尽可能地继续加强对苗种场尤其是国家级原良种场和省级原良种场的监测。

（二）养殖模式分析

2021 年度各省份不同养殖模式样品监测情况如图 3 所示，北京、天津、河北、广东 4 省（直辖市）的监测点除了淡水池塘养殖以外，还包括淡水工厂化养殖模式；其余省份监测点均是单一池塘养殖模式，这也与各省的养殖传统有关。各类养殖模式监测样

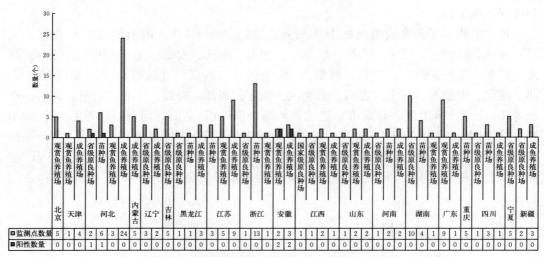

图 2　各省份监测点设置情况

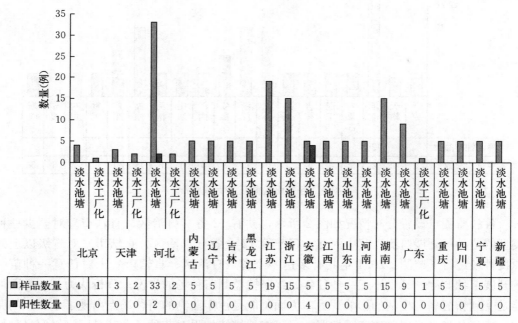

图 3　各省份不同养殖模式样品监测情况

品数如下：淡水工厂化养殖监测样品 6 例，而淡水池塘养殖监测样品为 158 例，占到总样品数的 96.3%，所有阳性样品均来自池塘养殖模式。分析认为，由于其他类型养殖模式的监测样本较少，因此不能完全反映该养殖模式的 KHV 感染风险，从近几年的监测结果看，无论是池塘养殖还是工厂化养殖，均不能完全避免 KHV 感染，感染风险最大的养殖模式依然是淡水池塘养殖。

（三）采样水温

锦鲤疱疹病毒病的发生与诸多因素有关，如病毒的毒力、鱼体的生理状态、养殖密度、养殖环境（水温、水质等）。其中，水温是最关键的环境因素之一，因此采样水温对于 KHVD 的监测至关重要，根据 KHVD 的采样要求，采样需要集中在水温 15～31℃进行。2021 年，如图 4 所示，所有地区采集样品的水温均在有效水温内。各个水温段的样品采集分布为：在 15～20℃水温条件下采集的样品占 25%；在 21～25℃水温条件下采集的样品占 34%；在 26～30℃水温条件下采集的样品占 41%。分析认为，适合的水温对于保证样品监测的科学有效至关重要，当前的采样水温完全符合 KHVD 监测要求。

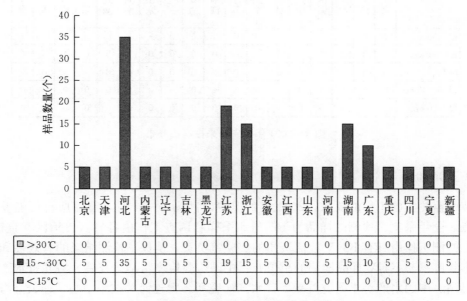

| | 北京 | 天津 | 河北 | 内蒙古 | 辽宁 | 吉林 | 黑龙江 | 江苏 | 浙江 | 安徽 | 江西 | 山东 | 河南 | 湖南 | 广东 | 重庆 | 四川 | 宁夏 | 新疆 |
|---|---|---|---|---|---|---|---|---|---|---|---|---|---|---|---|---|---|---|---|
| >30℃ | 0 | 0 | 0 | 0 | 0 | 0 | 0 | 0 | 0 | 0 | 0 | 0 | 0 | 0 | 0 | 0 | 0 | 0 | 0 |
| 15～30℃ | 5 | 5 | 35 | 5 | 5 | 5 | 5 | 19 | 15 | 5 | 5 | 5 | 5 | 15 | 10 | 5 | 5 | 5 | 5 |
| <15℃ | 0 | 0 | 0 | 0 | 0 | 0 | 0 | 0 | 0 | 0 | 0 | 0 | 0 | 0 | 0 | 0 | 0 | 0 | 0 |

图 4　2021 年各省份采样温度的分布情况

（四）采样规格

随着水生动物监测体系的不断完善，监测网络信息填报愈发完整，2021 年所有监测样品信息均记录有样品规格大小。其中绝大多数样品采用体长作为规格指标，有少量样品使用了体重作为规格指标，为了统一规格指标以便统计，本分析统一采用了样品体长（cm）作为规格指标（提供体重数据的样品进行了体长估算）。从统计结果来看，2021 年，KHVD 采样规格主要集中在 5 cm 以下的样品，共计 84 例，超过了样品总数的 50%（51%），相比去年有进一步提升；其次是 6～10 cm 的样品，共有 44 例，约占样品总数的 27%；11～15 cm 的样品共有 21 例，约占样品总数的 13%；20 cm 以上大小的样品有 11 例，约占样品总数的 7%；16～20 cm 的样品最少，约占样品总数的 2%。

分析认为，从采集样品规格看，各省的监测样品主要以苗种或夏花等苗期样品为主，进一步贯彻了优先采集苗种的监测理念（图 5）。

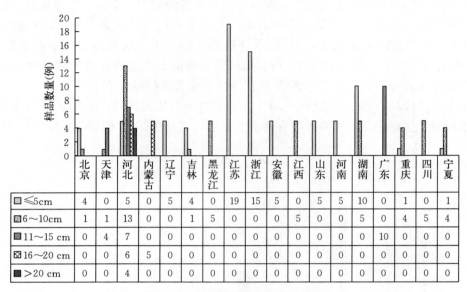

| | 北京 | 天津 | 河北 | 内蒙古 | 辽宁 | 吉林 | 黑龙江 | 江苏 | 浙江 | 安徽 | 江西 | 山东 | 河南 | 湖南 | 广东 | 重庆 | 四川 | 宁夏 |
|---|---|---|---|---|---|---|---|---|---|---|---|---|---|---|---|---|---|---|
| ☐≤5cm | 4 | 0 | 5 | 0 | 5 | 4 | 0 | 19 | 15 | 5 | 0 | 5 | 0 | 10 | 0 | 1 | 0 | 1 |
| ▨6～10cm | 1 | 1 | 13 | 0 | 0 | 1 | 5 | 0 | 0 | 0 | 5 | 0 | 0 | 5 | 0 | 4 | 5 | 4 |
| ▦11～15 cm | 0 | 4 | 7 | 0 | 0 | 0 | 0 | 0 | 0 | 0 | 0 | 0 | 0 | 0 | 10 | 0 | 0 | 0 |
| ⊠16～20 cm | 0 | 0 | 6 | 5 | 0 | 0 | 0 | 0 | 0 | 0 | 0 | 0 | 0 | 0 | 0 | 0 | 0 | 0 |
| ■>20 cm | 0 | 0 | 4 | 0 | 0 | 0 | 0 | 0 | 0 | 0 | 0 | 0 | 0 | 0 | 0 | 0 | 0 | 0 |

图 5　2021 年各省份采样规格分布

### （五）检测单位

按照监测实施工作的要求，2021 年的监测时间为 2—11 月，覆盖所有可能发病的时间点，全年采集、检测的样品为 165 份。采样和调查工作由各省（自治区、直辖市）负责，检测工作由具有 KHV 检测资质的实验室负责，确保了检测结果的有效性和可靠性。本年度参与 KHV 样品检测的单位有：中国检验检疫科学研究院、河北省水产技术推广总站、中国水产科学研究院黑龙江水产研究所、大连海关技术中心、连云港海关综合技术中心、江苏省水生动物疫病预防控制中心、浙江省淡水水产研究所、中国水产科学研究院长江水产研究所、中国水产科学研究院珠江水产研究所、青岛海关技术中心、武汉海关技术中心、长沙海关技术中心、广东省水生动物疫病预防控制中心、重庆市水生动物疫病预防控制中心。

## 三、监测结果分析

### （一）阳性监测点分布

19 个省（自治区、直辖市）共设置监测养殖场点 159 个，检出阳性 6 个，阳性养殖场点检出率为 3.77%。相比往年，2021 年 KHVD 监测点数量出现较大幅度下降，监测点阳性率则有所上升（图 6）。其中，苗种场 KHV 阳性检出率为近 6 年最高，省级原良种场则是近 5 年来首次检出 KHV 阳性。从 2021 年的 KHV 监测结果来看，苗种场

KHV 仍然具有较高的感染风险，对苗种场的持续监测有利于从源头上控制 KHVD 的传播，对 KHVD 的防控发挥积极作用。

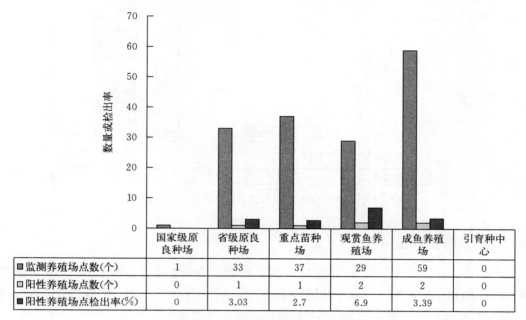

| | 国家级原良种场 | 省级原良种场 | 重点苗种场 | 观赏鱼养殖场 | 成鱼养殖场 | 引育种中心 |
|---|---|---|---|---|---|---|
| 监测养殖场点数(个) | 1 | 33 | 37 | 29 | 59 | 0 |
| 阳性养殖场点数(个) | 0 | 1 | 1 | 2 | 2 | 0 |
| 阳性养殖场点检出率(%) | 0 | 3.03 | 2.7 | 6.9 | 3.39 | 0 |

图 6　2021 年 KHV 各种类型养殖场点的阳性检出情况

（二）KHV 阳性分布情况

2021 年，全国 19 个省（自治区、直辖市）共采集样品 164 份，检出阳性样品 6 例，阳性样品检出率为 3.66%。6 例阳性样品的全国分布分别是安徽 4 例、河北 2 例。

检出阳性的 2 个省（河北、安徽）的阳性样品检出率分别为 5.7% 和 80%，监测点阳性检出率同样分别是 5.7% 和 80%（如图 7 所示），阳性率相对较高，尤其是安徽省的 KHV 监测点阳性率达到 80%。分析认为，安徽省的 KHV 监测点较少（2021 年全国共有 14 个地区仅设置了 5 个 KHV 监测点），监测点不能完全覆盖主要养殖区域，KHV 阳性率较高存在一定的偶然性，也不能完全客观地反映 KHV 的实际感染携带情况。自 2014 年全国开展 KHVD 监测以来，安徽省和河北省均是第 3 次检出 KHV 阳性，截止到 2021 年，全国有 14 个省（自治区、直辖市）检出 KHV 阳性。检出 KHV 阳性次数最多的是北京，已检出 4 次 KHV 阳性；其次是广东、安徽和河北，共检出 3 次 KHV 阳性；检出 2 次 KHV 阳性的省（自治区、直辖市）分别是江苏、山东、四川、湖南；广西、上海、浙江、辽宁、天津、吉林等则检出过 1 次 KHV 阳性。鉴于 KHV 的高传染性、高致死率，其在局部地区感染、传播的风险不容小觑。分析认为，KHV 阳性检出区域几乎已经全部覆盖全国锦鲤和鲤养殖区域，因此，对相关苗种进行及时的跟踪监测，有利于将 KHV 控制在极小的范围内，避免 KHVD 的大规模暴发。

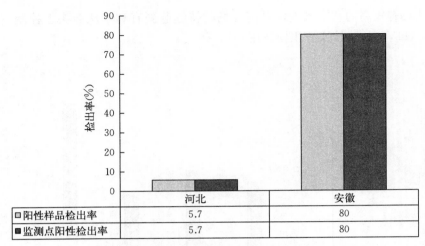

| | 河北 | 安徽 |
|---|---|---|
| ☐ 阳性样品检出率 | 5.7 | 80 |
| ■ 监测点阳性检出率 | 5.7 | 80 |

图 7　2 个阳性省份的阳性养殖场点和阳性样品的检出率

## （三）阳性样品分析

2021 年全国 KHVD 样品监测种类为鲤、锦鲤、金鱼等品种，检出 KHV 阳性的养殖品种及数量如图 8 所示，全年从锦鲤中共计检出 KHV 阳性 4 例，锦鲤品种阳性检出率为 8.9%（4/45）；鲤共计检出 KHV 阳性 2 例，其阳性检出率为 1.8%（2/112）。分析认为，我国幅员辽阔，不同养殖区域的养殖品种不同，一些地区以鲤养殖为主，另一些区域以锦鲤养殖为主。根据往年监测结果，鲤和锦鲤均具有感染 KHV 的风险，综合阳性数量、阳性检出率、阳性分布区域来看，锦鲤的 KHVD 流行风险高于鲤。

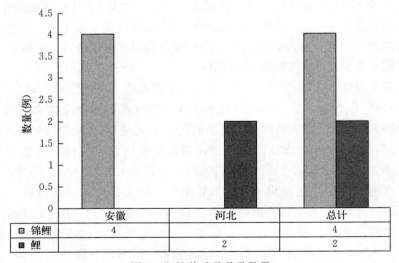

| | 安徽 | 河北 | 总计 |
|---|---|---|---|
| ☐ 锦鲤 | 4 | | 4 |
| ■ 鲤 | | 2 | 2 |

图 8　阳性养殖品种及数量

2021 年检出阳性样品详细信息如表 1 所示，其养殖模式全部是淡水池塘养殖。阳性样品规格的变化范围较大，有 3～4 cm 大小的夏花，也有 26～28 cm 大小的鱼种。可见在鱼生长的各个时期，均具有感染 KHV 的风险。

表 1　阳性样品详细信息

| 地区 | 监测点信息 | 阳性品种 | 水温（℃） | 大小（cm） | 外观 | 养殖模式 |
|---|---|---|---|---|---|---|
| 河北 | 衡水市兴湖水产科技有限公司 | 鲤 | 18 | 28 | 无病症 | 淡水池塘 |
| | 衡水中湖农业科技开发有限公司 | 鲤 | 18 | 26 | 无病症 | 淡水池塘 |
| 安徽 | 阜阳市新兴观赏鱼养殖合作社 | 锦鲤 | 29 | 3～4 | 无病症 | 淡水池塘 |
| | 界首市幸福园家庭农场 | 锦鲤 | 29 | 3～4 | 无病症 | 淡水池塘 |
| | 肥西县孟家湾生态水产养殖有限公司 | 锦鲤 | 27 | 3～4 | 无病症 | 淡水池塘 |
| | 肥西县董祠养殖农民专业合作社 | 锦鲤 | 28 | 3～4 | 无病症 | 淡水池塘 |

KHV 的感染具有季节性，即在 18～30 ℃会引起高死亡率，而低于 13 ℃或高于 28 ℃便较少发病，故水温等气候因子是该病暴发的一个主要诱发因素。从 2021 年的阳性样品采样水温来看，温度主要在 17～30 ℃，完全涵盖了病毒复制的最适宜温度范围，然而阳性样品均未出现明显病症，分析认为，阳性样品存在潜伏感染的现象，即带毒不发病的情况。

（四）阳性样品基因型

利用锦鲤疱疹病毒的 TK（胸苷激酶）保守基因进行基因的分型是目前 KHV 基因分型的一种方法。根据这种分型，KHV 主要分为欧洲株（以色列株和美国株也被归类到欧洲株）和亚洲株（日本及东南亚地区），目前在我国较为流行的株型主要是 KHV－A1（亚洲株）型。

将各检测单位提供的测序结果利用 MEGA6.0 软件建立进化树分析（如图 9 所示），图中大写字母表示省份汉语拼音的首字母，相关数字和字母为该样品在国家监测信息网上的编号，括号内为检出阳性的年份，如 HB－388（2021）就是指河北省 2021 年检出阳性的第 388 号样品编号。分析认为，经 NCBI 比对，所有 KHV 阳性与 KHV 亚洲株均有着 99％的同源性，因此可以说明各个阳性之间亲缘关系很近，未出现明显变异。自 2015 年检出的 KHV 阳性，均为 KHV 亚洲株，所有 KHV 阳性与亚洲株亲缘关系十分相近。值得注意的是，2017 年山东 1 株阳性和 2018 年辽宁 3 株阳性亲缘关系更近，其他 KHV 阳性则聚在一起，说明即使都属于 KHV 亚洲株，但是不同省份阳性间依然有一定的亲疏。此外，各省份的样品呈现出区域同源性更强的特点，即来自一个省份的阳性基本聚在一起，表明其同源性要更强，例如河北、广东、辽宁、天津、安徽、四川等各地检出的阳性毒株就几乎全部聚集在一起，显示出极高的同源性，这可能与养殖场的就地引种以及共用一个水系有关，病毒的传播过程可能与水系密切相关。

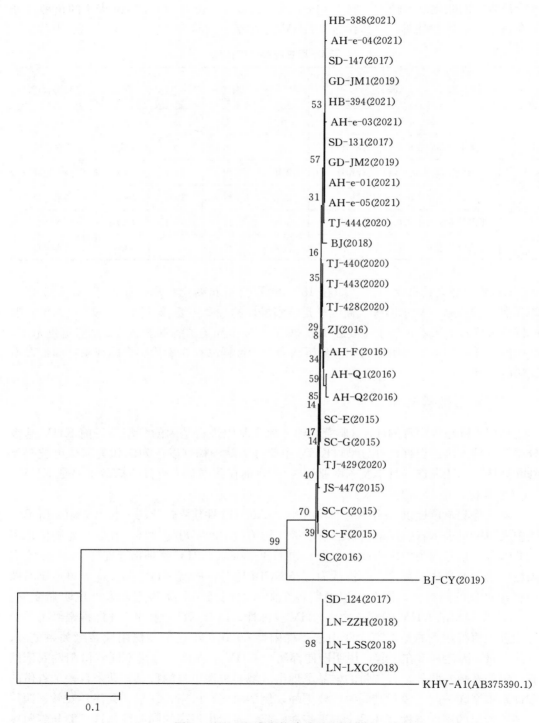

图 9　基于 TK 序列构建的系统发育树

虽然近年来的KHV阳性均为亚洲株，但是我国曾在2011年监测到一株KHV阳性毒株，经鉴定为欧洲株。因此，无论是欧洲株还是亚洲株，均具有在我国传播的风险。开展KHV的监测，及时进行分子流行病学调查，有助于分析我国KHV毒株的起源，摸清其流行、传播规律，从而为防控KHVD提供技术支撑。

## 四、风险分析及建议

### （一）不同类型监测点风险分析

设置不同类型的监测点（国家级原良种场、省级原良种场、重点苗种场、观赏鱼养殖场、成鱼养殖场），对其进行相关疫病的跟踪监测，根据监测结果，可以分析出不同类型监测点感染风险，从而对疫病的防控产生重要的指导意义。8年来，共设置不同类型监测点共2 824个，检出阳性监测点66个，阳性率为2.34%，近8年各个类型养殖场点的KHV阳性检出率如图10所示，国家级原良种场仅在2015年检出过阳性，其余年份均未检出阳性；省级原良种场在2014、2015和2021年均检出过阳性，其余年份未检出阳性；成鱼养殖场除了2014、2018、2019年未检出过阳性，其余年份均检出阳性；观赏鱼养殖场每年均有阳性检出，且阳性率通常要高于其他类型养殖场点。分析认为，无论哪一种类型的养殖场，都无法完全避免感染KHV。相比其他类型的养殖场，观赏鱼养殖场感染风险最高，其次是成鱼养殖场，国家级原良种场、省级原良种场和重点苗种场感染风险相对较低一些，但是也曾多次检出阳性。由于苗种场一旦携带病毒，会通过市场流通，造成进一步的传播感染，因此苗种场的感染风险亦不容忽视，需要持续加强监测。

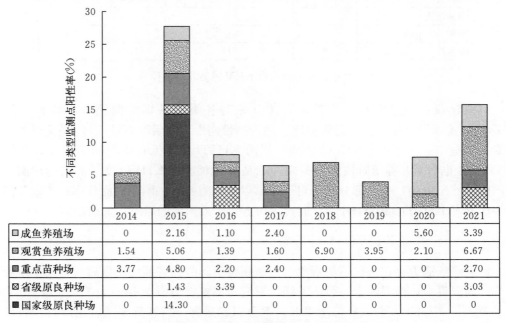

| | 2014 | 2015 | 2016 | 2017 | 2018 | 2019 | 2020 | 2021 |
|---|---|---|---|---|---|---|---|---|
| □ 成鱼养殖场 | 0 | 2.16 | 1.10 | 2.40 | 0 | 0 | 5.60 | 3.39 |
| ▨ 观赏鱼养殖场 | 1.54 | 5.06 | 1.39 | 1.60 | 6.90 | 3.95 | 2.10 | 6.67 |
| ▦ 重点苗种场 | 3.77 | 4.80 | 2.20 | 2.40 | 0 | 0 | 0 | 2.70 |
| ⊠ 省级原良种场 | 0 | 1.43 | 3.39 | 0 | 0 | 0 | 0 | 3.03 |
| ■ 国家级原良种场 | 0 | 14.30 | 0 | 0 | 0 | 0 | 0 | 0 |

图10　近8年不同类型监测点KHV阳性率

### （二）养殖品种风险点及防控建议

综合 2014—2021 年的监测结果来看，共检出阳性样品 83 例，其中锦鲤 59 例，鲤 21 例，禾花鲤 3 例，三种阳性样品所占比例之中，锦鲤所占比重最大，达到 71%，其次是鲤，为 25%，禾花鲤占比最小，为 4%。此外，分析 5 种不同的监测点中各养殖品种的阳性检出情况可以发现（图 11），包括国家级原良种场在内的各种类型监测点中均有锦鲤感染 KHV；截至 2021 年，国家级原良种场中的鲤还未检出过 KHV 阳性，因此，对于苗种来说，锦鲤依然是 KHV 感染的最主要风险品种，而鲤及其普通变种的感染风险也始终存在，需要重视。总体而言，锦鲤的阳性检出率要远远大于其他养殖品种，其养殖感染风险无疑是最大的。KHV 目前公认的敏感宿主就是锦鲤和鲤及其普通变种，研究表明，包括金鱼在内的多种淡水鱼类也可能成为 KHV 的携带者，但还没有致病的报道或相关研究证明，因此 KHVD 目前的防控重点是锦鲤。

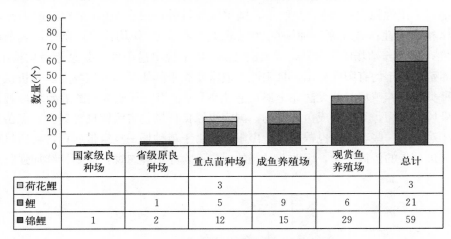

图 11　不同类型监测点 KHV 感染养殖品种分布

防控建议：一是继续加强监测，尤其是对各类苗种场的监测，从源头上防止 KHVD 的流通性传播，苗种是否健康、是否携带病毒，是阻断 KHVD 传播流行的关键因素；二是加强养殖阶段的综合管理，当前 KHVD 主要流行于养殖阶段，近几年的 KHV 阳性也多是在养殖阶段感染暴发；三是加强对进口 KHVD 疫区的锦鲤检测，目前国内的养殖锦鲤，有一部分是来自于日本以及东南亚一些国家，而日本和东南亚国家曾多次暴发 KHVD，因此 KHVD 通过进口方式传入国内的风险需加以控制。

### （三）水温与 KHVD 流行关系

锦鲤疱疹病毒存在潜伏感染现象，由该病毒引起的锦鲤疱疹病毒病通常发生于春秋季节，高温夏季、低温冬季一般不发病，发病水温主要集中在 18～30 ℃，低于 10 ℃ 或高于 30 ℃，病毒不复制或病毒量很低，不会引起病害，当恢复至适宜温度时，病鱼会重新出现临床症状，导致死亡。因此，密切关注阳性样品的水温，分析主要发病水温，可以为锦鲤疱疹病毒病采取预防措施提供科学的时间依据。近5年的监测结果显示，2016—2020年共检出KHV阳性53例，其中水温在21～25℃时检出的KHV阳性样本最多，达到25例，占所有阳性样品比例的47.17%；其次是26～30℃，阳性样品共21例，占所有阳性样品比例的39.62%；30℃以上较少，有5例阳性，占9.34%；15～20℃水温区间内的KHV阳性比例最低，仅有2例阳性，占3.77%（图12）。分析认为，21～30℃水温区间内的样品KHV感染风险是最大的，当水温20℃以上时或者从30℃开始下降时，KHV感染、发病风险骤增，需及时做好养殖管理、科学预防，保持鱼体健康，提高鱼体免疫力，以应对可能的KHV感染风险。

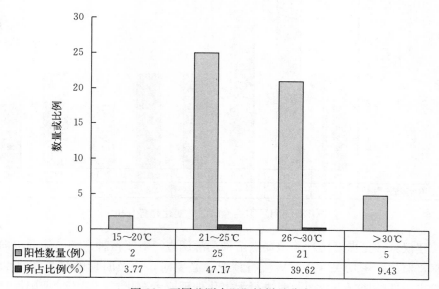

| | 15～20℃ | 21～25℃ | 26～30℃ | >30℃ |
|---|---|---|---|---|
| 阳性数量(例) | 2 | 25 | 21 | 5 |
| 所占比例(%) | 3.77 | 47.17 | 39.62 | 9.43 |

图12　不同监测水温阳性样品分布

## （四）养殖区域风险点

全国已经连续8年开展KHV监测，与往年相比，2021年未新增KHV阳性省份，检出阳性的河北省和安徽省均为往年已检测出阳性的省份。目前有北京、辽宁、河北、山东、江苏、安徽、四川、上海、浙江、湖南、广西、广东、天津、吉林等共计14个省（自治区、直辖市）检出KHV阳性。其中北京有4个监测年度检测出阳性；河北、安徽、广东则有3次检出阳性；江苏、四川、山东、湖南等地则至少2次检出阳性。分析认为，KHV阳性依然是点状分布，未发生大规模、连片疫情，KHV风险可控；从区域上看，京津冀、广东、四川、安徽等地区依旧是KHVD防控的重点区域。

纵观KHV阳性检出区域的变化趋势（图13），2015、2016年KHV阳性检出省份曾达5～7个，其余年份，KHV阳性检出省份稳定在3个左右，主要发生在锦鲤和鲤养殖较为集中的区域，如东北、华北鲤主养区，华南、华东的锦鲤主养区。分析认为，经过8年的连续跟踪监测，全国几乎所有的锦鲤和鲤养殖省份均已检出过KHV阳性，虽然未形成大规模的疫情连片暴发、蔓延，但是点状分布或已普遍存在，而且由于曾出现过同一年多达 7 个省份检出 KHV 阳性的情况，因此，KHV 感染蔓延的风险不容小觑，需要对检出阳性区域进行持续的跟踪监测，防止扩散，防患于未然。

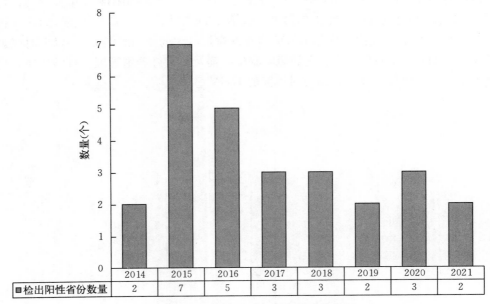

| | 2014 | 2015 | 2016 | 2017 | 2018 | 2019 | 2020 | 2021 |
|---|---|---|---|---|---|---|---|---|
| ■检出阳性省份数量 | 2 | 7 | 5 | 3 | 3 | 2 | 3 | 2 |

图 13　KHV 阳性检出区域变化趋势分析

防控建议：一是做好阳性养殖场点苗种溯源调查，对于苗种来源、流通去向，需要继续跟踪、监测，密切关注 KHV 流行情况；必要时，应及时切断带毒苗种的市场流通，在检出阳性的情况下，要及时进行无害化处理或者净化，控制疫情或阳性样品的扩散、流通。二是做好日常生产管理。疫病防控，以防为主。对于连续检出阳性的养殖场点要采取适当的消毒措施，如污染的水、包装物、运载工具、养殖操作工具等要定期消毒，进入场地的交通工具和人员需要进行消毒处理，每个池塘的生产用具不要混用，经常用消毒剂进行消毒。在易发病前期，定期对池埂进行消毒，切断病原的传播途径，养殖过程中，有针对性地进行免疫增强剂的拌饲投喂，增强养殖鱼体的免疫力。

（五）养殖模式风险点

从连续 8 年的监测结果来看（图 14），池塘养殖模式仍然是锦鲤和鲤的最主要养殖模式，83 个阳性样品中，共有 67 例为池塘养殖模式，该养殖模式检出阳性的数量明显高于其他养殖模式，因此池塘单养这种传统养殖模式对于锦鲤或鲤而言确实有比较高的 KHV 感染风险；而工产化养殖作为目前最先进的养殖模式，也不能完全隔绝 KHV 的感染，2015、2017、2018、2019 年分别检出 5、7、2 和 1 例来自工厂化养殖的样品；网箱养殖样品也曾检出过 1 例阳性。分析认为，无论哪种单养模式，均不能完全隔绝 KHV 的感染；池塘养殖模式检出的阳性数量相对较多，主要是因为目前采集的样品主要来自该养殖模式。

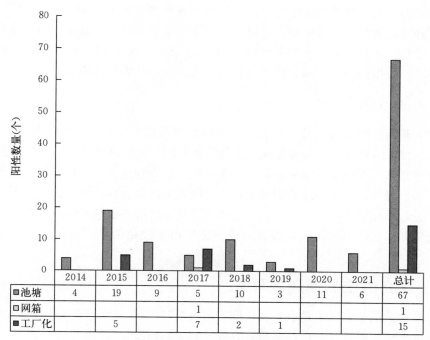

| | 2014 | 2015 | 2016 | 2017 | 2018 | 2019 | 2020 | 2021 | 总计 |
|---|---|---|---|---|---|---|---|---|---|
| ■池塘 | 4 | 19 | 9 | 5 | 10 | 3 | 11 | 6 | 67 |
| □网箱 | | | | 1 | | | | | 1 |
| ■工厂化 | | 5 | | 7 | 2 | 1 | | | 15 |

图 14　近 7 年全国阳性样品养殖模式

防控建议：适当降低养殖密度，改单养为混养，在一定程度上可以有效阻断 KHV 的大面积感染，避免更多损失。目前的研究表明，KHVD 只在锦鲤、鲤及其普通变种发病，尚未见金鱼、草鱼等其他品种感染 KHV 并发病的报道，因此适当混养对 KHV 不敏感的养殖品种，降低锦鲤养殖密度，可以作为一种有效的防控策略；由于 KHV 对水温较为敏感，具备先进温控系统的工厂化养殖模式可以通过提高水温的方式来避免 KHVD 的感染暴发，虽然该方法成本较高，目前还未能普及生产应用，但是对于名贵锦鲤的养殖，不失为一种较好的选择；连续监测阳性且发病的养殖场，需要对养殖用水及其用具进行彻底的消毒处理，在保证苗种不携带病毒的情况下，做好养殖过程中的疾病预防工作。

（六）苗种来源风险点

苗种来源的风险控制，对于杜绝、切断 KHVD 的传染、流行具有重大意义。对 2021 年检出阳性的养殖场的流行病学调查数据进行分析，发现河北省两个阳性监测点均为苗种场，其中一个监测点为省级原良种场，但是苗种流通去向不明。分析认为，当前最主要的风险点在于检出 KHV 阳性并对外销售，且在一个或多个地区流通的苗种，有可能造成局部的 KHVD 的暴发和扩散。

防控建议：一是做好苗种监测工作，建议加强对各级原良种场的监测力度，从源头上控制 KHVD 的传播风险。二是对于自繁自养的养殖场来说，要加强种苗生产的管理，对于种苗要坚持做好前期的隔离暂养工作。在隔离期间，一方面进行健康状况的观察，另一方面，及时向当地水产检疫部门进行申报检疫，检疫合格后，可以正式养殖；如检疫不合格，或者检疫结果携带病原，应按照国家相关规定，对检疫品种进行无害化处理或者净化，避免流通带来的 KHVD 传播与扩散。三是检出 KHV 阳性苗种场的地区，如果已经发生苗种的流通，需要密切关注其流向，并做好相关的追踪检疫工作。

（七）基因型风险点

从近 8 年的监测结果来看，当前流行于我国的 KHV 株型主要是亚洲株。这表明，不同地区 KHV 的毒株在病毒的起源进化及分类上的差异性微乎其微。通过系统发育树可以明显观察到一个现象，即来自同一省份或地区的阳性样品，其同源性要比不同地区的更高一些。当然，由于当前获得的 KHV 阳性测序数据较少，且 KHV 基因分型研究还不够完善，因此关于不同地区 KHV 基因型的差异还需要大量的流行病学和基因数据来研究证实，而这些不同基因型毒株差异的鉴定对于疫苗的筛选和引进也具有重要的意义。

## 五、存在的主要问题及建议

重大疫病监测一直以来是水生动物疫病预防控制的重要措施和主要内容，可在第一时间内发现疫病，并且及时进行预防，有效控制疫病的发生和发展，避免出现各类疫病大规模暴发流行，促进我国水产养殖业的可持续健康发展。农业农村部渔业渔政管理局从 2014 年开始已经连续 8 年下达了 KHVD 监测项目，项目下达后各承担单位均能够按照监测实施方案的要求和相关会议精神，认真组织实施，较好地完成年度目标和任务，监测数据越来越全面、及时、完整，为 KHVD 的防控提供了较为翔实的数据支撑，但也还存在一些问题，当前的主要问题表现在以下几个方面：

（1）适当增加采样数量　2021 年 KHV 监测设置的采样数量相比往年明显降低，共有多达 14 个省（自治区、直辖市）仅有 5 个监测点，监测点和采样数量过少，几乎不能覆盖主要苗种场点和大型养殖场点，也不能完全客观地反映出 KHV 的感染和携带情况。锦鲤作为目前比较受广大消费者喜爱的观赏鱼品种之一，养殖规模不断增加、经济价值日益显著，但是养殖过程中也会出现一些疾病，其中最严重的当数锦鲤疱疹病毒病。建议适当增加一些采样数量，尤其是往年监测出 KHV 阳性的省份，尽量保持一个合理的采样数量。

（2）监测时节的合理性还有待加强　疱疹病毒的特点之一是在初次感染后具有潜伏感染的能力，即病毒在宿主体内存留遗传物质但不复制病毒颗粒，基因不表达或仅有少数潜伏相关基因表达。在一定的应激条件下，如改变温度，潜伏的病毒可被诱导复制并释放病毒粒子，导致宿主出现疾病的临床症状。研究证实，锦鲤疱疹病毒也存在潜伏感染，而高温夏季和低温冬季一般不发病，发病温度一般为 18～28 ℃，病毒的最适增殖温度为 15～25 ℃，尤其是春季到夏季或者是夏季到秋季的季节转换期，是锦鲤疱疹病毒病的高发期。近年的监测结果显示，绝大部分采样水温能够集中在 15～30 ℃，然而也有极少数监测点采样水温不够科学，采样水温并不在有效监测水温范围内。因此，建议各监测单位对于采样时间的安排能够覆盖 15～30 ℃这一水温区间，主要抓住春季到夏季或者是夏季到秋季的时间节点进行采样，尽量不要超出适宜水温范围。

（3）加强后续跟踪监测　针对已检出过阳性的监测点进行连续的跟踪监测，对于掌握 KHV 的分布情况及流行趋势具有重要意义。从监测点的设置来看，部分省（自治区、直辖市）未能对往年检出阳性的养殖场开展连续的跟踪监测，因此 KHV 的流行趋势未能得到最全面的反映，其潜在的传播风险分析由于未能连续跟踪监测而缺乏必要的数据支撑。建议各监测单位如无特殊情况（如养殖场因为各种原因而不再开展养殖活动），还是应当坚持对已检出阳性样品的养殖场开展持续监测，尤其是一些国家级或省级的良种场，以及从国外引种的养殖场，应当纳入每年的监测计划中。

（4）部分检测单位对于阳性样品测序的必要性认识还不够，缺乏正确的测序数据　做好阳性样品的测序工作可以为我国 KHV 基因型的分类及时空分布研究提供数据支撑，而这将为我国 KHV 起源和进化研究提供重要依据。目前已发现的流行于我国的 KHV 基因型变异及分布情况还没能完全掌握，从 2014 年开始的全国 KHVD 监测可以为基因型的时空分布提供更多的流行病学调查数据。然而，当前 KHVD 的监测关于这方面的数据还不够完整，有些单位只进行 SPH 序列的测序，缺乏 TK 基因的测序结果。建议各单位保存好阳性样品（−80 ℃保存），或将阳性样品集中至指定的实验室进行保存，并且对阳性样品及时、正确测序，从而做好测序的数据归档工作，为 KHV 基因型调查研究打下坚实的基础。

（5）对于阳性场的处理是一个亟待解决的问题　目前国家虽然出台了《中华人民共和国动物防疫法》《重大动物疫情应急条例》和《国家突发重大动物疫情应急预案》，但在实际动物疫病处理过程中缺乏可执行的操作细则，致使疫病处置职责不清，阳性场也未进行无害化处理，即使各机构检测出了疫病，但因没有很好地处置，病原依旧处在失控状态，十分不利于疫病的控制，建议加强动物疫病的监督执法力度并尽快出台管理办法。

（6）监测数据的完整性还有待加强　从各省份提供的监测数据汇总来看，大部分省（自治区、直辖市）都能严格按照要求填报各项监测数据，但是也有少数单位的数据填写并不完整，如养殖方式、采样水温、样品规格、发病死亡情况等基础数据缺失或失真，造成相关的分析难以进行。尤其是阳性样品的流行病学调查数据，如详细的养殖场地点、养殖场面积、养殖水温、死亡率、苗种来源、造成的损失、用药情况、苗种销售去向等对于风险分析和评估意义重大。建议各单位在平时的监测工作中就做好数据的填写保存工作，以免造成工作量过于集中而导致的漏填、错填等错误发生。

# 2021 年鲫造血器官坏死病状况分析

中国水产科学研究院长江水产研究所

（刘文枝　范玉顶 周勇　曾令兵）

## 一、前言

（一）2021 年鲫造血器官坏死病研究进展

鲤疱疹病毒Ⅱ型（CyHV-2）感染养殖鲫（*Carassius auratus*）引起的鲫造血器官坏死病是我国严重的淡水鱼类传染性疾病之一。患病鲫的主要临床症状为：体表广泛性充血或出血，鳃丝肿胀、充血或出血，剖检发现患病鲫主要内脏器官充血严重。该病致死率高，给我国鲫养殖产业造成了巨大的经济损失，严重威胁鲫养殖业健康发展。2021年，国内外围绕 CyHV-2 主要开展了病原学与流行病学、致病与防御机理、诊断技术、防控技术等方面的研究。

在病原学与流行病学研究方面，研究人员从养殖鲫体内分离到一株鲤疱疹病毒Ⅱ型（CyHV-2）SH01，该毒株感染鲫和金鱼后引起患病鱼表现出高度敏感性，具有典型的临床症状，死亡迅速。在致病与防御机理方面，利用酵母双杂交技术，将诱饵菌株 pGBKT7-tORF25B/Y2H Gold 与鲫脑组织细胞系（GiCB）cDNA 文库杂交，初步筛选出 4 种与 *tORF25B* 基因编码蛋白互作的宿主蛋白。该研究结果为深入开展 CyHV-2 ORF25B 编码蛋白功能及病毒入侵宿主细胞的机制研究奠定了重要基础。在病原快速诊断检测方面，以鲤疱疹病毒Ⅱ型（CyHV-2）病毒粒子为包被酶标板，以抗异育银鲫 IgM 单抗作为检测一抗，碱性磷酸酶标记羊抗鼠 IgG 作为检测二抗，构建了鲫血清中 CyHV-2 特异性抗体酶联免疫检测技术，进一步优化显示该技术中最佳单抗为 8C5，最佳二抗稀释度为 1∶2000，鲫血清最佳稀释度为 1∶20。研究表明，本研究中成功制备了抗异育银鲫 IgM 单克隆抗体，并以此为工具构建了检测鲫血清中 CyHV-2 特异性抗体酶联免疫检测技术，本研究结果为今后开展异育银鲫特异性免疫应答研究提供了有力工具，为 CyHV-2 疫苗的效果评价奠定了基础。在 CyHV-2 中发现了一种称为 ORF4 的新型 TNFR 同源物。ORF4 被鉴定为分泌蛋白和疱疹病毒进入介质（HVEM）的同源物。ORF4 定位于受感染 GiCF 细胞的细胞质中。ORF4 过表达增强了病毒传播，而通过 siRNA 下调 ORF4 减少了病毒传播。ORF4 过表达促进 GiCF 增殖，其下调抑制 CyHV-2 诱导的细胞凋亡。GST-pulldown 和 LC-MS/MS 分析确定了 44 种与 ORF4 蛋白相互作用的条件结合蛋白，而 GST pulldown 测试不支持 ORF4 与组蛋白 H3.3 相互作用的想法。在防控技术方面，通过昆虫表达载体表达 CyHV-2 *ORF72*（区域 1～

186 bp)、*ORF66*（区域 993～1197 bp）、*ORF81*（区域 603～783 bp）和 CyHV－2 的 *ORF82*（区域 85～186 bp）基因，免疫后银鲫相对成活率分别达到约 60%。此外，也研究了植物源性小檗碱对鲫疱疹病毒Ⅱ型增殖的抑制作用及其药代动力学。植物源性小檗碱在鲫中的药代动力学数据显示其吸收迅速（为 1.5 h）、合适的血浆半衰期（为 7～12 h，取决于口服剂量），以及剂量依赖性的药物暴露特性口服给药。

（二）主要内容概述

2021 年是农业农村部开展全国鲫造血器官坏死病监测的第 7 年，监测省份从最初 2015 年的 9 个增加到 2021 年的 15 个，范围覆盖了我国鲫主要养殖省份，并且近 3 年稳定在 15 个省份，为连续跟踪监测我国鲫主养区鲫造血器官坏死病在全国范围内的流行情况，分析疾病发生的规律提供一个连续稳定的数据支撑。

为了继续跟踪监测鲫造血器官坏死病在我国的流行情况，保障我国鲫养殖业的持续健康发展。2021 年，农业农村部渔业渔政管理局继续将 CyHV－2 感染引起的鲫造血器官坏死病纳入《国家水生动物疫病监测计划》方案，通过整理与分析 2021 年各监测省份的上报数据，了解 CyHV－2 在 15 省的监测实施情况，最后将 2015—2021 年 7 年的监测数据进行比较分析，对连续 7 年监测结果的发病规律进行总结，以及对全年样品监测过程中存在的问题给予相关建议，形成 2021 年 CyHV－2 国家监测分析报告。

## 二、各省开展 CyHV－2 疫病的监测情况

（一）2015—2021 年参加省份、乡镇数和监测点分布

自 2015 年首次开展 CyHV－2 的专项监测工作以来，随着工作的顺利推进，鲫造血器官坏死病的监测范围逐年扩大。从 2015 年监测范围包括 9 个省（自治区、直辖市）的 83 个县、148 个乡（镇）；到 2016 年，在 2015 年已有基础上新增加 6 个省（自治区、直辖市），监测范围覆盖 15 省（自治区、直辖市）的 167 个县、253 个乡（镇）（图 1、图 2）；2017 年监测范围扩大到 17 省（自治区、直辖市）的 168 个县、276 个乡（镇）；2018 年监测省份与 2017 年的相同，但是县和乡（镇）数量及采样地点进行了相应的调整，其中监测县的数量由 168 个增加到 182 个；2019 年，CyHV－2 的监测省

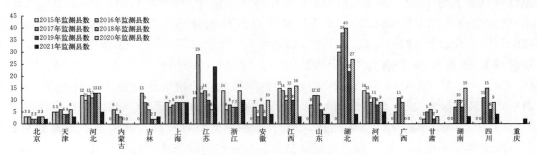

图 1　2015—2021 年参加 CyHV－2 监测的县数

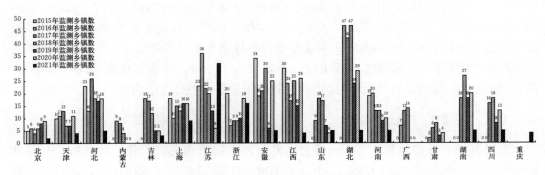

图2 2015—2021年参加CyHV-2监测的乡镇数

（自治区、直辖市）包括15省（自治区、直辖市）的113个区（县）和167个乡（镇）；2020年，监测省（自治区、直辖市）包括15省（自治区、直辖市）的147个区（县）、215个乡（镇），覆盖了我国鲫养殖主要地区和省份。2021年，CyHV-2的监测省（自治区、直辖市）数量与2020年相同的基础上，将甘肃省替换成了重庆市，其他省份都未变化，即覆盖范围为北京、天津、河北、吉林、上海、江苏、浙江、安徽、江西、山东、河南、湖北、湖南、四川和重庆15省（自治区、直辖市）的85个县、109个乡（镇）。其中相应的监测县和乡镇数有所减少。

（二）2015—2021年监测省份不同养殖场类型情况

按照《国家水生动物疫病监测计划》采样要求，监测点包括辖区内鲫的国家级和省级原良种场、常规测报点中的重点苗种场、观赏鱼养殖场及成鱼养殖场。2021年，鲫造血器官坏死病监测任务中15省（自治区、直辖市）共设置监测养殖点123个，其中，国家级原良种场4个（3.3%）、省级原良种场23个（18.7%）、重点苗种场41个（33.3%）、观赏鱼养殖场6个（4.9%）、成鱼养殖场49个（39.8%）。2015—2020年，分别在9、15、17、17、15和15个（自治区、直辖市）共设置监测养殖点249、414、426、384、241和282个，其中各年份国家级原良种场分别为4个（1.6%）、6个（1.4%）、5个（1.2%）、5个（1.3%）、6个（2.5%）和10个（3.5%）；各年份省级原良种场分别为17个（6.8%）、35个（8.5%）、37个（8.7%）、32个（8.3%）、27个（11.2%）和40个（14.2%）；各年份重点苗种场分别为50个（20.1%）、123个（29.7%）、102个（24.1%）、105个（27.3%）、75个（31.1%）和76个（27%）；各年份观赏鱼养殖场分别为23个（9.2%）、32个（7.7%）、28个（6.6%）、22个（5.7%）、16个（6.6%）和14个（5%）；各年份成鱼养殖场分别为155个（62.2%）、218个（52.7%）、252个（59.4%）、220个（57.3%）、117个（48.5%）和142个（50%）。与2020年的统计结果相比，2021年各种类型养殖场占比情况，国家原良种场、成鱼养殖场比例有所下降，省级原良种场、重点苗种场比例有所上升，观赏鱼养殖场基本持平。所有养殖场的采集数量均下降。

（三）2015—2021 年各省份监测采样数量

2021 年 CyHV-2 疫病监测 15 省（自治区、直辖市）共采集样品 132 份，其中，北京 5 份、天津 5 份、河北 5 份、吉林 5 份、上海 10 份、江苏 46 份、浙江 16 份、安徽 5 份、江西 5 份、山东 5 份、河南 5 份、湖北 5 份、湖南 5 份、四川 5 份和重庆 5 份。

2015—2020 年全国的总监测样品采集分别为 307、487、454、407、241 和 282 份，其中，分别为北京 25、30、20、20、15 和 22 份，天津 30、30、20、10、10 和 20 份，河北 72、50、62、30、30 和 30 份，内蒙古 18、15 和 10 份（2016、2017 和 2018 年），吉林 20、20、15、5 和 5 份（2016、2017、2018、2019 和 2020 年），上海 20、24、28、30、20 和 20 份，江苏 69、72、34、30、21 和 10 份，浙江 30、10、10、10、10 和 20 份，安徽 60、50、32、20 和 40 份（2016、2017、2018、2019 和 2020 年），江西 30、30、20、30、20 和 35 份，山东 20、30、30、11 和 5 份（2016、2017、2018、2019 和 2020 年），湖北 50、43、50、25 和 30 份（2016、2017、2018、2019 和 2020 年）；河南 31、28、20、20、15 和 15 份（2015、2016、2017、2018、2019 和 2020 年），湖南 20、30、20 和 20 份（2017、2018、2019 和 2020 年），广西 30、30 和 30 份（2016、2017 和 2018 年），四川 20、20、15 和 15 份（2017、2018、2019 和 2020 年）和甘肃 15、12、10、5 和 5 份（2016、2017、2018、2019 和 2020 年）。与 2020 年采样监测样品数量相比较，吉林和山东两省份检测采样数量连续两年持平，2021 年江苏省采样数量较 2020 年多外，其他参加监测省份的采集样品数量均不同程度地下降（重庆市 2021 年首次参加监测除外）。

2021 年参加监测的 15 省（自治区、直辖市）养殖点性质设置分布情况如图 3 所示，上海、浙江、江苏、湖南 4 省（直辖市）的监测点覆盖了国家级原良种场、省级原良种场、重点苗种场，其他省份包括苗种场监测的有安徽、江西、山东、河南、湖北、重庆和四川 6 省（直辖市），北京以观赏鱼养殖场为主，天津和河北则以成鱼养殖为主；2021 年参加鲫造血器官坏死病监测的 15 个省（自治区、直辖市）中，能够全部覆盖原良种场和苗种场养殖点性质的省（自治区、直辖市）比例为 26.7%（4/15），主要以成鱼场或观赏鱼场为监测点的比例为 20%（3/15）。

2020 年参加监测的 15 省（自治区、直辖市）养殖点性质监测分布上，上海、浙江、江西、湖北 4 省（直辖市）的监测点基本覆盖了国家级、省级良种场，重点苗种场、成鱼养殖场和观赏鱼养殖场，其他省份包括苗种场监测的有河北、安徽、山东、河南、湖南和四川 6 省，北京以观赏鱼养殖场为主，天津和河北则以成鱼养殖为主，吉林主要以省级原良种养殖为主；2020 年参加鲫造血器官坏死病监测的 15 个省（自治区、直辖市）中，能够基本全部覆盖养殖点性质的省（自治区、直辖市）比例为 26.7%（4/15），主要以成鱼场或观赏鱼场为监测点的比例为 20%（3/15），以省级原良种为主的比例为 6.7%（1/15）。2019 年参加鲫造血器官坏死病监测的 15 个省（自治区、直辖市）中，能够基本全部覆盖养殖点性质的省（自治区、直辖市）比例为 40.0%（6/15），

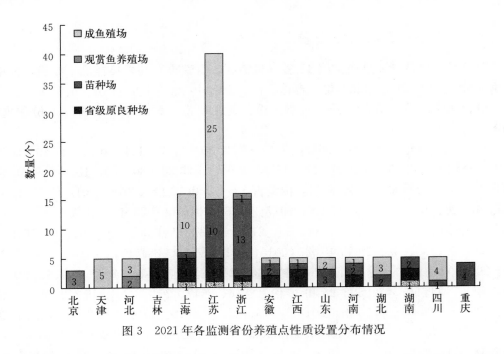

图 3　2021 年各监测省份养殖点性质设置分布情况

能够覆盖苗种场和成鱼场或观赏鱼场的比例为 53.3％（8/15），主要以成鱼场或观赏鱼场为监测点的比例为 6.7％（1/15）。2018 年 17 个省（自治区、直辖市）监测点中，能够基本全部覆盖养殖点性质的省（自治区、直辖市）比例为 29.4％（5/17），能够覆盖苗种场和成鱼场或观赏鱼场的比例为 58.8％（10/17），主要以成鱼场或观赏鱼场为监测点的比例为 11.8％（2/17）。2017 年 17 个省（自治区、直辖市）监测点中，能够全部覆盖养殖点性质的省（自治区、直辖市）比例为 11.8％（5/17），能够覆盖苗种场和成鱼场或观赏鱼场的比例为 88.2％（15/17），主要以成鱼场或观赏鱼场为监测点的比例为 11.8％（2/17）。2016 年 15 省（自治区、直辖市）能全部覆盖养殖点性质的有江苏、江西和湖北 3 省，其他省份除北京以观赏鱼养殖场为主，天津、河北、内蒙古以成鱼养殖场为主外，其他省份养殖场采集范围包括了苗种场和成鱼养殖场或观赏鱼养殖场。2015 年全部覆盖的为河北、江苏、江西、河南、上海及浙江 6 省（直辖市），其他 3 省份北京和天津的监测点则以成鱼养殖场和观赏鱼养殖场为主。总之，该监测范围基本能够对 CyHV-2 进行全面的跟踪监测。此外，2021 年除了北京主要以观赏鱼养殖场为监测点外，天津和河北 2 省（直辖市）主要以成鱼养殖场为主，而其余的 12 个省份都覆盖了国家原良种场、省级原良种场、重点苗种场，通过加强对各主养鲫省份的苗种场进行重点监测和检测，降低苗种携带病毒的概率。

（四）采样品种和采样条件

2021 年鲫造血器官坏死病的监测样本品种包括鲫和金鱼。其中鲫数量较多，为 127 个，约占 96.2％（127/132）；金鱼监测数量为 5 个，约占 3.8％（5/132）。2021 年监测样品种类与 2016—2020 年监测的鱼类品种相比有所下降，包括 CyHV-2 易感的鲫和金鱼 2 个品种，未涉及其他养殖品种，这使得在监测 CyHV-2 过程中能够有针对性地对鲫造血器官坏死病进行监测，避免不易感的品种过多，对整体的监测精准性有所影响。

## 三、2021 年 CyHV-2 监测结果分析

（一）阳性检出情况及区域分布分析

2021 年 CyHV-2 疫病监测 15 省（自治区、直辖市）共采集样品 132 份，检出阳性样品 2 份，平均阳性样品检出率为 1.5%，其中阳性样品分布分别是北京 1 份（20.0%），上海 1 份（10.0%）（图 4）。

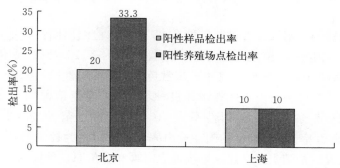

图 4　2021 年 2 个阳性省份的阳性养殖场点检出率和阳性样品检出率

2015—2020 年 CyHV-2 疫病监测年度采集样品分别为 307、487、454、407、242 和 292 份，检出阳性样本分别为 54、38、45、21、13 和 11 份，平均阳性样品检出率为 17.6%、7.8%、9.9%、5.2%、5.4% 和 3.8%。2021 年与 2015—2020 年相比，平均阳性检出率持续下降。监测结果统计显示，北京在 7 年监测过程中每年均能检测出阳性样本；河北在 2017—2020 年连续四年检测出阳性样本；湖北在 2016—2020 年连续 5 年检测出阳性样本，在 2021 年样品监测过程中尚未检测出阳性样本。

与 2015—2020 年相比，2020 和 2021 年 CyHV-2 疫病监测省份均为 15 个省（自治区、直辖市），从 2015 年的 9 个省扩大到 2020 和 2021 年的 15 个省份，阳性省份数量有所下降。以江西省为例，江西在 2020 年检测出阳性样本 5 例（14.3%），而 2021 年未检出阳性样品。此外，通过对 CyHV-2 易感宿主鲫和金鱼的主要养殖省份连续监测，发现北京在近年连续监测中均检测出阳性样品，说明 CyHV-2 仍然是上述品种主养区域的主要疾病，需进一步加强疾病监测与防控工作。各省份的平均阳性检出率监测情况如图 5 所示。

（二）不同类型监测点的阳性检出分析

2021 年，在全国 15 省（自治区、直辖市）123 个监测点共采集样品 132 批次，检出阳性样品 2 批次，平均阳性样品检出率为 1.5%。在 123 个监测养殖点中，国家级原

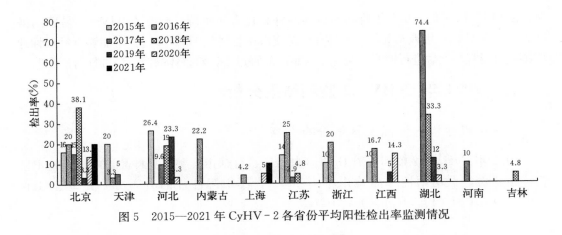

图5　2015—2021年CyHV-2各省份平均阳性检出率监测情况

良种场4个，未检测出阳性；省级原良种场23个，未检测出阳性；重点苗种场41个，未检测出阳性；观赏鱼养殖场6个，1个阳性，检出率16.7%；成鱼养殖场49个，1个阳性，检出率2.0%（图6）。其中，观赏鱼养殖场的阳性检出率16.7%＞成鱼养殖场2.0%＞国家级原良种场0%＝省级原良种场0%＝重点苗种场0%。与往年相比，2021年国家级良种场（2017年阳性率为20.0%）、重点苗种场（2017年阳性率为6.9%，2020年阳性率为2.7%）的阳性检出率在下降，这为控制鲫造血器官坏死病的蔓延和疾病净化提供基础支撑，建议继续加大对鲫和金鱼原良种场的监测和监管。有效控制苗种疾病发生，可为防止CyHV-2的继续蔓延和苗种散毒起到关键作用。观赏鱼阳性检出率也有所下降（2020年21.4%、2018年34.8%、2016年25.5%）。尽管观赏鱼不作为我国的主要食用经济鱼类，但是观赏鱼携带CyHV-2病毒，在运输或售卖过程中可能对养殖鲫CyHV-2传播产生影响，而且CyHV-2高检出率亦为我国观赏鱼

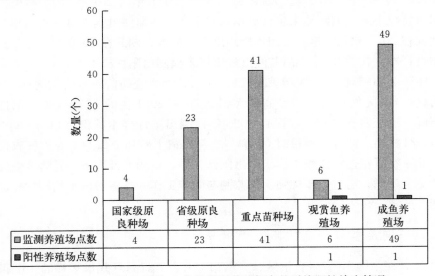

| | 国家级原良种场 | 省级原良种场 | 重点苗种场 | 观赏鱼养殖场 | 成鱼养殖场 |
|---|---|---|---|---|---|
| 监测养殖场点数 | 4 | 23 | 41 | 6 | 49 |
| 阳性养殖场点数 | | | | 1 | 1 |

图6　2021年CyHV-2各种类型养殖场点的平均阳性检出情况

产业健康发展的隐患。因此，建议重视对观赏鱼 CyHV-2 的监测。

（三）易感宿主及比较分析

2021 年鲫造血器官坏死病的监测养殖品种有鲫和金鱼，阳性样本的检出品种均为鲫和金鱼。在 7 年的监测过程中，发现阳性样本主要集中在该病原的易感宿主中，即鲫、金鱼及金鱼变种。在 2015 和 2016 年样本监测过程中，出现有一些省份在其他品种鱼类中检测出阳性样本的情况，如锦鲤、鲤和兴国红鲤，但是由于这几个品种的采样量较少，没有统计学规律，具体是由于 CyHV-2 感染宿主范围扩大还是由于在监测过程某些环节出现问题，还有待大量的确凿数据进行验证（图 7）。

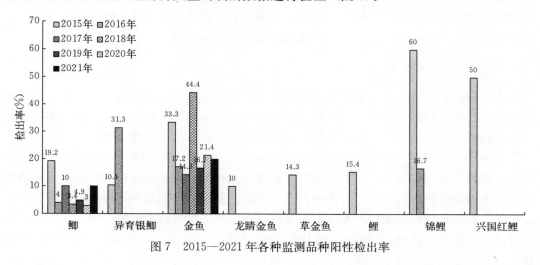

图 7　2015—2021 年各种监测品种阳性检出率

# 四、CyHV-2 疫病风险分析及建议

## （一）我国 CyHV-2 易感宿主

通过连续 7 年（2015—2021 年）对我国鲫主养区省份鲫造血器官坏死病的跟踪监测，结果表明 CyHV-2 的阳性样本主要集中在鲫和金鱼中。2021 年在鲫和金鱼养殖品种内均检出了阳性样品，而且在鲫和金鱼的采样批次中阳性批次相同（均为 1 批次）。但是，比较同一品种阳性样品检出率发现，2021 年金鱼阳性样品检出率（20.0%）要显著高于鲫阳性样品检出率（0.8%），说明我国养殖的金鱼仍处于 CyHV-2 较高感染率区间。与 2020 年的监测结果相比较，2021 年金鱼的阳性样品检出率（2020 年为21.4%）有所下降，但是整体的阳性率还是较高，这表明我国观赏鱼养殖场 CyHV-2病害还需要多加关注，应持续重视及加强我国观赏鱼养殖场的健康管理和日常检测。

## （二）不同养殖场类型传播 CyHV-2 分析

2021 年 CyHV-2 监测过程中发现国家级原良种场、省级原良种场和重点苗种场均未检测出阳性样品。健康苗种是鲫养殖的基础和关键，能从源头上切断疾病的传播。近年连续监测的数据结果显示，国家级原良种场、省级原良种场阳性样品的检测率逐渐降低，说明鲫造血器官坏死病的监测工作对我国鲫的健康养殖起到了促进和推动作用，也为下一步我国鲫苗种场的规范化养殖提供了配套监测服务。

（三）CyHV-2 区域流行特征分析

从 2021 年样品监测区域分布来看，2021 年参与监测的 15 个省份中，有 2 个省份检出了阳性样品，包括北京观赏鱼养殖场和上海鲫苗种养殖场。2021 年，我国鲫主养区湖北和江苏均未检测出阳性样本。如果未来继续监测我国观赏鱼的 CyHV-2，建议将北京持续纳入监测省份。同时，为了防止由于采样抽样与检测等原因导致阳性样本漏检，建议有关单位下一年应继续对湖北和江苏进行跟踪监测。

（四）防控策略建议

由于目前缺乏有效治疗鱼类病毒病的药物，再加上鱼病在初期较难被察觉，这给鱼病的治疗带来了极大的困难，因此预防是对病毒病最为重要的防控途径。针对鲫造血器官坏死病的病原特性、流行病学特征、养殖环境等，做好防治工作措施。

要定期对养殖场亲鱼、鱼苗鱼种进行 CyHV-2 检疫。根据该疾病的流行和暴发季节选择好检疫时间和对象，尤其是针对国家级原良种场、省级原良种场和重点苗种场应定期对亲鱼和苗种进行检疫，杜绝亲鱼带毒繁殖。养殖户在购买鲫鱼种时，应对购买的鲫鱼种进行检疫或询问苗种产地发病历史等，避免购买携带病毒的鲫苗种。对历年有阳性样品检出记录的苗种场进行严密跟踪，调查苗种带毒原因，以杜绝病毒的发生和传播。此外，要重视养殖水环境的水质质量和底质改良，保持健康的养殖水环境对避免疾病的发生起着至关重要的作用。在日常管理中建议定期投喂天然植物抗病毒药物，调节鱼体的免疫力，增强其对病原的抵抗力。在鲫饲料中适量添加多种维生素、免疫多糖制剂以及肠道微生态制剂等，可明显改善鱼体的代谢环境，提高鱼体健康水平和抗应激能力；当疾病流行和暴发时，应对所有因该病而死亡的鲫采用深埋、集中消毒、焚烧等无害化处理，避免病原进一步传播。对所有涉疫池塘水体、患病鱼体的操作工具应采用高浓度高锰酸钾、碘制剂消毒处理，切忌将患病池塘水体排入进水沟渠，避免因滥用药物而导致死亡数量急剧上升。

# 五、项目工作总结

2021 年 CyHV-2 监测项目较好完成了预定的目标任务，全年的监测数据更加详细与丰富。与往年阳性监测结果相比，2021 年平均阳性检出率有所下降，而且国家级良种场、省级原良种场和重点苗种场均未检测出阳性样本。这一监测结果为我国鲫养殖的健康苗种来源提供一定的保障。通过此次更大范围内的 CyHV-2 的检测工作，进一步查清了我国鲫、金鱼等养殖品种的 CyHV-2 发病情况，为以后该病的防治奠定实践基础；此外，承担项目的各省份通过此次 CyHV-2 的监测工作锻炼了水生动物防疫检疫队伍，提高了应对以后鱼类疾病，尤其是突发病的防疫工作的能力。

（一）存在的问题

本项目 2021 年较好完成了所负责的监测工作和数据的及时上报，为掌握 CyHV‐2 的发病特点、流行情况和防控措施提供了翔实的数据支撑，而且也针对监测过程中存在的问题进行调整和改善，如 2015 和 2016 年的养殖场养殖类型设置问题，在 2021 年得到明显的改善，在监测的 15 个省份中，13 个省份的监测采样点包括了苗种场。但是，在监测工作中仍然存在着一些问题。例如，2021 年我国鲫造血器官坏死病的监测省份数量保持不变，但是每个省份的监测样本数量几乎均有大幅度下降趋势，由于采样数量受限，可能导致阳性样本漏检，影响当年的监测结果。此外，缺乏连续 3 年监测阳性养殖点的翔实记录，使得在分析报告中较难对疾病流行趋势与干预措施效果进行详细的比较分析。在监测过程中还有个别省份缺乏对苗种场的监测。

（二）建议

为全面把握我国主养区鲫造血器官坏死病流行情况，建议增加鲫主养区的样本监测采样数量。加强对阳性养殖场的连续监测，并且建议在国家水生动物疫病监测信息管理系统中加入连续监测养殖点以及连续阳性养殖点的栏目，以便于将来进行统计和分析。为了掌握我国主要养殖鲫和金鱼区域 CyHV‐2 的流行温度以及避免阳性样本的漏检，建议每个参加鲫造血器官坏死病的监测采样单位能够合理安排采样时间，尽量将采样时间分布在 6—8 月。目前研究结果显示，CyHV‐2 的发病高峰季节主要在这个时段。建议各省份采样范围尽量包含苗种场，为第一道防线做好保障工作。建议检测单位将全年阳性检测样本进行测序分析，掌握我国 CyHV‐2 主要的流行株，为将来 CyHV‐2 的免疫防控奠定基础。

# 2021 年草鱼出血病状况分析

中国水产科学研究院珠江水产研究所

（王　庆　尹纪元　石存斌　王英英　李莹莹　莫绪兵　张德锋）

## 一、前言

草鱼（*Ctenopharyngodon idellus*）隶属鲤形目鲤科草鱼属，与鳙、青鱼、鲢并称我国四大家鱼，其养殖历史已超过 1700 年，具有养殖成本低、生长速度快等特点，是我国重要的淡水鱼养殖品种。但是随着草鱼养殖规模不断扩大，养殖草鱼也一直受到病害的困扰，其中由草鱼呼肠孤病毒（Grass carp reovirus，GCRV）引起的草鱼出血病（Grass carp hemorrhagic disease，GCHD）对我国养殖草鱼的危害最严重。

草鱼呼肠孤病毒感染后潜伏期一般在 5～7 天，临床上主要表现为体表发黑，皮肤、鳍条以及内脏等不同组织器官的出血症状。根据出血部位的不同可以分为三种类型：红鳍红鳃盖型、红肌肉型、肠炎型。三种症状可混合或单独出现。该病具有典型的季节流行性，发病水温主要在 25～30 ℃，主要危害两个阶段的草鱼，第一个发病高峰期是 6 月初到 7 月初，主要危害养殖 2 龄草鱼；第二个高峰期是 9—10 月，主要侵害 1 龄草鱼，即当年草鱼种，死亡率可达 90％以上。

由于 GCHD 的流行范围广，发病季节长，病死率高等特点，每年对我国草鱼养殖业造成巨大的经济损失，因此，2008 年农业部将 GCHD 列入《一、二、三类动物疫病病种名录》中的二类动物疫病，2015 年农业部将 GCHD 列入全国水生动物疫病监测计划。为了规范草鱼出血病监测工作，提高监测数据的准确性和可比性，中华人民共和国水产行业标准《草鱼出血病监测技术规范》（SC/T 7023—2021）于 2021 年批准发布。在我国草鱼主养地区对 GCHD 连续数年开展专项检测，逐渐摸清我国 GCHD 的主要流行趋势、流行病毒株等疫病本底情况，为该疫病的预防及病原净化提供了流行病学依据。

水产苗种流通性大，疫病传播风险高，草鱼出血病一直是苗种产地检疫规定的检疫对象。为了实现准确诊断，有效控制由于 GCHD 传播给我国草鱼养殖业带来的危害，中国水产科学研究院珠江水产研究所作为草鱼出血病参考实验室，建立了 GCRV‑Ⅱ型半巢式 RT‑PCR 检测方法，通过两轮 PCR 扩增，显著提高检测灵敏性，为病原排查提供了有力的技术支撑，该方法列入了《草鱼出血病监测技术规范》。此外，李莹莹等建立了草鱼出血病 RPA‑LFD 和 RPA 现场快速检测方法，通过筛选、优化适合现场检测用核酸提取技术，开发现场快速可视化诊断技术，实现了草鱼出血病现场快速诊断。尹纪元等建立的 GCRV‑Ⅱ荧光定量 PCR 检测方法，与目前已经建立的诊断方法相比较，不仅具有更高的检测灵敏性，同时还可以对 GCRV‑Ⅱ进行实验室定量分析，该方法的建立不仅可以在流行病学调查中对批量样品开展定量分析，也为病毒的宿主和组织嗜性等病原学研究提供技术支撑，为更好开展 GCHD 的防控奠定了坚实基础。

在免疫防控方面，早期研制的草鱼出血病土法灭活疫苗有效控制了 GCHD 的发生和传播；中国水产科学研究院珠江水产研究所研制开发的草鱼出血病弱毒疫苗，由于稳定的品质、良好的安全性、高效的保护率在 GCHD 预防中发挥了重要作用；近年来吕立群、王浩等通过病原学研究，研制开发了 GCHD 治疗性药物"血停"，对不同基因型 GCRV 感染导致的 GCHD 均有良好的治疗效果；为了简化免疫程序、提高大水面养殖草鱼疫苗接种率，有效控制草鱼出血病的传播，尹纪元等先后研制了草鱼出血病芽孢杆菌口服疫苗和草鱼出血病乳酸菌口服疫苗，制备具有特定病原颉颃能力的功能性益生菌，通过饲料拌喂的方式进行免疫，在实验室评价中获得了良好的免疫保护效果，为下一步推广应用奠定了基础。

为了摸清草鱼出血病在我国的流行情况，切断草鱼出血病的传播途径，减少草鱼养殖过程中由于草鱼出血病造成的经济损失，实现我国水产养殖的提质增效、减量增收、富裕渔民的目标，2015 年草鱼出血病被列入国家水生动物疫病监测计划，截至 2021 年，已经连续 7 年对我国草鱼出血病开展疫情监测。2015 年计划监测样品 510 份（实际完成 498 份）、2016 年计划监测样品 450 份（实际完成 451 份）、2017 年计划监测样品 373 份（实际完成 395 份）、2018 年计划监测样品 450 份（实际完成 451 份）、2019 年计划监测样品 295 份（实际完成 299 份）、2020 年计划监测样品 385 份（实际完成 388 份）。本分析报告将整理和分析 2021 年各省份上报的监测数据，对全国监测结果进行分析，并给予相关建议。通过连续数年的疫情监测，为摸清草鱼出血病的本底情况，渔民疫情防控、切断疫病流行提供了基础数据。

## 二、主要内容概述

2021 年，监测计划中全国有 19 个省（自治区、直辖市）参加草鱼出血病监测工作，包括天津、河北、吉林、上海、江苏、浙江、安徽、江西、山东、河南、湖北、湖南、广东、广西、重庆、四川、贵州、宁夏、新疆，监测样品预计共计 155 个。截止到 2020 年 12 月 31 日，一共完成监测样品 202 份，河北、江苏和浙江 3 个省超额完成任务，其他省份按照计划完成全部监测任务（图 1）。

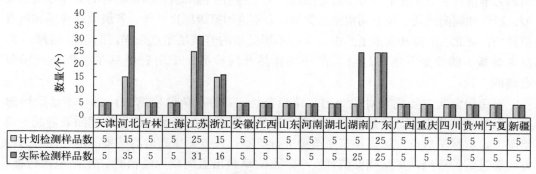

| | 天津 | 河北 | 吉林 | 上海 | 江苏 | 浙江 | 安徽 | 江西 | 山东 | 河南 | 湖北 | 湖南 | 广东 | 广西 | 重庆 | 四川 | 贵州 | 宁夏 | 新疆 |
|---|---|---|---|---|---|---|---|---|---|---|---|---|---|---|---|---|---|---|---|
| 计划检测样品数 | 5 | 15 | 5 | 5 | 25 | 15 | 5 | 5 | 5 | 5 | 5 | 5 | 25 | 5 | 5 | 5 | 5 | 5 | 5 |
| 实际检测样品数 | 5 | 35 | 5 | 5 | 31 | 16 | 5 | 5 | 5 | 5 | 5 | 25 | 25 | 5 | 5 | 5 | 5 | 5 | 5 |

图 1　2021 年各省份草鱼出血病监测样品的完成情况

## 三、2021 年草鱼出血病监测实施情况

### （一）监测点的分布和类型

2021 年，在全国 19 个省（自治区、直辖市）开展草鱼出血病监测，覆盖了我国草鱼主要养殖地区。共在 126 个区县 155 个乡镇的 186 个监测场点开展监测，每个省份涉及的县和乡镇数如图 2 所示。与 2020 年相比较，2021 年草鱼出血病各级监测点的分布数量均有减少，监测省份数减少 5％，检测区县数减少 32.98％，覆盖乡镇数减少 41.95％，监测场点数减少 48.33％。据《渔业统计年鉴》统计，2020 和 2021 年我国养殖草鱼产量和草鱼病害发生造成的经济损失与之前基本持平。从统计学分析，监测场点和样品数的减少，可能造成监测结果与实际疫情发生情况出现偏差。

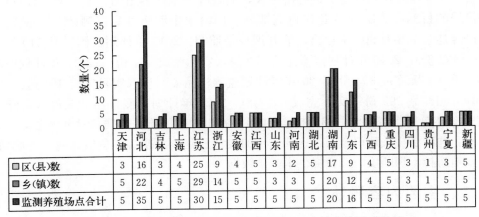

| | 天津 | 河北 | 吉林 | 上海 | 江苏 | 浙江 | 安徽 | 江西 | 山东 | 河南 | 湖北 | 湖南 | 广东 | 广西 | 重庆 | 四川 | 贵州 | 宁夏 | 新疆 |
|---|---|---|---|---|---|---|---|---|---|---|---|---|---|---|---|---|---|---|---|
| □区（县）数 | 3 | 16 | 3 | 4 | 25 | 9 | 4 | 5 | 3 | 2 | 5 | 17 | 9 | 4 | 5 | 3 | 1 | 3 | 5 |
| ■乡（镇）数 | 5 | 22 | 4 | 5 | 29 | 14 | 5 | 5 | 3 | 5 | 5 | 20 | 12 | 4 | 5 | 3 | 1 | 5 | 5 |
| ■监测养殖场点合计 | 5 | 35 | 5 | 5 | 30 | 15 | 5 | 5 | 5 | 5 | 5 | 20 | 16 | 5 | 5 | 5 | 5 | 5 | 5 |

图 2　2021 年参加草鱼出血病检测的区县、乡镇和检测点数量

在 186 个监测养殖场中，国家级原良种场 6 个，占监测点 3.23％；省级原良种场 48 个，占监测点 25.81％；重点苗种场 58 个，占监测点 31.18％；成鱼养殖场 73 个，占监测点 39.25％；观赏鱼养殖场 1 个，占监测点 0.54％（图 3）。其中江苏和湖北的监测点类型最为丰富，涉及 4 种不同类型的监测点类型，包括了除观赏鱼养殖场外的全部养殖场类型；浙江和湖南涉及 3 种不同检测点类型，分别为国家级原良种场、省级原良种场和重点苗种场；河北、上海和安徽虽然也在 3 种不同类型的养殖场布点采样，但在监测样品数量大幅减少的背景下建议尽量对苗种场样品开展检测；个别省份只在成鱼养殖场布点监测。

草鱼出血病主要危害对象为当年草鱼苗种，2 龄草鱼即使携带病毒，多呈隐性感染。虽然具有传染性，但是病毒载量低，容易出现漏检的情况。在监测样品数量减少的情况下，应尽量对苗种场当年草鱼苗种进行监测，一方面提高监测结果的可靠性；另一方面通过苗种检测，尽量确保苗种安全，预防草鱼出血病病原随苗种在不同地区传播，具有更现实的监测价值。

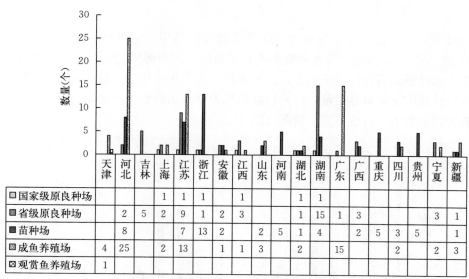

| | 天津 | 河北 | 吉林 | 上海 | 江苏 | 浙江 | 安徽 | 江西 | 山东 | 河南 | 湖北 | 湖南 | 广东 | 广西 | 重庆 | 四川 | 贵州 | 宁夏 | 新疆 |
|---|---|---|---|---|---|---|---|---|---|---|---|---|---|---|---|---|---|---|---|
| ☐ 国家级原良种场 | | | | 1 | 1 | 1 | | 1 | | | | 1 | 1 | | | | | | |
| ▨ 省级原良种场 | | 2 | 5 | 2 | 9 | 1 | 2 | 3 | | | 1 | 15 | 1 | 3 | | | | 3 | 1 |
| ▣ 苗种场 | | 8 | | | 7 | 13 | 2 | | 2 | 5 | 1 | 4 | | 2 | 5 | 3 | 5 | | 1 |
| ▨ 成鱼养殖场 | 4 | 25 | | 2 | 13 | | 1 | 1 | 3 | | 2 | | 15 | | 2 | | 2 | 3 | |
| ☒ 观赏鱼养殖场 | 1 | | | | | | | | | | | | | | | | | | |

图3　2021年每个省份不同类型监测点数量

## （二）监测点养殖模式

2021 年度全部监测点的养殖模式以淡水池塘养殖为主，全部 202 份样品中 197 个样品来自淡水池塘养殖模式，占总数的 97.52％；淡水工厂化养殖模式、淡水网箱养殖模式样品各 2 份，各占总数的 0.99％；淡水流水池塘养殖模式样品 1 份，占总数的 0.50％。在所有监测省份中，河北和贵州监测点养殖模式多样性较好，包括不同养殖模式；其他各省样品均采自淡水池塘养殖模式。集约化、工厂化的养殖模式不仅可以精准为养殖水产动物提供营养和生存、生长所需条件，低碳节能，还能够有效控制病原传播，是水产养殖的发展趋势。我国水产养殖发展现状决定草鱼养殖仍然以淡水池塘养殖模式为主，因此 2021 年监测样品的养殖模式具有较好的代表性（图4）。

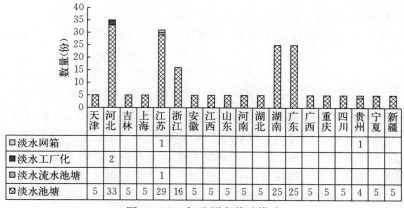

| | 天津 | 河北 | 吉林 | 上海 | 江苏 | 浙江 | 安徽 | 江西 | 山东 | 河南 | 湖北 | 湖南 | 广东 | 广西 | 重庆 | 四川 | 贵州 | 宁夏 | 新疆 |
|---|---|---|---|---|---|---|---|---|---|---|---|---|---|---|---|---|---|---|---|
| ☐ 淡水网箱 | | | | | 1 | | | | | | | | | | | | 1 | | |
| ▩ 淡水工厂化 | | 2 | | | | | | | | | | | | | | | | | |
| ▨ 淡水流水池塘 | | | | | 1 | | | | | | | | | | | | | | |
| ☒ 淡水池塘 | 5 | 33 | 5 | 5 | 29 | 16 | 5 | 5 | 5 | 5 | 5 | 25 | 25 | 5 | 5 | 5 | 4 | 5 | 5 |

图4　2021年监测点养殖模式

（三）采样品种

2021 年度采样品种以草鱼为主，在全部监测样品中，草鱼样品有 201 份，占全部样品的 99.50%，江苏对 1 份青鱼样品进行了监测，占全部样品 0.50%。虽然草鱼和青鱼都是草鱼呼肠孤病毒的敏感宿主，但是根据《渔业统计年鉴》统计结果，目前我国草鱼养殖量远远大于青鱼养殖量，因此以草鱼作为草鱼出血病的主要监测对象，能够很好地反映我国草鱼出血病疫情发生情况（图 5）。

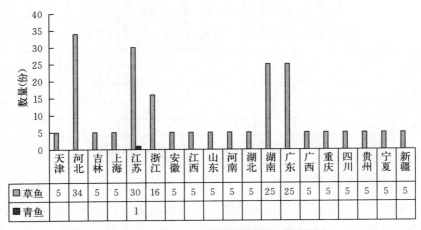

| | 天津 | 河北 | 吉林 | 上海 | 江苏 | 浙江 | 安徽 | 江西 | 山东 | 河南 | 湖北 | 湖南 | 广东 | 广西 | 重庆 | 四川 | 贵州 | 宁夏 | 新疆 |
|---|---|---|---|---|---|---|---|---|---|---|---|---|---|---|---|---|---|---|---|
| ■草鱼 | 5 | 34 | 5 | 5 | 30 | 16 | 5 | 5 | 5 | 5 | 25 | 25 | 5 | 5 | 5 | 5 | 5 | 5 | 5 |
| ■青鱼 | | | | | 1 | | | | | | | | | | | | | | |

图 5　2021 年每个省份采样品种和采样数量

（四）采样水温

2021 年所有监测采集样品均记录有样品规格，其中大多数样品采用体长作为规格指标，部分样品是以体重作为规格指标，为了便于统计，一律以样品体长的平均值作为规格指标（提供体重数据的样品进行了体长估算）。从记录的数据来看，2021 年草鱼出血病采样规格主要集中在 5 cm 以下的样品，共计 190 个，占样品的 48.97%；其次为 5~10 cm 的样品，共计 84 个样品，占样品的 21.65%；10~15 cm 的 30 份，占 7.73%；15~20 cm 的 34 份，占 8.76%；20 cm 以上的 50 份，占样品的 12.89%（图 6）。

（五）检测单位

2021 年参与样品检测任务的单位包括中国水产科学研究院珠江水产研究所、中国水产科学研究院长江水产研究所、中国水产科学研究院黑龙江水产研究所、中国检验检疫科学研究院、青岛海关技术中心、武汉海关技术中心、长沙海关技术中心、河北省水产技术推广站、江苏省水生动物疫病预防控制中心、连云港海关综合技术中心、上海市水产技术推广站、浙江省淡水水产研究所、重庆市水生动物疫病预防控制中心和广西渔业病害防治环境监测和质量检验中心，共计 14 家单位。检测单位分别来自出入境检验

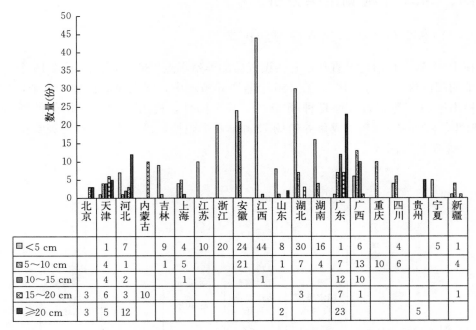

| | 北京 | 天津 | 河北 | 内蒙古 | 吉林 | 上海 | 江苏 | 浙江 | 安徽 | 江西 | 山东 | 湖北 | 湖南 | 广东 | 广西 | 重庆 | 四川 | 贵州 | 宁夏 | 新疆 |
|---|---|---|---|---|---|---|---|---|---|---|---|---|---|---|---|---|---|---|---|---|
| <5 cm | | 1 | 7 | | 9 | 4 | 10 | 20 | 24 | 44 | 8 | 30 | 16 | 1 | 6 | | 4 | | 5 | 1 |
| 5~10 cm | | 4 | 1 | | 1 | 5 | | | 21 | | 1 | 7 | 4 | 7 | 13 | 10 | 6 | | | 4 |
| 10~15 cm | | | 4 | 2 | | 1 | | | | | 1 | | | 12 | | | | | | |
| 15~20 cm | 3 | 6 | 3 | 10 | | | | | | | | | 3 | 7 | 1 | | | | | |
| ≥20 cm | 3 | 5 | 12 | | | | | | | | 2 | | | 23 | | | | 5 | | |

图 6　2021 年各省份采样规格分布

检疫系统、科研院所和推广系统，所有参与检测机构均通过农业农村部渔业渔政管理局组织的相关疫病检验检测能力测试，确保检测结果准确有效（图 7）。

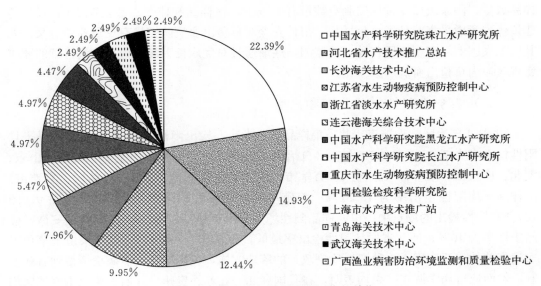

图 7　2021 年参与样品检测工作的单位

2.49% 2.49% 2.49%
2.49%
2.49%
2.49%
4.47%
4.97%
4.97%
5.47%
7.96%
9.95%
12.44%
14.93%
22.39%

- □中国水产科学研究院珠江水产研究所
- ▨河北省水产技术推广总站
- ▫长沙海关技术中心
- ⊠江苏省水生动物疫病预防控制中心
- ▥浙江省淡水水产研究所
- ▤连云港海关综合技术中心
- ■中国水产科学研究院黑龙江水产研究所
- ▩中国水产科学研究院长江水产研究所
- ■重庆市水生动物疫病预防控制中心
- ▣中国检验检疫科学研究院
- ■上海市水产技术推广站
- ▫青岛海关技术中心
- ■武汉海关技术中心
- □广西渔业病害防治环境监测和质量检验中心

## 四、2021 年检测结果分析

### （一）各省份阳性监测点分布和比率

在 19 个省（自治区、直辖市）共设置监测养殖场点 186 个，检出阳性 16 个，养殖场点平均阳性检出率为 8.6%。在 186 个监测养殖场中，国家级原良种场 6 个，1 个阳性，检出率 16.7%；省级原良种场 48 个，6 个阳性，检出率 12.5%；苗种场 58 个，3 个阳性，检出率 5.2%；成鱼养殖场 73 个，6 个阳性，检出率 8.2%；观赏鱼养殖场 1 个，0 个阳性（图 8）。

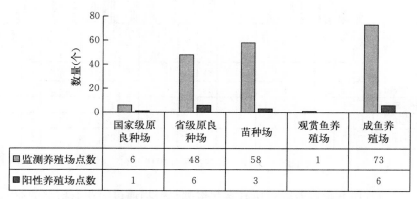

| | 国家级原良种场 | 省级原良种场 | 苗种场 | 观赏鱼养殖场 | 成鱼养殖场 |
|---|---|---|---|---|---|
| 监测养殖场点数 | 6 | 48 | 58 | 1 | 73 |
| 阳性养殖场点数 | 1 | 6 | 3 | | 6 |

图 8　2021 年草鱼出血病各种类型养殖场点的阳性检出情况

2020—2021 年由于疫情等各种原因，草鱼出血病国家专项监测连续两年减少监测样品数量，国家级原良种场监测点数量有所减少。在样品和监测点数量减少的情况下，建议优先考虑采集苗种场草鱼样品，苗种安全对草鱼出血病防控具有更重要的意义。尤其应加大国家级和省级原良种场的监测，逐渐通过对优质良种场草鱼出血病持续的监测实现区域内草鱼出血病病原净化。

### （二）各省份阳性样品分布和比率

19 省（自治区、直辖市）共采集样品 202 批次，检出阳性样品 16 批次，样品平均阳性检出率为 7.92%。在 19 个省（自治区、直辖市）中，河北、上海、安徽、山东、湖北、广西和广东 7 省（自治区、直辖市）监测到阳性样品，7 省（自治区、直辖市）的样品平均阳性检出率为 18.82%；养殖场点平均阳性检出率为 21.05%（图 9、图 10）。有阳性检出的场点中，广西样品阳性场点检出率最高，为 80%；其次是安徽，样品阳性率为 40%；河北省样品阳性检出率最低，为 8.6%（图 11）。近年来由于草鱼出血病疫苗的广泛应用、苗种产地检疫政策的落地实施，我国草鱼出血病疫情得到有效控制，然而流行病学调查结果均表明，在我国湖北、江苏、贵州、江西等草鱼主养地区均有报道草鱼出血病疫情发生，与部分省份监测结果存在一定差异，因此建议尽量增加监测样品数量；在监测样品数量一定的情况下，尽量采集未经过免疫的样品开展监测，使监测结果能够更好反映实际情况。

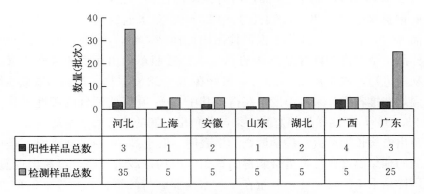

| | 河北 | 上海 | 安徽 | 山东 | 湖北 | 广西 | 广东 |
|---|---|---|---|---|---|---|---|
| ■阳性样品总数 | 3 | 1 | 2 | 1 | 2 | 4 | 3 |
| ■检测样品总数 | 35 | 5 | 5 | 5 | 5 | 5 | 25 |

图 9　2021 年各省份阳性样品检出情况

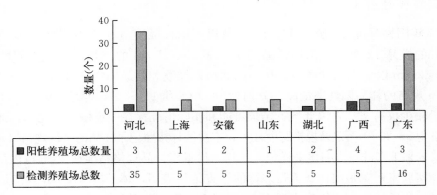

| | 河北 | 上海 | 安徽 | 山东 | 湖北 | 广西 | 广东 |
|---|---|---|---|---|---|---|---|
| ■阳性养殖场总数量 | 3 | 1 | 2 | 1 | 2 | 4 | 3 |
| ■检测养殖场总数 | 35 | 5 | 5 | 5 | 5 | 5 | 16 |

图 10　2021 年各省份阳性养殖场检出情况

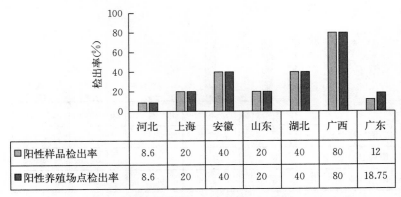

| | 河北 | 上海 | 安徽 | 山东 | 湖北 | 广西 | 广东 |
|---|---|---|---|---|---|---|---|
| ■阳性样品检出率 | 8.6 | 20 | 40 | 20 | 40 | 80 | 12 |
| ■阳性养殖场点检出率 | 8.6 | 20 | 40 | 20 | 40 | 80 | 18.75 |

图 11　2021 年阳性样品检出省份样品和养殖场点的阳性率

（三）阳性样品的水温分布

2021 年共检测出 16 个阳性样品，所有检测阳性样品都清晰记录了采样时的水温，阳性样品的记录水温均在 20 ℃以上。其中 25～29 ℃水温的检出样品最多，为 11 个，占阳性样品 68.75%；20～24 ℃水温，检出阳性样品 4 个，占阳性样品 25%；≥30 ℃检出阳性样品 1 个，占阳性样品总数的 6.25%。按照草鱼出血病的采样要求，采样在春、夏、秋季进行，水温在 22～30 ℃，最好在 25～28 ℃采样。绝大多数监测阳性样品的采集水温均在推荐样品采集温度下获得，其中 20～30 ℃监测到的阳性样品占阳性样品总数的 93.75%，阳性样品的监测结果与草鱼出血病的流行病学特征一致。

对草鱼出血病长期的流行病学调查结果表明，低于 20 ℃的采样水温不是草鱼呼肠孤病毒复制的理想温度条件，携带病毒的草鱼体内病毒载量下降，容易出现漏检现象，因此应强调样品采集的科学性，尽量在平均水温能够持续维持 1 周左右时间在 20 ℃以上时进行样品采集。

（四）阳性样品的规格分布

2021 年阳性样品 16 份，其中 5 cm 及以下的样品有 3 份，占阳性样品 18.75%；5～20 cm 的样品 12 个，占阳性样品的 75%；20～25 cm 的样品 1 个，占阳性样品的 6.25%；25 cm 以上无阳性样品。从不同规格采样数和样品阳性率来看，20～25 cm 和 5～20 cm 规格的样品阳性率最高，分别为 14.29% 和 11.88%，但是 20～25 cm 规格的样品数量较少仅有 7 个，因此统计结果可能和实际情况存在一定偏差。此外，部分样品记录规格为 5～20 cm，记录规格跨度较大，本次统计按照记录样品的平均规格（12.5 cm）计，建议未来工作进一步细化采样记录工作，尽量将样品规格精准在 5 cm 以内，以便统计分析。实验室对草鱼出血病流行规律的调查结果表明，体长 5～10 cm 规格是草鱼出血病最易感染阶段，如果恰逢水温在 20 ℃以上，则应提前通过疫苗免疫、加强养殖管理等措施进行预防（图 12）。

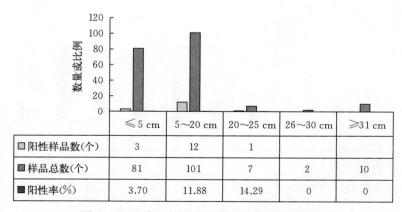

| | ≤5 cm | 5～20 cm | 20～25 cm | 26～30 cm | ≥31 cm |
|---|---|---|---|---|---|
| 阳性样品数(个) | 3 | 12 | 1 | | |
| 样品总数(个) | 81 | 101 | 7 | 2 | 10 |
| 阳性率(%) | 3.70 | 11.88 | 14.29 | 0 | 0 |

图 12　2021 年不同采集样品规格的检测阳性率

（五）阳性样品的地区分布

2021 年检出的阳性样品分布在河北（3 个）、上海（1 个）、安徽（2 个）、山东（1个）、湖北（2 个）、广东（3 个）、广西（4 个）7 省（自治区、直辖市）。目前我国养殖草鱼苗种繁育主要在广东和湖北两省，其他地区在引入苗种的过程中可能因为苗种携带病原而引起草鱼出血病区域流行。连续数年的草鱼出血病监测结果显示，广东和湖北均有草鱼出血病检出，因此加强苗种产地检疫，防止草鱼出血病随苗种流通发生区域间传播是预防该疫病在我国流行的有效措施。

## 五、2015—2021 年监测情况对比

（一）采样规模和完成情况

2015 年计划完成样品数 510 份，实际完成样品数 498 份，执行率 97.65%；2016年计划 461 份，实际 501 份，执行率 108.68%；2017 年计划 373 份，实际 395 份，执行率 105.90%；2018 年计划 450 份，实际 451 份，执行率 100.22%；2019 年计划 295份，实际 299 份，执行率 101.35%；2020 年计划 385 份，实际 388 份，执行率100.78%；2021 年计划 155 份，实际 202 份，执行率 130.32%。2016—2021 均超额完成了年初制订的采样任务。

从采样点的设置来看，2015 年内蒙古完成度不理想，可能与所处地理位置以及水产养殖现状有关，2016—2018 年停止在内蒙古进行草鱼出血病检测；2017 年新增加了贵州和宁夏，进一步扩大了监测范围；2018 年没有增加监测省份，调整监测布局，增加覆盖了对草鱼主要养殖省份广东的监测，同时也提高了江西、安徽等草鱼主要养殖省份的检测量，使监测范围的布局更加合理。2019 年在 2018 年的基础上再次进行了调整，增加了河北的检测量。2020 年草鱼出血病与 2019 年采样点分布基本一致。2021 年减少了北京草鱼出血病监测，同时调减了所有监测省份的监测样品数量，为了使监测结果更加准确可靠，河北、上海、江苏、湖北、湖南、广东等 6 省（直辖市）通过超额完成监测任务的方式，增加了样品监测数量（图 13）。

（二）监测点的类型

2015 年监测点合计 472 个，2016 年 463 个，2017 年 376 个，2018 年 380 个，2019年 287 个，2020 年 360 个。2021 年共设置监测点 186 个，是自 2015 年开展草鱼出血病疫情监测以来，采样点数量最少的一年，主要由于 2021 年监测样品数量大幅削减。但是，2021 年国家级原良种场和省级原良种场布点数量仍与之前持平，为确保我国水产苗种质量安全提供了有力保障。草鱼是我国最大宗的淡水养殖品种，每年为我国居民提供稳定安全的优质动物蛋白。因此确保稳定草鱼产量，对稳定我国国计民生具有重要意义。持续开展草鱼重要病害专项监测、加强草鱼苗种产地检疫都是稳定我国草鱼生产的重要措施。在监测数量总体减少的情况下，建议优先对国家级原良种场、省级原良种场

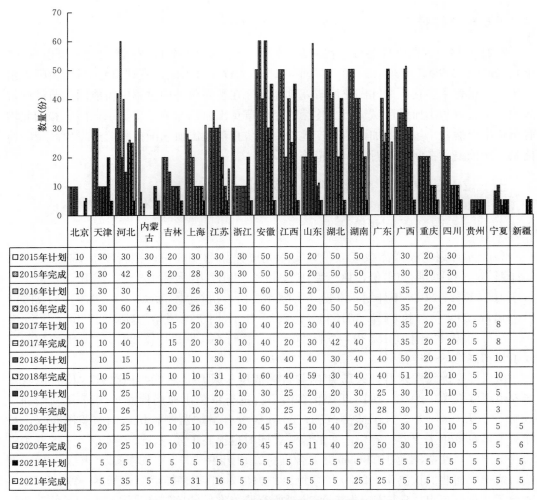

| | 北京 | 天津 | 河北 | 内蒙古 | 吉林 | 上海 | 江苏 | 浙江 | 安徽 | 江西 | 山东 | 湖北 | 湖南 | 广东 | 广西 | 重庆 | 四川 | 贵州 | 宁夏 | 新疆 |
|---|---|---|---|---|---|---|---|---|---|---|---|---|---|---|---|---|---|---|---|---|
| □2015年计划 | 10 | 30 | 30 | 30 | | 20 | 30 | 30 | 30 | 50 | 50 | 20 | 50 | 50 | | 30 | 20 | 30 | | |
| ▨2015年完成 | 10 | 30 | 42 | 8 | | 20 | 28 | 30 | 30 | 50 | 50 | 20 | 50 | 50 | | 30 | 20 | 30 | | |
| □2016年计划 | 10 | 30 | 30 | | | 20 | 26 | 30 | 10 | 60 | 50 | 20 | 50 | 50 | | 35 | 20 | 20 | | |
| ⊠2016年完成 | 10 | 30 | 60 | 4 | | 20 | 26 | 36 | 10 | 60 | 50 | 20 | 50 | 50 | | 35 | 20 | 20 | | |
| ■2017年计划 | 10 | 10 | | | 15 | | 30 | 10 | 40 | 20 | 30 | 40 | 40 | | 35 | 20 | 20 | 5 | | 8 |
| □2017年完成 | 10 | 10 | 40 | | 15 | | 30 | 10 | 40 | 20 | 30 | 42 | 40 | | 35 | 20 | 20 | 5 | | 8 |
| ■2018年计划 | | 10 | 15 | | 10 | 10 | 30 | 10 | 60 | 40 | 40 | 30 | 40 | 40 | 50 | 20 | 10 | | 5 | 10 |
| □2018年完成 | | 10 | 15 | | 10 | 10 | 31 | | 60 | 40 | 59 | 40 | 40 | 40 | 51 | 20 | 10 | | 5 | 10 |
| ■2019年计划 | | 10 | 25 | | 10 | 10 | 20 | | 25 | 20 | 30 | | 25 | | 10 | 10 | | | 5 | 5 |
| □2019年完成 | | 10 | 26 | | 10 | 10 | 20 | | 25 | 20 | 30 | | 28 | 30 | 10 | 10 | | | 5 | 3 |
| ■2020年计划 | 5 | 20 | 25 | 10 | 10 | 10 | 10 | 20 | 45 | 45 | 10 | 40 | 20 | 50 | 30 | 10 | 10 | 5 | 5 | 5 |
| □2020年完成 | 6 | 20 | 25 | 10 | 10 | 10 | 10 | | 45 | 45 | 11 | 40 | 20 | 50 | 30 | 10 | 10 | 5 | 5 | 6 |
| ■2021年计划 | 5 | | 5 | | 5 | 5 | 5 | 5 | 5 | 5 | 5 | 5 | 5 | 5 | | 5 | 5 | 5 | 5 | 5 |
| □2021年完成 | | 5 | 35 | 5 | 5 | 31 | 16 | 5 | 5 | 5 | 5 | 25 | 25 | 5 | | 5 | 5 | 5 | 5 | 5 |

图 13　2015—2021 年采样规模和完成情况对比

和苗种场的样品开展监测，适当减少成鱼养殖场和观赏鱼养殖场的监测数量；建议对广东、湖北等草鱼主要苗种生产地区持续加强草鱼出血病专项监测（图14）。

（三）监测品种

2015 年采样品种主要以草鱼为主，488 份样品有 476 份为草鱼样品，其他样品分别是鲤 6 份、青鱼 5 份、鳊 1 份。2016 年采样品种基本全部为草鱼，501 份样品中，草鱼样品有 500 份，青鱼样品 1 份。2017 年草鱼样品有 387 份，青鱼样品有 8 份。2018 年草鱼样品 441 份，占全部样品的 97.78%，青鱼样品 10 份，占全部样品 2.21%。2019 年草鱼样品 293 份，青鱼样品 2 份，鲤样品 2 份。2020 年草鱼样品 384 份，青鱼样品 4 份。2021 年草鱼样品 201 份，青鱼样品 1 份。

草鱼出血病的危害对象和敏感宿主是草鱼和青鱼，目前流行病学调查结果表明其他

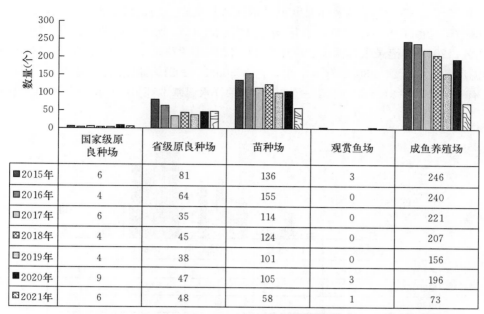

| | 国家级原良种场 | 省级原良种场 | 苗种场 | 观赏鱼场 | 成鱼养殖场 |
|---|---|---|---|---|---|
| ■2015年 | 6 | 81 | 136 | 3 | 246 |
| ▨2016年 | 4 | 64 | 155 | 0 | 240 |
| □2017年 | 6 | 35 | 114 | 0 | 221 |
| ⊠2018年 | 4 | 45 | 124 | 0 | 207 |
| ▤2019年 | 4 | 38 | 101 | 0 | 156 |
| ■2020年 | 9 | 47 | 105 | 3 | 196 |
| ▨2021年 | 6 | 48 | 58 | 1 | 73 |

图 14　2015—2021 年监测点类型对比

大宗淡水养殖鱼类未检测到阳性。在开展草鱼出血病专项监测初期曾出现部分地区采集鲤、鳊样品进行草鱼出血病监测，经过连续数年的规范要求，近年来监测采集样品均为草鱼出血病敏感宿主（图 15）。

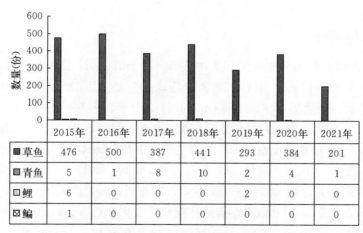

| | 2015年 | 2016年 | 2017年 | 2018年 | 2019年 | 2020年 | 2021年 |
|---|---|---|---|---|---|---|---|
| ■草鱼 | 476 | 500 | 387 | 441 | 293 | 384 | 201 |
| ▨青鱼 | 5 | 1 | 8 | 10 | 2 | 4 | 1 |
| □鲤 | 6 | 0 | 0 | 0 | 2 | 0 | 0 |
| ⊠鳊 | 1 | 0 | 0 | 0 | 0 | 0 | 0 |

图 15　2015—2021 年采样品种对比

## （四）采样水温

2015 年所有记录采样温度的 405 个样品，20～30 ℃采集的样品有 337 个，占全部样品 83.21％；2016 年记录采样温度 397 个，20～30 ℃有 332 个，占 83.62％；2017 年采样 395 个，仅有一例样品采样温度记录错误，其余样品均记录了采样温度，20～30 ℃有 343 个，占 86.84%；2018 年记录采样温度 451 个，20～30 ℃有 360 个，占 79.82%；2019 年记录采样温度 299 个，20～30 ℃有 278 个，占 92.98%；2020 年记录采样温度 388 个，20～30 ℃有 337 个，占 86.86%。2021 年记录采样温度 202 个，20～30 ℃有 164 个，占 81.19%。2015—2021 年的采样水温基本都集中在推荐范围内（图 16）。

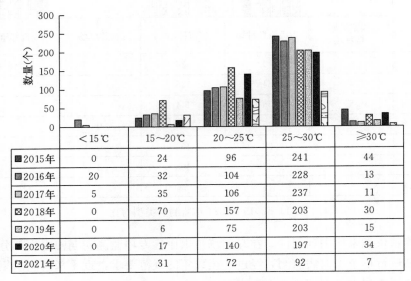

| | ＜15 ℃ | 15～20 ℃ | 20～25 ℃ | 25～30 ℃ | ≥30 ℃ |
|---|---|---|---|---|---|
| ■2015 年 | 0 | 24 | 96 | 241 | 44 |
| ▨2016 年 | 20 | 32 | 104 | 228 | 13 |
| □2017 年 | 5 | 35 | 106 | 237 | 11 |
| ⊠2018 年 | 0 | 70 | 157 | 203 | 30 |
| ▥2019 年 | 0 | 6 | 75 | 203 | 15 |
| ■2020 年 | 0 | 17 | 140 | 197 | 34 |
| ▤2021 年 | | 31 | 72 | 92 | 7 |

图 16  2015—2021 年采样水温对比

## （五）采样规格

2015 年草鱼出血病采样规格主要集中在 5～10 cm，共计 180 个样品，占全部样品 52.02%；其次为 10～15 cm，共计 112 个样品，占全部样品 32.37%。2016 年的采样规格与 2015 年相似，仍然集中在 5～10 cm，共计 211 个，占 59.93%，其次为 5 cm 以下，共计 83 个，占 23.58%。考虑到草鱼出血病对草鱼苗种危害较大，尽早检出可以最大限度避免经济损失，2017 年草鱼出血病采样规格主要集中在 5 cm 以下，共计 204 个样品，占 51.65%，其次为 5～10 cm，共计 117 个，占 29.62%。2016 和 2017 年都适当增加了 20 cm 以上的检测，并分别检测到 1 例阳性，提示在后面的监测采样工作中，可以适当增加较大规格的样品。2018 年草鱼出血病采样规格主要集中在 5 cm 以下，共计 231 个，占 51.22%；其次为 5～10 cm，共计 132 个，占 29.27%；10～15 cm 46 个，占 10.20%；15～20 cm 13 个，占 2.88%；20 cm 以上 27 个，占 6.43%；2019 年草鱼出血病采样规格主要集中在 5 cm 以下，共计 164 个，占 54.85%；其次为 5～10 cm，共计 52 个，占 17.39%；10～15 cm 20 个，占 6.69%；15～20 cm 23 个，占 7.69%；20 cm 以上 40 个，占 13.38%；2020 年草鱼出血病采样规格主要集中在 5 cm 以下，共计 190 个，占 48.97%；其次为 5～10 cm，共计 84 个，占 21.65%；10～15 cm 30 个，占 7.73%；

15～20 cm 34 个，占 8.76%；20 cm 以上 50 个，占 12.89%。

2021 年草鱼出血病采样规格主要集中在 5 cm 以下，共计 111 个，占 54.95%；其次为 10～15 cm 32 个，占 15.84%；5～10 cm 共计 30 个，占 14.85%；15～20 cm 10 个，占 4.95%；20 cm 以上 19 个，占 9.41%（图 17）。

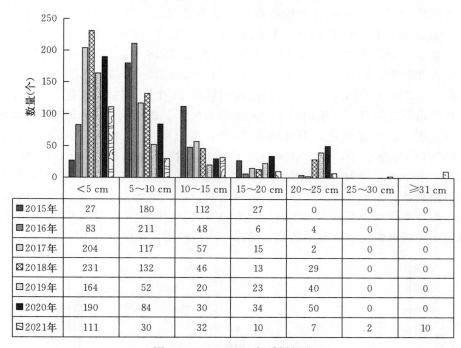

| | <5 cm | 5～10 cm | 10～15 cm | 15～20 cm | 20～25 cm | 25～30 cm | ≥31 cm |
|---|---|---|---|---|---|---|---|
| 2015年 | 27 | 180 | 112 | 27 | 0 | 0 | 0 |
| 2016年 | 83 | 211 | 48 | 6 | 4 | 0 | 0 |
| 2017年 | 204 | 117 | 57 | 15 | 2 | 0 | 0 |
| 2018年 | 231 | 132 | 46 | 13 | 29 | 0 | 0 |
| 2019年 | 164 | 52 | 20 | 23 | 40 | 0 | 0 |
| 2020年 | 190 | 84 | 30 | 34 | 50 | 0 | 0 |
| 2021年 | 111 | 30 | 32 | 10 | 7 | 2 | 10 |

图 17　2015—2021 年采样规格

（六）检测单位

2015 年参与样品检测任务的共计 9 个单位；2016 年增加到 19 个。2017 年检测单位共计 15 个，根据检测单位的业务特长，对参加检测任务的单位进行了部分调整。2018 年参与样品检测任务的共计 16 个单位，单位所在地覆盖了所有采样省份。2019 参与样品检测任务的包括 9 个单位，分别来自出入境检验检疫局系统、科研院所和推广系统。由于国家事业单位机构改革，2019 年参加检测机构总数减少但是所有参与检测机构均通过农业农村部渔业渔政管理局组织的相关疫病检验检测能力测试，能够确保监测结果准确有效。2020 年参与样品检测任务的共计 13 个单位。2021 年参与样品检测任务的单位包括中国水产科学研究院珠江水产研究所、中国水产科学研究院长江水产研究所、中国水产科学研究院黑龙江水产研究所、中国检验检疫科学研究院、青岛海关技术中心、武汉海关技术中心、长沙海关技术中心、河北省水产技术推广站、江苏省水生动物疫病预防控制中心、连云港海关综合技术中心、上海市水产技术推广站、浙江省淡水水产研究所、重庆市水生动物疫病预防控制中心和广西渔业病害防治环境监测和质量检验中心，共计 14 家单位。检测单位分别来自出入境检验检疫系统、科研院所和推广系统，所有参与检测的机构均通过相关疫病检验检测能力测试，确保检测结果准确有效。

（七）检测结果对比

1. 阳性监测点　2015 年，15 个省（自治区、直辖市）共设置监测养殖场点 418 个，检出阳性 10 个，平均阳性养殖场点检出率为 2.39%。2016 年 16 省（自治区、直辖市）共设点 463 个，阳性 23 个，检出率为 4.97%。2017 年，17 省（自治区、直辖市）共设点 376 个，阳性 14 个，检出率为 3.72%。2018 年，17 省（自治区、直辖市）共设点 380 个，阳性 27 个，检出率为 7.11%。2019 年，17 省（自治区、直辖市）共设立了 287 个监测点，有阳性样品检出场点 14 个，阳性检出场点均为普通苗种场和成鱼养殖场，所有场点平均阳性检出率为 4.88%。2020 年，20 个省（自治区、直辖市）设立了 360 个监测点，阳性场点 57 个，检出率为 15.83%。2021 年，19 个省（区、直辖市）共设点 186 个，阳性场点 16 个，检出率为 8.6%。与 2020 年相比较，2021 年草鱼出血病监测场点数量有所下降，国家级和省级原良种场在监测场点中的比重增加，监测场点的阳性率显著减少，结果表明目前我国大型苗种场的管理相对规范，重大疫病阳性率相对较低。在监测数量减少的情况下应优先开展对国家级、省级原良种场，以及苗种场草鱼出血病专项监测，确保水产苗种质量安全（图 18、图 19）。

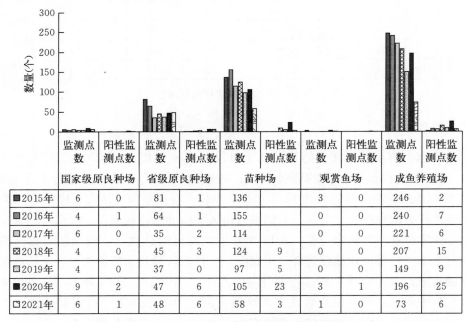

| | 监测点数 | 阳性监测点数 | 监测点数 | 阳性监测点数 | 监测点数 | 阳性监测点数 | 监测点数 | 阳性监测点数 | 监测点数 | 阳性监测点数 |
|---|---|---|---|---|---|---|---|---|---|---|
| | 国家级原良种场 | | 省级原良种场 | | 苗种场 | | 观赏鱼场 | | 成鱼养殖场 | |
| 2015年 | 6 | 0 | 81 | 1 | 136 | | 3 | 0 | 246 | 2 |
| 2016年 | 4 | 1 | 64 | 1 | 155 | | 0 | 0 | 240 | 7 |
| 2017年 | 6 | 0 | 35 | 2 | 114 | | 0 | 0 | 221 | 6 |
| 2018年 | 4 | 0 | 45 | 3 | 124 | 9 | 0 | 0 | 207 | 15 |
| 2019年 | 4 | 0 | 37 | 0 | 97 | 5 | 0 | 0 | 149 | 9 |
| 2020年 | 9 | 2 | 47 | 6 | 105 | 23 | 3 | 1 | 196 | 25 |
| 2021年 | 6 | 1 | 48 | 6 | 58 | 3 | 1 | 0 | 73 | 6 |

图 18　2015—2021 年监测点和阳性监测点对比

2. 阳性样品　2015 年采集样品 488 个，检出阳性样品 10 个，阳性率 2.05%；2016 年采样 501 个，阳性 24 个，阳性率 4.79%；2017 年采样 395 个，阳性 14 个，阳性率为 3.54%；2018 年采样 451 个，阳性 30 个，阳性率为 6.65%；2019 年对 299 个

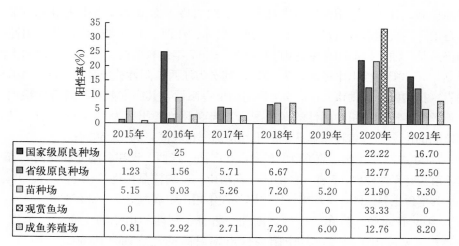

| | 2015年 | 2016年 | 2017年 | 2018年 | 2019年 | 2020年 | 2021年 |
|---|---|---|---|---|---|---|---|
| ■ 国家级原良种场 | 0 | 25 | 0 | 0 | 0 | 22.22 | 16.70 |
| ■ 省级原良种场 | 1.23 | 1.56 | 5.71 | 6.67 | 0 | 12.77 | 12.50 |
| ▨ 苗种场 | 5.15 | 9.03 | 5.26 | 7.20 | 5.20 | 21.90 | 5.30 |
| ▨ 观赏鱼场 | 0 | 0 | 0 | 0 | 0 | 33.33 | 0 |
| ▢ 成鱼养殖场 | 0.81 | 2.92 | 2.71 | 7.20 | 6.00 | 12.76 | 8.20 |

图 19　2015—2021 年监测点阳性率对比

样品进行检测分析，检出阳性样品 14 个，平均阳性检出率 4.68％；2020 年采样 388 个，阳性 61 个，阳性率 15.72％；2021 年采样 202 个，阳性 16 个，阳性率 7.92％。

与 2020 年相比较，2021 年草鱼出血病监测阳性率有所下降。一方面因为监测样品中成鱼养殖场数量减少，国家级、省级良种场是监测的主要对象，大型养殖场管理规范，因此监测阳性率有所下降。另外一方面，由于草鱼出血病免疫防控技术的推广，草鱼出血病监测的持续开展，草鱼出血病疫情在我国得到有效控制，监测点均未发生大规模暴发的情况。虽然监测点阳性率有所减少，该病原仍未得到净化，养殖草鱼携带病毒的情况依然存在，仍要对该疫病持续监测，在易发季节加强养殖管理，防止由于草鱼出血病疫情大规模暴发对我国草鱼产业造成严重经济损失（图 20）。

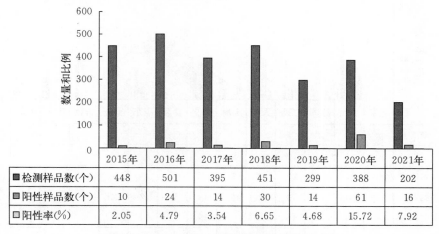

| | 2015年 | 2016年 | 2017年 | 2018年 | 2019年 | 2020年 | 2021年 |
|---|---|---|---|---|---|---|---|
| ■ 检测样品数(个) | 448 | 501 | 395 | 451 | 299 | 388 | 202 |
| ▨ 阳性样品数(个) | 10 | 24 | 14 | 30 | 14 | 61 | 16 |
| ▢ 阳性率(%) | 2.05 | 4.79 | 3.54 | 6.65 | 4.68 | 15.72 | 7.92 |

图 20　2015—2021 年样品数和阳性样品对比

3. 阳性样品分布　2015 年共有北京、广西、江苏和湖北等 4 省（自治区、直辖市）

检出阳性样品，其中广西阳性检出率最高，为 23.33％。2016 年，阳性检出区域扩大到 6 个省（自治区、直辖市），包括北京、广西、江苏、江西、上海和天津，其中阳性检出率最高的仍然是广西，样品阳性率达到 31.43％。2017 年共有广西、江西、天津和上海检出阳性样品，天津阳性检出率最高，为 40％；其次为江西，阳性检出率为 20％。2018 年 17 个监测省（自治区、直辖市）中，6 个检测结果有阳性，其中安徽和重庆首次检测结果为阳性，连续两年检测结果为阴性的湖北在 2018 年的阳性检出率为 13.30％，首次纳入草鱼出血病监测的广东的草鱼呼肠孤病毒的阳性检出率也较高，为 12.50％；

2019 年与 2018 年相比，监测范围相同，在广西、江西、天津、湖北和江西 5 省（自治区、直辖市）有阳性检出，5 省（自治区、直辖市）平均样品阳性检出率为 12.39％，除天津外，均为草鱼主养地区，平均阳性检出率与往年相比较基本持平，略有下降。

2020 年共有安徽、广东、广西、湖北、吉林、江西、山东和上海等 8 个省（自治区、直辖市）检测出了阳性，其中阳性检出率最高的是广西，达 60％，广东、湖北、江西、吉林和山东等草鱼主养省份的阳性率均超过 15％。

2021 年共有河北、上海、安徽、山东、湖北、广东、广西 7 个省（自治区、直辖市）监测到草鱼出血病阳性样品，其中广西草鱼监测阳性率最高，为 80％，其次为安徽和湖北，均为 40％。近年来江西、广西等草鱼主要养殖地区确实有草鱼出血病散在发生，各地生产渔民反映的情况和流行病学调查结果均表明，广西、湖北和安徽三省（自治区）草鱼出血病阳性率要远高于国家疫情监测结果，这其中主要的原因可能是国家监测计划是主动监测，以无症状的苗种为主。此外，2021 年国家疫情专项监测样本容量下降，导致监测结果与疫情实际发生情况间存在一定偏差。而广东、河北监测样品数量分别为 25 和 35 份，监测阳性率分别为 12％和 8.57％，监测样本容量较大，结果更接近疫情发生的实际情况（图 21）。

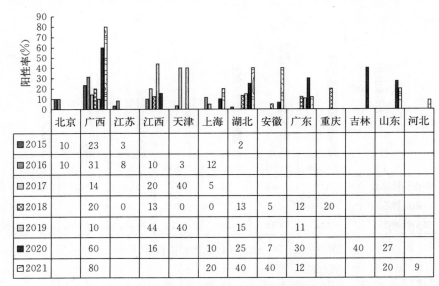

| | 北京 | 广西 | 江苏 | 江西 | 天津 | 上海 | 湖北 | 安徽 | 广东 | 重庆 | 吉林 | 山东 | 河北 |
|---|---|---|---|---|---|---|---|---|---|---|---|---|---|
| ■2015 | 10 | 23 | 3 | | | | 2 | | | | | | |
| ■2016 | 10 | 31 | 8 | 10 | 3 | 12 | | | | | | | |
| ▨2017 | | 14 | | 20 | 40 | 5 | | | | | | | |
| ⊠2018 | | 20 | 0 | 13 | 0 | 0 | 13 | 5 | 12 | 20 | | | |
| ▥2019 | | 10 | | 44 | 40 | | 15 | | 11 | | | | |
| ■2020 | | 60 | | 16 | | | 10 | 25 | 7 | 30 | | 40 | 27 |
| ▱2021 | | 80 | | | | 20 | 40 | 40 | 12 | | | 20 | 9 |

图 21　2015—2021 年阳性检出省份的对比

## 六、草鱼出血病风险分析及防控建议

### （一）草鱼出血病在我国的流行现状及趋势

草鱼出血病专项监测自 2015 年以来，先后在我国 20 个省（自治区、直辖市）开展，监测覆盖了国家级原良种场、省级原良种场、苗种场、成鱼养殖场和观赏鱼养殖场等不同类型的养殖场点，截至 2021 年共监测各类样品 2864 份，监测到阳性样品 169份，监测样品的平均阳性率 5.90%，监测到的草鱼出血病阳性地区 17 个，包括吉林、北京、河北、天津、山东、江苏、上海、湖北、安徽、重庆、江西、广西和广东，其中广东、广西、江西、湖北、上海等草鱼主要养殖地区监测到阳性发生情况均在 4 次以上。而在北京、河北、山东、吉林等北方地区也有零星报道草鱼出血病的发生。监测结果表明，草鱼出血病在我国南方草鱼的主养地区长期存在，推测在我国北方地区随苗种携带病原传播主要呈现散在发生的情况。连续 7 年的草鱼出血病专项监测，加上苗种产地检疫的大力推广，以及草鱼出血病免疫防控技术的应用，近年来在我国均未发生严重的草鱼出血病疫情。

### （二）易感染宿主

草鱼出血病的病原是基因 II 型草鱼呼肠孤病毒，病毒的主要敏感宿主有草鱼、青鱼、稀有鮈鲫、麦穗鱼等鲤科鱼类，其中草鱼和青鱼是我国大宗淡水养殖品种，也是我国长江和珠江流域的本土鱼种。2015—2021 年专项监测对象主要为草鱼，同时也采集了少量的青鱼、鲤和鳊样品，监测的阳性样品全部来自草鱼样品，其中很大一部分监测阳性样品来自草鱼苗种。目前草鱼苗种在我国流通频繁，同时也是每年对长江、珠江水域渔业资源增殖放流的主要鱼类品种，因此该疫病在养殖水域和天然水域中均存在较大传播风险，要持续对草鱼和青鱼两个敏感宿主开展疫情专项监测，推广实施苗种产地检疫。

### （三）防控措施及成效

我国对草鱼出血病的防控措施主要包括监测阻断和免疫预防两种。监测包括国家、省级草鱼出血病专项监测计划、苗种产地检疫，以及在第三方检测机构进行的病原检测，对监测和检测到的阳性样品采取消毒等措施实现病原阻断，防止草鱼出血病的传播和减少草鱼出血病发生。2011 年草鱼出血病弱毒活疫苗已经获得生产批号上市，目前部分养殖渔民考虑到经济成本也会使用草鱼出血病土法灭活疫苗，通过疫苗接种可以有效防止草鱼出血病的大规模暴发。

为了提高病原的检出率，很多科研单位在加快诊断方法灵敏度和现场便利性研究。针对苗种产地检疫时现场条件有限，无法开展精准检测的情况，目前研制开发的草鱼出血病 RPA-LFP 现场快速检测试纸条无须特殊仪器设备，借助简单的水浴装置可以完成病原现场快速检测，检测全程仅需要大约 40 min。不断完善的草鱼出血病诊断技术为不同监测任务中的病原检测提供了技术基础，可以更好地切断草鱼出血病病原传播。

除此之外，草鱼出血病疫苗也在加快研发进度。针对流行基因型发生变化的问题，以 GCRV Ⅱ 型弱毒 GD1108 株制备的弱毒疫苗，经注射和浸泡免疫后，相对保护率分别为 93.88% 和 76.00%。针对目前注射免疫操作难度大、应激强等问题，构建了融合表达 GCRV - Ⅱ VP4 和 NS38 重组芽孢杆菌 VP4 - NS38 - Cot C/W600，口服免疫草鱼后可提高鱼体的细胞免疫和体液免疫应答水平，诱导产生特异性抗体，具有一定免疫保护效果。为了进一步提高益生菌口服疫苗的免疫保护作用，实现草鱼出血病的生态防控，通过优选抗原片段和呈递载体，构建了表面展示 GCRV - Ⅱ VP6 蛋白的重组乳酸菌，口服免疫草鱼获得更显著的免疫保护效果。在新型疫苗开发方面，部分实验室在病原学研究的基础上，制备 GCRV Ⅱ 型病毒样颗粒亚单位疫苗 S3 - S6 - VLPs、S3 - S6 - S10 - VLPs、opti - S6 - S9 - S10 - VLPs、S3 - S6 - S11 - VLPs 和 S3 - S4 - S6 - S11 - VLPs，通过注射免疫草鱼，均能引起免疫应答并产生免疫保护效果。此外，构建重组杆状病毒在家蚕中表达 GCRV VP35 - VP4 融合蛋白制备口服疫苗，可以通过口服刺激草鱼产生免疫保护，免疫后相对保护率为 56%。构建重组杆状病毒在 SF9 细胞中分别表达 GCRV VP35、VP4 和 VP35 - VP4 蛋白，将纯化的蛋白注射免疫稀有鮈鲫，获得的相对免疫保护率分别为 33%、60% 和 67%。虽然目前新型草鱼出血病疫苗仍然在实验室研究阶段，但是未来随着疫苗研发进度的加快，这些免疫防控品将有望解决草鱼出血病防控难的问题。

（四）风险分析

1. 病原风险　流行病学调查结果表明，目前只有基因 Ⅱ 型草鱼呼肠孤病毒感染草鱼能够引起草鱼出血病，其他基因型草鱼呼肠孤病毒致病性较低。从 2020 年开始，国家监测计划更换了检测方法，采用针对基因 Ⅱ 型草鱼呼肠孤病毒的半巢式 PCR 检测方法开展监测，提高了检测灵敏性。目前我国虽然没有大规模暴发草鱼出血病，但是在养殖草鱼中，苗种带毒的问题比较普遍。因此，加强草鱼出血病病原监测，及时规范处理监测阳性样品，才能逐步净化病原。另外，在草鱼出血病高发季节之前提前进行免疫接种，及时采取有效生态防控的措施，可避免草鱼出血病大规模暴发。

2. 宿主风险　流行病学调查结果表明基因 Ⅱ 型草鱼呼肠孤病毒的敏感宿主有草鱼、青鱼、稀有鮈鲫和麦穗等鲤科鱼类。但是目前没有研究表明其他淡水养殖品种可以自然感染该疫病或者携带病毒。2015—2021 年监测均有草鱼苗种被检出携带草鱼出血病病原。目前我国养殖草鱼流通频繁，同时草鱼也是我国长江、珠江流域增殖放流的主要鱼类品种，存在较大病原随苗种在不同草鱼养殖地区传播，以及随增殖放流苗种进入天然水域的风险。因此，应对我国流通苗种开展规范严格的苗种产地检疫措施，避免草鱼出血病病原随苗种在养殖和野生草鱼、青鱼等宿主间传播。

3. 环境风险　通过科学的养殖管理，良好的养殖环境可以尽量避免和减少草鱼出血病的发生。2015—2021 年监测结果表明，草鱼出血病的易发病水温为 20～30 ℃，最适发病水温约为 25 ℃；草鱼出血病的高发鱼群为 5～15 cm 规格当年草鱼；当养殖密度过高、温度升高，同时水中氨氮、亚硝酸盐浓度升高，溶氧降低的时候更容易发生。因此，在南方草鱼主要养殖地区春末夏初气温升高时要加强草鱼养殖管理，可以通过减少养殖密度、加开增氧机、使用微生态制剂开展生态防控等措施，改善草鱼养殖环境、减少草鱼出血病发生。

（五）存在的问题与建议

2021 年较好地完成了各项年度目标和任务，为草鱼出血病的防控提供了较为准确可靠的基础信息，但也存在一些问题。

1. 检测方法还有优化空间　2021 年草鱼出血病专项监测样品主要为 15 cm 左右健康草鱼苗种，虽然监测规范中规定优先采集具有典型症状的样品，但是在实际生产中为了避免病原传播，苗种一旦出现出血、体色发黑等症状，养殖场管理人员都会立即采处理措施，因此监测样品均为表面健康的样品。健康苗种虽然也有携带病原，但病毒载量较低，很容易出现漏检的情况。为了提高检测灵敏性，目前使用的草鱼出血病诊断规程采用半巢式 PCR 的检测方法，虽然大大提高了检测灵敏性，但是两轮 PCR 扩增导致检测时间较长，且半巢式 PCR 诊断方法只能对病原进行定性判断，不能进行定量分析。根据目前草鱼专项监测的需要，可以优化检测方法，采用能够在实验室进行的快速、灵敏的定量检测方法。

2. 加强阳性养殖场的连续监测　对阳性场点开展连续监测，记录阳性样品的处置、苗种引进检疫情况等信息。通过持续规范的草鱼出血病流行病学调查，为疫情发生、发展以及消灭的规律积累数据基础，为未来草鱼出血病病害防控奠定基础。

3. 持续开展专项监测，规范苗种产地检疫　自 2015 年以来，连续 7 年草鱼出血病专项监测的开展，为摸清我国草鱼出血病发生的本底情况，切断草鱼出血病病原传播发挥了重要作用，因此应持续开展疫情专项监测，加强并连续开展对草鱼苗种场的疫情监测，从源头切断草鱼出血病的传播；同时，还应积极开展科学规范阳性养殖场点处置，为净化病原、健康养殖提供基础保障。此外，应规范实施苗种产地检疫，确保草鱼出血病苗种产地检疫结果可靠有效，为切断草鱼出血病随苗种传播提供有力支撑。

4. 科学规范处置监测阳性样品　科学规范处置草鱼出血病监测阳性样品，可以有效防止疫情扩散。监测结果表明，多数阳性场点均对发病草鱼采取处理措施，但是缺少处置后对草鱼出血病的复检。流行病学调查结果表明，消杀处理不当的阳性场点，仍然存在草鱼出血病发生的风险，因此对发生过草鱼出血病阳性场点开展连续监测，才能有效防止疫情再次发生。此外，对于监测阳性场点的草鱼苗种，应开展溯源流调工作，追溯病原发生的源头，阻止病原的进一步传播，通过专项监测工作的开展将草鱼出血病给我国渔业生产带来的损失降到最低水平。

# 2021 年传染性造血器官坏死病状况分析

北京市水产技术推广站

（王静波　徐立蒲　王　姝　张　文　吕晓楠
曹　欢　王小亮　江育林）

## 一、前言

传染性造血器官坏死病（Infectious haematopoietic necrosis，IHN）是一种鲑鳟类的急性、全身性传染病。世界动物卫生组织（WOAH）一直将其列为必须申报的疫病。我国将其列为《一、二、三类动物疫病病种名录》二类动物疫病，并作为水产苗种产地检疫对象。农业部从 2011 年起每年组织对 IHN 实施专项监测。

该病病原为传染性造血器官坏死病病毒（Infectious haematopoietic necrosis virus，IHNV），是一种有囊膜的单链 RNA 病毒，病毒颗粒呈子弹状。属弹状病毒科，粒外弹状病毒属。囊膜含有病毒糖蛋白和宿主脂质。IHNV 对热、酸、醚等不稳定，在淡水中能至少存活 1 个月，在有机物质存在的情况下能存活更久。在显性感染中，病毒大量存在于肾、脾和其他器官内，通过尿液、性腺和外部黏液排出。IHNV 可由粪便、尿液、精（卵）液和外黏膜水平传播，也能够随鱼卵进行垂直传播。

IHNV 易感宿主有虹鳟、大鳞大麻哈鱼、红大麻哈鱼、大麻哈鱼、细鳞大麻哈鱼、玫瑰大麻哈鱼、马苏大麻哈鱼、银大麻哈鱼、大西洋鲑，也包括一些海水鱼如牙鲆等。在我国主要危害虹鳟（包括金鳟）。

20 世纪 40—50 年代，IHN 流行地区仅限于北美洲的西海岸，之后随着活鱼和鱼卵的国际贸易传播到欧洲和亚洲。80 年代传入我国，IHNV 会引起很高的死亡率，已经成为严重危害我国虹鳟产业的主要疫病。

IHN 在水温 8～15 ℃时流行，可感染各种年龄的虹鳟，尤其对 3 月龄以内苗种危害更大。IHN 暴发时，稚鱼和幼鱼的死亡率突然升高。受侵害的鱼通常出现昏睡症状，不喜游动并避开水流，但也有一些鱼表现乱窜、打转等。患病鱼体色变黑，眼突出，有的腹部出血、膨大，常见到有的稚鱼肛门处有 1 条拖尾的排泄物，俗称"假粪"。但这些并非该病的独有特征。此外，通常在病鱼头部之后的侧线上方显示皮下出血。内部症状主要为：通常肝、肾、脾苍白，充满奶状液，肠道充满黄色黏液，器官组织点状或斑状出血，肠系膜及内脏脂肪组织遍布血斑。

## 二、主要内容概述

2021 年，对我国 10 个省（自治区、直辖市）33 个县（区）50 个乡（镇）的 83 个养殖场（监测点）实施了 IHN 的监测。根据上报监测数据，形成了 2021 年传染性造血器官坏死病分析报告。主要内容是：①对 2021 年收集到的全国 IHN 的监测数据进行分析，对发病趋势和疫情风险进行研判，提出相应的防控建议。②对 2021 年全国 IHN 监测工作的执行情况进行评估，并提出相应的监测工作建议。

## 三、2021 年 IHN 监测实施情况

### （一）参加省份及完成情况

2021 年的监测省份包括北京、河北、辽宁、吉林、黑龙江、山东、云南、甘肃、青海和新疆 10 个省（自治区、直辖市），涉及 33 个县（区）50 个乡（镇）（表 1、图 1）。监测对象主要是虹鳟（包括金鳟）和鲑。监测省（自治区、直辖市）数量较 2020 年少 1 个；监测活动覆盖的县（区）和乡（镇）数量较 2020 年减少 17 和 23 个。

2021 年 IHN 监测点 83 个，较 2020 年减少 35 个监测点（表 2）。这主要是因为：一是国家监测任务由 2020 年的 175 份下调到 2021 年的 65 份，省级监测任务 30 份（河北 10 份，青海 20 份），合计 95 份；二是部分省份冷水鱼养殖场依据国家有关环保规定腾退，造成部分区域冷水鱼养殖规模有所缩减。

2021 年 IHN 国家及省级监测计划任务数量为 95 份，实际完成 111 份。除陕西外、其余 10 个省（自治区、直辖市）均按照监测计划要求完成了任务。

**表 1　2011—2021 年参加 IHN 国家监测的省份**

| 省份 | 2011 | 2012 | 2013 | 2014 | 2015 | 2016 | 2017 | 2018 | 2019 | 2020 | 2021 |
|---|---|---|---|---|---|---|---|---|---|---|---|
| 河北 | √ | √ | √ | √ | √ | √ | √ | √ | √ | √ | √ |
| 甘肃 | √ | √ | √ | √ | √ | √ | √ | √ | √ | √ | √ |
| 辽宁 | √ | √ | √ | √ | √ | √ | √ | √ | √ | √ | √ |
| 山东 | — | — | — | √ | √ | √ | √ | √ | √ | √ | √ |
| 北京 | — | — | — | — | √ | √ | √ | √ | √ | √ | √ |
| 青海 | | | | | | | | | | | √ |
| 四川 | | | | | | √ | √ | √ | √ | | — |
| 吉林 | | | | | | | | | | | √ |
| 湖南 | | | | | | | | | | | — |
| 陕西 | | | | | | | | | | | 未送 |
| 新疆 | | | | | | √ | √ | √ | √ | √ | √ |
| 云南 | | | | | | | | | | | √ |
| 新疆兵团 | | | | | | | 未送 | 未送 | — | — | |
| 黑龙江 | | | | | | | | | | | √ |
| 贵州 | | | | | | | | √ | √ | — | — |

注："√"表示参加；"—"表示未参加。

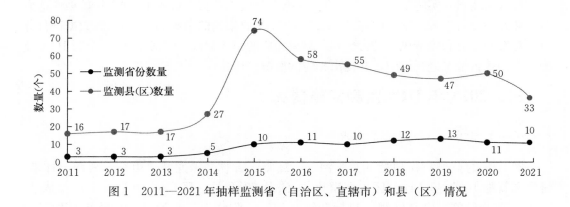

图1 2011—2021年抽样监测省（自治区、直辖市）和县（区）情况

表2 2021年各省份IHN监测任务数量以及完成情况

| 项目 | 河北 | 甘肃 | 青海 | 辽宁 | 山东 | 陕西 | 云南 | 吉林 | 新疆 | 北京 | 黑龙江 | 合计 |
|---|---|---|---|---|---|---|---|---|---|---|---|---|
| 监测任务数量 | 5(10) | 10 | 10(20) | 5 | 5 | 5 | 5 | 5 | 5 | 5 | 5 | 65(30) |
| 完成抽样数量 | 35 | 10 | 30 | 5 | 5 | 0 | 5 | 5 | 5 | 6 | 5 | 111 |
| 监测养殖场数量 | 35 | 6 | 15 | 3 | 5 | 0 | 5 | 4 | 5 | 3 | 2 | 83 |

注：括号外为国家监测计划数量，括号内为省级监测计划数量。

### （二）养殖场类型

2021年监测点设置包括国家级原良种场2个、省级原良种场8个、引育种中心1个、重点苗种场13个、成鱼养殖场59个（图2和图3）。其中国家级、省级原良种场，引育种中心和苗种场为24个，占全部抽样养殖场的28.9%，低于2017—2020年。

由于原良种场或重点苗种场的病毒传播风险远远高于成鱼养殖场，因此原良种场或重点苗种场抽样数量还需进一步加大。

图2 2011—2021年抽样监测的养殖场和样品情况

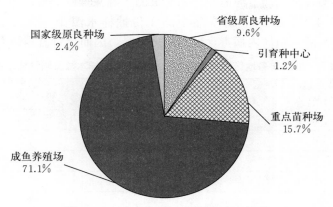

图 3　2021 年不同类型监测点占比情况

北京、辽宁、吉林、黑龙江和山东 5 省（直辖市）抽样的国家级、省级原良种场，引育种中心和苗种场数超过该省抽样场总数量的 50％。另几个省份抽样的原良种场和苗种总场数尚未达到抽样场总数量的 50％（图 4），需要在今后的采样工作中提高比例。

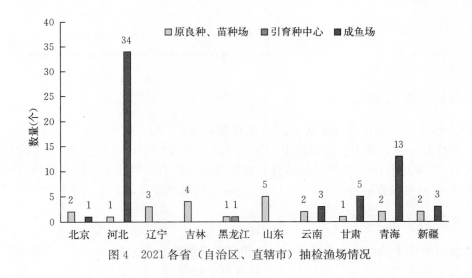

图 4　2021 各省（自治区、直辖市）抽检渔场情况

（三）采样规格和水温条件

2021 年，多数省（自治区、直辖市）均能按照监测计划的要求，采取适合规格的样品（表 3）。各省（自治区、直辖市）共采集 6 月龄以内鱼苗合计 61 份，占总数量 111 份的 55％，这一比例低于 2017—2020 年。尤其青海、河北和甘肃抽样鱼规格偏大问题较为突出，样品规格在 100～1 000 g 的分别占 73％、66％和 40％。如采集样品规格不在要求范围内，送样鱼规格较大将很难满足每份样品 150 尾的要求，且漏检率会增高，将使得监测结果的可信度降低。

2021 年，多数样品均能按照监测计划要求的水温采样（表 3）。但河北 8 份样品抽样水温在 16～17.4 ℃，辽宁 5 份样品中的 4 份抽样水温 16 ℃，1 份样品抽样水温 19.5 ℃。温度升高后，鱼体内病毒含量会随之下降，因而会对监测结果造成一定影响。

表 3　2021 年各地区抽样鱼规格、水温对应总样本数及阳性样本数

| 省份 | 1～15 cm（6 月龄内） | >16 cm（大于 6 月龄） | <15 ℃ | 16～18 ℃ | 19～20 ℃ |
|------|------|------|------|------|------|
| | 抽样数/阳性数 | | | | |
| 北京 | 6/0 | — | 6/0 | — | — |
| 辽宁 | 5/0 | — | — | 4/0 | 1/0 |
| 山东 | 4/0 | 1/0 | 5/0 | — | — |
| 云南 | 5/0 | — | 5/0 | — | — |
| 甘肃 | 6/0 | 4/0 | 10/0 | — | — |
| 青海 | 8/0 | 22/1 | 30/1 | — | — |
| 吉林 | 5/0 | — | 5/0 | — | — |
| 河北 | 12/0 | 23/0 | 27/0 | 8/0 | — |
| 新疆 | 5/0 | — | 5/0 | — | — |
| 黑龙江 | 5/0 | — | 5/0 | — | — |
| 合计 | 61/0 | 50/1 | 98/1 | 12/0 | 1/0 |

注："—"表示未有样本。

（四）监测品种

2021 年采集虹鳟样品 102 份，占总抽样数量（111 份）的 91.9%，检测结果均为阴性；鲑样品 9 份，其中 1 份中检出阳性（样品来自发病场，规格为 460 g，抽样数量为 6 尾）。虹鳟是 IHNV 主要易感品种，也是我国主要的鲑鳟养殖品种，其他鲑鳟类感染 IHNV 后虽然没有高致病率，但也可能会成为病毒携带者，并通过它们扩散传播。

（五）每份样品数量

按照国家水生动物疫病监测计划，每份样品鱼的数量应达到 150 尾。这是为了使检测可信度达到 95% 以上所需要的数量，是有科学依据的。2021 年，除青海省外，其他 9 省（自治区、直辖市）送检样品数量均符合要求，每份 150 尾，占总样品数量的 73%（81/111），高于 2020 年的 57.2%。青海省 30 份样品数量均不足 150 尾，其中数量在 10 尾以内的样品数量为 20 份（1 份检测 IHNV 阳性），11～30 尾的样品数量为 4 份，31～60 尾的样品数量为 6 份。样品规格偏大，每份样品尾数不足，造成监测结果失真，即易造成假阴性，这个状况急需改变。

（六）样品状态

采集样品要求活体运输至检测实验室。之所以要求必须送活鱼的原因如下：

一是不能送冷冻样品。由于 IHNV 检测按标准需要细胞，样品尤其是没有症状的鱼中病毒含量相对较低，经冷冻后病毒含量进一步下降，易造成检测结果假阴性。因此，送冷冻鱼是不可取的。

二是不能送组织样品，这是目前最不可靠的送样方式。虽然 WOAH 手册规定可送组织，但这有前提条件，即送样单位有样品前处理能力，可在现场采集样品处理后 48 h内（运输过程保持 0～10 ℃）运送至检测实验室，并接入细胞。目前看，一是现阶段送样单位很难达到这个要求的条件能力；二是检测实验室根本无法核查每份样品的信息，如数量是否达到 150 尾等。

三是尽量不送冰鲜鱼。运输过程需要全程保持 0～10 ℃，48 h 内运输到实验室，由实验室及时处理并接入细胞。运输过程较长时较难控制温度。

综上，还是要求送检活鱼。但 2021 年依然有 2 省（自治区）未按要求送活鱼。其中甘肃送检 10 份样品中 9 份为冰冻样品；新疆 5 份样品中 1 份为冰冻样品。上述省份所送冷冻样品中均未检出阳性。

（七）养殖模式

我国鲑鳟养殖主要为淡水水源，养殖与苗种繁育采用流水、工厂化和淡水网箱养殖模式；近年在山东等沿海还出现了海水深网箱养殖。虽然 2021 年仅在水库网箱模式中检测到 1 个阳性，但前几年监测结果显示，在上述养殖模式中均能检出 IHNV。

（八）实验室检测情况

2021 年，共有 8 个实验室承担了 IHN 监测样品的检测工作，各实验室承担检测情况见表 4。承担检测任务量占前 3 位的实验室分别为：中国水产科学研究院黑龙江水产研究所、河北水产技术推广总站和青海省渔业环境监测站。他们承担检测任务量分别占总样品量的 31.5%、27% 和 18%。仅中国水产科学研究院黑龙江水产研究所检出 1 份阳性样品，其他实验室均未检出阳性。

表 4　2021 年不同实验室承担检测任务量及检测情况

| 检测单位名称 | 样品来源省份，检测数量，检测到的阳性数量 | 承担检测样品总数，检测到阳性样品数 |
| --- | --- | --- |
| 中国水产科学研究院黑龙江水产研究所 | 青海，检测 10 份，其中阳性 1 份；河北，检测 5 份，其中阳性 0 份；吉林，检测 5 份，其中阳性 0 份；黑龙江，检测 5 份，其中阳性 0 份；甘肃，检测 10 份，其中阳性 0 份 | 承担样品总数 35 份，占全国总数量的 31.5%；检出 1 份阳性 |
| 河北省水产技术推广总站 | 河北，检测 30 份，其中阳性 0 份 | 承担样品总数 30 份，占全国总数量的 27%；未检出阳性 |

（续）

| 检测单位名称 | 样品来源省份，检测数量，检测到的阳性数量 | 承担检测样品总数，检测到阳性样品数 |
|---|---|---|
| 青海省渔业环境监测站 | 青海，检测 20 份，其中阳性 0 份 | 承担样品总数 20 份，占全国总数量的 18%；未检出阳性 |
| 北京市水产技术推广站 | 北京，检测 6 份，其中阳性 0 份 | 承担样品总数 6 份，占全国总数量的 5.4%；未检出阳性 |
| 深圳海关动植物检验检疫技术中心 | 云南，检测 5 份，其中阳性 0 份 | 承担样品总数 5 份，占全国总数量的 4.5%；未检出阳性 |
| 大连海关技术中心 | 辽宁，检测 5 份，其中阳性 0 份 | 承担样品总数 5 份，占全国总数量的 4.5%；未检出阳性 |
| 青岛海关技术中心 | 山东，检测 5 份，其中阳性 0 份 | 承担样品总数 5 份，占全国总数量的 4.5%；未检出阳性 |
| 中国水产科学研究院珠江水产研究所 | 新疆，检测 5 份，其中阳性 0 份 | 承担样品总数 5 份，占全国总数量的 4.5%；未检出阳性 |

## 四、2021 年 IHN 监测结果

### （一）检出率

2021 年，全国 10 个省（自治区、直辖市）共设置监测点 83 个（共采集样品 111 份），仅青海 1 个场检出阳性，监测点阳性检出率 1.2%。这也是自开展 IHN 监测以来，阳性检出率最低的一年（图 5）。

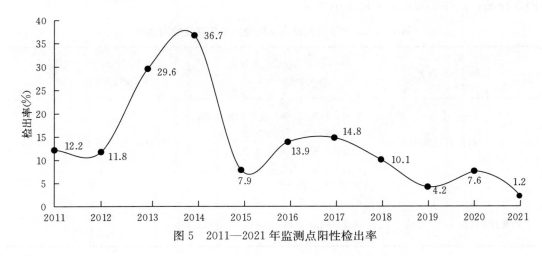

图 5  2011—2021 年监测点阳性检出率

（二）阳性监测点类型

2021 年仅在 1 个成鱼养殖场检出 IHN，成鱼监测点阳性检出率 1.7%（1/59）。

2015—2021 年国家级、省级原良种场，苗种场以及成鱼场阳性检出率详见图 6。2021 年在国家级、省级原良种场，苗种场省均未检出 IHNV 阳性，仅在 1 个成鱼场检出，与往年相比，数据波动较大。

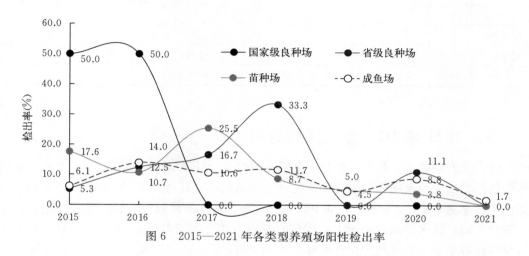

图 6　2015—2021 年各类型养殖场阳性检出率

（三）阳性检出区域

2011—2021 年，参与 IHN 国家监测各省（自治区、直辖市）检出阳性养殖场数及分布县（区）数量见表 5。自全国开展 IHN 监测以来，2021 年检测出阳性场和涉及县（区）最少。

表 5　各省（自治区、直辖市）IHNV 检出情况（阳性养殖场数/阳性县数）

| 省份 | 2011 | 2012 | 2013 | 2014 | 2015 | 2016 | 2017 | 2018 | 2019 | 2020 | 2021 |
|------|------|------|------|------|------|------|------|------|------|------|------|
| 河北 | 8/4 | 11/7 | 31/9 | 33/11 | 4/4 | 11/5 | 1/1 | 3/2 | 0 | 1/1 | 0 |
| 甘肃 | 8/3 | 1/1 | 3/1 | 0 | 1/1 | 9/2 | 8/2 | 6/3 | 1/1 | 3/2 | 0 |
| 辽宁 | 0 | 2/1 | 0 | 0 | 3/1 | 2/1 | 8/2 | 4/2 | 0 | 3/1 | 0 |
| 山东 | — | — | — | 5/2 | 6/1 | 0 | 6/4 | 1/1 | 4/2 | 1/1 | 0 |
| 北京 | — | — | — | 9/2 | 5/1 | 8/1 | 5/1 | 2/1 | 0/0 | 0 | 0 |
| 青海 | — | — | — | — | 1/1 | 2/2 | 1/1 | 1/1 | 2/2 | 0 | 1/1 |
| 四川 | — | — | — | — | 0 | 1/1 | — | — | 0 | — | — |
| 吉林 | — | — | — | — | 0 | 0 | 0 | 0 | 0 | 0 | 0 |
| 湖南 | — | — | — | — | 0 | 0 | — | — | — | — | — |

（续）

| 省份 | 2011 | 2012 | 2013 | 2014 | 2015 | 2016 | 2017 | 2018 | 2019 | 2020 | 2021 |
|------|------|------|------|------|------|------|------|------|------|------|------|
| 陕西 | — | — | — | — | 0 | 0 | 0 | 0 | 0 | 0 | 未送 |
| 新疆 | — | — | — | — | — | 0 | 0 | 1/1 | 0 | 1/1 | 0 |
| 云南 | — | — | — | — | — | — | 2/2 | 1/1 | 0 | 0 | 0 |
| 黑龙江 | — | — | — | — | — | — | — | — | 0 | 0 | 0 |
| 贵州 | — | — | — | — | — | — | — | — | 0 | 0 | |
| 新疆兵团 | — | — | — | — | — | — | 未送 | 未送 | | | |
| 合计 | 16/7 | 14/9 | 32/10 | 47/15 | 20/9 | 33/12 | 31/13 | 19/12 | 7/5 | 9/6 | 1/1 |

注："—"为尚未列入监测计划。

## 五、2021 年 IHN 监测风险分析

结合生产中调查，我们分析认为全国范围内 IHN 阳性率在 20％以上。但近几年监测中阳性检出率与渔场发病的实际情况对比都偏低，尤其是 2021 年更低，IHN 监测点阳性检出率为 1.2％。分析原因如下：①绝大部分省份采样数量 5 份，覆盖率偏低，存在漏检可能；②送样鱼规格偏大，成鱼监测点占总监测点的 71.1％（59/83）；③采集每份样品数量不足，虽然部分省份将 100～1 000 g 样品数量均写到 150 尾，但实际数量有待考究；④送冷冻样品造成样品中病毒降解；⑤监测是某一固定时间点的抽样，监测时未必一定能够选在发病时取样，造成监测数据低于实际生产发病情况。

（一）发病趋势分析

2021 年监测结果显示在国家级原良种场、省级原良种场、苗种场均未检出阳性，仅在 1 个成鱼养殖场检出 IHN，但这并不能确定 IHN 在这些场都得到有效控制，需要进一步观察核实。从近几年监测和调查结果看，全国 IHN 发病情况较前几年确有下降，但防控依然不容忽视，还需继续加强。具体分析如下。

1.IHN 分布区域　2021 年仅青海检出 IHN。在我国主要的虹鳟产地河北、辽宁、山东、甘肃、云南和新疆往年均有检出，有些省份还是连续多年检出 IHN，这表明 IHN 已在这些省份定植，很难完全清除，防控难度较大。虽然 2021 年在上述这些省份均未检出，但不排除依然会有 IHN 存在。预计近年上述各地依然会有 IHN 发生的风险。

自开展 IHN 监测至今，在吉林、黑龙江和陕西（2021 年未送样）3 省一直未检出 IHNV。但这 3 省由于每年的样品数量较少（5 份），检测结果的偶然性较大，仍需对这些地区继续加强监测。

2.IHN 发生的养殖模式　经调查，近几年 IHN 在网箱养殖虹鳟中尤为突出，2021 年也是在青海网箱养殖中检出。另外，北京市水产技术推广站近几年对甘肃网箱养殖虹

鳟进行监测发现虹鳟因感染 IHN 和 IPN（传染性胰脏坏死病）出现较多死亡情况。由于网箱中病毒更容易往天然水域扩散，造成更大的危害，所以应引起高度关注，并加强苗种产地检疫以及监测工作力度，加快疫苗研制，避免更大范围的扩散和经济损失。另外，深海网箱养殖虹鳟也要引起高度关注，要加强监测。

总之，当一个区域（或某个渔场）发生 IHN 后，如果没有采取措施，就仍然有敏感鱼类存在，按照流行病学原理，IHN 没有理由会突然消失。因此，对曾经阳性而后来再次监测为阴性的区域（或渔场），需要持谨慎态度，应继续加强监测。

（二）IHN 防控措施及成效

2021 年，青海对 IHN 检出阳性的场进行流行病学调查、处理。该检测阳性样品来自化隆县，正处于发病期，养殖品种为鲑和鳟，在抽样监测时，鲑规格 460 g，采集 6 尾有症状鲑，采样水温 7.3 ℃。检出阳性后，进行了扑杀。

现阶段，各地对发生 IHN 或检出 IHNV 养殖场采取的措施主要是对鱼池采用化学药物消毒以及投喂药物进行治疗，但防控效果不好。在我国现有技术能力下，苗种检疫应是目前防控 IHN 主要的有效方式。控制的主要手段是对苗种场进行监管、检疫。今后应加强这方面的管理工作。

IHN 防控重在采取预防性措施，在发生疫病后想要清除病毒极其困难，只能采用一些权宜之计以降低死亡率，但同时会增加病毒扩散的风险。对尚未发生 IHN 流行的地区的养殖场，采用对进水消毒、对鱼卵消毒以及投喂添加免疫调节剂的饲料等办法可有效预防 IHN 的发生，但需要对养殖户进行危机意识的教育和预防技术的推广。而对于已经出现过 IHN 的养殖场，通过对进水消毒和适当的隔离管理，也能在一定程度上降低死亡的风险，但对管理水平提出较高的要求。

全国多家单位（如中国水产科学研究院黑龙江水产研究院等）开展 IHNV 疫苗研制工作，试验结果显示疫苗有防控效果。但需要注意的是，疫苗不是控制 IHN 的根本途径，方法还不完全成熟。一方面对小鱼使用困难，同时环境污染病毒后无法全面控制。所以重点还应当放在设法控制病鱼流通方面。要做到这点，从行政管理角度讲是加强检疫，从技术服务角度讲是进行预防基本知识宣传，缺一不可。

（三）IHN 风险分析

1. 主要风险点识别

（1）原良种场和苗种场　原良种场和苗种场仍然是 IHN 传播风险最高点，因为带毒的苗种会随着流通快速传播病原。2021 年虽然未在国家级原良种场、省级原良种场和苗种场检出，但不排除 IHN 漏检和存在的可能，整体风险依然较高。

（2）养殖模式　我国鲑鳟养殖主要以流水和网箱养殖模式为主。前些年 IHNV 主要是在流水和工厂化养殖模式的养殖场里检出，但近几年已在网箱养殖中连续检出阳性。网箱中带有 IHN 病毒容易往天然水域扩散，传播速度更快，防控难度加大，将会造成更大的危害，所以应引起高度关注。

2. 风险评估

该病病原明确，已经对我国虹鳟类的养殖造成了很大的危害，是制约鲑鳟养殖发展的重要因素之一。我国尚有部分养殖鲑鳟类的地区没有被感染，需要采取严格控制、扑灭等措施，防止扩散。因此，建议继续加强对该病的监测、苗种产地检疫和防控力度。

（四）风险管理建议

（1）严格落实水产苗种产地检疫，各地实施原良种场和苗种场登记备案制度。各地切实做好水产苗种产地检疫工作，严格控制带毒苗种和亲鱼的流通。

对原良种场和苗种场开展强制性的连续监测。同一养殖场在监测的前两年内，在同一年份不同时间段（中间间隔至少 1 个月）发病适温下需抽样 2 次，每次抽样应涵盖所有鱼池的鱼群；如果连续 2 年阴性，在该场不引入外来鱼情况下，从第 3 年开始每年抽样 1 次即可。2017 年农业部已经建成并运行水生动物疫病监测系统，连续 2 年以上检出阴性结果的苗种场、原良种场可通过该系统自动生成信息并及时发布。

（2）建议需虹鳟苗的养殖者购买受精卵而不是鱼苗，购买的受精卵进入孵化车间后立即进行消毒处理（采用聚维酮碘消毒 10～15 min），这可有效降低苗种感染 IHNV 的风险。没有条件进行受精卵孵化、必须购买苗种的，应将外购的苗种置于流水末端，经监测无 IHN 后，方可正常养殖。

（3）继续加强监测工作力度，积累防控经验，加强推广应用与培训；尤其加强对网箱养殖模式发病情况的监控力度。

（4）继续推进 IHNV 疫苗研究及应用工作。

# 六、监测工作存在的问题及相关建议

（一）进一步规范抽样活动

（1）抽样数量和规格不够规范，应坚持送检活鱼　2021 年部分省份（甘肃、新疆）考虑运输活体不便而运输冰冻样品，冻融会降解样品中病毒造成漏检。为避免上述问题，各地在今后送样应坚持送活鱼。

部分省份（河北、青海、甘肃、山东）抽样规格较大，抽样水温偏高（河北、辽宁），抽样尾数不足 150 尾（青海）。有些省份虽报送每份样品抽取的都是 150 尾，但由于鱼体规格较大，实际很难采 150 尾，需要检测实验室进一步核实数量以及核实是否送的是组织。上述这些因素都可能造成检测结果的不准确。

对于采集大规格成鱼的省份，建议采取以下措施：针对苗种场每批孵化采样 1～2次。针对成鱼场，在每次进鱼后 1 个月以上 2 个月之内（避免鱼长得太大）采样一次。这样取样能保证基本上是小鱼，即可以确保每份 150 尾。

对于大型网箱养殖场，可将该场分区设置为不同监测点，并按此分区进行采样，可避免同一监测点出现多次采样记录。

（2）抽样要具代表性　为提高抽样代表性，抽样时应调查每个养殖场有多少个鱼池，各鱼池如何排布，鱼苗什么时候从孵化车间或苗种池进入养殖池，取样是在孵化车间或者是在什么类型的鱼池中，各个鱼池间的水是如何流动的。通过上述调查，分析该养殖场 IHNV 是否存在散在分布的可能性。抽样应严格按全国水产技术推广总站组织制定的《IHN 监测规范》实施。

在往年监测中发现的阳性点必须坚持连续多年抽样；转为阴性的养殖场也需要连续抽样确认并分析转为阴性的原因，为防控提供科学依据。

应将辖区内国家级原良种场、省级原良种场、引育种中心、重点苗种场全部纳入监测范围。

（3）对于抽样、运输确有较大困难的，由检测实验室派技术人员到现场协助实施抽样及样品处理。

（4）绝大部分省份采样数量 5 份，覆盖率偏低，存在漏检可能。建议增加样品数量。

（二）加强对网箱养殖模式的监测

2021 年的阳性样品来自网箱。因此，建议持续加强对网箱养殖模式（青海、甘肃等水库网箱；山东等沿海地区网箱）鲑鳟类的监测，避免疫情扩大造成更大损失。

# 2021年病毒性神经坏死病状况分析

福建省淡水水产研究所

（樊海平　李苗苗　吴　斌）

## 一、前言

鱼类病毒性神经坏死病（Viral Nervous necrosis，VNN）又称病毒性脑病和视网膜病（Viral encephalopathy and retinopathy，VER），是世界范围内的一种鱼类流行性传染病，主要危害40多种鱼类的幼鱼、稚鱼，对成鱼也有一定的危害，目前已有石斑鱼、大黄鱼、卵形鲳鲹、鲈、河鲀、欧洲鳗鲡、鲇等多个品种感染发病的相关报道。患病鱼临床症状表现为食欲降低、行为异常、在水体中打转、鱼体发黑、病鱼腹部肿大等症状，累积死亡率可达到65%～100%，患病鱼典型的病理变化为视网膜细胞和中枢神经组织脑细胞出现空泡化。

VNN的病原为神经坏死病毒（Nervous necrosis virus，NNV），隶属于乙型野田村病毒属（又称β-诺达病毒属，Betanodavirus）。1997年，Nishizawa等对25种Betanodavirus病毒外壳蛋白基因所包含的部分核苷酸序列进行同源性分析比对，最终将其分为4种血清型或基因型，分别为红鳍东方鲀神经坏死病毒（Tiger puffer NNV，TPNNV）、黄带拟鲹神经坏死病毒（Striped jack NNK，SJNNV）、条斑星鲽神经坏死病毒（Barfin flouder NNV，BFNNV）和赤点石斑鱼神经坏死病毒（Red‑spotted grouper NNV，RGNNV）。NNV引起的鱼类传染性疾病危害性广、致病性强，给养殖业造成了严重的经济损失。

鉴于病毒性神经坏死病流行广泛、危害严重，且目前尚无良好控制方法，为及时了解我国VNN发病流行情况，有效控制该病在我国的发生和蔓延，农业部自2016年将VNN列入国家疫病监测范围，6年以来累计设置监测点718个，累计完成检测样品1 212份，累计检出阳性样品238份。通过开展VNN监测工作，掌握了该病的流行规律和对石斑鱼等易感品种的危害，提高了综合防控能力。

## 二、2021年海水鱼病毒性神经坏死病全国监测情况

（一）概况

2021年海水鱼病毒性神经坏死病监测省（自治区、直辖市）共9个，分别为广东、海南、福建、广西、浙江、山东、天津、河北和辽宁，涉及24个区（县）34个乡（镇），共设67个监测点（场），计划采集样品50份，实际采集样品80份，检出阳性样

品 18 份，阳性率 22.50%（表 1）。

表 1　2021 年 VAN 专项监测基本情况

| 省　份 | 项　　目 | 数　量 |
|---|---|---|
| 天津 | 国家监测计划样品数 | 5 |
| | 实际采集样品数/阳性样品数 | 5/0 |
| | 监测养殖场数/阳性场数 | 4/0 |
| | 阳性场分布县域数 | 0 |
| | 阳性场分布乡镇数 | 0 |
| 河北 | 国家监测计划样品数 | 5 |
| | 实际采集样品数/阳性样品数 | 5/0 |
| | 监测养殖场数/阳性场数 | 5/0 |
| | 阳性场分布县域数 | 0 |
| | 阳性场分布乡镇数 | 0 |
| 辽宁 | 国家监测计划样品数 | 5 |
| | 实际采集样品数/阳性样品数 | 5/0 |
| | 监测养殖场数/阳性场数 | 5/0 |
| | 阳性场分布县域数 | 0 |
| | 阳性场分布乡镇数 | 0 |
| 浙江 | 国家监测计划样品数 | 5 |
| | 实际采集样品数/阳性样品数 | 15/2 |
| | 监测养殖场数/阳性场数 | 13/2 |
| | 阳性场分布县域数 | 2 |
| | 阳性场分布乡镇数 | 2 |
| 福建 | 国家监测计划样品数 | 5 |
| | 实际采集样品数/阳性样品数 | 5/2 |
| | 监测养殖场数/阳性场数 | 5/2 |
| | 阳性场分布县域数 | 1 |
| | 阳性场分布乡镇数 | 1 |
| 山东 | 国家监测计划样品数 | 10 |
| | 实际采集样品数/阳性样品数 | 10/0 |
| | 监测养殖场数/阳性场数 | 10/0 |
| | 阳性场分布县域数 | 0 |
| | 阳性场分布乡镇数 | 0 |

（续）

| 省　份 | 项　目 | 数　量 |
|---|---|---|
| 广东 | 国家监测计划样品数 | 5 |
|  | 实际采集样品数/阳性样品数 | 25/12 |
|  | 监测养殖场数/阳性场数 | 15/18 |
|  | 阳性场分布县域数 | 5 |
|  | 阳性场分布乡镇数 | 5 |
| 广西 | 国家监测计划样品数 | 5 |
|  | 实际采集样品数/阳性样品数 | 5/2 |
|  | 监测养殖场数/阳性场数 | 5/2 |
|  | 阳性场分布县域数 | 1 |
|  | 阳性场分布乡镇数 | 1 |
| 海南 | 国家监测计划样品数 | 5 |
|  | 实际采集样品数/阳性样品数 | 5/0 |
|  | 监测养殖场数/阳性场数 | 5/0 |
|  | 阳性场分布县域数 | 0 |
|  | 阳性场分布乡镇数 | 0 |

## （二）监测点设置

2021 年 VNN 监测共设置 67 个监测点（阳性场 14 个）。其中，国家级原良种场 2 个（阳性场 0 个）；省级原良种场 13 个（阳性场 5 个），监测点阳性率为 38.46％；苗种场 21 个（阳性场 6 个），监测点阳性率为 28.57％；成鱼养殖场 31 个（阳性场 3 个），监测点阳性率为 9.68％。按养殖模式划分，包括池塘养殖场 24 个（阳性场 10 个），监测点阳性率 41.67％；工厂化养殖场 34 个（阳性场 3 个），监测点阳性率 8.82％；网箱养殖场 9 个（阳性场 1 个），监测点阳性率 11.11％（表 2、图 1）。

**表 2　2021 年 VNN 监测各省份不同养殖模式监测点数量及阳性监测点数**

| 省　份 | 不同养殖模式监测点/阳性监测点数 | 数　量 |
|---|---|---|
| 天津 | 池塘/阳性监测点数 | 0/0 |
|  | 工厂化/阳性监测点数 | 4/0 |
|  | 网箱/阳性监测点数 | 0/0 |
|  | 其他/阳性监测点数 | 0/0 |

（续）

| 省　份 | 不同养殖模式监测点/阳性监测点数 | 数　量 |
|---|---|---|
| 河北 | 池塘/阳性监测点数 | 0/0 |
| | 工厂化/阳性监测点数 | 5/0 |
| | 网箱/阳性监测点数 | 0/0 |
| | 其他/阳性监测点数 | 0/0 |
| 辽宁 | 池塘/阳性监测点数 | 0/0 |
| | 工厂化/阳性监测点数 | 5/0 |
| | 网箱/阳性监测点数 | 0/0 |
| | 其他/阳性监测点数 | 0/0 |
| 浙江 | 池塘/阳性监测点数 | 5/0 |
| | 工厂化/阳性监测点数 | 2/1 |
| | 网箱/阳性监测点数 | 6/1 |
| | 其他/阳性监测点数 | 0/0 |
| 福建 | 池塘/阳性监测点数 | 0/0 |
| | 工厂化/阳性监测点数 | 5/2 |
| | 网箱/阳性监测点数 | 0/0 |
| | 其他/阳性监测点数 | 0/0 |
| 山东 | 池塘/阳性监测点数 | 0/0 |
| | 工厂化/阳性监测点数 | 10/0 |
| | 网箱/阳性监测点数 | 0/0 |
| | 其他/阳性监测点数 | 0/0 |
| 广东 | 池塘/阳性监测点数 | 15/8 |
| | 工厂化/阳性监测点数 | 0/0 |
| | 网箱/阳性监测点数 | 0/0 |
| | 其他/阳性监测点数 | 0/0 |
| 广西 | 池塘/阳性监测点数 | 2/2 |
| | 工厂化/阳性监测点数 | 0/0 |
| | 网箱/阳性监测点数 | 3/0 |
| | 其他/阳性监测点数 | 0/0 |
| 海南 | 池塘/阳性监测点数 | 2/0 |
| | 工厂化/阳性监测点数 | 3/0 |
| | 网箱/阳性监测点数 | 0/0 |
| | 其他/阳性监测点数 | 0/0 |

（续）

| 省　份 | 不同养殖模式监测点/阳性监测点数 | 数　量 |
|---|---|---|
| 合计 | 池塘/阳性监测点数 | 24/10 |
| | 工厂化/阳性监测点数 | 34/3 |
| | 网箱/阳性监测点数 | 9/1 |
| | 其他/阳性监测点数 | 0/0 |

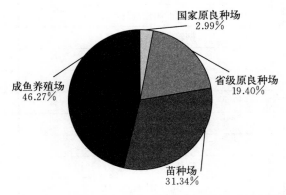

图 1　2021 年 VNN 监测不同类型监测点占比情况

（三）采样品种和水温

2021 年，VNN 监测采样品种以石斑鱼、半滑舌鳎、大黄鱼、鲆和卵形鲳鲹为主，占样品总量 90%。其中，石斑鱼样品有 28 份，占全部样品的 35.00%；半滑舌鳎样品有 15 份，占全部样品的 18.75%；大黄鱼样品有 12 份，占全部样品的 15.00%；鲆样品有 10 份，占全部样品的 12.50%；卵形鲳鲹有 7 份，占全部样品的 8.75%。除上述四个品种外，其他样品有鲷 3 份、河鲀 1 份、鲈（海）1 份、鲽 1 份、其他品种 2 份。各品种采样水温为 16～31 ℃（表 3、图 2）。

表 3　2020 年 VNN 监测采样品种和水温

| 序号 | 品种 | 水温（℃） | 数量（份） | 阳性样品数量（份） |
|---|---|---|---|---|
| 1 | 石斑鱼 | 21～31 | 28 | 15 |
| 2 | 半滑舌鳎 | 18～25 | 15 | 0 |
| 3 | 大黄鱼 | 21～29 | 12 | 0 |
| 4 | 鲆 | 16～23 | 10 | 0 |
| 5 | 卵形鲳鲹 | 21～31 | 7 | 2 |
| 6 | 鲷 | 21～22 | 3 | 0 |
| 7 | 河鲀 | 23 | 1 | 0 |
| 8 | 鲈（海） | 26.5 | 1 | 1 |

（续）

| 序号 | 品种 | 水温（℃） | 数量（份） | 阳性样品数量（份） |
|---|---|---|---|---|
| 9 | 鲽 | 20 | 1 | 0 |
| 10 | 其他 | 25～26.5 | 2 | 0 |
| 合计 | | | 80 | 18 |

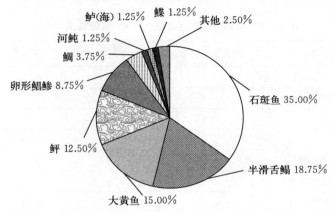

图 2　2021 年 VNN 监测采样品种占比情况

## （四）采样规格

2021 年，80 份 VNN 监测样品中，绝大多数以体长作为规格指标，部分样品以体重作为指标，为了便于计算，所有样品均以体长作为指标（将体重为指标的样品进行体长估算）。2021 年，VNN 监测样品规格在 5 cm 以下的最多，共计 34 份样品，占样品总数的 42.50％；其次为 5～10 cm，共计 19 份样品，占样品总数的 23.75％；10～15 cm样品有 13 份，占 16.25％；15 cm 以上的样品有 14 份，占 17.5％（图 3）。

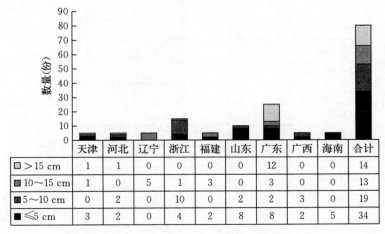

| | 天津 | 河北 | 辽宁 | 浙江 | 福建 | 山东 | 广东 | 广西 | 海南 | 合计 |
|---|---|---|---|---|---|---|---|---|---|---|
| >15 cm | 1 | 1 | 0 | 0 | 0 | 0 | 12 | 0 | 0 | 14 |
| 10～15 cm | 1 | 0 | 5 | 1 | 3 | 0 | 3 | 0 | 0 | 13 |
| 5～10 cm | 0 | 2 | 0 | 10 | 0 | 2 | 2 | 3 | 0 | 19 |
| ≤5 cm | 3 | 2 | 0 | 4 | 2 | 8 | 8 | 2 | 5 | 34 |

图 3　2021 年各省份 VNN 监测采样规格分布

（五）不同类型监测点的监测情况

2021 年，VNN 监测点包括国家级原良种场监测点 2 个，采集样品 2 份，阳性样品 0 份；省级良种场监测点 13 个，采集样品 21 份，阳性样品 6 份，样品阳性率 28.57%；苗种场监测点 21 个，采集样品 24 份，阳性样品 8 份，样品阳性率 33.33%；成鱼养殖场监测点 31 个，采集样品 33 份，阳性样品 4 份，样品阳性率 12.12%（表 4、图 4）。

表 4　2021 年不同类型监测点 VNN 监测情况（个）

| 省份 | 指标 | 国家级原良种场 | 省级原良种场 | 苗种场 | 成鱼养殖场 |
|---|---|---|---|---|---|
| 天津 | 采样点 | 0 | 0 | 2 | 2 |
| | 采样份数 | 0 | 0 | 3 | 2 |
| | 阳性样品数 | 0 | 0 | 0 | 0 |
| 河北 | 采样点 | 0 | 1 | 2 | 2 |
| | 采样份数 | 0 | 1 | 2 | 2 |
| | 阳性样品数 | 0 | 0 | 0 | 0 |
| 辽宁 | 采样点 | 0 | 0 | 0 | 5 |
| | 采样份数 | 0 | 0 | 0 | 5 |
| | 阳性样品数 | 0 | 0 | 0 | 0 |
| 浙江 | 采样点 | 0 | 4 | 0 | 9 |
| | 采样份数 | 0 | 6 | 0 | 9 |
| | 阳性样品数 | 0 | 1 | 0 | 1 |
| 福建 | 采样点 | 0 | 0 | 5 | 0 |
| | 采样份数 | 0 | 0 | 5 | 0 |
| | 阳性样品数 | 0 | 0 | 2 | 0 |
| 山东 | 采样点 | 2 | 0 | 5 | 3 |
| | 采样份数 | 2 | 0 | 5 | 3 |
| | 阳性样品数 | 0 | 0 | 0 | 0 |
| 广东 | 采样点 | 0 | 6 | 2 | 7 |
| | 采样份数 | 0 | 12 | 4 | 9 |
| | 阳性样品数 | 0 | 5 | 4 | 3 |
| 广西 | 采样点 | 0 | 0 | 2 | 3 |
| | 采样份数 | 0 | 0 | 2 | 3 |
| | 阳性样品数 | 0 | 0 | 2 | 0 |
| 海南 | 采样点 | 0 | 2 | 3 | 0 |
| | 采样份数 | 0 | 2 | 3 | 0 |
| | 阳性样品数 | 0 | 0 | 0 | 0 |

（续）

| 省份 | 指标 | 国家级原良种场 | 省级原良种场 | 苗种场 | 成鱼养殖场 |
|---|---|---|---|---|---|
| 合计 | 采样点 | 2 | 13 | 21 | 31 |
| | 采样份数 | 2 | 21 | 24 | 33 |
| | 阳性样品数 | 0 | 6 | 8 | 4 |

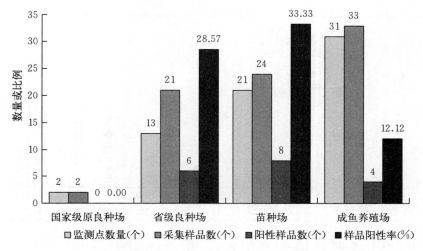

图4　不同类型监测点 VNN 阳性样品检出情况

## （六）阳性样品分析

2021年共检测到 VNN 阳性样品18份，包括石斑鱼样品15份、卵形鲳鲹样品2份、鲈（海）样品1份。石斑鱼阳性样品采集水温在25～31 ℃，规格为0.5～21 cm；卵形鲳鲹阳性样品采集水温在28～31 ℃，规格为2.5～3 cm；鲈（海）阳性样品采集水温为26.5 ℃，规格为7～8 cm（表5、图5）。

表5　2021年 VNN 监测阳性样品信息

| 省份 | 样品采集数（个） | 样品阳性数（个） | 阳性样品品种 | 阳性样品养殖方式 | 阳性样品采集水温（℃） | 阳性样品规格（cm） |
|---|---|---|---|---|---|---|
| 天津 | 5 | 0 | — | — | — | — |
| 河北 | 5 | 0 | — | — | — | — |
| 辽宁 | 5 | 0 | — | — | — | — |
| 浙江 | 15 | 2 | 石斑鱼、鲈（海） | 海水工厂化、海水普通网箱 | 25～26.5 | 1～15 |
| 福建 | 5 | 2 | 石斑鱼 | 海水工厂化 | 24～26 | 3～5 |
| 山东 | 10 | 0 | — | — | — | — |
| 广东 | 25 | 12 | 石斑鱼 | 海水池塘 | 21～23 | 2～25 |

（续）

| 省份 | 样品采集数（个） | 样品阳性数（个） | 阳性样品品种 | 阳性样品养殖方式 | 阳性样品采集水温（℃） | 阳性样品规格（cm） |
|---|---|---|---|---|---|---|
| 广西 | 5 | 2 | 卵形鲳鲹 | 海水池塘 | 31 | 1 |
| 海南 | 5 | 0 | — | — | — | — |
| 合计 | 80 | 18 | 石斑鱼、卵形鲳鲹、鲈（海） | 海水工厂化海、水普通网箱、海水池塘 | — | — |

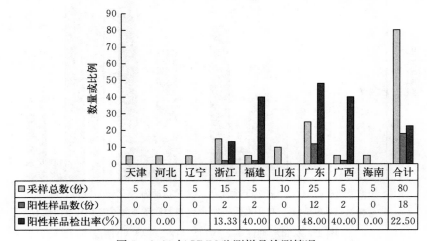

图5 2021年VNN监测样品检测情况

### （七）VNN检测单位

2021年VNN检测单位共8家，承担检测样品数量分别为：中国检验检疫科学研究院5份，无阳性样品检出；中国水产科学研究院黄海水产研究所15份，无阳性样品检出；大连海关技术中心5份，无阳性样品检出；浙江省水生动物防疫检疫中心15份，检出阳性样品2份，样品检出阳性率13.33%；福建省水产技术推广总站5份，检出阳性样品2份，样品检出阳性率40.00%；广东省水生动物疫病预防控制中心25份，检出阳性样品12份，样品检出阳性率48.00%；广西渔业病害防治环境监测和质量检验中心5份，检出阳性样品2份，样品检出阳性率40.00%；中国水产科学研究院珠江水产研究所5份，无阳性样品检出（表6、图6）。

表6 2021年各检测单位VNN检测情况（份）

| 检测单位名称 | 样品来源（省份） | 承担检测样品数 | 检测到阳性样品数 |
|---|---|---|---|
| 中国检验检疫科学研究院 | 天津 | 5 | 0 |
| 中国水产科学研究院黄海水产研究所 | 河北 | 5 | 0 |
| | 山东 | 10 | 0 |

（续）

| 检测单位名称 | 样品来源（省份） | 承担检测样品数 | 检测到阳性样品数 |
|---|---|---|---|
| 大连海关技术中心 | 辽宁 | 5 | 0 |
| 浙江省水生动物防疫检疫中心 | 浙江 | 15 | 2 |
| 福建省水产技术推广总站 | 福建 | 5 | 2 |
| 广东省水生动物疫病预防控制中心 | 广东 | 25 | 12 |
| 广西渔业病害防治环境监测和质量检验中心 | 广西 | 5 | 2 |
| 中国水产科学研究院珠江水产研究所 | 海南 | 5 | 0 |
| 合计 | — | 80 | 18 |

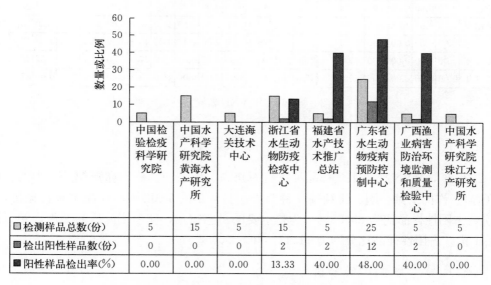

| | 中国检验检疫科学研究院 | 中国水产科学研究院黄海水产研究所 | 大连海关技术中心 | 浙江省水生动物防疫检疫中心 | 福建省水产技术推广总站 | 广东省水生动物疫病预防控制中心 | 广西渔业病害防治环境监测和质量检验中心 | 中国水产科学研究院珠江水产研究所 |
|---|---|---|---|---|---|---|---|---|
| 检测样品总数(份) | 5 | 15 | 5 | 15 | 5 | 25 | 5 | 5 |
| 检出阳性样品数(份) | 0 | 0 | 0 | 2 | 2 | 12 | 2 | 0 |
| 阳性样品检出率(%) | 0.00 | 0.00 | 0.00 | 13.33 | 40.00 | 48.00 | 40.00 | 0.00 |

图 6　2021 年各检测单位 VNN 样品阳性检出情况

## 三、2021 年 VNN 检测结果分析

### （一）总体阳性检出情况

2021 年，VNN 监测范围包括天津、河北、辽宁、浙江、福建、山东、广东、广西和海南等 9 个省（自治区、直辖市），采集样品 80 份，检出阳性样品 18 份，样品检出阳性率为 22.5%；共设 67 个监测点（场），有 14 个监测点检出 VNN 阳性，监测点阳性率为 20.90%。与 2020 年相比，样品阳性率和监测点阳性率分别上升了 82.48% 和 82.53%，样品阳性率升高或许与采样数量的减少和采样品种构成有关（图 7）。

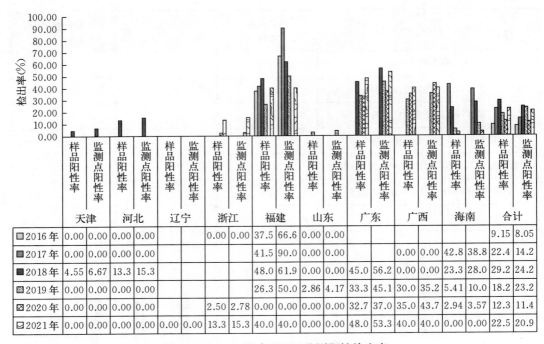

图 7  2016—2021 年 VNN 监测阳性检出率

（二）易感宿主品种分析

2021 年，VNN 监测采集样品种类有石斑鱼、大黄鱼、鲆、卵形鲳鲹、半滑舌鳎、鲈（海）、许氏平鲉、鲷、河鲀等 9 种鱼类。检测出的 18 份阳性样品中有石斑鱼样品 15 份，占阳性样品比为 83.33%，为最主要的易感宿主，卵形鲳鲹样品 2 份，鲈（海）样品 1 份，占阳性样品比分别为 11.11% 和 5.56%。

（三）易感宿主规格分析

2021 年，有阳性样品检出的地区有浙江、福建、广东和广西。浙江 VNN 阳性样品规格为 1~15 cm，福建 VNN 阳性样品规格为 3~5 cm，广东 VNN 阳性样品规格为 2~25 cm，广西 VNN 阳性样品规格为 1 cm，检测结果表明病毒性神经坏死病毒不仅感染各类海水鱼类苗种，也会感染较大规格的鱼体，甚至是商品规格的鱼体。

（四）阳性样品的养殖水温分析

2021 年，浙江阳性样品有石斑鱼和鲈（海），石斑鱼阳性样品采集时间为 6 月 3 日，水温 25 ℃，鲈（海）阳性样品采集时间为 6 月 4 日，水温 26.5 ℃；福建阳性样品为石斑鱼，阳性样品采集时间为 8 月 31 日，水温 24~26 ℃；广东阳性样品为石斑鱼，阳性样品采集时间为 4 月 29 日至 10 月 14 日，水温 21~23 ℃；广西阳性样品为卵形鲳鲹，阳性样品采集时间为 6 月 9 日，水温 31 ℃。2021 年 VNN 监测阳性样品采样水温主要在 21～31 ℃。综合 2016—2021 年的阳性样品检测结果分析，石斑鱼病毒性神经坏死病流行季节较长，水温 18～33 ℃均检出，但发病高峰仍然集中在夏秋高温季节（水温 25～33 ℃）。

（五）阳性监测点情况分析

2021 年全国共设 VNN 监测点 67 个，检出阳性监测点 14 个，监测点平均阳性检出率为 20.90%。在 67 个监测点中，国家级原良种场 2 个，阳性 0 个；省级原良种场 13 个，阳性 5 个，监测点检出阳性率为 38.46%；苗种场 21 个，阳性 6 个，监测点检出阳性率为 28.57%；成鱼养殖场 31 个，阳性 3 个，监测点检出阳性率为 9.68%。2021年，阳性场阳性率省级原良种场＞苗种场＞成鱼养殖场＞国家级原良种场。2016—2021年，国家级原良种场阳性检出率平均为 4.17%，省级原良种场为 27.94%；苗种场为 21.81%；成鱼养殖场为 13.35%。省级原良种场和苗种场的阳性率要高于国家级原良种场和成鱼养殖场。

（六）监测点连续设置情况

2016—2021 年 VNN 检测共设置监测点 718 个，其中检出阳性养殖场 124 个，监测点阳性率为 17.27%。2017—2021 年，共设置监测点 631 个，连续 2 年被纳入监测点的养殖场点数有 55 个，占比为 8.72%；连续 3 年被纳入监测点的养殖场点数有 21 个，占比为 3.33%；连续 4 年被纳入监测点的养殖场点数有 11 个，占比为 1.74%；连续 5 年被纳入监测点的养殖场点数有 3 个，占比为 0.48%（表 7）。

表 7 2017—2021 年监测点连续设置情况表

| 省份 | 连续 2 年被纳入监测点数量 | 连续 3 年被纳入监测点数量 | 连续 4 年被纳入监测点数量 | 连续 5 年被纳入监测点数量 |
|------|------|------|------|------|
| 天津 | 5 | 2 | 1 | 1 |
| 河北 | 9 | 6 | 8 | 1 |
| 浙江 | 10 | 0 | 0 | 0 |
| 福建 | 8 | 3 | 0 | 0 |
| 山东 | 9 | 5 | 0 | 1 |
| 广东 | 3 | 1 | 0 | 0 |
| 广西 | 6 | 3 | 1 | 0 |
| 海南 | 5 | 1 | 1 | 0 |
| 合计 | 55 | 21 | 11 | 3 |

## 四、风险分析及建议

### （一）风险分析

（1）VNN 在南方养殖区域广泛流行　通过 2016—2021 年连续 6 年的监测，目前有广东、福建、海南、天津、广西、河北、浙江和山东等多个省（自治区、直辖市）检出 VNN 阳性样品，其中福建、广东、广西和海南至少三年检出阳性，南方省份是需要重点防控 VNN 的区域。

（2）VNN 病原宿主品种逐渐增多　2016 年开展 VNN 监测以来，共检测到阳性样品 238 份，阳性品种主要包括石斑鱼、卵形鲳鲹、鲆、河鲀、大黄鱼、鲈（海）。虽然石斑鱼仍然是 VNN 感染的主要品种，但 VNN 在越来越多的品种中流行，继 2020 年首次在鲈（海）样品中检出 NNV 后，2021 年又有 1 份鲈（海）样品检出 NNV，养殖品种宿主的拓展将进一步加大 VNN 广泛传播的风险。

（3）苗种场是 NNV 传播高风险点　2021 年省级原良种场和苗种场的监测点阳性率均远高于 2020 年。2016—2021 年，省级原良种场 VNN 监测点阳性率分别为 66.67％、25％、30％、44.44％、9.52％、38.46％，苗种场 VNN 监测点阳性率分别为 11.11％、20.31％、28％、31.71％、9.68％、28.57％。结果显示，苗种场是 NNV 传播高风险点，通过苗种 VNN 传播的 NNV 将对水产养殖业造成严重的后果。

### （二）风险管控建议

（1）加强 VNN 检测方法和防控技术开发　收集 VNN 阳性样品，开展病原生物学研究，探索建立免疫学检测方法，开发 VNN 免疫学防控技术，尽可能减少 VNN 传播。

（2）做好阳性场点的苗种溯源调查　对有阳性样品检出的养殖场开展流行病学调查，对苗种来源和去向进行跟踪和监测，完善阳性养殖场点的详细信息。持续关注 VNN 的流行情况，做好阳性样品的无害化处理和养殖场的消毒。

（3）持续加强监测工作　对全国海水鱼主要养殖区域的主要养殖品种开展 VNN 检测，适当增加监测品种。

（4）进一步加强苗种生产管理　严格落实水产苗种产地检疫，对苗种生产过程亲鱼、卵、饵料等关键生产环节开展 NNV 检测，禁止携带 NNV 苗种和亲鱼的流通。海水养殖鱼类，特别是石斑鱼苗种（含受精卵）生产中要选择健康无病毒的亲鱼进行苗种培育，加强苗种的 NNV 检疫和受精卵的消毒，避免阳性苗种的流动和 NNV 的扩散。

## 五、监测工作存在的问题及相关建议

（1）监测方案需进一步优化　适当增加监测品种和样品量，进一步掌握 VNN 在海水鱼中的流行情况，扩大监测范围，尽量涵盖全国海水鱼主要养殖区域，采样时间避免太集中，设置一定数量的亲本、鱼卵和水样等样品，以便更加全面了解 NNV 的分布、流行和危害状况。

（2）样品采集过程和信息填报需进一步规范　NNV 作为 RNA 病毒，容易降解，所以 VNN 样品采集过程要严格按照 RNA 病毒检测样品的标准进行，以免影响检测结果或造成漏检。部分样品规格数据填报不统一，有时按体长、有时按体重，不利于VNN 监测分析工作的开展。

（3）监测点连续设置情况需进一步加强　为了更好地分析 VNN 在同一养殖场、同一采样区域的传播情况，应加强连续监测点的设置，阳性养殖场点必须纳入下年度的监测点，才有利于分析与掌握 VNN 的流行规律。同时，要在"国家水生动物疫病监测信息管理系统"中增加连续监测点的汇总功能。

（4）制定阳性场处理方案　针对有阳性样品检出的养殖场，制定详细、可执行的处理方案和补偿机制，推动阳性样品和阳性场处理措施的有效落实。

# 2021年鲤浮肿病状况分析

北京市水产技术推广站

（吕晓楠　徐立蒲　张　文　王静波　江育林）

鲤浮肿病（Carp edema virus disease，CEVD），也称锦鲤昏睡病（Koi sleepy disease，KSD），是由鲤浮肿病毒（Carp edema virus，CEV）感染鲤、锦鲤引起的一种高度传染性流行病。该病引起病鱼出现烂鳃、凹眼、昏睡等症状并急性死亡，可造成严重经济损失。

2016年我国首次报道发生CEVD。2018年，农业农村部将CEVD列为疫病监测对象（农办渔〔2018〕75号）。2021年，各项目承担单位按照农业农村部要求（农渔发〔2021〕10号），继续组织实施CEVD监测工作，现将2021年监测情况总结如下。

## 一、监测抽样概况

### （一）监测计划任务完成情况

2021年，CEVD监测计划任务样品数150份，实际完成149份。各省（自治区、直辖市）计划抽样数量以及实际完成抽样情况见表1。除陕西省外，各省按规定完成抽样任务数量。

表1　各省份CEVD监测任务及完成情况

| 省份 | 任务数量（个） | 检测样品总数（个） | 检测养殖场总数（个） | 阳性养殖场总数（个） | 阳性养殖场点检出率（%） |
|---|---|---|---|---|---|
| 北京 | 5 | 5 | 4 | 2 | 50 |
| 天津 | 5 | 5 | 5 | 0 | 0 |
| 河北 | 5 | 5 | 5 | 0 | 0 |
| 内蒙古 | 5 | 5 | 4 | 0 | 0 |
| 辽宁 | 5 | 5 | 5 | 0 | 0 |
| 吉林 | 5 | 5 | 5 | 0 | 0 |
| 黑龙江 | 5 | 5 | 5 | 2 | 40 |
| 上海 | 5 | 5 | 5 | 2 | 40 |
| 江苏 | 15 | 19 | 17 | 0 | 0 |
| 浙江 | 15 | 15 | 15 | 0 | 0 |

（续）

| 省份 | 任务数量（个） | 检测样品总数（个） | 检测养殖场总数（个） | 阳性养殖场总数（个） | 阳性养殖场点检出率（%） |
|---|---|---|---|---|---|
| 安徽 | 5 | 5 | 5 | 0 | 0 |
| 江西 | 5 | 5 | 5 | 1 | 20 |
| 山东 | 5 | 5 | 5 | 0 | 0 |
| 河南 | 5 | 5 | 5 | 0 | 0 |
| 湖北 | 5 | 5 | 5 | 0 | 0 |
| 湖南 | 15 | 15 | 15 | 0 | 0 |
| 广东 | 10 | 10 | 9 | 1 | 11.1 |
| 重庆 | 5 | 5 | 5 | 0 | 0 |
| 四川 | 5 | 5 | 5 | 0 | 0 |
| 贵州 | 5 | 5 | 5 | 2 | 40 |
| 陕西 | 5 | / | / | / | / |
| 宁夏 | 5 | 5 | 5 | 0 | 0 |
| 新疆 | 5 | 5 | 5 | 0 | 0 |
| 合计 | 150 | 149 | 144 | 10 | 6.9 |

150 个样品任务被分配到 23 个省级单位，平均每个省级单位只有 6.5 个样品。当没有大流行时，渔场的感染率远小于 10%，这时如果采取随机取样的做法，大概率会得到阴性样品。只有采样总数大于 20 个的情况下，才有可能采集到阳性样本（如根据聚类原则，有目标地采样则命中率要高很多）。除非在大暴发的流行区域，随机采 1～2 个样品都可能是阳性。因此，才建议各地采集曾经发病的渔场和前几年是阳性的渔场。

（二）监测抽样概况

1. 监测范围　2021 年该病监测范围覆盖全国 22 个省（自治区、直辖市）98 个县（区）127 个乡（镇）的 144 个养殖场。各地区监测抽样情况详见"2021 年水生动物重要/新发疫病监测/调查情况"表 7。

2. 不同类型养殖场抽样监测情况　CEVD 抽样监测的养殖场类型包括国家级、省级原良种场，苗种场，成鱼养殖场和观赏鱼养殖场。其中国家级、省级原良种场和苗种场的抽样监测总数依次为 4、32、38 个，占全部抽样监测场的 51.4%；观赏鱼养殖场抽样监测 25 个，占全部抽样监测场的 17.4%；成鱼场抽样监测 45 个，占全部抽样监测场的 31.3%。

分析不同省份 CEVD 抽取样品的来源养殖场类型：宁夏、贵州、吉林、重庆、浙江、湖南、湖北、辽宁、上海、山东、四川这 11 个省份抽样的国家级、省级原良种场和苗种场总数占全部抽样场总数量百分比均在 60% 及以上，分别为 100%、100%、

100％、100％、93.3％、93.3％、80％、60％、60％、60％、60％；而其余省份抽样的国家级、省级原良种场和苗种场总数占全部抽样场总数量百分比不足50％。应在今后抽样工作中重点采集鲤、锦鲤的国家级、省级原良种场和苗种场，以及往年阳性养殖场。

3. 养殖场抽样份数、每份样品抽样尾数　绝大部分省份每个场抽样1～2份，能够满足疫病监测的技术需求。所有抽样单位送检样品数量均达到150尾，满足国家水生动物疫病监测计划要求。

4. 不同养殖模式的抽样监测情况　各养殖模式下抽样监测情况如下：淡水池塘140份、淡水工厂化3份、淡水流水池塘5份、其他1份。主要以池塘养殖模式为主，占总抽样数量的94％，池塘养殖也是我国鲤、锦鲤养殖的主要模式。

5. 抽样监测品种　2021年共抽取样品149份，其中鲤115份、锦鲤34份，分别占总抽样数量77.2％和22.8％。

6. 抽样水温　2021年，抽样温度范围为13～30 ℃（图1）。根据养殖生产发病情况调查，20～27 ℃是CEVD发病较为集中的水温范围，在此温度范围抽样，阳性样品检出率会比较高。抽样水温20 ℃以下样品38份，占比26％；20～27 ℃样品75份，占比50％；27 ℃以上样品36份，占比24％。应在今后抽样中注意水温要求，尽量集中在20～27 ℃抽样。70％阳性是在20 ℃以上监测到的。

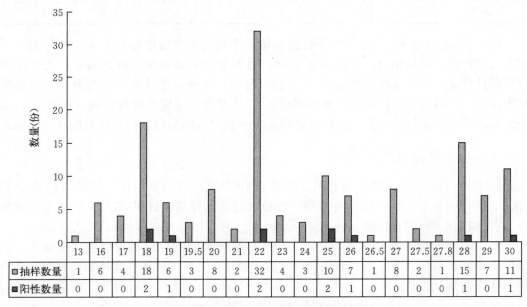

| | 13 | 16 | 17 | 18 | 19 | 19.5 | 20 | 21 | 22 | 23 | 24 | 25 | 26 | 26.5 | 27 | 27.5 | 27.8 | 28 | 29 | 30 |
|---|---|---|---|---|---|---|---|---|---|---|---|---|---|---|---|---|---|---|---|---|
| 抽样数量 | 1 | 6 | 4 | 18 | 6 | 3 | 8 | 2 | 32 | 4 | 3 | 10 | 7 | 1 | 8 | 2 | 1 | 15 | 7 | 11 |
| 阳性数量 | 0 | 0 | 0 | 2 | 1 | 0 | 0 | 0 | 2 | 0 | 0 | 2 | 1 | 0 | 0 | 0 | 0 | 1 | 0 | 1 |

图1　不同水温抽样数量与阳性数量

（三）检测单位和检测方法

1. 检测单位　2021年，共15家单位承担CEV的检测工作，各单位检测样品数量及阳性样品检出情况见图 2。

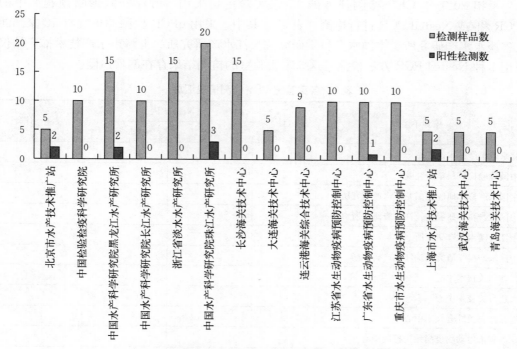

图 2　各检测单位的 CEV 检测数和阳性检出情况

　　5 家科研院所共承担 70 份样品检测工作，占抽样监测总数量的 47%，阳性样品共检出 5 个，占阳性样品检出总数的 50%。其中，中国水产科学研究院黑龙江水产研究所阳性样品检出 2 个，中国水产科学研究院珠江水产研究所阳性样品检出 3 个；另 3 家单位（中国检验检疫科学研究院、浙江省淡水水产研究所、中国水产科学研究院长江水产研究所）均未检出阳性样品。

　　5 家出入境检疫系统实验室承担 39 份样品检测工作，占抽样监测总数量的 26.2%。长沙海关技术中心、大连海关技术中心、连云港海关综合技术中心、武汉海关技术中心、青岛海关技术中心均未检出阳性样品。

　　5 家疫病预防控制系统实验室承担 40 份样品检测工作，占抽样监测总数量的 26.8%，阳性样品共检出 5 个，占阳性样品检出总数的 50%。其中，北京市水产技术推广站阳性样品检出 2 个，上海市水产技术推广站阳性样品检出 2 个，广东省水生动物疫病预防控制中心阳性样品检出 1 个；江苏省水生动物疫病预防控制中心、重庆市水生动物疫病预防控制中心未检出阳性样品。

　　2. 检测方法　2021 年 CEVD 监测计划中规定检测方法参照《鲤浮肿病诊断规程》（SC/T 7229—2019）（农渔技疫函〔2021〕58 号）。前期研究结果表明：该标准中推荐的 qPCR 方法阳性检出效果优于 Nested PCR，仅采用 Nested PCR 有漏检情况，有条件的实验室应首选 qPCR；没有荧光 PCR 仪的实验室应同时采用两种 Nested PCR 方法检测，并应考虑到有漏检风险。

承担 2021 年 CEV 检测任务的 15 家实验室均采用《鲤浮肿病诊断规程》中的 qPCR 和/或 Nested PCR 进行检测（表 2）。其中，采用 qPCR 检测的单位有 12 家。浙江省淡水水产研究所、中国水产科学研究院长江水产研究所、上海市水产技术推广站仅采用 1 种 Nested PCR 方法检测，这 3 家实验室的检测结果存在漏检风险。

**表 2　各实验室 CEV 检测情况汇总**

| 检测单位 | qPCR | Nested PCR | | 是否检出阳性 |
| --- | --- | --- | --- | --- |
| | | 528/478 | 548/180 | |
| 北京市水产技术推广站 | ✓ | | | ✓ |
| 中国检验检疫科学研究院 | ✓ | | | |
| 中国水产科学研究院黑龙江水产研究所 | ✓ | | ✓ | ✓ |
| 中国水产科学研究院长江水产研究所 | | ✓ | | |
| 浙江省淡水水产研究所 | | ✓ | | |
| 中国水产科学研究院珠江水产研究所 | ✓ | | | ✓ |
| 长沙海关技术中心 | ✓ | ✓ | ✓ | |
| 大连海关技术中心 | ✓ | | | |
| 连云港海关综合技术中心 | ✓ | ✓ | ✓ | |
| 江苏省水生动物疫病预防控制中心 | ✓ | | | |
| 广东省水生动物疫病预防控制中心 | ✓ | | | ✓ |
| 重庆市水生动物疫病预防控制中心 | ✓ | | | |
| 上海市水产技术推广站 | | | ✓ | |
| 武汉海关技术中心 | ✓ | | | |
| 青岛海关技术中心 | ✓ | | | |

3. 检测结果判定　2021 年抽样的 149 份样品均无 CEVD 临床症状（或未记录采集样品是否有临床症状）。按《鲤浮肿病诊断规程》（SC/T 7229—2019）规定，养殖的鲤或锦鲤出现临床症状，qPCR、Nested PCR、LAMP 检测中任意一种方法检测结果阳性，判定为 CEVD 阳性。养殖的鲤或锦鲤无临床症状，qPCR、Nested PCR、LAMP 检测中任意一种方法检测结果阳性，判定为 CEV 核酸阳性。因此，2021 年通过 qPCR 和/或 Nested PCR 检出的全部 10 份阳性样品，依据标准应全部判定为 CEV 核酸阳性。为便于表述，下文中将这 10 份检测结果阳性样品均简称为 CEV 阳性。

## 二、监测结果和分析

### （一）CEV 阳性养殖场点检出情况

2021 年，在全国 144 个养殖场抽样 149 份，阳性样品检出 10 份，来源于 10 个养殖场，阳性养殖场点检出率 6.9%。2020 年，在全国 331 个养殖场抽样 360 份，阳性样品检出 18 份，来源于 18 个养殖场，阳性养殖场点检出率 5.5%。2019 年，在全国 312 个养殖场抽样 344 份，阳性样品检出 35 份，来源于 35 个养殖场，阳性养殖场点检出率 11.2%。2018 年，在全国 659 个养殖场抽样 902 份，阳性样品检出 116 份，阳性样品来源于 106 个养殖场，阳性养殖场点检出率 16.1%。2017 年，全年共监测 764 个养殖场，阳性养殖场检出 122 个，阳性养殖场点检出率 16.0%。其中，出现临床症状并采样检测的养殖场，即被动监测养殖场 290 个，阳性 52 个，阳性养殖场点检出率 17.9%；没有临床症状采样检测的养殖场，即主动监测养殖场 474 个，阳性 70 个，阳性养殖场点检出率 14.8%。

对比 2017—2021 年监测结果（图 3），CEV 阳性养殖场点检出率在 5 年内呈下降趋势，2021 年阳性养殖场点检出率 6.9%。但这个监测数据并不能完全准确反映实际生产状况。例如，河南省水产技术推广总站对 2021 年该省的 CEVD 调查发现，河南省 CEVD 发病面积率约 10%，发病后平均死亡率 15%，发病和死亡情况与往年相比较有明显降低，推测主要原因为鲤养殖量下降和暴雨灾害。河北省水产技

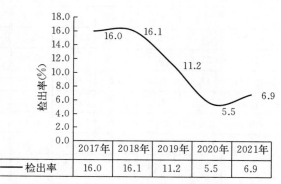

图 3　2017—2021 年全国 CEV 阳性养殖场点检出率

术推广总站对 2021 年全省 CEVD 调查情况显示，该年共调查 9 家养殖场，其中保定 1 家、唐山 8 家。6 家为现场调查，实验室检测，结果均为 CEV 阳性；3 家为书面调查，诊断为疑似 CEVD。分析显示 CEVD 在河北发病情况仍较严重，造成的经济损失依然较大；区域性发病仍具有连续性；因引种等原因造成点状发病有扩散趋势。

值得注意的是上报到监测系统中的数据：河南检测样品 5 个，未检出阳性样品；河北检测样品 5 个，未检出阳性样品。这均与调查的生产中发病情况有较大出入，因此目前还不能完全按监测结果和历年监测结果趋势判断全国 CEVD 发病情况。估算全国 CEV 阳性检出率应在 10% 以上，我国鲤和锦鲤 CEVD 防控形势依然不可松懈。

（二）CEV 阳性地区分布

2021 年，在 22 个参与 CEV 监测的省份中有北京、黑龙江、上海、江西、广东、贵州等 6 省份检出了 CEV 阳性；2020 年，在 22 个参与 CEV 监测的省份中有 8 个检出了 CEV 阳性；2019 年，在 21 个参与 CEV 监测的省份中有 6 个检出了 CEV 阳性；2018 年，在 23 个参与 CEV 监测的省份中有 14 个检出了 CEV 阳性；2017 年，在 23 省份中有 15 个检出了 CEV 阳性。

综合近 5 年的 CEV 阳性地区分布情况（表 3）。河北和河南 2017—2020 连续 4 年均检出 CEV，内蒙古和天津 2017、2018、2020 年均有 CEV 检出，辽宁 2017—2019 连续 3 年检出 CEV，但这些 CEV 频发的省份在 2021 年均未检出。这应该不是该省份

CEV 已经消失，而可能是由于抽样、运输、检测环节的原因而导致未检出 CEV 阳性。在没有采取 CEVD 有效防控措施前，各地 CEVD 不可能全部消失。这提示我国部分地区 CEVD 抽样环节或检测环节可能出现了问题。

表 3　2017—2021 年各地阳性养殖场点检出率（%）

| 省份 | 2017 | 2018 | 2019 | 2020 | 2021 | 省份 | 2017 | 2018 | 2019 | 2020 | 2021 |
|---|---|---|---|---|---|---|---|---|---|---|---|
| 北京 | 72.7 | 19.4 | 26.3 | 20.0 | 50.0 | 广西 | 0.0 | 0.0 | / | / | / |
| 天津 | 39.5 | 13.3 | 0.0 | 17.4 | 0.0 | 重庆 | 0.0 | 0.0 | 0.0 | 0.0 | 0.0 |
| 河北 | 5.9 | 3.7 | 63.2 | 4.0 | 0.0 | 四川 | 0.0 | 0.0 | 7.1 | 13.3 | 0.0 |
| 内蒙古 | 100.0 | 24.1 | 0.0 | 11.1 | 0.0 | 甘肃 | 0.0 | 0.0 | 0.0 | 0.0 | / |
| 辽宁 | 34.8 | 66.0 | 32.0 | 0.0 | 0.0 | 新疆 | 50.0 | 0.0 | 0.0 | 0.0 | 0.0 |
| 黑龙江 | 47.8 | 40.0 | 0.0 | 0.0 | 40.0 | 吉林 | 9.1 | 0.0 | 0.0 | 0.0 | 0.0 |
| 江苏 | 0.0 | 4.9 | 0.0 | 0.0 | 0.0 | 山西 | 20.0 | / | / | / | / |
| 山东 | 0.0 | 28.0 | 0.0 | / | 0.0 | 湖北 | 0.0 | 0.0 | 0.0 | 0.0 | 0.0 |
| 河南 | 22.4 | 25.9 | 32.0 | 4.0 | 0.0 | 云南 | 100.0 | / | / | / | / |
| 广东 | 22.1 | 33.3 | 0.0 | 27.3 | 11.11 | 湖南 | / | 5.7 | 0.0 | 6.7 | 0.0 |
| 陕西 | 40.0 | 13.3 | 0.0 | / | / | 浙江 | / | 0.0 | 0.0 | 0.0 | 0.0 |
| 宁夏 | 22.2 | 20.0 | 0.0 | 0.0 | 0.0 | 新疆兵团 | / | 0.0 | / | / | / |
| 上海 | / | 20.0 | 0.0 | 0.0 | 40.0 | 贵州 | / | / | / | -0.0 | 40.0 |
| 安徽 | 33.3 | 0.0 | 5.6 | 0.0 | 0.0 | 合计 | 16.0 | 16.1 | 11.2 | 5.5 | 6.9 |
| 江西 | 0.0 | 0.0 | 0.0 | 0.0 | 20.0 | | | | | | |

通过监测以及调查发现，现阶段 CEV 是一种分布范围较广的水生动物病毒，我国鲤和锦鲤主要产地还有 CEV 分布。原良种场、苗种场有检出，病毒扩散风险较高。

（三）不同类型养殖场的 CEV 检出情况

2021 年，在抽样的省级原良种场、苗种场、观赏鱼养殖场和成鱼养殖场等 4 种类型的养殖场中均有 CEV 阳性检出（图 4）。采用 SPSS 对不同养殖场类型的 CEV 阳性检出率进行卡方分析，养殖场类型对 CEV 阳性检出率无显著差异（$P > 0.05$），提示 CEV 已经较为广泛扩散。

（四）不同品种 CEV 检出情况

2021 年，监测的 149 份样品中，鲤样品 115 份，阳性样品 6 份，阳性样品检出率 5.2%；锦鲤样品 34 份，阳性样品 4 份，阳性样品检出率 11.8%。本年度未对其他品种进行监测，其他品种是否为 CEV 宿主尚需要更多相关数据积累和验证。对不同品种的 CEV 检出率进行方差分析，结果普通鲤与锦鲤样品的 CEV 阳性检出率无显著差异。

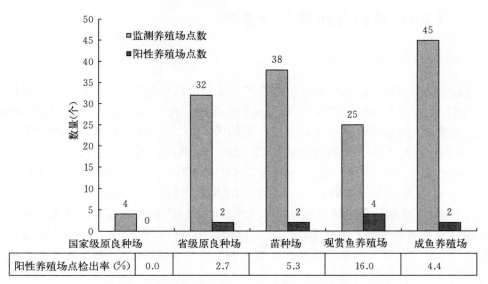

图 4  不同类型养殖场的 CEV 抽样数和阳性检出情况

（五）不同养殖模式的 CEV 检出情况

2021 年，将 CEV 监测样品按照来源场的养殖模式分类，共监测淡水池塘样品 135 份，阳性样品 9 份，阳性样品检出率 6.7％；淡水工厂化样品 3 份，阳性样品 1 份，阳性样品检出率 33.3％。

（六）不同抽样温度的 CEV 检出情况

2021 年 CEV 监测的抽样温度范围为 13～30 ℃。在抽样温度 18、19、22、26、28、30 ℃均有 CEV 阳性检出（图 2）。综合近 5 年 CEV 监测结果，CEV 在 4～33 ℃均可检出，可见 CEV 的存活温度范围较广。生产中，20～27 ℃是发病的主要温度范围。

（七）往年监测阳性场情况

2021 年，CEV 监测养殖场点 144 个，较 2020 年减少 187 个监测点，主要与国家监测任务减少有关。上一年阳性监测养殖场点共 18 个，2021 年继续监测上一年度阳性点的仅为 5 个。其中，4 个养殖场在本年度的监测结果转为阴性，分别分布在北京市平谷区、湖南省长沙市浏阳市、广东省江门市和四川省泸州市合江县，2021 年分别由北京市水产技术推广站、长沙海关技术中心、广东省水生动物疫病预防控制中心、重庆市水生动物疫病预防控制中心承担检测任务。其中，北京市这个转阴性场为首席专家单位开展 CEVD 防控的示范点；另 3 家转阴性场的原因需要抽样单位和检测实验室进一步核实，并总结转阴性经验。此外，2022 年应加强对往年阳性场进行连续复核，及时总结阳性场转阴的经验并加以推广。

## 三、CEVD 风险分析及管理建议

### （一）对产业影响情况

鲤是全球养殖最广泛的鱼类，也是水产养殖中最具经济价值的品种之一。我国是鲤养殖大国，鲤养殖产量约 300 万 t。锦鲤是鲤的变种，在我国同样具有重要的市场价值。目前我国鲤和锦鲤主要存在三种危害较严重的病毒病，包括鲤春病毒血症（SVC）、锦鲤疱疹病毒病（KHVD）和鲤浮肿病（CEVD）。分别在低温、高温和高低温对鲤和锦鲤造成很大危害。2020 年，我国 SVCV、KHV、CEV 阳性养殖场点检出率分别为 7.3%、3.4%、5.5%，CEVD 是对我国鲤和锦鲤危害最严重的病毒病之一。

2021 年 CEV 阳性养殖场点检出率 6.9%，考虑到部分省份有漏检情况，判断我国 CEV 阳性养殖场点检出率应在 10% 以上，感染范围较广。在没有采取 CEVD 有效防控措施前，各地 CEVD 不可能全部消失。我国鲤和锦鲤养殖地区特别是 CEV 高发的重点地区需要持续加强防控工作。

### （二）主要风险点识别

1. 带毒苗种流通　2021 年观赏鱼养殖场监测点阳性率高达 11.8%。锦鲤是我国有重要价值的观赏鱼品种，各地为保种、繁育，跨省交易现象较普遍。锦鲤感染 CEV 后将成为病毒传播的载体，存在很高传播风险。而且，有从观赏鱼扩散到鲤的风险。

2021 年省级原良种场监测点阳性率 2.7%；苗种场监测点阳性率 5.3%。带毒苗种流通是 CEV 传播的主要风险点之一。

2. 养殖水源　目前一些地区用自然河水做水源养殖鲤。未经处理的含 CEV 的尾水排放到外界环境，病原进入水体，易造成下游养殖鱼感染。

### （三）风险管理建议

首席专家单位结合近年的研究和实践工作，制定了 CEVD 预防和应急管理规程。

1. CEVD 预防管理规程　目前，发生 CEVD/KSD 后没有有效的治疗药物。因此，现阶段做好未发病区域的预防工作对于 CEVD 防控尤为重要，特别是在引种检疫和稳定水质方面。

（1）养鱼池准备

① 采用土池养殖的，池底淤泥 10～30 cm 为宜。养殖前采用生石灰彻底清塘并消毒。

② 土池放苗前用网具拉动底泥，达到氧化鱼池底部功效。

（2）转变养殖模式

③ 控制养殖密度不宜过高，鲤每 666.7 m² 产量以不超过 1 250 kg 为宜。

④ 主养鲤时，搭配 15%～20% 花鲢、白鲢混养。

（3）引进健康苗种并持续监测

⑤ 从国家、省级水生动物疫病监测阴性苗种场购买苗种，避免引入带病原苗种。同时需经水产苗种产地检疫合格。

⑥ 苗种引进及放养苗种 1 个月后抽样监测。发现 CEV 阳性，则需要采取更谨慎的养殖管理措施。

（4）科学投喂管理

⑦ 选择使用高质量全价配合饲料，饲料的蛋白营养适合。如使用生物饵料，尤其是外来捕捞的天然生物饵料，应对饵料进行监测以确认无病毒。

⑧ 加强投喂管理，定时、定点、定质、定量。保持八分饱，避免残饵导致水质突变。

⑨ 投喂含免疫增强剂（益生菌-发酵中药或黄芪多糖粉或三黄粉等）饲料 15d 后，再投喂正常饲料 1 个月，依次轮换。

（5）水质管理

⑩ 投饵区安装增氧设施（增氧机或微孔增氧），防止局部缺氧；晴天中午开动增氧机 1～2h，阴雨天以及清晨水体氧气不足时开动增氧机；定期监测水质，避免溶氧缺乏、水质突变，尤其加强底层水溶氧的监测。

⑪ 一般每 15d 1 次定期对水体消毒，可以使用二氧化氯或聚维酮碘等。使用消毒剂时，注意避免水质突变，老水酌情减少消毒剂用量。第 2 天使用有机酸颗粒，需要晴天使用。第 3 天使用乳酸菌等益生菌。有机酸颗粒和益生菌请严格参照厂家说明书使用。益生菌使用注意：上午 10 点前使用，防止紫外线照射杀灭菌；15～30 ℃使用；不能同时用抗生素；多种菌不能混用，可能有颉颃。

⑫ 换水时，换水量不要超过 1/4，也不要用调水药使水质短期内快速变化，水质变幅不宜过大，避免使鱼产生应激。

（6）外来工具、鱼管理

⑬ 外来鱼等应先隔离养殖。未经监测确认健康的，不得与本场鱼混养。

⑭ 使用的养殖工具应专池专用，避免交叉污染。工具用后及时高浓度的氯制剂或聚维酮碘消毒。从外场进入的工具等，应先经过充分曝晒或消毒后方能使用。

⑮ 禁止外来运鱼车将车内水排放到养鱼池及场区。

⑯ 使用河水等水源养殖，需对来水进行沉淀、紫外线或氯制剂消毒后再使用，以防来水携带病原微生物。

（7）疫病预防

⑰ 每日观察养殖鲤、锦鲤情况，发现不爱摄食、游动缓慢等情况时立即取样检测。同时，每 10～15 d，随机抽取池边不爱游动的 2～3 尾鱼，检查鱼是否患病。针对病因采取应对措施。

养殖鱼携带寄生虫是常态，只有寄生虫数量多到了威胁鱼类健康时才需要使用杀虫药。如果定期使用杀虫药，会破坏水体环境稳定、造成水体污染、导致鱼类应激和免疫力下降、易发病。不要滥用药（如定期使用寄生虫药就属于滥用药）。

⑱ 关注天气，在天气突变前一天停食、增氧，并投放抗应激药品（如维生素 C 等）

稳定水质，避免水质突变。

⑲ 避免一切产生应激的管理措施。不要盲目定期投喂抗菌药物、定期投杀虫药预防疾病；使用改底等药物时应均匀泼洒；减少倒池等操作，避免鱼体受伤。

2. CEVD 应急管理规程

（1）报告和隔离

① 一旦发现疑似 CEVD，应立即向当地水生动物疫病预防控制机构（或水产技术推广机构）报告，并送典型发病样品到有资质实验室诊断。先不要急着用药，同时紧急采取控制措施。

② 立即对养殖场相关鱼池采取隔离措施，限制养殖场病鱼的移动和运输。

（2）病死鱼和工具处置

③ 及时捞出病死鱼用生石灰进行深埋，处理地点远离鱼池和水源。

④ 养殖工具专池专用，避免交叉污染。工具用后及时用氯制剂或聚维酮碘消毒。

⑤ 养殖尾水排放前需经消毒处理。

（3）养殖管理应对措施

⑥ 停止投喂饵料、停止用药、停止换水，打开增氧设备，保持水体中氧气含量在 5 毫克/升以上。

⑦ 发病 4～5 d 后，连续泼洒中药（三黄散、或大黄末）2～3 次，隔天 1 次。

⑧ 发病的同池鱼，如同时患有其他细菌性疾病或寄生虫性疾病，至少待 CEVD 发病 10 d 以后，再开始治疗这些细菌性、寄生虫性疾病。

CEVD 应急管理得当，死亡率一般不会超过 20％，可控制在 10％以内。

# 四、监测工作相关建议

有些问题前文已说明，这里不再进一步赘述。

（一）抽样数量向重点地区倾斜，继续加强抽样环节规范性，并组织异地交叉抽检

2021 年，阳性养殖场点检出率为 6.9％，分析部分地区有漏检情况。

在前 4 年的连续监测中，北京、河南、河北均为 CEV 阳性地区，内蒙古、辽宁也是 CEV 频发的省份，它们都是 CEV 重点防控区域。而 2021 年河南、河北、内蒙古、辽宁均未检出 CEV。这应该不是该省份 CEV 已经消失，而极可能是由于抽样、运输或检测环节的原因而导致的。这提示我国上述地区以致全国更多地区的 CEVD 抽样、运输环节或检测环节可能出现了问题。

2021 年，河南、河北、内蒙古、辽宁监测数量均为 5 个，由于覆盖率较低，存在较大的漏检风险，建议 2022 年监测计划适当增加重点省份的抽样量；对于 2016—2021 年未检出阳性且未有病例报道的地区建议适当减少或停止该地区的抽样。对 CEVD 流行的高发地区，尤其是历年监测阳性率变动较大地区（如河南、河北、辽宁、内蒙古等省份），建议组织承担检测任务的异地实验室到现场抽样、制备样品，并带回实验室检

测。同时开展流行病学调查，以全面了解 CEVD 流行情况，并实地推广防控经验。

在 2022 年将抽样重点向鲤或锦鲤的国家级、省级原良种场和苗种场进一步集中，实现辖区内国家级和省级原良种场、重点苗种场、引育种中心监测全覆盖。

（二）进一步规范检测工作

根据农业农村部全国水产技术推广总站要求，承担检测任务的实验室应通过 CEV 能力验证。2021 年承担 CEV 检测工作单位共 15 家，其中 1 家单位未参与 2019 年 CEV 能力验证。建议 2022 年检测单位的选择应注意该单位是否通过上一年度能力验证，以确保检测结果的可靠性。

检测每份样品（150 尾鱼）时，至少分为 10 份小样并分别检测，以减少漏检情况。

开展 CEV 检测工作建议优先采用 qPCR 方法。对于承担检测任务但缺少荧光 PCR 仪的实验室，需采用两种套式 PCR 同时检测。不能仅采取一种套式 PCR 方法检测，这样漏检风险太大。

在挑选承担检测任务的实验室时，除了现有组织开展的实验室能力测试考核活动外，建议增加对实验室检测能力现场审查的环节，组织不定期飞行检查，检查内容包括接样、样品处理、采用标准、检测过程以及结果报告等。

（三）加强对阳性场防控指导

CEVD 为我国养殖鱼类新发疫病，下一步着力加强对阳性养殖场的科学指导，包括养鱼池和工具的消毒、苗种引种要求、水质管理、尾水处理、投喂管理、预防用药以及发病后应急措施等，切实服务养殖生产。

# 2021 年传染性胰脏坏死病状况分析

## 北京市水产技术推广站

## （张 文 徐立蒲 吕晓楠 王静波）

## 一、前言

传染性胰脏坏死病（Infectious pancreatic necrosis，IPN）是虹鳟（包括金鳟）稚鱼的急性传染病。1957 年 Wolf 第一次报道分离到 IPN 病毒，随后该病原遍及欧洲、亚洲、北美洲。这也是第一个分离到的鱼类病毒。

### （一）病原

IPN 病原（IPNV）属于双链 RNA 病毒科水生双链 RNA 病毒属。该属中的分离株已分为 9 种有交叉反应的血清型，后来又根据 VP2 序列的相似性定义了六个基因组，它们之间的对应关系见表 1。IPNV 是无囊膜的二十面体颗粒，直径 60～65 nm，对环境因素的抵抗力极强，是已知鱼类病毒中最稳定的，其感染力在水中可保持 230 d 以上，在泥浆中可保持 210 d，在完全干燥时也长达 4 周；用 200 mg/L 的有机碘、2％的福尔马林、2％的烧碱处理和紫外线照射可以使该病毒灭活。

表 1 IPNV 的血清型和对应的基因型

| 血清型 | A1（WB） | A2（Sp） | A3（Ab） | A4（He） | A5（Te） | A6（C1） | A7（C2） | A8（C3） | A9（VR299） |
|---|---|---|---|---|---|---|---|---|---|
| 基因型 | 基因型 I 型 | 基因型 V 型 | 基因型 III 型 | 基因型 VI 型 | 基因型 IV 型 | 基因型 IV 型 | 基因型 II 型 | 基因型 II 型 | 基因型 I 型 |

不同 IPN 病毒株对鳟的毒力相差很大。国际上公认的强毒株是欧洲的 Sp 株（A2 血清型或基因 V 型）和美洲的 VR299 株（A9 血清型或基因 I 型）。

### （二）宿主

IPN 感染宿主范围很广，包括圆口动物、贝类、甲壳类和蛇等至少 25 种宿主，但主要引起人工养殖的虹鳟鱼苗生病和死亡，其他种类感染后无临床症状，只是 IPN 病毒的携带者与传播者。

### （三）症状

发病鱼体色发黑、眼突出，腹部膨大，皮肤和鳍条出血，肠内无食物且充满了黄色黏液，胃幽门部出血。组织病理变化包括胰腺组织坏死，黏膜上皮坏死，肠系膜、胰腺泡坏死，脂肪病变。大多数急性感染的鱼都出现上述病症，被感染了的成年鱼则没有病理解剖学上的变化。

（四）流行病学

该病只在人工养殖条件下流行，多在 3 个月以内的虹鳟鱼苗中流行并引起很高的死亡率。发病率和死亡率与病毒的毒力、水温和鱼龄有关，在条件恶劣时损失可达 100%。疾病流行过后，症状消失了的鱼仍带毒，会传播病毒。20 周龄内虹鳟易感。鲑鳟抗 IPNV 感染的能力随年龄而增长，死亡率将逐渐降低，5 个月以上的鱼不再发病；这些鱼经过一次无症状的感染后产生抗体，而 IPN 病毒能同抗体同时存在并可持续多年。水温对 IPN 的发病及死亡率影响很大，水温 10～14 ℃ 为发病高峰，8 ℃ 以下或 16 ℃ 以上几乎不发病。

（五）国内的分布情况

1987 年，江育林等用细胞分离、免疫学等方法报道山西虹鳟感染 IPN，并进一步确认是强毒株 Sp。同期，牛鲁祺等用细胞、电镜等方法也报道东北虹鳟发生 IPN。随后国内先后有山东、甘肃、北京、云南、青海等地报道发生 IPN。

（六）诊断检测

目前 IPNV 诊断检测主要有细胞分离病毒、分子生物学方法、免疫学方法，各方法特点见表 2。现有国家标准《鱼类检疫方法第 1 部分：传染性胰脏坏死病毒（IPNV）》（GB 15805.1）即用 CHSE、PG、RTG - 2 细胞分离病毒，病鱼组织接种细胞在 18 ℃ 时 3～4 d 即出现明显的 CPE（细胞破碎、崩解）；再用中和试验或 ELISA 方法进一步鉴定。但很多实验室检测 IPN 因为缺少抗体和不熟悉免疫学检测方法而更愿意使用 PCR 方法。对现有的已经报道的多种 PCR 检测方法，我们经过试验验证发现很多方法存在漏检情况，或者说很难判断是否覆盖了 IPNV 的所有型，所以选择检测方法要慎重，以避免漏检。经过我们前期试验筛选，推荐在 IPN 监测中使用 CHSE 培养，连传 2 代，有 CPE 的再用 RT - PCR 或荧光 RT - PCR 或依照国标的免疫学鉴定。目前经验证，中国水产科学研究院黑龙江水产研究所制定的 RT - PCR 方法（刘淼等，2017）和北京市水产技术推广站制定的荧光 RT - PCR 方法至少可以把国内的 IPN 这两个流行株（基因 I 和 V 型）都检测出来（但不能确认 IPNV 的血清型），推荐采用。

表 2　IPNV 检测方法

| 分类 | 方法 | 靶点 | 特点 |
|------|------|------|------|
| 病毒分离 | 细胞培养 | / | 经典方法，需要分子生物学或免疫学技术确诊 |
| 分子生物学 | RT - PCR | VP2、VP3、VP5 | 快速、简便，可分析序列 |
|  | 荧光 RT - PCR | VP2、VP3 | 快速、灵敏，不能序列分析 |
|  | RT - LAMP | VP2 | 适合现场检测 |

（续）

| 分类 | 方法 | 靶点 | 特点 |
|---|---|---|---|
| 免疫学 | 对流免疫电泳 | / | 针对大量血清样本，灵敏度低，需进行细胞培养，时间长 |
| | 中和试验 | / | 灵敏特异，操作烦琐 |
| | ELISA | / | 灵敏特异，需相应抗体 |
| | 免疫印迹 | / | 灵敏特异，需相应抗体 |
| | 免疫荧光 | / | 灵敏特异，需相应荧光抗体，设备要求高 |

（七）控　制

化学方法：没有有效药物，越用药死亡情况越严重。

免疫方法：国内暂时没有抗 IPNV 商业疫苗。

抗病育种：急需进一步突破。

受精卵的消毒：采用聚维酮碘消毒受精卵表面。

管理措施：养殖场应当利用独立的不带病毒的水孵化鱼苗；降低养殖密度、投喂大黄等中药有一定效果。

## 二、主要内容概述

根据 2021 年 7 省（自治区、直辖市）上报的监测数据，形成 2021 年我国传染性胰脏坏死病分析报告，主要内容如下：①对全国 IPN 监测工作总体实施情况进行汇总，分析 2021 年监测数据，并与 2020 年进行比较；②对我国发生 IPN 疫情的风险进行研判，对风险点进行识别；③对监测工作提出相关建议。

## 三、监测实施情况

（一）监测任务完成情况

2021 年国家监测计划完成 45 批次，实际完成 40 批次。除陕西省未完成采样送检外，其他各省（自治区、直辖市）均完成监测任务（表 3）。除上述监测计划任务外，北京市水产技术推广站对北京、甘肃、青海 3 省份的 46 批次样品进行了监测，相关数据列入 2021 年监测数据统计范围。2021 年全国实际共完成 86 批次样品监测。

表 3　监测任务完成情况

| 省份 | 计划完成（批次） | 实际完成（批次） | 检测单位 |
|---|---|---|---|
| 河北 | 5 | 5 | 中国水产科学研究院黑龙江水产研究所 |
| 吉林 | 5 | 5 | 中国水产科学研究院黑龙江水产研究所 |
| 黑龙江 | 5 | 5 | 中国水产科学研究院黑龙江水产研究所 |

（续）

| 省份 | 计划完成（批次） | 实际完成（批次） | 检测单位 |
|------|------|------|------|
| 陕西 | 5 | 0 | |
| 甘肃 | 10 | 10 | 中国水产科学研究院黑龙江水产研究所 |
| 青海 | 10 | 10 | 中国水产科学研究院黑龙江水产研究所 |
| 新疆 | 5 | 5 | 中国水产科学研究院珠江水产研究所 |
| 总计 | 45 | 40 | — |

（二）监测范围

在我国，20 世纪 80—90 年代就发现养殖虹鳟因 IPN 大量损失的情况。进入 21 世纪后，养殖和研究者更关注传染性造血器官坏死病（也就是 IHN）。IPN 报道减少，一段较长时间以来 IPN 似乎销声匿迹。这与 WOAH 把 IPN 从疫病名录中取消有关。2019 年末至 2020 年初，甘肃、北京局地突发 IPN 疫情，河北出现疑似 IPN 疫情。农业农村部渔业渔政管理局和全国水产技术推广总站高度关注 IPN 疫情，在 2020 年水生动物疫病监测任务中增加了 IPN 的调查工作。

2021 年，IPN 的监测省（自治区、直辖市）包括北京、河北、吉林、黑龙江、甘肃、青海、新疆 7 个，涉及 19 县（区）26 乡（镇）39 个监测点。与 2020 年相比，监测省（自治区、直辖市）增加了新疆；但监测县（区）、乡（镇）、养殖场点均下降（图 1）。

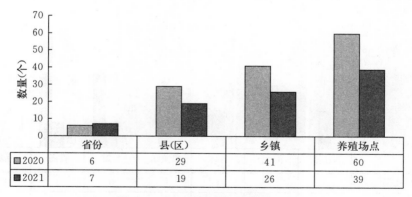

| | 省份 | 县（区） | 乡镇 | 养殖场点 |
|------|------|------|------|------|
| 2020 | 6 | 29 | 41 | 60 |
| 2021 | 7 | 19 | 26 | 39 |

图 1　2020—2021 年监测覆盖范围

（三）监测点类型及养殖方式

1. 监测点类型　2021 年，监测点涉及 5 类，其中国家级原良种场 2 个、省级原良种场 4 个、苗种场 7 个、成鱼养殖场 25 个、引育种中心 1 个，共计 39 个，分别占监测点总数的 5%、10%、18%、64%、3%。

与 2020 年相比，国家级原良种场、省级原良种场、引育种中心数量均未发生变化，苗种场减少 1 个，成鱼养殖场大幅减少，从 45 个降低到 25 个（图 2）。在监测总数量下降的趋势下，把握了监测抽样重点保原良种场、苗种场的原则。

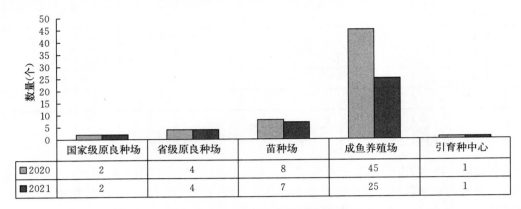

| | 国家级原良种场 | 省级原良种场 | 苗种场 | 成鱼养殖场 | 引育种中心 |
|---|---|---|---|---|---|
| 2020 | 2 | 4 | 8 | 45 | 1 |
| 2021 | 2 | 4 | 7 | 25 | 1 |

图 2　2020—2021 年监测点类型

2. **养殖模式**　2021 年，所有监测点的养殖条件均为淡水养殖，养殖模式包括工厂化循环水、流水池塘、网箱。在 39 个监测点中，不同养殖方式占比分别为：工厂化循环水 26%、流水池塘 36%、网箱 38%。

2021 年，三种养殖方式在 IPN 监测省（自治区、直辖市）中各地的分布情况稍有不同。北京、河北、黑龙江为流水池塘，吉林、新疆为工厂化循环水和流水池塘，甘肃为流水池塘和网箱，青海为工厂化循环水、流水池塘和网箱（图 3）。

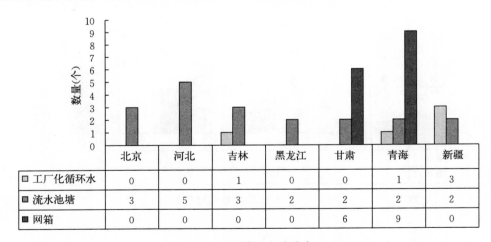

| | 北京 | 河北 | 吉林 | 黑龙江 | 甘肃 | 青海 | 新疆 |
|---|---|---|---|---|---|---|---|
| 工厂化循环水 | 0 | 0 | 1 | 0 | 0 | 1 | 3 |
| 流水池塘 | 3 | 5 | 3 | 2 | 2 | 2 | 2 |
| 网箱 | 0 | 0 | 0 | 0 | 6 | 9 | 0 |

图 3　不同养殖方式分布

（四）采样情况

2021 年，多数省（自治区、直辖市）能按照监测计划的要求，采集符合要求的样品（表 4）。监测品种以鲑、鳟为主。半数以上的样品采样数量达 150 尾，卵达 200 粒，很多样品未按规定的尾数采样。多数样品规格为 5 月龄内，河北、吉林、甘肃、青海均有样品规格在 5 月龄以上，考虑到抽样时当地虹鳟生长情况和调查大规格鱼是否带毒发病，送样也基本符合当地生产监测需求。采样水温多在 8～16 ℃。此外，送检样品状态除了活体外，还包括少量的冰鲜和组织液体。

表 4　2021 年采样情况

| 省份 | 品种 | | 数量 | | 规格 | | 水温 | |
|---|---|---|---|---|---|---|---|---|
| | 鲑/鳟 | 其他 | ≥150 尾（卵≥200 粒） | <150 尾（卵<200 粒） | ≤5 月龄 | >5 月龄 | 8～16 ℃ | >16 ℃ |
| 北京 | 11 | 0 | 7 | 4 | 11 | 0 | 11 | 0 |
| 河北 | 5 | 0 | 5 | 0 | 2 | 3 | 5 | 0 |
| 吉林 | 5 | 0 | 5 | 0 | 3 | 2 | 5 | 0 |
| 黑龙江 | 5 | 0 | 5 | 0 | 5 | 0 | 5 | 0 |
| 甘肃 | 29 | 0 | 20 | 9 | 23 | 6 | 26 | 3 |
| 青海 | 25 | 1（鸟粪） | 0 | 25 | 6 | 19 | 25 | 0 |
| 新疆 | 5 | 0 | 5 | 0 | 5 | 0 | 5 | 0 |
| 总数 | 85 | 1 | 47 | 38 | 55 | 30 | 82 | 3 |

（五）实验室检测情况

2021 年，有 2 家实验室承担了国家监测计划任务的 40 份样品，样品来源河北、吉林、黑龙江、甘肃、青海、新疆。此外，在监测计划外，北京市水产技术推广站对来自北京、甘肃、青海的 46 份样品进行了监测（图 4）。检测方法均为监测计划规定方法，包括细胞培养、PCR 和荧光 PCR。

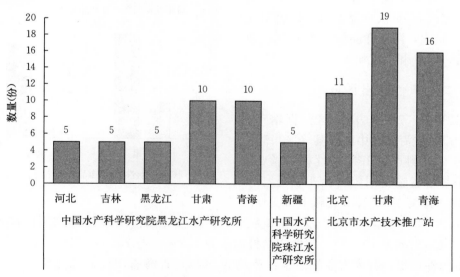

图 4　实验室检测情况

2021 年，中国水产科学研究院黑龙江水产研究所、中国水产科学研究院珠江水产研究所、北京市水产技术推广站 3 家实验室检测样品占比分别为 41％、6％、53％。

## 四、2021 年 IPN 监测结果

### （一）检出率

2021 年，7 省（自治区、直辖市）监测点共 39 个，阳性监测点为 6 个，监测点阳性检出率 15.4％。其中，国家级原良种场 2 个，阳性 1 个，检出率 50％；省级原良种场 4 个，未检出阳性；苗种场 7 个，阳性 1 个，检出率 14％；成鱼养殖场 25 个，阳性 4 个，检出率 16％；引育种中心 1 个，未检出阳性（图 5）。

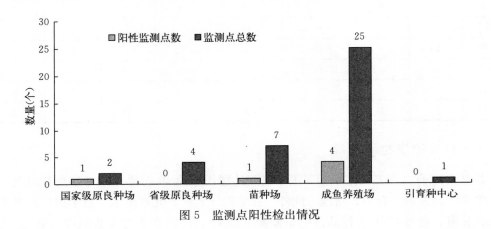

图 5　监测点阳性检出情况

2021 年，全国 7 省（自治区、直辖市）共完成 86 批次样品监测，检出阳性样品 12 批次，阳性样品检出率 14％，涉及 2 省，即甘肃、青海（图 6）。

### （二）阳性检出区域

2021 年，7 省（自治区、直辖市）中，甘肃、青海 2 省中的 3 县（区）5 乡（镇）6 个监测点有 IPN 阳性样品检出，分别是甘肃省临夏回族自治州临夏县和永靖县，青海省海东市化隆回族自治

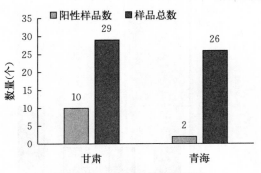

图 6　阳性省份样品检出情况

县。其中，甘肃省阳性监测点检出率为 50％，阳性样品检出率为 34.5％；青海省阳性监测点检出率为 16.7％，阳性样品检出率为 7.7％。与 2020 年相比，北京市 2021 年未有阳性检出，甘肃省监测点检出率均为 50％；青海省阳性监测点检出率均有所下降（图 7）。

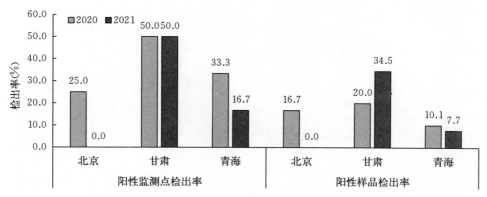

图 7　2020 和 2021 年阳性监测点和阳性样品检出率比较

（三）阳性样品与采样品种、规格等条件的关系

1. 阳性品种　2021 年，监测品种以鲑、鳟为主，只有一个样品为鸟粪。在鲑、鳟中均检出 IPN 阳性。

2. 阳性样品的采样数量、规格　在 12 份阳性样品中，有 6 份样品不足 150 尾，占阳性样品的 50%，推测相关养殖场点 IPN 感染率较高；有 3 份样品 5 月龄以上，占阳性样品的 25%，表明 5 月龄以上的成鱼感染 IPN 后虽然不再发病，但会携带病毒（表 5）。

表 5　阳性样品采样情况

| 省份 | 品种 | 数量 | | 规格 | | 水温 | | 保存方式 | |
|---|---|---|---|---|---|---|---|---|---|
| | 鲑、鳟 | ≥150 尾 | <150 尾 | ≤5 月龄 | >5 月龄 | 8~16 ℃ | >16 ℃ | 活体 | 冰鲜 |
| 甘肃 | 10 | 6 | 4 | 9 | 1 | 8 | 2 | 5 | 5 |
| 青海 | 2 | 0 | 2 | 0 | 2 | 2 | 0 | 2 | 0 |
| 总数 | 12 | 6 | 6 | 9 | 3 | 10 | 2 | 7 | 5 |

（四）基因型分析

2021 年，共检出 12 份阳性样品，获得有效序列 7 个，另外 5 个由北京市水产技术推广站检出的阳性样品采用的监测方法为细胞培养和荧光定量 PCR，所获序列较短，未做基因型分析。

阳性样品测序结果通过 NCBI 的 BLAST 检索系统进行同源性分析，从中选取与所测序列同源性较高的基因序列，使用 MEGA4.0 软件的邻位相连法（Neighbor - joining）构建系统进化树，通过自举分析进行置信度检测，自举数集 1 000 次（图 8）。结果表明，在甘肃和青海检出的 IPNV 基因型均为 V 型，与强毒株 Sp 株高度同源。

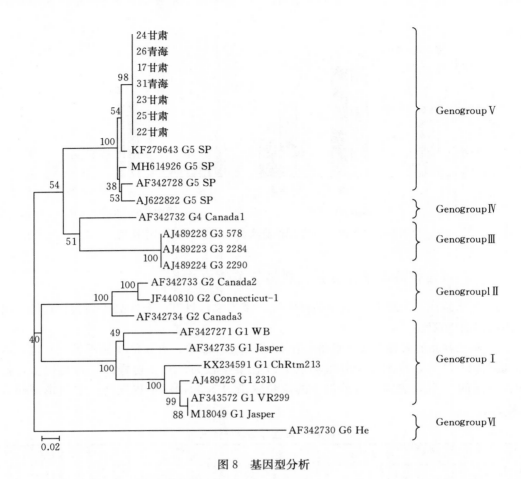

图 8　基因型分析

## 五、2021 年 IPN 监测风险分析

### （一）对产业影响情况

鲑鳟是我国重要的冷水性养殖鱼类，至今已在甘肃、青海、云南、辽宁等地区形成一定的产业规模。随着水产养殖集约化程度不断提高，苗种流通日益增多，鱼类疫病也不断发生，尤其是危害 3 月龄内虹鳟、感染后死亡率高达 90％以上的 IPN。根据文献资料和近年监测数据，在我国北京、河北、山西、山东、辽宁、吉林、黑龙江、甘肃、青海、云南等地均有检出，分布地域较广，我国虹鳟养殖业，尤其是苗种产业会受到较大影响，全国范围内虹鳟苗种发生 IPN 风险较高，严重影响鲑鳟养殖产业可持续发展。

### （二）主要风险点识别

1. 苗种场　2020 年，苗种场有阳性检出，监测点检出率 37.5％。2021 年，国家级原良种场、苗种场均有阳性检出，监测点检出率分别为 50％和 14％。在水产苗种产地检疫对象中并没有列入 IPN，这种情况下带毒苗种流通传播 IPN 的风险极高。

2. 成鱼养殖场　2020—2021 年，成鱼养殖场均有 IPNV 阳性检出，监测点检出率分别为 20% 和 16%。虽然 5 月龄以上的鱼感染 IPN 后不再发病，但会带毒存活，存在检出 IPN 但未发生疫情的情况。IPN 对环境因素的抵抗力极强，可在养殖环境中长期存在。通过成鱼养殖场的带毒鱼、水体、器具等传播 IPN 的风险极高。

3. 流水、网箱养殖方式　在 2020 和 2021 年的监测中，工厂化、网箱、流水等三种养殖方式下均有 IPN 阳性检出。需要特别关注的是，在青海和甘肃的流水、网箱养殖方式的养殖场中检出多个 IPN 阳性，而这两种是最容易污染天然水域的模式。因此，通过流水、网箱养殖方式向周边天然水域传播 IPN 的风险极高。

4. 宿主　2020 年在大西洋鲑、白鲑、七彩鲑等鲑中未监测到 IPNV。2021 年在 12 份阳性样品中，有 2 份甘肃送检的阳性样品品种为鲑。因此，虽然虹鳟是 IPNV 的主要易感品种，但依然存在通过鲑传播 IPN 的风险。

（三）风险评估

IPN 病原明确，病毒在环境中较为稳定不易杀灭，对虹鳟苗种危害极大，已经对我国鲑鳟类的养殖造成了很大的危害，是制约鲑鳟养殖发展的重要因素之一。苗种场阳性率较高，流水和网箱中的 IPN 也极可能会向未感染病毒的苗种场扩散；同时，IPN 分布地域较广，未来我国虹鳟养殖业，尤其是苗种产业可能会受到较大影响，全国范围内虹鳟苗种发生 IPN 风险较高。需要重点加强对现有阳性场以及苗种场的监控、管理，加强对该病的监测、防控力度，避免 IPN 进一步扩散。

（四）风险管理建议

1. 重点防控苗种场，稳定虹鳟苗种供应　IPN 病毒非常稳定，对环境的抵抗力极强，在水中能存活较长时间，且有非常广泛的宿主。一旦发生 IPN 后，要彻底消灭病毒、恢复无病状态几乎是不可能的。只要监测到 IPN，疫区状态就会长期存在。同时，该病原对 3 个月以内虹鳟鱼苗有极强的杀伤力，有时候能达到 90% 以上的死亡率，导致无法提供足够的苗种，严重影响虹鳟养殖业。因此，在现有水生动物疫病防控能力还不充足的情况下，应将 IPN 防控重点放在苗种场和苗种的管控上，稳定虹鳟苗种供应。

具体建议：及时更新水产苗种产地检疫名录，将 IPN 列入监测计划；加强国家级原良种场、省级原良种场、引育种中心、重点苗种场、阳性场等重点企业的监测，一年强制抽检 2 次；检测结果阳性的场，不得对外销售苗种，并需要有相应的防控措施，接受主管部门定期检查；对尚未被 IPN 污染的苗种场，必须采取比 IHN 防控更为严格的消毒和阻止病毒进入的措施。

2. 防止成鱼场病毒扩散　由于 IPN 对 5～6 月龄以上的虹鳟几乎没有威胁，所以在环境中存在 IPN 的情况下，不必对污染了病毒的成鱼养殖场采取扑灭措施。在这些渔场中需要采取的措施是防止病毒扩散到其他水域或养殖场，最后波及苗种场，甚至良种场。

3. 加强宣传教育，根据实际情况制定可行方案　由于 IPNV 非常稳定，能在水里和黏附到各处存活很久，所以只有停止养殖一年以上（通常 2～3 年），并进行彻底消毒数次，直到重新放水并试放虹鳟养一段时间后检测，确认是阴性才能恢复苗种养殖。如果抱有侥幸心理，后果可能是付出更大的代价。停止养殖是指消毒后放干水干燥一年以上，仅仅不养殖虹鳟是没有用的，因为 IPNV 的宿主范围非常广泛。

具体建议：针对 IPN 的防控，需要根据每一个养殖场的实际情况制订一套具体、详细、可行的方案，并保证能够严格遵照执行。预防是一刻也不能放松的行为，而病毒污染则是发生一次就能导致损失的事件。所以，对养殖场里一切有关人员进行宣传教育非常重要，绝不是简单地告知厂长和技术员就能好防控工作。

## 六、监测工作相关建议

### （一）加强抽样工作

除已经监测的北京、河北、吉林、甘肃、黑龙江、青海、新疆等省份外，我国虹鳟主产区还有云南、辽宁等地未在 2020—2021 年进行 IPN 抽样监测；而云南、辽宁等省份之前均有 IPN 检出报道。未来开展 IPN 监测应将这些虹鳟主产区尤其是发生过 IPN 疫情的省份列入。

由于引育种中心、原良种场或苗种场的病毒传播风险远远高于成鱼养殖场，因此各地应坚持重点对引育种中心、原良种场或苗种场抽样监测。

IPN 主要危害 5 月龄以内的虹鳟鱼苗，该阶段鱼苗感染 IPN 后死亡率较高。大规格成鱼感染了 IPN 后不会发病和死亡，但可携带 IPN 并散毒。建议今后采样中应尽量采集 5 月龄以内苗种，适当兼顾大规格成鱼。

按照国家水生动物疫病监测计划的要求，每份样品数量应达到 150 尾鱼。采集样品要求活体运输至检测实验室。尽量避免送检组织。

### （二）完善填报信息，开展流行病学调查

监测系统中有关样品的个别采样信息缺失，尤其是阳性样品，包括症状、用药、发病及死亡等情况。建议采样单位及时补充这些关键信息，必要时进行流行病学调查，有利于对阳性样品进行溯源和关联性分析。

### （三）IPN 和 IHN 监测工作相结合

IPN 和 IHN 存在混合感染的情况，且这两种病原的感染对象、感染规格、水温等类似。建议在开展 IHN 监测的同时进行 IPN 的监测，以最大限度节约抽样资源。

### （四）完善检测方法，建立快速检测技术

尽快修订完善相关检测标准，现有国标 GB 15805.1 采用免疫学方法鉴定 IPNV，很多实验室不具备免疫学检测能力。建议尽快修订标准，增加有关 PCR 的检测方法。同时，研究建立现场快速检测技术，以提升基层监测点的检测能力。

# 2021 年白斑综合征状况分析

中国水产科学研究院黄海水产研究所

（董　宣　秦嘉豪　谢景媚　邱　亮　万晓媛　张庆利）

## 一、前言

白斑综合征（White spot disease，WSD）是由白斑综合征病毒（White spot syndrome virus，WSSV）所引起的甲壳类疫病，被我国《一、二、三类动物疫病病种名录》列为二类动物疫病，被《中华人民共和国进境动物检疫疫病名录》列为二类疫病，被世界动物卫生组织（WOAH）收录为需通报的水生动物疫病。

农业农村部组织全国水产技术推广和疫控体系，从 2007 年开始先后在广西、广东、河北、天津、山东、江苏、福建、浙江、辽宁、湖北、上海、安徽、江西、内蒙古、海南、新疆等我国主要甲壳类养殖省（自治区、直辖市）和新疆生产建设兵团开展了 WSD 的专项监测工作，系统地掌握 WSD 在我国的流行病学信息和产业危害情况，为我国 WSD 的防控工作和水产养殖业绿色发展提供了数据支撑。

## 二、全国各省（自治区、直辖市）开展 WSD 的专项监测情况

（一）概况

农业农村部组织全国水生动物疫病监测体系，从 2007 年开始在广西开展监测工作。接下来，监测范围逐步扩大。2020 年 WSD 专项监测范围已包括 14 个省（自治区、直辖市）。监测工作的取样范围覆盖了我国甲壳类主要养殖区，每年涉及 20～167 个区（县）、51～329 个乡（镇）、335～751 个监测点、635～1425 批次样本（图 1）。

2021 年 WSD 专项监测范围包括广西、广东、福建、浙江、江苏、山东、河北、天津、辽宁、湖北、上海、安徽、江西、内蒙古、海南共 15 省（自治区、直辖市），涉及 101 个区（县）、166 个乡（镇）、388 个监测点，包括 4 个国家级原良种场、44 个省级原良种场、218 个重点苗种场、122 个对虾养殖场。2021 年国家监测计划样品数为 135 批次，各监测省（自治区、直辖市）均完成国家监测采集任务，部分省份超标完成检测任务，实际采集和检测样品为 429 批次。2007—2021 年，各省（自治区、直辖市）累计监测样品 12 725 批次，其中广西累计监测样品数量最多，为 2 730 批次；其次是天津，累计 2 172 批次；第三位是广东，累计 1 944 批次（表 1）。

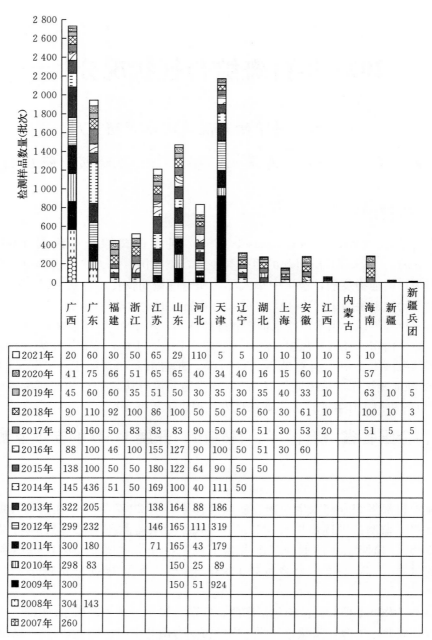

| | 广西 | 广东 | 福建 | 浙江 | 江苏 | 山东 | 河北 | 天津 | 辽宁 | 湖北 | 上海 | 安徽 | 江西 | 内蒙古 | 海南 | 新疆 | 新疆兵团 |
|---|---|---|---|---|---|---|---|---|---|---|---|---|---|---|---|---|---|
| □2021年 | 20 | 60 | 30 | 50 | 65 | 29 | 110 | 5 | 5 | 10 | 10 | 10 | 10 | 5 | 10 | | |
| ▨2020年 | 41 | 75 | 66 | 51 | 65 | 65 | 40 | 34 | 40 | 16 | 15 | 60 | 10 | | 57 | | |
| ▦2019年 | 45 | 60 | 60 | 35 | 51 | 50 | 30 | 35 | 30 | 35 | 40 | 33 | 10 | | 63 | 10 | 5 |
| ⊠2018年 | 90 | 110 | 92 | 100 | 86 | 100 | 50 | 50 | 50 | 60 | 30 | 61 | 10 | | 100 | 10 | 3 |
| □2017年 | 80 | 160 | 50 | 83 | 83 | 83 | 90 | 50 | 40 | 51 | | 53 | 20 | | 51 | 5 | 5 |
| □2016年 | 88 | 100 | 46 | 100 | 155 | 127 | 90 | 100 | 50 | 51 | 30 | 60 | | | | | |
| ■2015年 | 138 | 100 | 50 | 50 | 180 | 122 | 64 | 90 | 50 | 50 | | | | | | | |
| □2014年 | 145 | 436 | 51 | 50 | 169 | 100 | 40 | 111 | 50 | | | | | | | | |
| ■2013年 | 322 | 205 | | | 138 | 164 | 88 | 186 | | | | | | | | | |
| ▤2012年 | 299 | 232 | | | 146 | 165 | 111 | 319 | | | | | | | | | |
| ■2011年 | 300 | 180 | | | 71 | 165 | 43 | 179 | | | | | | | | | |
| ▥2010年 | 298 | 83 | | | | 150 | 25 | 89 | | | | | | | | | |
| ■2009年 | 300 | | | | | 150 | 51 | 924 | | | | | | | | | |
| □2008年 | 304 | 143 | | | | | | | | | | | | | | | |
| ▨2007年 | 260 | | | | | | | | | | | | | | | | |

图 1　2007—2021 年 WSD 专项监测的采样数量统计

表 1　2007—2021 年 WSD 专项监测省（自治区、直辖市）采样情况（批次）

| 监测省份 | 广西 | 广东 | 福建 | 浙江 | 江苏 | 山东 | 河北 | 天津 | 辽宁 | 湖北 | 上海 | 安徽 | 江西 | 海南 | 内蒙古 | 新疆 | 新疆兵团 |
|---|---|---|---|---|---|---|---|---|---|---|---|---|---|---|---|---|---|
| 监测样品数 | 2 730 | 1 944 | 445 | 519 | 1 209 | 1 470 | 832 | 2 172 | 315 | 273 | 155 | 277 | 60 | 281 | 5 | 25 | 13 |

（二）不同养殖模式监测点情况

2007—2021 年各省（自治区、直辖市）和新疆生产建设兵团的专项监测数据统计表明，16 省（自治区、直辖市）和新疆生产建设兵团记录监测模式的监测点共 7 771 个。其中，池塘养殖共有 4 557 个监测点，占全部监测点的 58.6%；工厂化养殖共有 2 894 个监测点，占全部监测点的 37.2%；其他养殖模式（主要包括稻田养殖、网箱养殖等）共有 320 个监测点，占全部监测点的 4.1%。

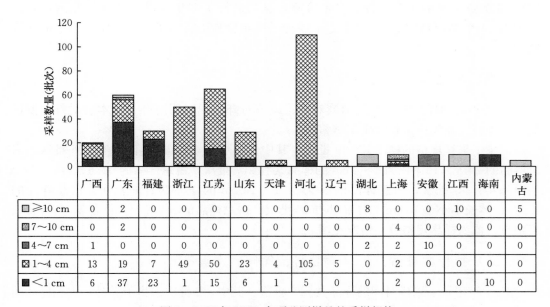

| | 广西 | 广东 | 福建 | 浙江 | 江苏 | 山东 | 天津 | 河北 | 辽宁 | 湖北 | 上海 | 安徽 | 江西 | 海南 | 内蒙古 |
|---|---|---|---|---|---|---|---|---|---|---|---|---|---|---|---|
| ≥10 cm | 0 | 2 | 0 | 0 | 0 | 0 | 0 | 0 | 0 | 8 | 0 | 0 | 10 | 0 | 5 |
| 7~10 cm | 0 | 2 | 0 | 0 | 0 | 0 | 0 | 0 | 0 | 0 | 4 | 0 | 0 | 0 | 0 |
| 4~7 cm | 1 | 0 | 0 | 0 | 0 | 0 | 0 | 0 | 0 | 2 | 0 | 10 | 0 | 0 | 0 |
| 1~4 cm | 13 | 19 | 7 | 49 | 50 | 23 | 4 | 105 | 5 | 0 | 2 | 0 | 0 | 0 | 0 |
| <1 cm | 6 | 37 | 23 | 1 | 15 | 6 | 1 | 5 | 0 | 0 | 2 | 0 | 0 | 10 | 0 |

图 2　2021 年 WSD 专项监测样品的采样规格

（三）连续设置为监测点的情况

对 2007—2021 年各省（自治区、直辖市）和新疆生产建设兵团的专项监测数据提供的监测点信息进行规整后，对连续设置为监测点的情况进行了分析。结果表明，广西的 1 612 个 WSD 监测点中有 393 个进行了多年监测，其中 296 个进行了 2 年及以上连续监测；广东的 484 个 WSD 监测点中有 100 个进行了多年监测，其中 71 个进行了 2 年及以上连续监测；福建的 150 个 WSD 监测点中有 33 个进行了多年监测，其中 31 个进行了 2 年及以上连续监测；浙江的 229 个 WSD 监测点中有 64 个进行了多年监测，其中 61 个进行了 2 年及以上连续监测；江苏的 714 个 WSD 监测点中有 124 个进行了多年监测，其中 96 个进行了 2 年及以上连续监测；山东的 588 个 WSD 监测点中有 103 个进行了多年监测，其中 92 个进行了 2 年及以上连续监测；天津的 312 个 WSD 监测点中有 42 个进行了多年监测，其中 32 个进行了 2 年及以上连续监测；河北的 430 个 WSD 监测点中有 107 个进行了多年监测，其中 86 个进行了 2 年及以上连续监测；辽宁的 221 个 WSD 监测点中有 44 个进行了多年监测，其中 42 个进行了 2 年及以上连续监测；湖北的 178 个 WSD 监测点中有 51 个进行了多年监测，其中 47 个进行了 2 年及以上连续监测；上海的 68 个 WSD 监测点中有 25 个进行了多年监测，其中 22 个进行了 2 年及以上连续监测；安徽的 192 个 WSD 监测点中有 44 个进行了多年监测，其中 43 个进行了 2 年及以上连续监测；江西的 53 个 WSD 监测点中有 6 个进行了多年监测，且均进行了 2 年及以上的连续监测；海南的 138 个 WSD 监测点中有 25 个进行了多年检测，其中 22 个进行了 2 年及以上的连续监测；新疆有 16 个 WSD 监测点，其中 4 个进行了多年检测，且均进行了 2 年及以上的连续监测；新疆兵团有 11 个 WSD 监测点，其中 2 个进行了多年检测，且均进行了 2 年及以上的连续监测。

（四）2021 年采样的品种、规格

2021 年监测样品种类有凡纳滨对虾、斑节对虾、中国明对虾、日本囊对虾、罗氏沼虾、青虾、克氏原螯虾和中华绒螯蟹。

记录了采样规格的样品共有 429 批次。其中体长小于 1 cm 的样品共有 106 批次，占总样品的 24.7%；体长为 1~4 cm 的样品共有 277 批次，占总样品的 64.6%；4~7 cm 的样品共有 15 批次，占总样品的 3.5%；7~10 cm 的样品共有 6 批次，占总样品的 1.4%；体长不小于 10 cm 的样品共有 25 批次，占总样品的 5.8%。具体各省（自治区、直辖市）监测样品规格分布情况见图 2。

（五）抽样的自然条件（如时间、气候、水温等）

2021 年记录了采样时间的样品共 429 批次。其中，2 批次采集于 2 月，占总样品的 0.5%；40 批次采集于 3 月，占 9.3%；143 批次采集于 4 月，占 33.3%；92 批次采集于 5 月，占 21.4%；54 批次采集于 6 月，占 12.6%；51 批次采集于 7 月，占 11.9%；17 批次采集于 8 月，占 4.0%；7 批次采集于 9 月，占 1.6%；23 批次采集于 10 月，占 5.4%；1 月、11 月和 12 月无样品采集。样品采集主要集中在 3—7 月，其中 4 月采集样品数量最多，5 月次之。

2007—2021 年各专项监测省（自治区、直辖市）的专项监测数据表中有采样时间记录的样品共 10 857 批次。其中，61 批次采集于 1 月，占总样品的 0.6%；68 批次采集于 2 月，占 0.6%；262 批次采集于 3 月，占 2.4%；790 批次采集于 4 月，占 7.3%；2 831 批次采集于 5 月，占 26.1%；1 728 批次采集于 6 月，占 15.9%；1 722 批次采集于 7 月，占 15.9%；1 397 批次采集于 8 月，占 12.9%；1 230 批次采集于 9 月，占 11.3%；547 批次采集于 10 月，占 5.0%；192 批次采集于 11 月，占 1.8%；29 批次采集于 12 月，占 0.3%。样品采集工作主要集中在 5—9 月，这期间采集的样品量占样品总量的 82.0%，广东和江苏全年各月均有采样（图 3）。

2021 年记录了采样温度的样品共 429 批次。其中，采样温度低于 24 ℃ 的样品共有 149 批次，占总样品的 34.7%；24~25 ℃ 的共有 36 批次，占 8.4%；25~26 ℃ 的共有

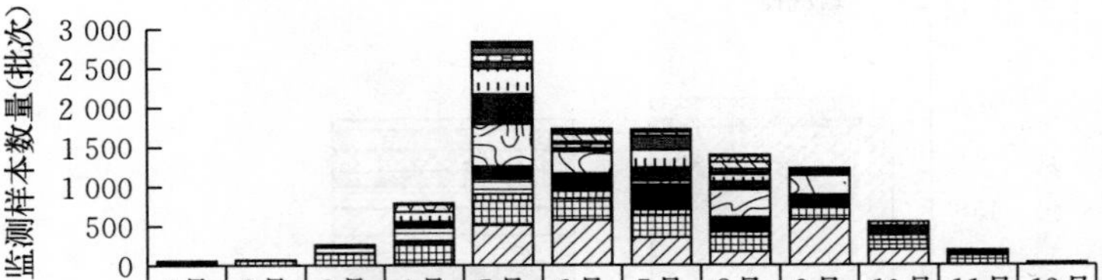

| | 1月 | 2月 | 3月 | 4月 | 5月 | 6月 | 7月 | 8月 | 9月 | 10月 | 11月 | 12月 |
|---|---|---|---|---|---|---|---|---|---|---|---|---|
| ☐ 内蒙古 | 0 | 0 | 0 | 0 | 0 | 0 | 5 | 0 | 0 | 0 | 0 | 0 |
| ⊠ 新疆兵团 | 0 | 0 | 0 | 0 | 0 | 0 | 0 | 3 | 10 | 0 | 0 | 0 |
| ▣ 新疆 | 0 | 0 | 0 | 0 | 13 | 0 | 0 | 12 | 0 | 0 | 0 | 0 |
| ⊠ 海南 | 8 | 0 | 0 | 16 | 9 | 31 | 30 | 75 | 17 | 54 | 31 | 10 |
| ▤ 江西 | 0 | 0 | 0 | 30 | 30 | 0 | 0 | 0 | 0 | 0 | 0 | 0 |
| ▱ 安徽 | 0 | 0 | 0 | 21 | 100 | 47 | 88 | 20 | 1 | 0 | 0 | 0 |
| ■ 上海 | 0 | 0 | 0 | 0 | 87 | 25 | 0 | 43 | 0 | 0 | 0 | 0 |
| ⊠ 湖北 | 0 | 0 | 0 | 90 | 94 | 61 | 5 | 1 | 0 | 7 | 15 | 0 |
| ■ 辽宁 | 0 | 0 | 0 | 0 | 83 | 1 | 175 | 24 | 35 | 0 | 0 | 0 |
| ▯ 河北 | 0 | 0 | 0 | 123 | 325 | 6 | 221 | 91 | 6 | 0 | 0 | 0 |
| ■ 天津 | 0 | 0 | 0 | 31 | 380 | 33 | 172 | 102 | 4 | 0 | 0 | 0 |
| ▢ 山东 | 0 | 0 | 0 | 10 | 530 | 277 | 44 | 346 | 246 | 17 | 0 | 0 |
| ■ 江苏 | 36 | 4 | 31 | 42 | 169 | 174 | 315 | 169 | 110 | 90 | 20 | 3 |
| ▢ 浙江 | 0 | 0 | 74 | 177 | 187 | 43 | 0 | 19 | 15 | 0 | 0 | 0 |
| ▦ 福建 | 0 | 0 | 5 | 34 | 83 | 100 | 64 | 64 | 29 | 64 | 2 | 0 |
| ▦ 广东 | 17 | 64 | 152 | 248 | 309 | 270 | 283 | 186 | 157 | 121 | 121 | 16 |
| ▨ 广西 | 0 | 0 | 0 | 19 | 511 | 577 | 357 | 174 | 581 | 193 | 3 | 0 |

图 3　2007—2021 年各省（自治区、直辖市）和新疆生产建设兵团每月采样数量分布

20 批次，占 4.7%；26～27 ℃的共有 41 批次，占 9.6%；27～28 ℃的共有 21 批次，占 4.9%；28～29 ℃的共有 57 批次，占 13.3%；29～30 ℃的共有 56 批次，占 13.1%；30～31 ℃的共有 33 批次，占 7.7%；31～32 ℃的共有 14 批次，占 3.3%；不低于 32 ℃的共有 2 批次，占 0.5%。

2021 年记录了采样水体 pH 的样品共 66 批次。其中，采样 pH 不高于 7.4 的样品共有 15 批次，占总样品的 22.7%；pH 为 7.5 的共有 4 批次，占 6.1%；pH 为 7.6 的共有 7 批次，占 10.6%；pH 为 7.8 的共有 6 批次，占 9.1%；pH 为 7.9 的共有 5 批次，占 7.6%；pH 为 8.0 的共有 13 批次，占 19.7%；pH 为 8.1 的共有 2 批次，占 3.0%；pH 为 8.2 的共有 6 批次，占 9.1%；pH 为 8.3 的共有 7 批次，占 10.6%；pH 为 8.5 的共有 1 批次，占 1.5%；pH 为 7.7、8.4 与不低于 8.6 时无样品采集。

2021 年记录养殖环境的样品数为 419 份。其中，海水养殖的样品共有 206 批次，占记录养殖环境样本总量的 49.2%；淡水养殖的共有 196 批次，占 46.8%；半咸水养殖的共有 17 批次，占 4.1%（图 4）。

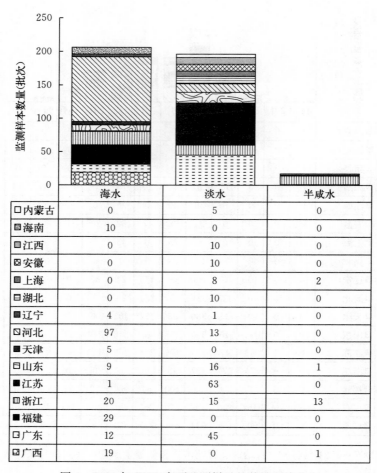

| | 海水 | 淡水 | 半咸水 |
|---|---|---|---|
| □ 内蒙古 | 0 | 5 | 0 |
| ▤ 海南 | 10 | 0 | 0 |
| ▨ 江西 | 0 | 10 | 0 |
| ⊠ 安徽 | 0 | 10 | 0 |
| ▥ 上海 | 0 | 8 | 2 |
| ▤ 湖北 | 0 | 10 | 0 |
| ■ 辽宁 | 4 | 1 | 0 |
| ▨ 河北 | 97 | 13 | 0 |
| ■ 天津 | 5 | 0 | 0 |
| ▤ 山东 | 9 | 16 | 1 |
| ▨ 江苏 | 1 | 63 | 0 |
| ▥ 浙江 | 20 | 15 | 13 |
| ■ 福建 | 29 | 0 | 0 |
| □ 广东 | 12 | 45 | 0 |
| ▨ 广西 | 19 | 0 | 1 |

图 4　2021 年 WSD 专项监测样品的养殖环境分布

### （六）2021 年样品检测单位和检测方法

2021 年各省（自治区、直辖市）监测样品分别委托中国检验检疫科学研究院、河北省水产技术推广总站、中国水产科学研究院黄海水产研究所、上海市水产技术推广站、江苏省水生动物疫病预防控制中心、连云港海关综合技术中心、浙江省水生动物防疫检疫中心、福建省水产技术推广总站、集美大学、中国水产科学研究院珠江水产研究所、山东省海洋生物研究院、中国水产科学研究院长江水产研究所、广东省水生动物疫病预防控制中心、广西渔业病害防治环境监测和质量检验中心共 14 家单位按照《白斑综合征（WSD）诊断规程第 2 部分：套式 PCR 检测法》（GB/T 28630.2—2012）进行实验室检测。

2021 年，各检测单位共承担 429 批次样品的检测任务，其中河北省水产技术推广总站承担的检测任务量最多，为 100 批次；其次是广东省水生动物疫病预防控制中心，为 60 批次；第三是江苏省水生动物疫病预防控制中心，为 55 批次。3 家检测单位的检测样品量占总样品量的 50.1%（图 5）。

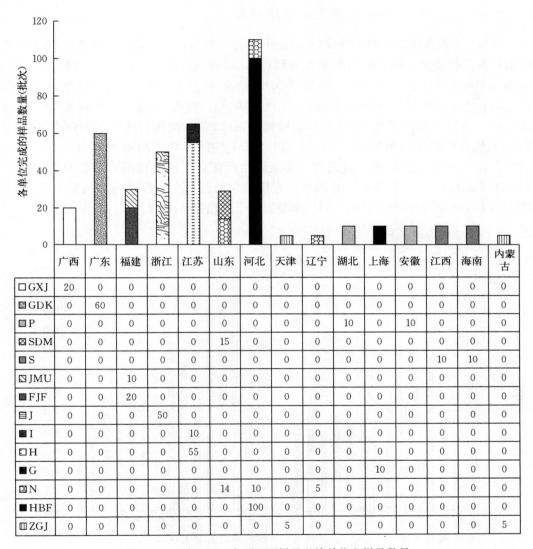

| | 广西 | 广东 | 福建 | 浙江 | 江苏 | 山东 | 河北 | 天津 | 辽宁 | 湖北 | 上海 | 安徽 | 江西 | 海南 | 内蒙古 |
|---|---|---|---|---|---|---|---|---|---|---|---|---|---|---|---|
| □ GXJ | 20 | 0 | 0 | 0 | 0 | 0 | 0 | 0 | 0 | 0 | 0 | 0 | 0 | 0 | 0 |
| ▣ GDK | 0 | 60 | 0 | 0 | 0 | 0 | 0 | 0 | 0 | 0 | 0 | 0 | 0 | 0 | 0 |
| ▥ P | 0 | 0 | 0 | 0 | 0 | 0 | 0 | 0 | 0 | 10 | 0 | 10 | 0 | 0 | 0 |
| ⊠ SDM | 0 | 0 | 0 | 0 | 0 | 15 | 0 | 0 | 0 | 0 | 0 | 0 | 0 | 0 | 0 |
| ◪ S | 0 | 0 | 0 | 0 | 0 | 0 | 0 | 0 | 0 | 0 | 0 | 0 | 10 | 10 | 0 |
| ◨ JMU | 0 | 0 | 10 | 0 | 0 | 0 | 0 | 0 | 0 | 0 | 0 | 0 | 0 | 0 | 0 |
| ▤ FJF | 0 | 0 | 20 | 0 | 0 | 0 | 0 | 0 | 0 | 0 | 0 | 0 | 0 | 0 | 0 |
| ▤ J | 0 | 0 | 0 | 50 | 0 | 0 | 0 | 0 | 0 | 0 | 0 | 0 | 0 | 0 | 0 |
| ■ I | 0 | 0 | 0 | 0 | 10 | 0 | 0 | 0 | 0 | 0 | 0 | 0 | 0 | 0 | 0 |
| ▢ H | 0 | 0 | 0 | 0 | 55 | 0 | 0 | 0 | 0 | 0 | 0 | 0 | 0 | 0 | 0 |
| ■ G | 0 | 0 | 0 | 0 | 0 | 0 | 0 | 0 | 0 | 0 | 10 | 0 | 0 | 0 | 0 |
| ⊠ N | 0 | 0 | 0 | 0 | 0 | 14 | 10 | 0 | 5 | 0 | 0 | 0 | 0 | 0 | 0 |
| ■ HBF | 0 | 0 | 0 | 0 | 0 | 0 | 100 | 0 | 0 | 0 | 0 | 0 | 0 | 0 | 0 |
| ▥ ZGJ | 0 | 0 | 0 | 0 | 0 | 0 | 0 | 5 | 0 | 0 | 0 | 0 | 0 | 0 | 5 |

图 5　2021 年 WSD 专项监测样品送检单位和样品数量

注：检测单位代码与农渔发〔2018〕10 号文件一致，农渔发〔2018〕10 号文件中未涉及的检测单位代码按照《2016 年我国水生动物重要疫情病情分析》一书中 2016 年白斑综合征（WSD）分析章节中的规则进行编写。G 代表上海市水产技术推广站，FJF 代表福建省水产技术推广总站，N 代表中国水产科学研究院黄海水产研究所，ZGJ 代表中国检验检疫科学研究院，P 代表中国水产科学研究院长江水产研究所，S 代表中国水产科学研究院珠江水产研究所，SDM 代表山东省海洋生物研究院，GDK 代表广东省水生动物疫病预防控制中心，GXJ 代表广西渔业病害防治环境监测和质量检验中心，JMU 代表集美大学，I 代表连云港海关综合技术中心，H 代表江苏省水生动物疫病预防控制中心，HBF 代表河北省水产技术推广总站，J 代表浙江省水生动物防疫检疫中心。各单位排名不分先后。

## 三、检测结果分析

### （一）总体阳性检出情况及其区域分布

WSD 专项监测自 2007 年开始先后在不同省（自治区、直辖市）实施，2007 年首次对广西进行监测，随后监测范围扩大到广东（2008）、河北（2009）、天津（2009）、山东（2009）、江苏（2011）、福建（2014）、浙江（2014）、辽宁（2014）、湖北（2015）、上海（2016）、安徽（2016）、江西（2017）、海南（2017）、新疆（2017）、新疆兵团（2017）和内蒙古（2021）。总监测样品 12 725 批次，其中 WSSV 阳性样品 1 967 批次；平均样品阳性率 15.5%，其中 2021 年的平均样品阳性率为 8.6%（37/429）。15 年各省（自治区、直辖市）和新疆生产建设兵团的监测点阳性率为 20.6%（1 547/7 527），2021 年各省（自治区、直辖市）的监测点阳性率为 9.0%（35/388）。2010 年后，样品阳性率和监测点阳性率呈波动下降趋势（图 6）。

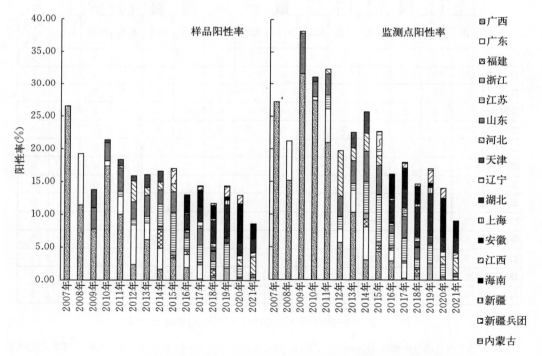

图 6  2007—2021 年 WSD 专项监测的样品阳性率和监测点阳性率

注：阳性率是以各年批次的样品/监测点总数为基数计算。

15 年的专项监测表明，除新疆和内蒙古外，所有参加 WSD 监测的省（自治区、直辖市）和新疆生产建设兵团中均在不同年份检出了 WSSV 阳性，表明我国主要甲壳类养殖区都可能存在 WSSV。

（二）阳性检出甲壳类品种

2021 年监测养殖品种有凡纳滨对虾、斑节对虾、中国明对虾、日本囊对虾、罗氏沼虾、青虾、克氏原螯虾和中华绒螯蟹。除青虾、斑节对虾和淡水养殖的凡纳滨对虾以外的所有品种均有 WSSV 阳性检出。其中，克氏原螯虾品阳性率高达为 52.8％（19/36），日本囊对虾的阳性率为 50.0％（2/4），中国明对虾的阳性率为 22.7％（5/22），罗氏沼虾的阳性率为 9.1％（1/11），海水养殖的凡纳滨对虾的阳性率为 4.7％（9/191），中华绒螯蟹的阳性率为 3.2％（1/31）。

（三）不同养殖规格的阳性检出情况

2021 年 WSD 专项监测中，记录了采样规格的样品 429 批次，其中 WSSV 阳性样品共 37 批次。体长为 4～7 cm 的阳性样品在样品中的阳性率最高，为 80.0％（12/15）；其次是不小于 10 cm 的样品，阳性率为 28.0％（7/25）；体长为 1～4 cm 的样品，阳性率为 6.1％（17/277）；小于 1 cm 样品的阳性率为 0.9％（1/106）；7～10 cm 的样品中未检测到阳性（图 7）。

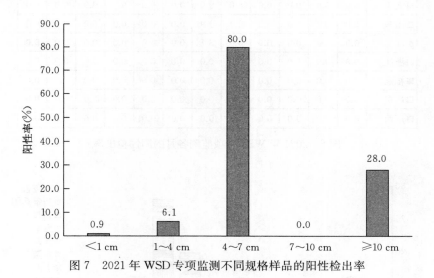

图 7　2021 年 WSD 专项监测不同规格样品的阳性检出率

（四）阳性样品的月份分布

2021 年 WSD 的专项监测中，记录采样月份的样品共 429 次，WSSV 阳性样品共 37 批次。其中，6 月采集的样品阳性率为 31.5％（17/54），5 月采集的样品阳性率为 8.7％（8/92），4 月采集的样品阳性率为 7.7％（11/143），7 月采集的样品阳性率为 2.0％（1/51）（图 8）。6 月阳性检出率最高。

统计 2007—2021 年各省（自治区、直辖市）和新疆生产建设兵团记录有采样月份的样品总数为 10 857 批次，WSSV 阳性样品总数为 1 786 批次，平均阳性率为 16.5％，其中2—4月和6—9月呈现两个阳性率高峰，2—4月主要是因为广东和湖北等省的监测样品，6—9月则主要是因为山东和广西等省（自治区）的监测样品（图9）。

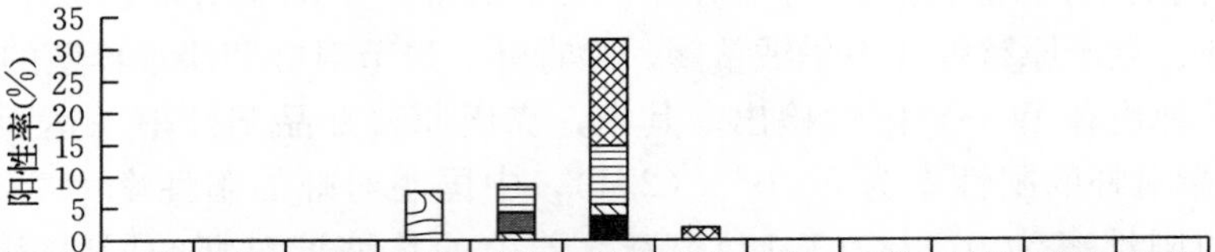

| | 1月 | 2月 | 3月 | 4月 | 5月 | 6月 | 7月 | 8月 | 9月 | 10月 | 11月 | 12月 |
|---|---|---|---|---|---|---|---|---|---|---|---|---|
| □内蒙古 | 0.0 | 0.0 | 0.0 | 0.0 | 0.0 | 0.0 | 0.0 | 0.0 | 0.0 | 0.0 | 0.0 | 0.0 |
| ▨海南 | 0.0 | 0.0 | 0.0 | 0.0 | 0.0 | 0.0 | 0.0 | 0.0 | 0.0 | 0.0 | 0.0 | 0.0 |
| ▤江西 | 0.0 | 0.0 | 0.0 | 0.0 | 0.0 | 0.0 | 0.0 | 0.0 | 0.0 | 0.0 | 0.0 | 0.0 |
| ▧安徽 | 0.0 | 0.0 | 0.0 | 0.0 | 0.0 | 16.7 | 2.0 | 0.0 | 0.0 | 0.0 | 0.0 | 0.0 |
| ■上海 | 0.0 | 0.0 | 0.0 | 0.0 | 0.0 | 0.0 | 0.0 | 0.0 | 0.0 | 0.0 | 0.0 | 0.0 |
| ▭湖北 | 0.0 | 0.0 | 0.0 | 0.0 | 4.3 | 9.3 | 0.0 | 0.0 | 0.0 | 0.0 | 0.0 | 0.0 |
| ■辽宁 | 0.0 | 0.0 | 0.0 | 0.0 | 3.3 | 0.0 | 0.0 | 0.0 | 0.0 | 0.0 | 0.0 | 0.0 |
| ▯河北 | 0.0 | 0.0 | 0.0 | 7.7 | 0.0 | 0.0 | 0.0 | 0.0 | 0.0 | 0.0 | 0.0 | 0.0 |
| ■天津 | 0.0 | 0.0 | 0.0 | 0.0 | 0.0 | 0.0 | 0.0 | 0.0 | 0.0 | 0.0 | 0.0 | 0.0 |
| ▥山东 | 0.0 | 0.0 | 0.0 | 0.0 | 1.1 | 1.9 | 0.0 | 0.0 | 0.0 | 0.0 | 0.0 | 0.0 |
| ■江苏 | 0.0 | 0.0 | 0.0 | 0.0 | 0.0 | 3.7 | 0.0 | 0.0 | 0.0 | 0.0 | 0.0 | 0.0 |
| □浙江 | 0.0 | 0.0 | 0.0 | 0.0 | 0.0 | 0.0 | 0.0 | 0.0 | 0.0 | 0.0 | 0.0 | 0.0 |
| ■福建 | 0.0 | 0.0 | 0.0 | 0.0 | 0.0 | 0.0 | 0.0 | 0.0 | 0.0 | 0.0 | 0.0 | 0.0 |
| ▤广东 | 0.0 | 0.0 | 0.0 | 0.0 | 0.0 | 0.0 | 0.0 | 0.0 | 0.0 | 0.0 | 0.0 | 0.0 |
| ▨广西 | 0.0 | 0.0 | 0.0 | 0.0 | 0.0 | 0.0 | 0.0 | 0.0 | 0.0 | 0.0 | 0.0 | 0.0 |

图8　2021年WSD专项监测各月的阳性检出率

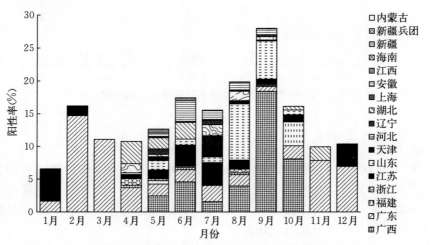

图9　2007—2021年WSD专项监测各月份样品的阳性检出率

注：阳性率是以各月份的总样品数为基数计算的。

### （五）阳性样品的温度分布

2021 年 WSD 专项监测中，记录了采样温度的 WSSV 阳性样品共 37 批次。其中，采样时温度低于 24 ℃的，样品阳性率为 6.7%（10/149）；24～25 ℃的阳性率为 5.6%（2/36）；25～26 ℃的阳性率为 25.0%（5/20）；26～27 ℃的阳性率为 7.3%（3/41）；27～28 ℃的阳性率为 14.3%（3/21）；28～29 ℃的阳性率为 8.8%（5/57）；29～30 ℃的阳性率为 14.3%（8/56）；30～31 ℃的阳性率为 3.0%（1/33）；不低于 31 ℃的样品中未检测出 WSSV 阳性样品（图 10）。

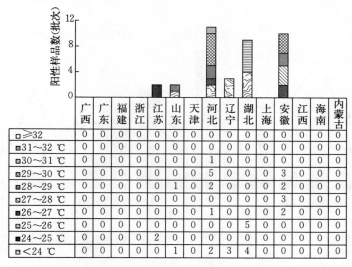

| 阳性样品数(批次) | 广西 | 广东 | 福建 | 浙江 | 江苏 | 山东 | 天津 | 河北 | 辽宁 | 湖北 | 上海 | 安徽 | 江西 | 海南 | 内蒙古 |
|---|---|---|---|---|---|---|---|---|---|---|---|---|---|---|---|
| ≥32 | 0 | 0 | 0 | 0 | 0 | 0 | 0 | 0 | 0 | 0 | 0 | 0 | 0 | 0 | 0 |
| 31～32 ℃ | 0 | 0 | 0 | 0 | 0 | 0 | 0 | 0 | 0 | 0 | 0 | 0 | 0 | 0 | 0 |
| 30～31 ℃ | 0 | 0 | 0 | 0 | 0 | 0 | 0 | 1 | 0 | 0 | 0 | 0 | 0 | 0 | 0 |
| 29～30 ℃ | 0 | 0 | 0 | 0 | 0 | 0 | 0 | 5 | 0 | 0 | 0 | 3 | 0 | 0 | 0 |
| 28～29 ℃ | 0 | 0 | 0 | 0 | 0 | 1 | 0 | 2 | 0 | 0 | 0 | 2 | 0 | 0 | 0 |
| 27～28 ℃ | 0 | 0 | 0 | 0 | 0 | 0 | 0 | 0 | 0 | 0 | 0 | 3 | 0 | 0 | 0 |
| 26～27 ℃ | 0 | 0 | 0 | 0 | 0 | 0 | 0 | 1 | 0 | 0 | 0 | 2 | 0 | 0 | 0 |
| 25～26 ℃ | 0 | 0 | 0 | 0 | 0 | 0 | 0 | 0 | 0 | 0 | 0 | 0 | 0 | 0 | 0 |
| 24～25 ℃ | 0 | 0 | 0 | 0 | 2 | 0 | 0 | 0 | 0 | 0 | 0 | 0 | 0 | 0 | 0 |
| <24 ℃ | 0 | 0 | 0 | 0 | 0 | 1 | 0 | 2 | 3 | 4 | 0 | 0 | 0 | 0 | 0 |

图 10　2021 年 WSD 专项监测样品不同温度的阳性样品分布

2007—2021 年记录采样时水温的样品共 5 925 批次，共检出 WSSV 阳性样品 822 批次，占记录水温数据样本总量的 13.9%。对不同温度区段进行统计，结果表明水温低于 24 ℃的样品阳性率最高，平均为 20.8%（205/985）；其次是 24～25 ℃，样品阳性率为 19.4%（38/196）（图 11）。

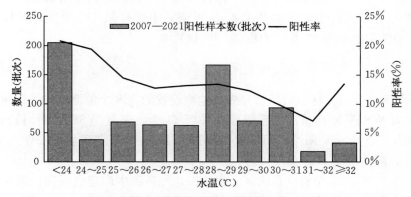

图 11　2007—2021 专项监测有水温数据的 WSSV 阳性样本数和阳性率

### （六）阳性样品的 pH 分布

2007—2021 年记录采样时水体 pH 的样品共 3 234 批次，共检出 WSSV 阳性样品 456 批次，占记录水体 pH 数据的样本总量的 14.1%。对不同水体 pH 区段进行统计（图 12），阳性率表现出较明显的波动，总体趋势是 pH 8.0 以下阳性率 17.1%（311/1 816），明显高于 pH 8.0 以上 10.2%（145/1 418）；养殖最适 pH 7.8～8.3 范围的阳性率 11.6%（237/2 050），pH≤7.7 和≥8.4 的平均阳性率 18.5%（219/1 184）。

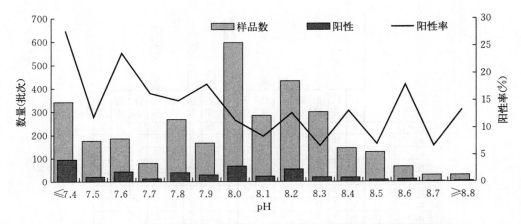

图 12　2007—2021 年样品不同采样 pH 条件下的样本数、阳性数和阳性率

### （七）不同养殖环境的阳性检出情况

2007—2021 年，各省（自治区、直辖市）和新疆生产建设兵团记录有养殖环境的样品数为 11 117 批次，WSSV 阳性样品数为 1 882 批次，占有记录样本总量的 16.9%。其中，海水养殖共检出 WSSV 阳性样品 1 143 批次，其样品总数为 6 719 批次，阳性检出率为 17.0%；淡水养殖共检出 WSSV 阳性样品 627 批次，其样品总数为 3 433 批次，阳性检出率为 18.3%；半咸水养殖共检出 WSSV 阳性样品 112 批次，其样品总数为 965 批次，阳性检出率为 11.6%（图 13、图 14）。

### （八）不同类型监测点的阳性检出情况

2021 年 15 省（自治区、直辖市）专项监测设置的 388 个监测点中，国家级原良种场 4 个，未有 WSSV 阳性检出；省级原良种场 44 个，未有 WSSV 阳性检出；苗种场 218 个，检出 9 个 WSSV 阳性，阳性检出率是 4.1%；成虾养殖场 122 个，检出 26 个 WSSV 阳性，阳性检出率是 21.3%。

2007—2021 年，16 个省（自治区、直辖市）和新疆生产建设兵团国家级原良种场的样品阳性率为 9.7%（14/145），监测点 WSSV 阳性率为 18.9%（10/53）；省级原良

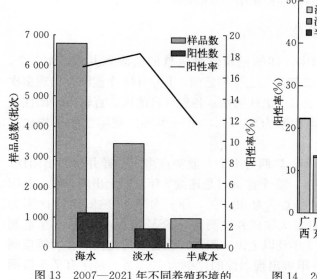

图 13 2007—2021 年不同养殖环境的样品数和 WSSV 阳性率

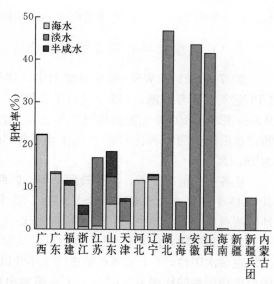

图 14 2007—2021 年各监测省（自治区、直辖市）和新疆生产建设兵团不同养殖环境的 WSSV 阳性率

注：阳性率是以各省批次样品总数为基数计算的。

种场的样品阳性率为 5.5％（33/602），监测点阳性率为 5.6％（15/270）；重点苗种场的样品阳性率为 7.9％（354/4 489），监测点阳性率为 8.9％（262/2 931）；对虾养殖场的样品阳性率为 24.9％（1 499/6 032），监测点阳性率 29.5％（1 260/4 273）（图 15）。

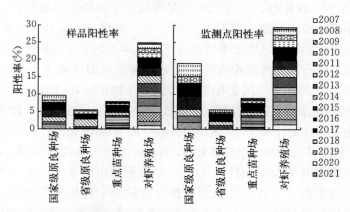

图 15 2007—2021 年不同类型监测点的样品 WSSV 阳性率和监测点 WSSV 阳性率

## （九）不同养殖模式监测点的阳性检出情况

2007—2021 年，16 省（自治区、直辖市）和新疆生产建设兵团的 7 771 个记录养殖模式的监测点中，共 1 562 个 WSSV 阳性监测点，平均阳性检出率为 20.1％。其中，池塘养殖模式的阳性检出率为 24.5％（1 115/4 557），工厂化养殖模式的阳性检出率为

11.7%（339/2 894），其他养殖模式的阳性检出率为 33.8%（108/320）。

（十）连续抽样监测点的阳性检出情况

2007—2021 年 WSD 的专项监测中，详细记录监测信息的监测点共有 5 401 个，1 167 进行了多年监测，953 个进行了 2 年及以上连续监测，其中 148 个监测点出现多次 WSSV 阳性，103 个监测点连续 2 年及以上出现阳性。各省（自治区、直辖市）阳性监测点在后续监测中再出现阳性的平均比率为 37.7%，下一年再出现阳性的平均比率为 26.2%。

从各省的情况来看，不计最后一年，广西有 137 个监测点多次抽样并检测出阳性，其中 45 个监测点出现多次 WSSV 阳性，32 个监测点是连续 2 年及以上出现阳性，其阳性监测点在后续监测中再出现阳性的比率为 32.8%，下一年再出现阳性的比率为 23.4%。相应地，广东有 39 个监测点多次抽样并检测出 WSSV 阳性，其中 15 个监测点出现多次阳性，4 个监测点是连续 2 年及以上出现阳性，该省阳性监测点在后续监测中再出现阳性的比率为 38.5%，下一年再出现阳性的比率为 10.3%。福建有 7 个监测点多次抽样并检测出 WSSV 阳性，其中 1 个监测点出现多次阳性，未出现连续 2 年阳性的监测点，该省阳性监测点在后续监测中再出现阳性的比率为 14.3%。浙江有 10 个监测点多次抽样并检测出 WSSV 阳性，无多次出现阳性的监测点。江苏有 29 个监测点多次抽样并检测出 WSSV 阳性，其中 10 个监测点出现多次阳性，5 个监测点是连续 2 年及以上出现阳性，该省阳性监测点在后续监测中再出现阳性的比率为 34.5%，下一年再出现阳性的比率为 17.2%。山东有 50 个监测点多次抽样并检测出 WSSV 阳性，其中 21 个监测点出现多次阳性，12 个监测点是连续 2 年及以上出现阳性，该省阳性监测点在后续监测中再出现阳性的比率为 42.0%，下一年再出现阳性的比率为 24.0%。天津有 4 个监测点多次抽样，其中 1 个监测点连续 2 年及以上出现阳性，且均是连续 2 年及以上出现阳性，该市阳性监测点在后续监测中再出现阳性的比率为 25.0%，下一年再出现阳性的比率为 25.0%。河北有 30 个监测点多次抽样并检测出 WSSV 阳性，其中 10 个监测点出现多次阳性，7 个监测点是连续 2 年及以上出现阳性，该省阳性监测点在后续检测中再出现阳性的比率为 33.3%，下一年再出现阳性的比率为 23.3%。辽宁有 7 个监测点多次抽样并检测出 WSSV 阳性，无多次出现阳性的监测点。湖北有 51 个监测点多次抽样并检测出 WSSV 阳性，其中 29 个监测点出现多次阳性，28 个监测点是连续 2 年及以上出现阳性，该省阳性监测点在后续检测中再出现阳性的比率为 56.9%，下一年再出现阳性的比率为 54.9%。上海有 5 个监测点多次抽样并检测出 WSSV 阳性，其中 1 个监测点出现多次阳性，且均是连续 2 年及以上出现阳性，该市阳性监测点在后续检测中再出现阳性的比率为 20.0%，下一年再出现阳性的比率为 20.0%。安徽有 23 个监测点多次抽样并检测出 WSSV 阳性，其中 14 个监测点出现多次阳性，12 个监测点出现连续 2 年及以上出现阳性，该省阳性监测点在后续检测中再出现阳性的比率为 60.9%，下一年再出现阳性的比率为 52.2%。江西有 1 个监测点多次抽样并检测出 WSSV 阳性，其中 1 个监测点出现多次阳性，且均是连续 2 年及以上出现阳性，该省阳性监测点在后续检测中再出现阳性的比率为 100.0%，下一年再出现阳性的比率为 100.0%。海南、新疆和新疆兵团均有多年设置的监测点，尚未在这些监测点中多次检出过 WSSV 阳性（图 16）。

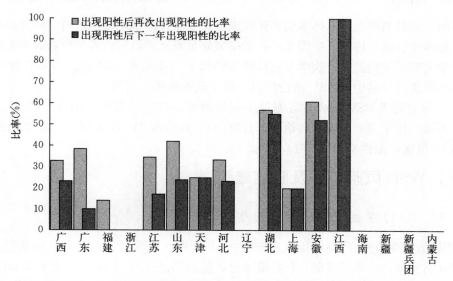

图 16　2007—2021 年各监测省（自治区、直辖市）在后续监测中出现阳性的比率

（十一）不同检测单位的检测结果情况

中国检验检疫科学研究院承担天津和内蒙古委托的样品检测工作，未检出 WSSV 阳性样品（0/10）；河北省水产技术推广总站承担河北委托的样品检测工作，样品阳性检出率为 10.0%（10/100）；中国水产科学研究院黄海水产研究所承担山东、河北和辽宁委托的样品检测工作，检测样品总阳性率为 20.7%（6/29），其中山东样品阳性率为 14.2%（2/14），河北样品阳性率为 10.0%（1/10），辽宁样品阳性率为 60%（3/5）；上海市水产技术推广站承担上海委托的样品监测工作，未检出 WSSV 阳性样品（0/10）；江苏省水生动物疫病预防控制中心承担江苏委托的样品监测工作，样品阳性率为 3.6%（2/55）；连云港海关综合技术中心承担江苏委托的样品监测工作，未检出 WSSV 阳性样品（0/10）；福建省水产研究所承担福建委托的样品检测工作，未检出 WSSV 阳性样品（0/20）；集美大学承担福建委托的样品监测工作，未检出 WSSV 阳性样品（0/10）；中国水产科学研究院珠江水产研究所承担江西与海南委托的样品检测工作，未检出 WSSV 阳性样品（0/20）；山东省海洋生物研究院承担山东委托的样品检测工作，未检出 WSSV 阳性样品（0/15）；中国水产科学研究院长江水产研究所承担湖北与安徽委托的样品检测工作，检测样品总阳性率为 95.0%（19/20），其中安徽样品阳性率为 100.0%（10/10），湖北样品阳性率为 90.0%（9/10）；广东省水生动物疫病预防控制中心承担广东委托的样品监测工作，未检出 WSSV 阳性样品（1/60）；广西渔业

病害防治环境监测和质量检验中心承担广西委托的样品检测工作，未检出 WSSV 阳性样品（0/20）。

## 四、国家 WSD 首席专家团队的实验室被动监测工作总结

在国家虾蟹类产业技术体系病害防控岗位科学家任务、中国水产科学研究院基本科研业务费等项目的支持下，中国水产科学研究院黄海水产研究所养殖生物病害控制与分子病理学研究室甲壳类流行病学与疫病防控团队应产业需求，对 2021 年我国沿海主要省份养殖甲壳类样品中 WSSV 流行情况开展了调查和被动监测。

2021 年针对 WSSV 的被动监测范围包括海南、广东、福建、河北、浙江、江苏、山东、天津、辽宁共 9 个省（自治区、直辖市），共监测 315 批次样品，检出 WSSV 阳性样品 47 批次，阳性检出率为 14.9%。

## 五、WSD 风险分析及防控建议

### （一）WSD 在我国的流行现状及趋势

WSD 的专项监测自 2007 年以来先后在 16 个省（自治区、直辖市）和新疆生产建设兵团开始实施，涉及了 7 527 个养殖场点，监测样品 12 725 批次，其中 WSSV 阳性样品 1 967 批次，阳性监测点 1 547 点次，平均样品阳性率 15.5%，平均监测点阳性率 20.6%。2021 年，监测的 15 省（自治区、直辖市）388 个养殖场点中，有 35 个检出 WSSV 阳性，平均监测点阳性率 9.0%；共采集样品 429 批次，检出 WSSV 阳性样品 37 批次，平均样品阳性率 8.6%。除新疆与内蒙古外，其他参加 WSD 监测的 14 个省（自治区、直辖市）和新疆兵团均在不同年份检出了 WSSV 阳性，说明 WSD 是威胁我国甲壳类养殖业的重要疫病。经过 15 年对 WSD 的连续监测，对 16 省（自治区、直辖市）和新疆生产建设兵团的样品阳性率和监测点阳性率进行分析发现，WSD 在我国的流行率在 2010 年后呈波动下降趋势。在 2021 年对虾流行病学现场调查中也发现，养殖实践中 WSSV 感染导致发病的情况已不多见，导致严重死亡的案例较为少见。研究显示，近年来流行 WSSV 株系相较于此前的流行株系，其基因组中与致病力相关的基因存在明显变异，变异株致病性和致死率也明显下降。WSD 对我国养殖虾类的危害程度呈现逐渐下降趋势。

### （二）WSSV 阳性检出甲壳类品种

2007—2021 年的专项监测结果显示，我国凡纳滨对虾、中国明对虾、日本囊对虾、克氏原螯虾、青虾、罗氏沼虾、斑节对虾、脊尾白虾和蟹类中均有 WSSV 的核酸阳性检出。其中 2021 年的专项监测结果显示阳性样品种类有凡纳滨对虾、中国明对虾、日本囊对虾、罗氏沼虾、中华绒螯蟹和克氏原螯虾。从阳性样品种类来看，多个品种均有 WSSV 的核酸阳性检出，说明 WSSV 可能对我国多种海、淡水养殖甲壳类具有感染风险。15 年的连续监测结果提示，WSSV 在不同甲壳类宿主之间水平传播的风险较高，

甲壳类混养可能带来 WSSV 广泛传播的风险，应予以重视。鉴于 PCR 类分子生物学检测结果尚无法用作 WSSV 易感宿主确认的证据，因此上述监测中呈现 WSSV 阳性的品种，仅代表了其可能具有成为易感宿主的较高风险。

（三）WSSV 传播途径及传播方式

根据 2007—2021 年不同类型监测点的监测结果来看，国家级原良种场、省级原良种场和重点苗种场的平均样品阳性率达为 7.7%（401/5 236），监测点阳性率为 8.8%（287/3 254）。其中，国家级原良种场的阳性率 18.9%（10/53）＞重点苗种场阳性率 8.9%（262/2 931）＞省级原良种场阳性率 5.6%（15/270）。2021 年不同类型监测点的阳性检出情况说明国家级原良种场和省级原良种场有关 WSSV 防控工作取得了较好的成效，此前 WSSV 主要经由亲体和苗种扩散的传播状况已得到了很大程度的改观。

对监测任务中持续监测的监测点数据进行分析发现，监测点多次出现阳性或连续出现阳性的情况值得注意。2007—2021 年的平均监测点阳性率为 20.6%，而 37.7% 的阳性监测点在后续的监测中再出现阳性，26.2% 的阳性监测点下一年会再出现阳性；较 2020 年统计的数据相比，阳性监测点在后续的监测中再出现阳性的概率及阳性监测点下一年会再出现阳性的概率均有所提高，建议重视 WSSV 存在阳性监测点留存和跨年度传播的风险，并加强对 WSD 阳性监测点的阳性处理措施的监督。

（四）WSSV 流行与环境条件的关系

通过 2007—2021 年 16 个省（自治区、直辖市）和新疆生产建设兵团提供的监测数据来看，WSSV 的阳性检出率与某些环境条件存在一定的相互关系。

通过 15 年的连续水温监测数据分析发现，WSSV 阳性率在水温 26 ℃以下条件时较高，在水温为 28～29 ℃时阳性率达到高峰，高于 31 ℃后又逐渐降低。这反映了 WSSV 在不同温度下的病原学特点，也与产业中 WSD 的发病情况基本相符。

将阳性样品与采样时水体 pH 进行分析，15 年的连续监测数据中，pH 在 8.0～8.5 时 WSSV 阳性率最低，平均阳性率为 10.3%（195/1 888），pH≤7.7 和≥8.4 时阳性率显著提高，平均阳性率为 18.5%（219/1 184），这与产业中观察到的水体 pH 与对虾 WSD 急性发病的流行规律基本吻合。

将阳性样品与采样时水体盐度进行分析，2007—2021 年监测数据中，半咸水养殖的样品阳性率最低，为 11.6%（112/965）；其次为海水养殖，样品阳性率为 17.0%（1 143/6 719）；淡水养殖的样品阳性率最高，为 18.3%（627/3 433）。淡水养殖样品的高阳性率可能与克氏原螯虾的高 WSSV 阳性检出率相关，加之各省（自治区、直辖市）和新疆生产建设兵团提供的数据未包含准确的盐度值，因此该结论尚需在今后的监测过程中进一步确认。

## 六、监测中存在的主要问题

我国 2007 年首次开展了 WSD 专项监测，经过 15 年的监测工作，逐渐形成了较为稳定的监测方案和监测体系，并对 WSD 在我国主要对虾养殖区的流行情况有了较为全面的认识，为渔业主管部门制定 WSD 防控策略提供了重要依据。2021 年各省（自治区、直辖市）提供的数据通过国家水生动物疫病监测信息管理系统进行提交，数据的规范性、准确性有了很大提高，但依然暴露了一些问题，主要包括：

（一）监测数据缺少复核环节

在当前的监测工作中，未对包括检测结果在内的监测数据建立复核机制。例如，某省份出现克氏原螯虾统计为龙虾等问题，这对准确和深入解析 WSD 的流行病学特征和提供有效政策建议造成了障碍。

（二）部分监测数据不全面

完整和高质量的 WSD 监测数据对于全面认识 WSD 的流行病学规律和有效支持决策具有重要意义。但 2021 年度监测任务中尚有许多监测数据收集和填报不全面，如只区分了半咸水、海水、淡水，但并未得知盐度等确切信息。

## 七、对甲壳类疫病监测和防控工作的建议

（一）梳理甲壳类养殖业面临的主要疫病威胁，提升监测工作服务渔业高质量发展效能

在农业行业科研专项、国家自然科学基金、国家重点研发计划和国家虾蟹产业技术体系岗位专家等项目支持下，中国水产科学研究院黄海水产研究所自 2012 年以来对我国沿海地区养殖甲壳类疫病流行情况进行了持续跟踪调查，系统监测了甲壳类 9 种重大和新发疫病病原，包括虾肝肠胞虫（EHP）、急性肝胰腺坏死弧菌（$V_{AHPND}$）、偷死野田村病毒（CMNV）、十足目虹彩病毒（DIV1）、WSSV、传染性皮下及造血器官坏死病毒（IHHNV）、桃拉综合征病毒（TSV）、传染性肌坏死病毒（IMNV）、黄头病毒（YHV）的流行情况。从过去 10 年的监测结果来看，EHP、CMNV 和 WSSV 年平均阳性检出率在 20% 左右，是持续危害我国养殖甲壳类的主要病原；$V_{AHPND}$ 和 IHHNV 年平均阳性检出率在 10% 左右，是危害养殖甲壳类的重要病原；DIV1 在 3 个年份中流行率超过了 10%，在部分地区存在一定流行危害风险；TSV 和 YHV 偶有阳性检出，未对全国养殖对虾造成较大影响。2021 年针对致"玻璃苗"弧菌病（Vibrio causing translucent post-larvae vibriosis，$V_{TPV}$）的监测结果显示，该病原阳性检出率为 20.4%（81/398），其传播和扩散风险值得高度重视。2021 年度国家水生动物疫病监测计划对 WSSV、IHHNV、EHP、DIV1 和 $V_{AHPND}$ 等 5 种对虾疫病病原开展了监测，所获得的监测数据尚无法全面反映我国养殖甲壳类所面临病害的情况。建议未来加强对 TPV 和病毒性偷死病等严重威胁甲壳类养殖业的新发疫病的监测，以便为渔业主管部门决策提供全面、客观和准确的流行病学数据支持，更好地发挥监测工作服务渔业高质量发展的效能。

（二）完善监测工作流程和质量标准，提高甲壳类疫病相关监测数据质量

目前国家水生动物疫病监测计划已开始依据监测技术规范开展工作，这为提高甲壳类疫病相关监测数据质量提供了重要的工作流程保障。但水生动物疫病监测计划现有监测技术规范中对采样、检测、数据采集与填报环节等尚无数据复核要求，对监测数据质量尚无完善的评估要求，这在一定程度上制约了监测工作数据采集质量的提高。建议在未来的国家水生动物疫病监测计划工作中对样品采集、病原检测与数据填报等过程设立复核环节，以保障监测数据的质量，进一步提高我国水生动物疫病监测工作的规范化水平。此外，多年连续的、高质量的 WSD 监测数据对于全面认识 WSD 的流行病学规律和提供有效政策建议具有重要意义。目前部分监测点采集和填报的数据尚不全面和不完善，建议在经费、人力、时间许可的条件下，每个监测点尽量采集和填报 pH 与盐度等重要数据，以便为 WSD 的流行病学分析提供更多基础数据。

（三）加强甲壳类种业生物安保体系建设，提升原良种场无特定病原种苗供应能力

甲壳类种业生物安全是甲壳类养殖业生物安全的根本保障。而从历年统计的数据看，我国部分原良种场尚存在 WSSV 跨年传播的风险，不利于 WSD 的防控。建议加强甲壳类亲体和繁育环节的生物安保体系建设，持续开展国家级原良种场、省级原良种场和重点苗种场的 WSSV、IHHNV、CMNV、EHP、DIV1、$V_{AHPND}$ 和 $V_{TPV}$ 等病原持续监测和种苗脱毒工作。同时，建议积极推进无特定疫病苗种场的建设和认可规范编制，逐步提高对遗传育种中心、原良种场和现代渔业种业示范场的监测覆盖度，有序开展亲体培育中心和苗种场的生物安保资质认证，稳步提升甲壳类原良种场生物安保水平和无特定病原种苗持续供应能力。

# 2021 年传染性皮下和造血组织坏死病状况分析

中国水产科学研究院黄海水产研究所

（董 宣 谢景媚 王国浩 秦嘉豪 谢国驷 杨 冰 张庆利）

## 一、前言

传染性皮下和造血组织坏死病（Infection with infectious hypodermal and haematopoietic necrosis virus，IHHN）是由传染性皮下和造血组织坏死病毒（Infectious hypodermal and haematopoietic necrosis virus，IHHNV）所引起的虾类疫病。IHHNV 属于细小病毒科，细角对虾浓核病毒属，病毒颗粒大小为 20～22 nm，呈二十面体状。被我国《一、二、三类动物疫病病种名录》列为三类动物疫病，被《中华人民共和国进境动物检疫疫病名录》列为二类疫病，被世界动物卫生组织（WOAH）收录为需通报的水生动物疫病。

农业农村部组织全国水生动物疫病监测体系，从 2015 年开始先后在广西、广东、福建、浙江、江苏、山东、天津、河北、辽宁、上海、安徽、海南、新疆、江西、湖北等我国主要甲壳类养殖省（自治区、直辖市）和新疆生产建设兵团开展了 IHHN 的专项监测工作，逐步掌握了 IHHN 在我国的流行病学信息和产业危害情况，为我国制定有效的防控政策和净化措施提供了数据支撑。

## 二、全国各省份开展 IHHN 的专项监测情况

### （一）概况

农业农村部组织全国水产病害防治体系，从 2015 年开始逐步在部分省（自治区、直辖市）开展了 IHHN 的专项监测工作，监测范围逐步扩大。2020 年 IHHN 专项监测范围包括 14 个省（自治区、直辖市）。监测工作的取样范围覆盖了我国甲壳类主要养殖区，每年涉及 62～128 个区（县）、119～240 乡（镇）、412～623 个监测点、555～871 批次样本（图 1）。

2021 年 IHHN 专项监测范围包括广西、广东、福建、浙江、江苏、山东、河北、天津、辽宁、湖北、上海、安徽、江西、海南共 14 个省（自治区、直辖市），涉及 97 个区（县）、164 个乡（镇）、351 个监测点，包括 3 个国家级原良种场、42 个省级原良种场、189 个重点苗种场、117 个对虾养殖场。2021 年国家监测计划样品数为 125 批次，各监测省（自治区、直辖市）均完成国家监测采集任务，部分省份超标完成检测任务，实际采集和检测样品 392 批次。2015—2021 年，各省（自治区、直辖市）和新疆生

产建设兵团累计监测样品 4 700 批次，其中累计监测样品数量最多的是广东，为 650 批次；其次是山东，累计监测样品 546 批次；第三位是广西，累计监测样品 492 批次（表 1）。

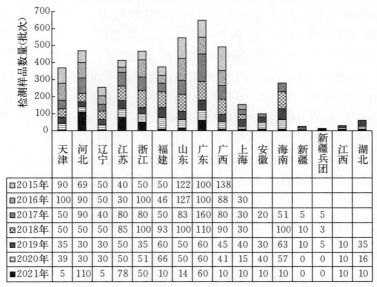

| | 天津 | 河北 | 辽宁 | 江苏 | 浙江 | 福建 | 山东 | 广东 | 广西 | 上海 | 安徽 | 海南 | 新疆 | 新疆兵团 | 江西 | 湖北 |
|---|---|---|---|---|---|---|---|---|---|---|---|---|---|---|---|---|
| 2015年 | 90 | 69 | 50 | 40 | 50 | 50 | 122 | 100 | 138 | | | | | | | |
| 2016年 | 100 | 90 | 50 | 30 | 100 | 46 | 127 | 100 | 88 | 30 | | | | | | |
| 2017年 | 50 | 90 | 40 | 80 | 80 | 50 | 83 | 160 | 80 | 30 | 20 | 51 | 5 | 5 | | |
| 2018年 | 50 | 50 | 50 | 85 | 100 | 93 | 100 | 110 | 90 | 30 | | 100 | 10 | 3 | | |
| 2019年 | 35 | 30 | 30 | 50 | 35 | 60 | 50 | 60 | 45 | 40 | 30 | 63 | 10 | 5 | 10 | 35 |
| 2020年 | 39 | 30 | 30 | 50 | 51 | 66 | 50 | 60 | 41 | 15 | 40 | 57 | 0 | 0 | 10 | 16 |
| 2021年 | 5 | 110 | 5 | 78 | 50 | 10 | 14 | 60 | 10 | | | | | | 10 | 10 |

图 1　2015—2021 年 IHHN 专项监测的采样数量统计

**表 1　2015—2021 年 IHHN 专项监测省（自治区、直辖市）采样情况**

| 监测省份 | 广西 | 广东 | 福建 | 浙江 | 江苏 | 山东 | 河北 | 天津 | 辽宁 | 湖北 | 上海 | 安徽 | 江西 | 海南 | 新疆 | 新疆兵团 |
|---|---|---|---|---|---|---|---|---|---|---|---|---|---|---|---|---|
| 监测样品数 | 492 | 650 | 375 | 466 | 413 | 546 | 469 | 369 | 255 | 61 | 155 | 100 | 30 | 281 | 25 | 13 |

### （二）不同养殖模式监测点情况

2015—2021 年各省（自治区、直辖市）和新疆生产建设兵团的专项监测数据统计结果显示，共 3 335 个监测点记录了养殖模式。其中数量最多的为池塘养殖，共记录 1 730 个监测点，占比为 51.9%；其次为工厂化养殖，共记录 1 475 个监测点，占比为 44.2%；剩余依次是稻虾连作养殖模式和其他养殖模式（主要包括网箱养殖等），分别记录 88 和 42 个监测点，占比为 2.6% 和 1.3%。

### （三）连续设置为监测点的情况

对 2015—2021 年各省（自治区、直辖市）和新疆生产建设兵团的专项监测数据提供的监测点信息进行规整后，对连续设置为监测点的情况进行了分析。结果表明，广西的 247 个 IHHN 监测点中有 60 个进行了多年监测，其中 53 个进行了 2 年及以上连续监测；广东的 234 个 IHHN 监测点中有 33 个进行了多年监测，其中 26 个进行了 2 年及以上连续监测；福建的 147 个 IHHN 监测点中有 23 个进行了多年监测，其中 21 个进行了 2 年及以上连续监测；浙江的 233 个 IHHN 监测点中有 56 个进行了多年监测，其中 47 个进行了 2 年及以上连续监测；江苏的 314 个 IHHN 监测点中有 37 个进行了多年监测，其中 24 个进行了 2 年及以上连续监测；山东的 427 个 IHHN 监测点中有 46 个进行了多年监测，其中 42 个进行了 2 年及以上连续监测；天津的 210 个 IHHN 监测点中有 25 个进行了多年监测，其中 20 个进行了 2 年及以上连续监测；河北的 312 个 IHHN 监测点中有 49 个进行了多年监测，其中 37 个进行了 2 年及以上连续监测；辽宁的 211 个 IHHN 监测点中有 35 个进行了多年监测，其中 34 个进行了 2 年及以上连续监测；湖北的 56 个 IHHN 监测点中有 5 个进行了多年监测，且均进行了 2 年及以上连续监测；上海的 76 个 IHHN 监测点中有 21 个进行了多年监测，其中 16 个进行了 2 年及以上连续监测；安徽的 66 个 IHHN 监测点中有 19 个进行了多年监测，其中 19 个进行了 2 年及以上连续监测；江西共有 30 个 IHHN 监测点但未进行连续监测；海南的 137 个 IHHN 监测点中有 25 个进行了多年检测，其中 23 个进行了 2 年及以上的连续监测；新疆有 18 个 IHHN 监测点，其中 2 个进行了多年检测，且均进行了 2 年及以上的连续监测；新疆兵团有 11 个 IHHN 监测点，其中 2 个进行了多年检测，且均进行了 2 年及以上的连续监测。

（四）2021 年采样的品种、规格

2021 年监测样品种类有凡纳滨对虾、斑节对虾、中国明对虾、日本囊对虾、罗氏沼虾、青虾、克氏原螯虾和中华绒螯蟹。

共 392 批次样品记录了采样规格，其中有 84 批次样品的体长小于 1 cm，占总样品数量的 21.4%；267 批次的体长为 1～4 cm，占 68.1%；15 批次为 4～7 cm，占 3.8%；6 批次为 7～10 cm，占 1.5%；20 批次体长不小于 10 cm，占 5.1%。具体各省（自治区、直辖市）监测样品规格分布情况见图 2。

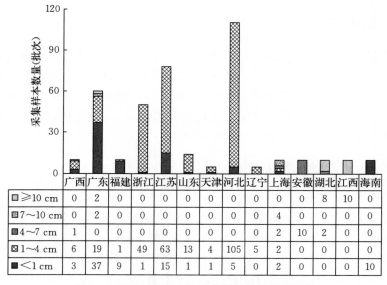

| | 广西 | 广东 | 福建 | 浙江 | 江苏 | 山东 | 天津 | 河北 | 辽宁 | 上海 | 安徽 | 湖北 | 江西 | 海南 |
|---|---|---|---|---|---|---|---|---|---|---|---|---|---|---|
| ≥10 cm | 0 | 2 | 0 | 0 | 0 | 0 | 0 | 0 | 0 | 0 | 0 | 8 | 10 | 0 |
| 7～10 cm | 0 | 2 | 0 | 0 | 0 | 0 | 0 | 0 | 0 | 4 | 0 | 0 | 0 | 0 |
| 4～7 cm | 1 | 0 | 0 | 0 | 0 | 0 | 0 | 0 | 0 | 2 | 10 | 2 | 0 | 0 |
| 1～4 cm | 6 | 19 | 1 | 49 | 63 | 13 | 4 | 105 | 5 | 2 | 0 | 0 | 0 | 0 |
| <1 cm | 3 | 37 | 9 | 1 | 15 | 1 | 1 | 5 | 0 | 2 | 0 | 0 | 0 | 10 |

图 2　2021 年 IHHN 专项监测样品的采样规格

（五）采样的自然条件（如时间、气候、水温等）

2021 年共 392 批次样品记录了采样时间。其中，2 月采集样品 2 批次，占总样品的 0.5%；3 月 40 批次，占 10.2%；4 月 147 批次，占 37.5%；5 月 75 批次，占 19.1%；6 月 46 批次，占 11.7%；7 月 35 批次，占 8.9%；8 月 9 批次，占 2.3%；9 月 8 批次，占 2.0%；10 月 30 批次，占 7.7%；1 月、11 月和 12 月无样品采集。样品采集主要集中在 3—7 月，其中 4 月采集样品数量最多，5 月次之。

2015—2021 年各专项监测省（自治区、直辖市）的数据表中有采样时间记录的样品共 4 696 批次。其中，1 月采集样品 8 批次，占总样品的 0.2%；2 月 3 批次，占 0.1%；3 月 175 批次，占 3.7%；4 月 491 批次，占 10.5%；5 月 1 752 批次，占 37.3%；6 月 545 批次，占 11.6%；7 月 617 批次，占 13.1%；8 月 534 批次，占 11.4%；9 月 302 批次，占 6.4%；10 月 198 批次，占 4.2%；11 月 61 批次，占 1.3%；12 月 10 批次，占 0.2%。样品采集工作主要集中在 4—8 月，这期间采集的样品量占样品总量的 83.9%（图 3）。

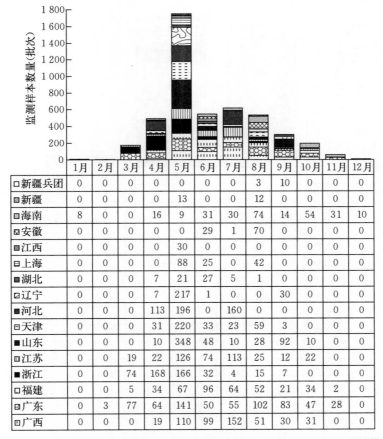

| | 1月 | 2月 | 3月 | 4月 | 5月 | 6月 | 7月 | 8月 | 9月 | 10月 | 11月 | 12月 |
|---|---|---|---|---|---|---|---|---|---|---|---|---|
| 新疆兵团 | 0 | 0 | 0 | 0 | 0 | 0 | 0 | 3 | 10 | 0 | 0 | 0 |
| 新疆 | 0 | 0 | 0 | 0 | 13 | 0 | 0 | 12 | 0 | 0 | 0 | 0 |
| 海南 | 8 | 0 | 0 | 16 | 9 | 31 | 30 | 74 | 14 | 54 | 31 | 10 |
| 安徽 | 0 | 0 | 0 | 0 | 0 | 29 | 1 | 70 | 0 | 0 | 0 | 0 |
| 江西 | 0 | 0 | 0 | 0 | 30 | 0 | 0 | 0 | 0 | 0 | 0 | 0 |
| 上海 | 0 | 0 | 0 | 0 | 88 | 25 | 0 | 42 | 0 | 0 | 0 | 0 |
| 湖北 | 0 | 0 | 0 | 7 | 21 | 27 | 5 | 1 | 0 | 0 | 0 | 0 |
| 辽宁 | 0 | 0 | 0 | 7 | 217 | 1 | 0 | 0 | 30 | 0 | 0 | 0 |
| 河北 | 0 | 0 | 0 | 113 | 196 | 0 | 160 | 0 | 0 | 0 | 0 | 0 |
| 天津 | 0 | 0 | 0 | 31 | 220 | 33 | 23 | 59 | 3 | 0 | 0 | 0 |
| 山东 | 0 | 0 | 0 | 10 | 348 | 48 | 10 | 28 | 92 | 10 | 0 | 0 |
| 江苏 | 0 | 0 | 19 | 22 | 126 | 74 | 113 | 25 | 12 | 22 | 0 | 0 |
| 浙江 | 0 | 0 | 74 | 168 | 166 | 32 | 4 | 15 | 7 | 0 | 0 | 0 |
| 福建 | 0 | 0 | 5 | 34 | 67 | 96 | 64 | 52 | 21 | 34 | 2 | 0 |
| 广东 | 0 | 3 | 77 | 64 | 141 | 50 | 55 | 102 | 83 | 47 | 28 | 0 |
| 广西 | 0 | 0 | 0 | 19 | 110 | 99 | 152 | 51 | 30 | 31 | 0 | 0 |

图 3　2015—2021 年各省（自治区、直辖市）和新疆生产建设兵团每月采样数量分布

2021年记录了采样时水温的样品共392批次。其中，采集时水温低于24 ℃的样品数量为144批次，占记录采样水温样品总量的36.7%；24～25 ℃的34批次，占8.7%；25～26 ℃的18批次，占4.6%；26～27 ℃的23批次，占5.9%；27～28 ℃的16批次，占4.1%；28～29 ℃的74批次，占18.9%；29～30 ℃的49批次，占12.5%；30～31 ℃的26批次，占6.6%；31～32 ℃的6批次，占1.5%；不低于32 ℃的2批次，占0.5%。

2021年有19批次样品在采样时记录了采样水体pH。其中，1批次样品采样水体的pH为7.5，占记录采样水体pH样品总量的5.3%；2批次pH为7.6，占10.5%；2批次pH为7.8，占10.5%；3批次pH为7.9，占15.8%；6批次pH为8.0，占31.6%；1批次pH为8.1，占5.3%；3批次pH为8.2，占15.8%；1批次pH为8.5，占5.3%；pH为≤7.4、7.7、8.3、8.4、8.6、8.7与≥8.8时无样品采集。

2021年有380批次样品记录了养殖环境。其中，178批次样品为海水养殖，占记录养殖环境样本总量的46.8%；187批次为淡水养殖，占49.2%；15批次为半咸水养殖，占3.9%（图4）。

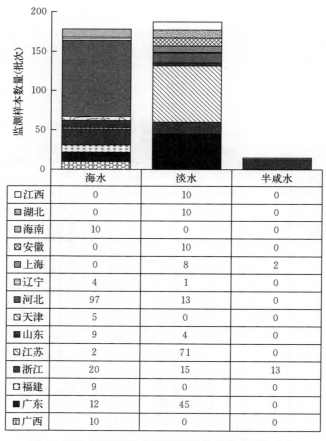

| | 海水 | 淡水 | 半咸水 |
|---|---|---|---|
| ☐江西 | 0 | 10 | 0 |
| ▨湖北 | 0 | 10 | 0 |
| ▨海南 | 10 | 0 | 0 |
| ⊠安徽 | 0 | 10 | 0 |
| ■上海 | 0 | 8 | 2 |
| ☰辽宁 | 4 | 1 | 0 |
| ■河北 | 97 | 13 | 0 |
| ☐天津 | 5 | 0 | 0 |
| ■山东 | 9 | 4 | 0 |
| ☐江苏 | 2 | 71 | 0 |
| ▨浙江 | 20 | 15 | 13 |
| ☐福建 | 9 | 0 | 0 |
| ■广东 | 12 | 45 | 0 |
| ⊠广西 | 10 | 0 | 0 |

图4　2021年IHHN专项监测样品的养殖环境分布

（六）2021 年样品检测单位和检测方法

2021 年各省（自治区、直辖市）监测样品分别委托中国检验检疫科学研究院、中国水产科学研究院黄海水产研究所、中国水产科学研究院长江水产研究所、中国水产科学研究院珠江水产研究所、广东省水生动物疫病预防控制中心、广西渔业病害防治环境监测和质量检验中心、河北省水产技术推广总站、集美大学、江苏省水生动物疫病预防控制中心、连云港海关综合技术中心、上海市水产技术推广站与浙江省水生动物防疫检疫中心 12 家单位按照《对虾传染性皮下及造血组织坏死病毒（IHHNV）检测 PCR 法》（GB/T 25878—2010）和《WOAH 水生动物疾病诊断手册》第 2.2.4 章 4.3.1.2.3.4 条中引物 389F/R、309F/R 同时进行实验室检测。

2021 年，各检测单位共承担 392 批次的检测任务，其中承担的检测任务量最多的是河北省水产技术推广总站，为 100 批次；其次是江苏省水生动物疫病预防控制中心，为 66 批次；再次是广东省水生动物疫病预防控制中心，为 60 批次。3 家检测单位的检测样品量占总样品量的 57.7%（图 5）。

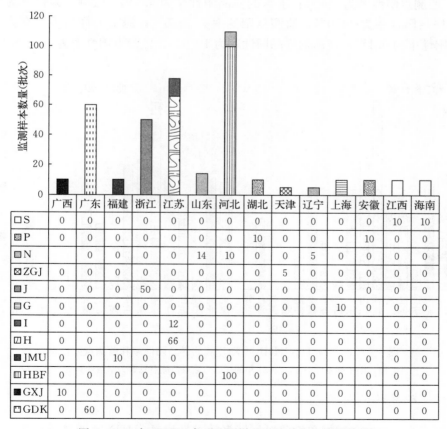

| | 广西 | 广东 | 福建 | 浙江 | 江苏 | 山东 | 河北 | 湖北 | 天津 | 辽宁 | 上海 | 安徽 | 江西 | 海南 |
|---|---|---|---|---|---|---|---|---|---|---|---|---|---|---|
| S | 0 | 0 | 0 | 0 | 0 | 0 | 0 | 0 | 0 | 0 | 0 | 0 | 10 | 10 |
| P | 0 | 0 | 0 | 0 | 0 | 0 | 0 | 10 | 0 | 0 | 0 | 10 | 0 | 0 |
| N | | 0 | 0 | 0 | 0 | 14 | 10 | 0 | 0 | 5 | 0 | 0 | 0 | 0 |
| ZGJ | 0 | 0 | 0 | 0 | 0 | 0 | 0 | 0 | 5 | 0 | 0 | 0 | 0 | 0 |
| J | 0 | 0 | 0 | 50 | 0 | 0 | 0 | 0 | 0 | 0 | 0 | 0 | 0 | 0 |
| G | 0 | 0 | 0 | 0 | 0 | 0 | 0 | 0 | 0 | 0 | 0 | 10 | 0 | 0 |
| I | 0 | 0 | 0 | 0 | 12 | 0 | 0 | 0 | 0 | 0 | 0 | 0 | 0 | 0 |
| H | 0 | 0 | 0 | 0 | 66 | 0 | 0 | 0 | 0 | 0 | 0 | 0 | 0 | 0 |
| JMU | 0 | 0 | 10 | 0 | 0 | 0 | 0 | 0 | 0 | 0 | 0 | 0 | 0 | 0 |
| HBF | 0 | 0 | 0 | 0 | 0 | 0 | 100 | 0 | 0 | 0 | 0 | 0 | 0 | 0 |
| GXJ | 10 | 0 | 0 | 0 | 0 | 0 | 0 | 0 | 0 | 0 | 0 | 0 | 0 | 0 |
| GDK | 0 | 60 | 0 | 0 | 0 | 0 | 0 | 0 | 0 | 0 | 0 | 0 | 0 | 0 |

图 5　2021 年 IHHN 专项监测样品送检单位和样品数量

注：检测单位代码参见《2021 年白斑综合征状况分析》各单位排名不分先后。

## 三、检测结果分析

### （一）总体阳性检出情况及其区域分布

自 2015 年起，农业部组织全国水生动物疫病防控体系对 IHHN 实施了专项监测。2021 年共从 351 个监测点采集样品 392 批次，其中 IHHNV 阳性监测点 34 个，阳性样品 34 批次，平均监测点阳性率 9.7%（34/351），平均样品阳性率 8.8%（34/392）。

2015—2021 年监测数据显示，除湖北、新疆和新疆兵团外，其他监测省（自治区、直辖市）均有 IHHNV 阳性样品检出。其中，天津的样品阳性率为 16.5%，监测点阳性率为 15.0%；河北的样品阳性率为 15.1%，监测点阳性率为 16.5%；辽宁的样品阳性率为 3.1%，监测点阳性率为 3.1%；江苏的样品阳性率为 10.4%，监测点阳性率为 11.5%；浙江的样品阳性率为 13.3%，监测点阳性率为 16.0%；福建的样品阳性率为 26.7%，监测点阳性率为 29.4%；山东的样品阳性率为 18.5%，监测点阳性率为 18.1%；广东的样品阳性率为 14.0%，监测点阳性率为 17.3%；广西的样品阳性率为 1.2%，监测点阳性率为 1.8%；上海的样品阳性率为 6.5%，监测点阳性率为 9.2%；安徽的样品阳性率为 14.0%，监测点阳性率为 14.8%；海南的样品阳性率为 5.7%，监测点阳性率为 5.1%；江西的样品阳性率为 10.0%，监测点阳性率为 10.0%（图 6）。

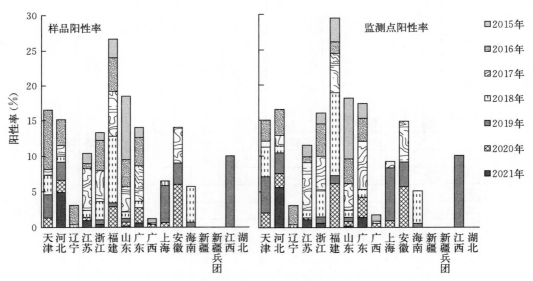

图 6　2015—2021 年 IHHN 专项监测的样品阳性率和监测点阳性率

注：阳性率是以 2015—2021 年的样品总数或监测点总数为基数计算的。

### （二）阳性检测虾类品种

研究表明，凡纳滨对虾和斑节对虾等多数对虾均是 IHHNV 的易感宿主。2021 年 IHHN 专项监测结果显示，IHHNV 阳性样品种类有凡纳滨对虾、罗氏沼虾和中国明对虾。其中，中国明对虾样品阳性率为 4.0％（1/25），罗氏沼虾为 26.7％（4/15），淡水养殖的凡纳滨对虾为 5.0％（6/120），海水养殖的凡纳滨对虾为 14.3％（23/161）。

### （三）不同养殖规格的阳性检出情况

2021 年 IHHN 专项监测中，有 392 批次样品记录了采样规格。其中，体长范围为 1～4 cm 的样品在该体长样品中的阳性率最高，为 12.0％（32/267）；其次为不小于 10 cm 的样品，阳性率为 5.0％（1/20）；小于 1 cm 样品的阳性率最低，为 1.2％（1/84）；体长为 4～7 cm 与 7～10 cm 的样品中无阳性检出（图 7）。

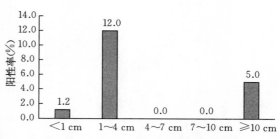

图 7　2021 年 IHHN 专项监测不同规格样品的阳性检出率

### （四）阳性样品的月份分布

2021 年 IHHN 的专项监测中，392 批次样品记录了采样月份。其中，4 月采样的样品中有 30 批次样品检测出 IHHNV，阳性率为 20.4％（30/147）；5 月有 2 批次检出，阳性率为 2.7％（2/75）；6 月有 1 批次检出，阳性率为 2.2％（1/46）；9 月有 1 批次检出，阳性率为 12.5％（1/8）（图 8）。4 月阳性检出率最高。

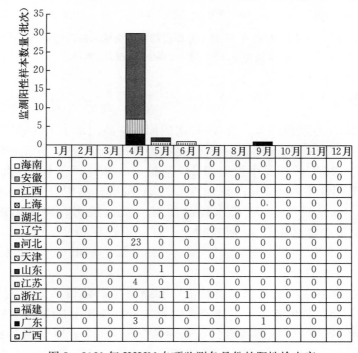

| | 1月 | 2月 | 3月 | 4月 | 5月 | 6月 | 7月 | 8月 | 9月 | 10月 | 11月 | 12月 |
|---|---|---|---|---|---|---|---|---|---|---|---|---|
| □海南 | 0 | 0 | 0 | 0 | 0 | 0 | 0 | 0 | 0 | 0 | 0 | 0 |
| ▥安徽 | 0 | 0 | 0 | 0 | 0 | 0 | 0 | 0 | 0 | 0 | 0 | 0 |
| □江西 | 0 | 0 | 0 | 0 | 0 | 0 | 0 | 0 | 0 | 0 | 0 | 0 |
| ▨上海 | 0 | 0 | 0 | 0 | 0 | 0 | 0 | 0 | 0 | 0 | 0 | 0 |
| ▦湖北 | 0 | 0 | 0 | 0 | 0 | 0 | 0 | 0 | 0 | 0 | 0 | 0 |
| □辽宁 | 0 | 0 | 0 | 0 | 0 | 0 | 0 | 0 | 0 | 0 | 0 | 0 |
| ▤河北 | 0 | 0 | 0 | 23 | 0 | 0 | 0 | 0 | 0 | 0 | 0 | 0 |
| □天津 | 0 | 0 | 0 | 0 | 0 | 0 | 0 | 0 | 0 | 0 | 0 | 0 |
| ■山东 | 0 | 0 | 0 | 0 | 0 | 1 | 0 | 0 | 0 | 0 | 0 | 0 |
| ▥江苏 | 0 | 0 | 0 | 4 | 0 | 0 | 0 | 0 | 0 | 0 | 0 | 0 |
| □浙江 | 0 | 0 | 0 | 0 | 1 | 1 | 0 | 0 | 0 | 0 | 0 | 0 |
| ▨福建 | 0 | 0 | 0 | 0 | 0 | 0 | 0 | 0 | 0 | 0 | 0 | 0 |
| ■广东 | 0 | 0 | 0 | 3 | 0 | 0 | 0 | 0 | 1 | 0 | 0 | 0 |
| □广西 | 0 | 0 | 0 | 0 | 0 | 0 | 0 | 0 | 0 | 0 | 0 | 0 |

图 8　2021 年 IHHN 专项监测各月份的阳性检出率

2015—2021 年各省（自治区、直辖市）和新疆生产建设兵团监测数据显示，共记录有采样月份的样品总数为 4 696 批次，其中 586 批次样品检出 IHHNV，平均样品阳性率为 12.5%。在有阳性检出的月份中，12 月的阳性率最高，主要是因为海南监测样品的阳性率较高（图 9）。

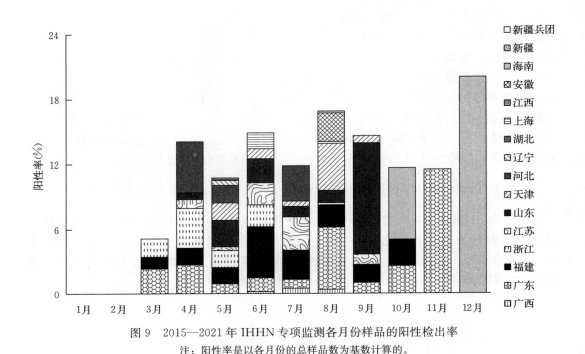

图 9　2015—2021 年 IHHN 专项监测各月份样品的阳性检出率

注：阳性率是以各月份的总样品数为基数计算的。

### （五）阳性样品的温度分布

2021 年 IHHN 专项监测中，有 34 批次的阳性样品记录了采样温度。其中，采样时温度低于 24 ℃的 144 批次样品中有 10 批次检测出 IHHNV，样品阳性率为 6.9%；24～25 ℃和 25～26 ℃的样品中没有 IHHNV 检出；26～27 ℃的 23 批次样品中有 1 批次检出，样品阳性率为 4.3%；27～28 ℃的 16 批次样品中有 1 批次检出，样品阳性率为 6.3%；28～29 ℃的 74 批次样品中有 4 批次检出，样品阳性率为 5.4%；29～30 ℃的 49 批次样品中有 12 批次检出，样品阳性率为 24.5%；30～31 ℃的 26 批次样品中有 6 批次检出，样品阳性率为 23.1%；不低于 31 ℃的样品中没有 IHHNV 检出（图 10）。

2015—2021 年各省（自治区、直辖市）和新疆生产建设兵团监测数据显示，有 4 535 批次样品记录采样时水温，其中有 580 批次样品检出 IHHNV，平均样品阳性率为 12.8%。对不同温度区段进行统计分析发现，水温 27～28 ℃时的样品阳性率最高，平均为 19.6%（74/378）；29～30 ℃其次，为 19.4%（74/382）（图 11）。

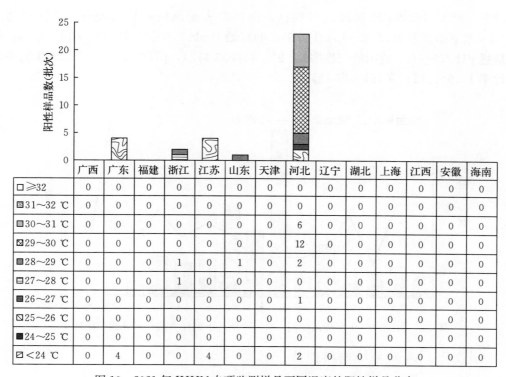

| | 广西 | 广东 | 福建 | 浙江 | 江苏 | 山东 | 天津 | 河北 | 辽宁 | 湖北 | 上海 | 江西 | 安徽 | 海南 |
|---|---|---|---|---|---|---|---|---|---|---|---|---|---|---|
| □≥32 | 0 | 0 | 0 | 0 | 0 | 0 | 0 | 0 | 0 | 0 | 0 | 0 | 0 | 0 |
| ▨31~32 ℃ | 0 | 0 | 0 | 0 | 0 | 0 | 0 | 0 | 0 | 0 | 0 | 0 | 0 | 0 |
| ▣30~31 ℃ | 0 | 0 | 0 | 0 | 0 | 0 | 0 | 6 | 0 | 0 | 0 | 0 | 0 | 0 |
| ⊠29~30 ℃ | 0 | 0 | 0 | 0 | 0 | 0 | 0 | 12 | 0 | 0 | 0 | 0 | 0 | 0 |
| ▪28~29 ℃ | 0 | 0 | 0 | 1 | 0 | 1 | 0 | 2 | 0 | 0 | 0 | 0 | 0 | 0 |
| ▭27~28 ℃ | 0 | 0 | 0 | 1 | 0 | 0 | 0 | 0 | 0 | 0 | 0 | 0 | 0 | 0 |
| ■26~27 ℃ | 0 | 0 | 0 | 0 | 0 | 0 | 0 | 1 | 0 | 0 | 0 | 0 | 0 | 0 |
| ▨25~26 ℃ | 0 | 0 | 0 | 0 | 0 | 0 | 0 | 0 | 0 | 0 | 0 | 0 | 0 | 0 |
| ■24~25 ℃ | 0 | 0 | 0 | 0 | 0 | 0 | 0 | 0 | 0 | 0 | 0 | 0 | 0 | 0 |
| ▨<24 ℃ | 0 | 4 | 0 | 0 | 4 | 0 | 0 | 2 | 0 | 0 | 0 | 0 | 0 | 0 |

图 10  2021 年 IHHN 专项监测样品不同温度的阳性样品分布

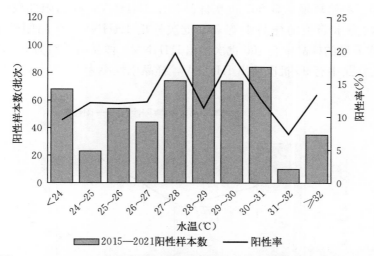

图 11  2015—2021 专项监测有水温数据的 IHHNV 阳性样本数和阳性率

## （六）阳性样品的 pH 分布

2015—2021 年各省（自治区、直辖市）和新疆生产建设兵团监测数据显示，2 031 批次样品记录了采样时水体的 pH，其中 278 批次样品检出 IHHNV，样品阳性率为

13.7%。对不同水体 pH 区段进行统计，阳性率表现出较明显的波动，总体趋势是 pH 8.0 以下阳性率 12.5%（134/1 076），明显低于 pH 8.0 以上 15.1%（144/955）；养殖最适 pH 7.8～8.3 范围的阳性率 11.9%（168/1 415），pH≤7.7 和 pH≥8.4 的平均阳性率 17.9%（110/616）（图 12）。

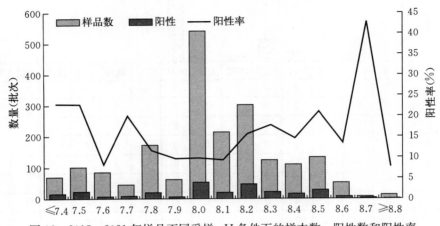

图 12　2015—2021 年样品不同采样 pH 条件下的样本数、阳性数和阳性率

（七）不同养殖环境的阳性检出情况

2015—2021 年各省（自治区、直辖市）和新疆生产建设兵团监测数据显示，4 635 批次样品记录了养殖环境，有 567 批次样品检出 IHHNV，样品阳性率为 12.2%。其中，2 465 批次海水养殖的样品中有 311 批次检出 IHHNV，样品阳性率为 12.6%；1 576 批次淡水养殖的样品中有 166 批次检出 IHHNV，样品阳性率为 10.5%；594 批次半咸水养殖的样品中有 90 批次检出 IHHNV，样品阳性率为 15.2%（图 13、图 14）。

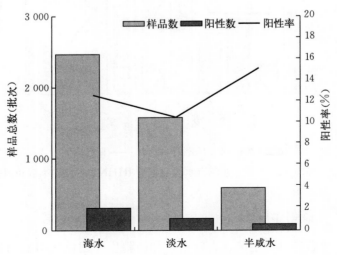

图 13　2015—2021 年不同养殖环境的样品数和 IHHNV 阳性率

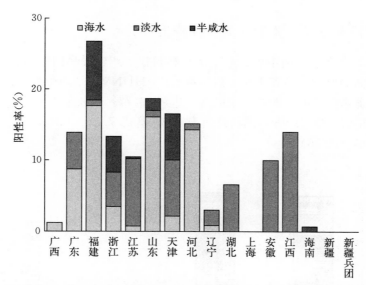

图 14　2015—2021 年各监测省（自治区、直辖市）和新疆生产建设兵团不同养殖环境的 IHHNV 阳性率

注：阳性率是以各省份批次样品总数为基数计算的。

（八）不同类型监测点的阳性检出情况

2021 年在 14 省（自治区、直辖市）设置的 351 个监测点中，3 个国家级原良种场无 IHHNV 检出；42 个省级原良种场中，有 3 个检出 IHHNV，阳性检出率是 7.1％；189 个苗种场中有 18 个检出 IHHNV，阳性检出率是 9.5％；117 个成虾养殖场中有 13 个检出 IHHNV，阳性检出率是 11.1％。

2015—2021 年各省（自治区、直辖市）和新疆生产建设兵团监测数据显示，国家级原良种场的样品阳性率为 6.2％（4/65），监测点阳性率为 8.8％（3/34）；省级原良种场的样品阳性率为 8.4％（41/490），监测点阳性率为 8.8％（19/217）；重点苗种场的样品阳性率为 11.5％（267/2 325），监测点阳性率为 12.6％（208/1 654）；对虾养殖场的样品阳性率为 15.1％（274/1 820），监测点阳性率 15.8％（237/1 503）（图 15）。

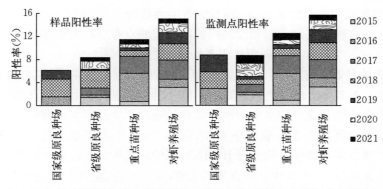

图 15　2015—2021 年不同类型监测点的样品 IHHNV 阳性率和监测点 IHHNV 阳性率

145

（九）不同养殖模式监测点的阳性检出情况

2015—2021 年各省（自治区、直辖市）和新疆生产建设兵团监测数据显示，3 335 个记录养殖模式的监测点中有 448 个监测点检出 IHHNV，平均阳性检出率为 13.4%。其中，工厂化养殖模式的阳性检出率最高，达到 13.7%（202/1 475）；剩余依次为池塘养殖模式 13.5%（233/1 730）、稻虾连作养殖模式 7.1%（3/42）、其他养殖模式 11.4%（10/88）（图 16）。

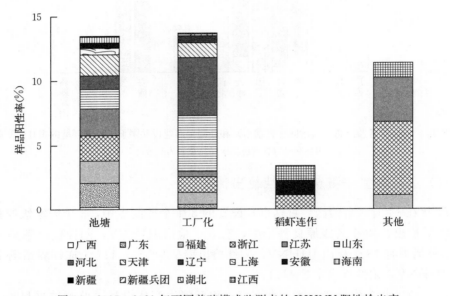

图 16　2015—2021 年不同养殖模式监测点的 IHHNV 阳性检出率

（十）连续抽样监测点的阳性检出情况

2015—2021 年 IHHN 的专项监测中，有 2 729 个监测点详细记录了监测信息，其中对 438 个监测点进行了多年监测，对 371 个监测点进行了 2 年及以上连续监测，有 15 个监测点多次检出 IHHNV 阳性，11 个监测点连续 2 年及以上检出 IHHNV 阳性。各省（自治区、直辖市）和新疆建设兵团的阳性监测点在后续监测中再次出现阳性的平均比率为 24.2%，下一年再出现阳性的平均比率为 17.7%。

从各省份的情况来看，不计最后一年，广西有 2 个监测点多次抽样并检测出 IHHNV 阳性，无多次出现阳性的监测点；相应地，广东有 4 个监测点多次抽样并检测出阳性，其中 2 个监测点出现多次阳性，且均是连续 2 年及以上出现阳性，该省阳性监测点在后续监测中再出现阳性的比率为 50.0%，下一年再出现阳性的比率为 50.0%；福建有 6 个监测点多次抽样并检测出 IHHNV 阳性，其中 3 个监测点出现多次阳性，有 1 个监测点出现连续 2 年阳性，该省阳性监测点在后续监测中再出现阳性的比率为 50.0%，下一年再出现阳性的比率为 16.7%；浙江有 6 个监测点多次抽样并检测出

IHHNV 阳性，2 个监测点出现多次阳性，且均是连续 2 年及以上出现阳性，该省阳性监测点在后续监测中再出现阳性的比率为 33.3%，下一年再出现阳性的比率为 33.3%；江苏有 6 个监测点多次抽样并检测出 IHHNV 阳性，无多次出现阳性的监测点；山东有 6 个监测点多次抽样并检测出 IHHNV 阳性，其中 1 个监测点出现多次阳性，且均是连续 2 年及以上出现阳性，该省阳性监测点在后续监测中再出现阳性的比率为 16.7%，下一年再出现阳性的比率为 16.7%；天津有 5 个监测点多次抽样，无多次出现阳性的监测点；河北有 23 个监测点多次抽样并检测出 IHHNV 阳性，其中 7 个监测点出现多次阳性，5 个监测点是连续 2 年及以上出现阳性，该省阳性监测点在后续检测中再出现阳性的比率为 30.4%，下一年再出现阳性的比率为 21.7%；辽宁有 1 个监测点多次抽样并检测出 IHHNV 阳性，无多次出现阳性的监测点；上海有 3 个监测点多次抽样并检测出 IHHNV 阳性，无多次出现阳性的监测点；湖北、安徽、江西、海南、新疆和新疆兵团均有多年设置的监测点，尚未在这些监测点中多次检出过 IHHNV 阳性（图 17）。

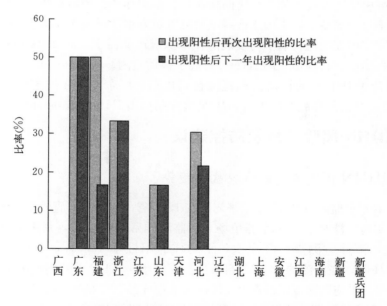

图 17　2007—2021 年各监测省（自治区、直辖市）在后续监测中出现阳性的比率

## （十一）不同检测单位的检测结果情况

2021 年共有 12 家检测单位承担 14 个省（自治区、直辖市）的检测任务，共计检测样品 392 批次，检出 IHHNV 阳性样品 34 批次。

广东委托广东省水生动物疫病预防控制中心承担样品检测工作，IHHNV 阳性样品检出率为 6.7%（4/60）；河北委托河北省水产技术推广站承担样品检测工作，IHHNV 阳性样品检出率为 23%（23/100）；江苏委托江苏省水生动物疫病预防控制中心承担样品检测工作，IHHNV 阳性样品检出率为 6.1%（4/66）；浙江委托浙江省水生动物防疫检疫中心承担样品检测工作，IHHNV 阳性样品检出率为 4%（2/50）；山东、河北、辽宁均委托中国水产科学研究院黄海水产研究所承担样品检测工作，其中只有山东检出 IHHNV 阳性，阳性样品检出率为 3.4%（1/29）；广西委托广西渔业病害防治环境监测和质量检验中心承担样品检测工作，未检出 IHHNV 阳性；福建委托集美大学承担样品检测工作，未检出 IHHNV 阳性；江苏委托连云港海关综合技术中心承担样品检测工作，未检出 IHHNV 阳性；上海委托上海市水产技术推广站承担样品检测工作，未检出 IHHNV 阳性；天津委托中国检验检疫科学研究院承担样品检测工作，未检出 IHHNV 阳性；湖北、安徽均委托中国水产科学研究院长江水产研究所承担样品检测工作，未检出 IHHNV 阳性；江西委托中国水产科学研究院珠江水产研究所承担样品检测工作，未检出 IHHNV 阳性。

## 四、国家 IHHN 首席专家团队的实验室被动监测工作总结

在国家虾蟹类产业技术体系病害防控岗位科学家任务、中国水产科学研究院基本科研业务费等项目的支持下，中国水产科学研究院黄海水产研究所养殖生物病害控制与分子病理学研究室甲壳类流行病学与疫病防控团队应产业需求，对 2021 年我国主要甲壳类养殖省（自治区、直辖市）的 IHHN 开展了被动监测。

2021 年针对 IHHN 的被动监测范围包括山东、广东等甲壳类主要养殖省（自治区、直辖市），共检测样品 265 批次，19 批次样品检出 IHHNV，阳性检出率为 7.2%。

## 五、IHHN 风险分析及防控建议

### （一）IHHN 在我国的流行现状及趋势

IHHN 的专项监测自 2015 年以来先后在 15 个省（自治区、直辖市）和新疆生产建设兵团开始实施，涉及了 3 408 个养殖场点，监测样品 4 700 批次，其中 IHHNV 阳性样品 586 批次，阳性监测点 467 点次，平均样品阳性率 12.5%，平均监测点阳性率 13.7%。2021 年，在监测的 14 省（自治区、直辖市）351 个养殖场点中，有 34 个检出 IHHNV 阳性，平均监测点阳性率 9.7%；共采集样品 392 批次，检出 IHHNV 阳性样品 34 批次，平均样品阳性率 8.7%。参加 IHHN 监测的 15 个省（自治区、直辖市）和新疆生产建设兵团均在不同年份检出了 IHHNV 阳性。经过持续 7 年的 IHHN 监测，对 15 省（自治区、直辖市）和新疆生产建设兵团的样品阳性率和监测点阳性率进行分析发现，IHHN 在我国的流行率在 2016 年后呈波动下降趋势。

### （二）阳性检测虾类品种

2021 年 IHHN 的专项监测品种有罗氏沼虾、青虾、克氏原螯虾、凡纳滨对虾、斑节对虾、中华绒螯蟹、中国明对虾和日本囊对虾。其中，样品阳性率最高的是罗氏沼虾，为 26.7%（4/15）；凡纳滨对虾样品阳性率次之，为 10.3%（29/281）；中国明对

虾的样品阳性率，为 4.0％（1/25）。鉴于 PCR 类分子生物学检测结果尚无法用作 IHHNV 易感宿主确认的证据，因此上述监测中呈现 IHHNV 阳性的品种，仅代表了其可能成为 IHHNV 易感宿主的较高风险。

（三）IHHNV 传播途径及传播方式

根据 2015—2021 年不同类型监测点的监测结果来看，国家级原良种场、省级原良种场、重点苗种场和对虾养殖场的平均样品阳性率达为 12.5％（586/4 700），监测点阳性率为 13.7％（467/3 408）。其中，对虾养殖场阳性率 15.8％（237/1 503）＞重点苗种场阳性率 12.6％（208/1 654）＞国家级原良种场阳性率 8.8％（3/34）≈省级原良种场阳性率 8.8％（19/217）。对监测数据中多次抽样监测点进行分析，监测点多次出现阳性或连续出现阳性的情况值得注意，2015—2021 年的平均监测点阳性率为 13.7％，而 24.2％的阳性监测点在后续的监测中再出现阳性，17.7％的阳性监测点下一年会再出现阳性，如此高比例的多次或连续阳性监测点提示存在 IHHNV 在阳性监测点留存和跨年度横向传播的风险，应重视水产养殖过程中对于 IHHN 阳性监测点的阳性处理措施。因此，建议尽快在产业中实施生物安保，减少 IHHNV 垂直传播和水平传播风险，逐步实现 IHHN 的净化。

## 六、对甲壳类疫病监测工作的建议

（一）建立 IHHN 监测技术规范

建议尽快建立我国 IHHN 监测技术规范，从监测对象、监测点的设置、采样、样品包装和运输、实验室检测和监测信息的汇交等各个环节逐步建立水产行业标准，以便承担国家水生动物疫病监测计划的水生动物疫病预防控制机构与检测机构开展 IHHN 监测。

（二）加强对专项监测数据的管理和复核

规范流行病学监测数据的采集和录入，建立数据复核机制，保障监测数据的完善性和规范性。在实施监测计划过程中，对于异常监测样品或结果，应将样品送至首席专家实验室进行进一步的结果复核和分析。

（三）加强水产养殖生物安保体系建设，提高重大和新发疫病防控和应急处置能力

农业农村部等十部委联合下发的《关于加快推进水产养殖业绿色发展的若干意见》明确指出"加强疫病防控。落实全国动植物保护能力提升工程，健全水生动物疫病防控体系，加强监测预警和风险评估，强化水生动物疫病净化和突发疫情处置，提高重大疫病防控和应急处置能力"。建议加强水产养殖生物安保体系建设，提高重大和新发疫病防控和应急处置能力。

# 2021 年虾肝肠胞虫病状况分析

中国水产科学研究院黄海水产研究所

（谢国驷　万晓媛　董　宣　张庆利）

## 一、前言

虾肝肠胞虫病（*Enterocytozoon hepatopenaei* disease，EHPD）已成为近年来严重危害全球对虾产业健康发展的重要病害，被亚太水产养殖中心网（Network of Aquaculture Centers in Asia-Pacific，NACA）收录为需通报的水生动物疫病。该病害是由虾肝肠胞虫（*Enterocytozoon hepatopenaei*，EHP）感染所引起的，对该病原的监测是病害防控的重要内容。

农业农村部组织全国水生动物疫病防控体系，2017—2021 年在全国范围内开始对 EHPD 开展专项监测，监测范围包括安徽、福建、广东、广西、海南、河北、湖北、江苏、江西、辽宁、山东、上海、天津、浙江、新疆共 15 省（自治区、直辖市）和新疆生产建设兵团，上述监测工作对对虾产业的流行病研究及其防控具有重要意义。现将 2021 年监测结果分析如下：

## 二、EHPD 监测

（一）监测概况

全国水生动物疫病防控体系从 2017 年起已连续 5 年开展了 EHPD 的专项监测。2021 年 EHPD 监测共计 8 省，涉及 39 个区（县）、56 个乡（镇）、86 个监测点，采集 92 批次样本。其中，国家级原良种场 1 个、省级原良种场 3 个、重点苗种场 38 个、虾类养殖场 44 个，监测点以重点苗种场和虾类养殖场为主，分别占监测点 44.2% 和 51.2%。2017—2021 年的监测区域及各采样批次如图 1 所示。

（二）不同养殖模式监测点情况

2021 年监测数据统计表明，92 批次样品中，池塘养殖监测点 38 个，占 41.3%；工厂化养殖测点 36 个，占 39.1%；稻虾连作养殖模式的监测点 11 个，占 12.0%；其他养殖模式（淡水其他和海水筏式）7 个，占 7.6%。

（三）采样的品种和规格

2021 年 EHPD 监测样品种类包括凡纳滨对虾、日本囊对虾、斑节对虾、中国明对

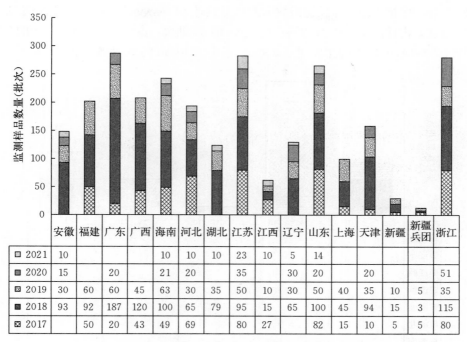

图 1　2017—2021 年 EHPD 监测各地区采样批次

| | 安徽 | 福建 | 广东 | 广西 | 海南 | 河北 | 湖北 | 江苏 | 江西 | 辽宁 | 山东 | 上海 | 天津 | 新疆 | 新疆兵团 | 浙江 |
|---|---|---|---|---|---|---|---|---|---|---|---|---|---|---|---|---|
| 2021 | 10 | | | | 10 | 10 | 10 | 23 | 10 | 5 | 14 | | | | | |
| 2020 | 15 | | 20 | | 21 | 20 | | 35 | | 30 | 20 | | 20 | | | 51 |
| 2019 | 30 | 60 | 60 | 45 | 63 | 30 | 35 | 50 | 10 | 30 | 50 | 40 | 35 | 10 | 5 | 35 |
| 2018 | 93 | 92 | 187 | 120 | 100 | 65 | 79 | 95 | 15 | 65 | 100 | 45 | 94 | 15 | 3 | 115 |
| 2017 | | 50 | 20 | 43 | 49 | 69 | | 80 | 27 | | 82 | 15 | 10 | 5 | 5 | 80 |

虾、克氏原螯虾和日本沼虾，计 6 种。各省份检测虾类样品 1～4 种，其中江苏、河北分别检测 4 种和 3 种（图 2）。

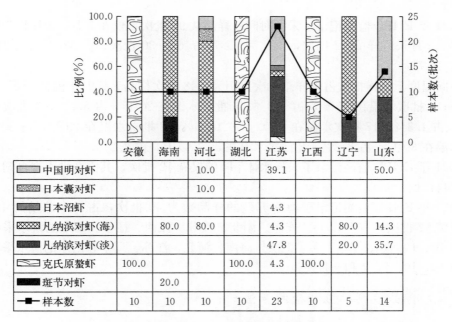

| | 安徽 | 海南 | 河北 | 湖北 | 江苏 | 江西 | 辽宁 | 山东 |
|---|---|---|---|---|---|---|---|---|
| 中国明对虾 | | | 10.0 | | 39.1 | | | 50.0 |
| 日本囊对虾 | | | 10.0 | | | | | |
| 日本沼虾 | | | | | 4.3 | | | |
| 凡纳滨对虾(海) | | 80.0 | 80.0 | | 4.3 | | 80.0 | 14.3 |
| 凡纳滨对虾(淡) | | | | | 47.8 | | 20.0 | 35.7 |
| 克氏原螯虾 | 100.0 | | | 100.0 | 4.3 | 100.0 | | |
| 斑节对虾 | | 20.0 | | | | | | |
| 样本数 | 10 | 10 | 10 | 10 | 23 | 10 | 5 | 14 |

图 2　2021 年 EHPD 监测虾种类及数量

2021 年，92 批次中有体长规格数据的样品共计 84 批次。虾类中，体长小于 1 cm 的样品 15 批次，占样品总量的 17.9%；1~3 cm 的 39 批次，占 46.4%；3~5 cm 的 2 批次，占 2.9%；5~10 cm 的 10 批次，占 11.9%；不小于 10 cm 的 18 批次，占 21.4%（图 3）。

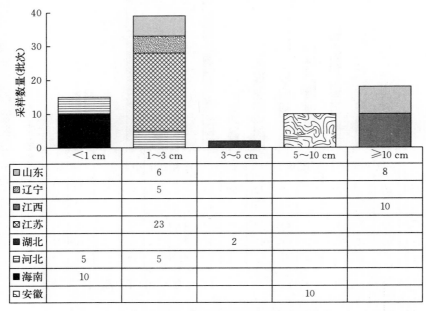

| | <1 cm | 1~3 cm | 3~5 cm | 5~10 cm | ≥10 cm |
|---|---|---|---|---|---|
| □ 山东 | | 6 | | | 8 |
| ▨ 辽宁 | | 5 | | | |
| ▨ 江西 | | | | | 10 |
| ⊠ 江苏 | | 23 | | | |
| ■ 湖北 | | | 2 | | |
| ▤ 河北 | 5 | 5 | | | |
| ■ 海南 | 10 | | | | |
| ▢ 安徽 | | | | 10 | |

图 3　2021 年 EHPD 监测虾类样品体长规格

**（四）抽样的自然条件（如时间、水温、pH 等）**

2021 年 EHPD 监测记录了采样时间的样品共 92 批次，仅在 5 月、6 月和 7 月进行了采样。5 月采集样品 42 批次，占比为 45.7%；6 月 30 批次，占 32.6%；7 月 20 批次，占 21.7%。

不同温度下采样批次占采样总批次比例为：48 批次样品采样时水温低于 25 ℃，占 52.2%；4 批次水温在 25 ℃，占 4.3%；6 批次水温在 26 ℃，占 6.5%；4 批次水温在 27 ℃，占 4.3%；17 批次水温在 28 ℃，占 18.5%；8 批次水温在 29 ℃，占 8.7%；3 批次水温在 30 ℃，占 3.3%；2 批次水温在 30 ℃以上，占 2.2%。

2021 年 EHPD 监测记录了采样水体 pH 的仅有 12 批次，其中 2 批次来自湖北，10 批次来自江西。

2021 年 EHPD 监测记录了海水养殖的样品数为 40 批次，占样本总量的 43.5%；淡水养殖 52 批次，占 56.5%。安徽、湖北、江苏、江西、辽宁、山东的淡水采样批次分别为 10、10、16、10、1 和 5 批次，海南、河北、江苏、辽宁和山东的海水采样批次分别为 10、10、7、4 和 9 批次。

**（五）样品检测单位和检测方法**

2021 年，各省的 EHPD 监测样品分别委托中国水产科学研究院黄海水产研究所、连云港海关综合技术中心、中国水产科学研究院长江水产研究所、中国水产科学研究院珠江水产研究所来完成。上述单位分别承担 29、23、20 和 20 批次的检测任务。EHPD 检测采用《虾肝肠胞虫病诊断规程》（SC/T 7233—2020）第 8.2～8.3 条套式 PCR 检测，为确保检测结果的准确性，还需对所得的 PCR 产物进行测序分析确定（图 4）。

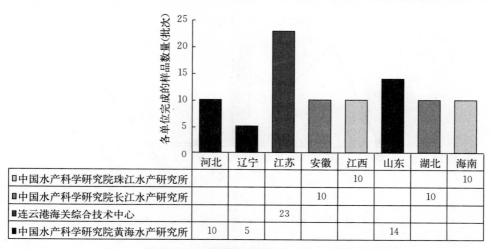

| | 河北 | 辽宁 | 江苏 | 安徽 | 江西 | 山东 | 湖北 | 海南 |
| --- | --- | --- | --- | --- | --- | --- | --- | --- |
| □中国水产科学研究院珠江水产研究所 | | | | | 10 | | | 10 |
| ▨中国水产科学研究院长江水产研究所 | | | | 10 | | | 10 | |
| ▪连云港海关综合技术中心 | | | 23 | | | | | |
| ■中国水产科学研究院黄海水产研究所 | 10 | 5 | | | | 14 | | |

图 4　2021 年 EHPD 监测送检单位及检测样本批次数

## 三、EHP 检测分析

### （一）EHPD 总体阳性检出情况及区域分布

2021 年 EHPD 监测中，86 个监测点采集样品 92 批次，平均监测点阳性率 5.8%（5/86），平均样品阳性率 5.4%（5/92）。监测数据显示，安徽、海南、湖北、江苏和江西无阳性样品检出，其监测点数分别为 10、10、10、17 和 10 个，其样本数分别为 10、10、10、23 和 10 个。各阳性检出省的检出情况分别为：河北的 EHP 样品阳性率和监测点阳性率均为 30.0%（3/10），辽宁的样品阳性率和监测点阳性率均为 20.0%（1/5），山东的样品阳性率和监测点阳性率均为 7.1%（1/14）（图 5）。

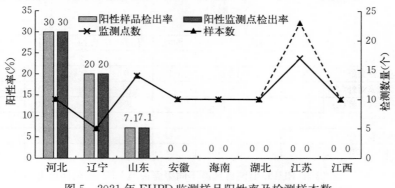

图 5　2021 年 EHPD 监测样品阳性率及检测样本数

（二）检出 EHPD 阳性的样品种类情况

2021 年 EHPD 监测中，只有海水养殖凡纳滨对虾样品中有 EHP 阳性检出，平均的样品阳性检出率为 21.7%（5/23）（图 6）。

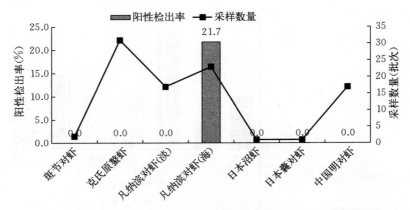

图 6　2021 年 EHPD 监测不同虾种 EHP 的阳性率及检测样本数

EHPD 监测中海水养殖的凡纳滨对虾在河北、辽宁和山东的阳性检测率分别为 37.5%（3/8）、25.0%（1/4）和 50.0%（1/2）（图 7）。

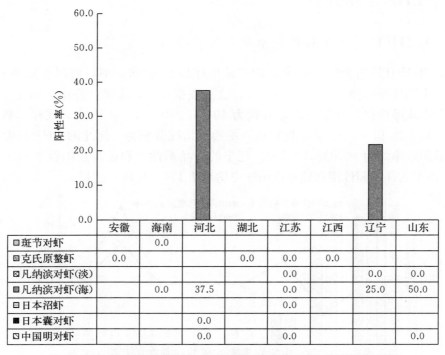

| | 安徽 | 海南 | 河北 | 湖北 | 江苏 | 江西 | 辽宁 | 山东 |
|---|---|---|---|---|---|---|---|---|
| □斑节对虾 | | 0.0 | | | | | | |
| ▨克氏原螯虾 | 0.0 | | | | 0.0 | 0.0 | 0.0 | |
| ⊠凡纳滨对虾(淡) | | | | | 0.0 | | 0.0 | 0.0 |
| ▩凡纳滨对虾(海) | | 0.0 | 37.5 | | 0.0 | | 25.0 | 50.0 |
| ▢日本沼虾 | | | | | 0.0 | | | |
| ■日本囊对虾 | | 0.0 | | | | | | |
| ▧中国明对虾 | | | 0.0 | | 0.0 | | | 0.0 |

图 7　2021 年 EHPD 监测各地区不同甲壳种类 EHP 的阳性检出率

注：空白表示无样品检测。

## （三）不同大小个体样品中 EHPD 的阳性检出情况

2021 年 EHPD 监测中，记录了采样体长规格的样品共 84 批次。其中体长为 1～3 cm 的样品阳性率为 10.3％（4/39），体长小于 1 cm 的样品阳性率为 6.7％（1/15），其余 3 cm 以上各规格均无阳性检出（图 8）。

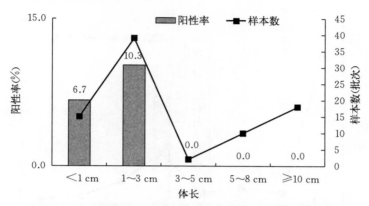

图 8　2021 年 EHPD 监测不同规格样品阳性率及检测样本数

## （四）不同月份样品中 EHPD 的阳性检出情况

2021 年 EHPD 的监测中，5—7 月有 5 批次阳性。5 月河北和辽宁的阳性检出占当月采样批次的比例分别为 7.1％（3/42）和 2.4％（1/42），6 月山东的阳性检出占当月采样批次的比例为 3.3％（1/30）。其余各采样批次无阳性检出（图 9）。

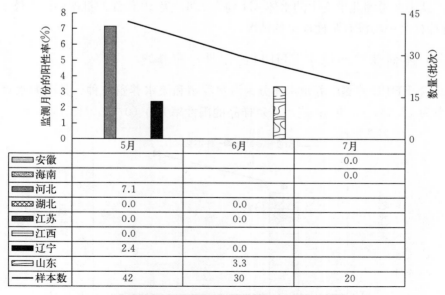

| | 5月 | 6月 | 7月 |
| --- | --- | --- | --- |
| 安徽 | | | 0.0 |
| 海南 | | | 0.0 |
| 河北 | 7.1 | | |
| 湖北 | 0.0 | 0.0 | |
| 江苏 | 0.0 | 0.0 | |
| 江西 | 0.0 | | |
| 辽宁 | 2.4 | 0.0 | |
| 山东 | | 3.3 | |
| 样本数 | 42 | 30 | 20 |

图 9　2021 年 EHPD 监测各月份的阳性率及检测样本数

注：空白表示无样品检测。

（五）EHPD 阳性样品与采样时温度的关系

2021 年 EHPD 的监测中，水温小于 25 ℃的阳性率为 2.1‰（1/48）；水温在 27 ℃的阳性率为 25.0％（1/4）；水温在 28 ℃的阳性率为 17.6％（3/17）；其余水温无阳性检出（图 10）。

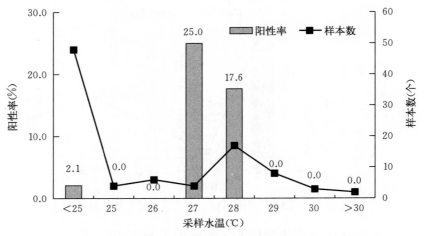

图 10　2021 年 EHPD 监测不同温度下阳性率及检测样本数

（六）EPHD 阳性样品与采样时 pH 的关系

2021 年 EHPD 监测记录了采样水体 pH 的样品仅为 12 批次，占采样批次的 13.0％。其中 2 份湖北批次中的水体 pH 均为 7.6，另 10 份江西批次中的水体 pH 均为 7.2，这些样品中均没有阳性检出的情况。

（七）不同养殖环境中 EHPD 的阳性检出情况

2021 年 EHPD 监测中养殖水体分为海水养殖和淡水养殖 2 种，其中海水养殖样品的阳性率为 12.5％（5/40）；淡水养殖样品的阳性率为 0（0/52）（图 11）。

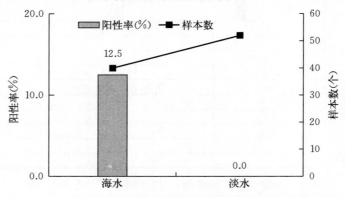

图 11　2021 年 EHPD 监测不同养殖环境下阳性率及检测样本数

（八）不同类型监测点样品中 EHPD 的阳性检出情况

2021 年 EHPD 监测结果中，国家级原良种场样品和监测点无阳性检出，其对应的样品和监测点数均为 1 个；省级原良种场样品和监测点无阳性检出，其对应的样品和监测点数均为 3 个；重点苗种场的样品阳性率为 10.0%（4/40），监测点阳性率为 10.5%（4/38）；对虾养殖场的样品阳性率为 2.1%（1/48），监测点阳性率为 2.3%（1/44）（图 12）。

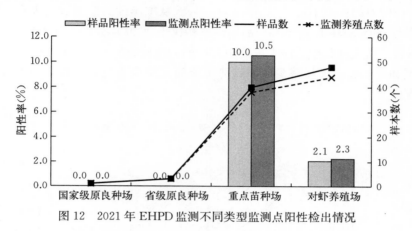

图 12    2021 年 EHPD 监测不同类型监测点阳性检出情况

（九）不同养殖模式监测点中 EHPD 的阳性检出情况

2021 年 EHPD 监测中，监测的 8 省份 92 批次检测结果只有 5 个阳性，池塘养殖模式的阳性率为 5.3%（2/38）；工厂化养殖模式的阳性率为 8.3%（3/36）；稻虾连作和其他养殖模式无阳性检出。各省份养殖模式的阳性检出情况中，河北工厂化的 EHPD 阳性检出率点占全部工厂化采样批次的 8.3%（3/36），山东和辽宁池塘的 EHPD 阳性检出率各占全部池塘采样批次的 2.6%（1/38）（图 13）。

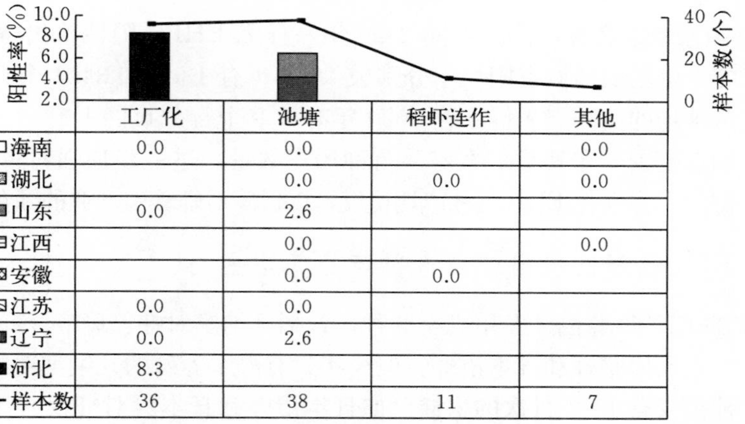

| | 工厂化 | 池塘 | 稻虾连作 | 其他 |
|---|---|---|---|---|
| 海南 | 0.0 | 0.0 | | 0.0 |
| 湖北 | | 0.0 | 0.0 | |
| 山东 | 0.0 | 2.6 | | |
| 江西 | | 0.0 | | 0.0 |
| 安徽 | | 0.0 | 0.0 | |
| 江苏 | 0.0 | 0.0 | | |
| 辽宁 | 0.0 | 2.6 | | |
| 河北 | 8.3 | | | |
| 样本数 | 36 | 38 | 11 | 7 |

图 13    2021 年 EHPD 监测不同养殖模式监测点样品阳性率和样本数

## 四、EHPD 风险分析及防控建议

### （一）EHPD 在我国总体流行现状及趋势

EHPD 专项监测自 2017 年起已连续开展了 5 年。2021 年监测中，监测范围和监测样本数均出现大幅度下降，采集样本批次和监测点数量仅为 2020 的 39.7％（92/232）和 39.3％（86/219），均不及 2020 年度的 40％。从本年度的监测数据来看，2021 年全年的监测养殖场点 EHP 阳性率和样品阳性率相比于 2020 年分别下降了 9.7 和 9.3 个百分点（图 14）。从监测数据总体来看，EHPD 的阳性检出率呈下降趋势；但考虑到近两年监测范围和样本数的大幅减少，该趋势可能尚无法全面反映对虾养殖产业中 EHPD 的流行情况。

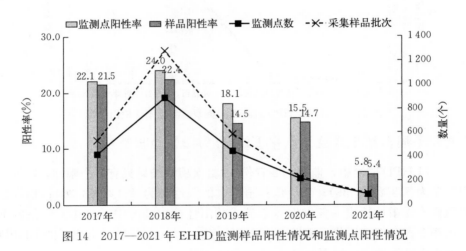

图 14　2017—2021 年 EHPD 监测样品阳性情况和监测点阳性情况

### （二）EHPD 在苗种场及养殖场检出情况

2021 年国家级原良种场监测点同 2020 年一样无 EHPD 阳性检出；2021 年省级原良种场和成虾养殖场的监测点阳性率分别较 2020 年有 13.0 和 34.4 个百分点的明显下降，但重点苗种场的监测点阳性率较 2020 年有 8.8 个百分点的上升。因此，有必要扩大监测养殖场点范围，尤其是扩大监测苗种场点数量，进一步加强对重点苗种场 EHP 流行情况的监测，并强化 EHP 苗种产地检疫，以保障对虾养殖产业的绿色高质量发展。

### （三）EHPD 阳性检出样品种类与易感宿主

2021 年的 EHPD 监测涉及甲壳类 6 种，包括凡纳滨对虾、斑节对虾、日本囊对虾、中国明对虾、克氏原螯虾和日本沼虾。但今年只有海水养殖的凡纳滨对虾有阳性检出的情况。部分种类仅有 1～2 批次的采样（如日本沼虾和日本囊对虾仅有 1 次采样，斑节对虾仅有 2 次采样）的结果显然不利于 EHP 阳性检出宿主的确定。

（四）EHPD 流行与环境条件的关系

2021 年的 EHPD 专项监测仅在 5—7 月进行。监测数据过少，很难进行 EHP 与环境条件的相关性分析，如 27 ℃水温条件下 25％的阳性检出率是仅有 4 批次采样的监测结果，而有 pH 记录的批次仅占采样批次的 13.0％。

（五）EHPD 防控对策建议

EHP 是 WOAH 收录需通报的水生动物重要疫病。目前还没有有效药物报道，中国水产科学研究院黄海水产研究所在前期开展的药物筛选工作中，已获得 2 种较为有效针对 EHP 的驱虫药物，建议加强对该项工作的研发及药物申报支持，以期尽早为产业健康发展提供有效防控手段。

## 五、监测中存在的主要问题及建议

2021 年 EHPD 监测为 EHP 流行学研究提供了重要基础数据，对甲壳类病害流行及防控具有重要意义，但本年度 EHPD 监测工作也存在一些尚待完善的地方。EHPD 监测工作中的不足以及相关建议如下：

（一）监测范围未覆盖主要养殖地区，建议增大监测范围

2021 年 EHPD 监测范围仅涉及 8 省份，并没有完全覆盖沿海各省（自治区、直辖市），如上海、天津、福建、广东和广西等养殖虾类均未涵盖在 2021 年的监测工作范围内。鉴于广西、广东、福建等省（自治区）也是我国养殖对虾的主要生产地区，因此有必要加强对这些南方重要对虾产地的 EHPD 流行情况监测，以便准确了解全国范围内的 EHPD 病害情况，进而为甲壳类病害综合防控政策的制定提供可靠的流行病学依据。

（二）监测规模相较往年下降严重，建议增加监测点和监测样品数

2021 年 EHPD 监测点数量和采样数量在 2020 年较 2019 年有大幅下降的基础上进一步明显下降，全年 8 省份共 86 个监测点，涉及 39 个区（县）56 个乡（镇），监测对象共 6 种虾类，但仅有 92 采样批次，平均每省仅有 11.5 批次采样，平均每种虾仅有 15.3 批次的采样。监测点和采样数量的大幅度下降，可能会导致监测数据不能准确和全面地反映我国对虾养殖产业中 EHPD 病害的真实流行情况。为此，建议 2022 年度增加监测点并增加采样批次，或将具有 CNAS 资质的甲壳类疫病监测实验室以及农业基础性长期性科技工作对 EHPD 的监测结果纳入 EHPD 监测数据中。

（三）监测数据收集不完整，建议加强对采样以及监测单位的数据质量考核

2021 年 EHPD 监测过程中仍有个别监测点没有按照监测任务工作方案采集必要的环境监测数据。如 2021 年监测记录中，有采样水体 pH 记录的样品批次仅占采样批次的 13.0％（2020 年该数据为 11.6％），这种情况必然影响对监测数据的整体评估及病

害流行规律的分析。因此，建议应严格按照规范要求进行 EHPD 有效数据的采集，并加强对采样以及监测单位的数据质量考核，以保障所获各类流行病数据的质量。

## 六、对甲壳类疫病监测工作的建议

### （一）切实加强对影响甲壳类养殖业健康发展的疫病种类的监测

2021 年国家水生动物疫病监测计划对 5 种对虾疫病开展了监测，且每种疫病监测的范围和样本量都较往年出现了大幅下降，所获得的监测数据可能难以反映出该年我国养殖对虾所面临病害的客观情况。2021 年农业基础性长期性科技工作"水产养殖重大及新发疫病流行病学监测"数据显示，我国 16 个主要甲壳类养殖省份中，CMNV、DIV1、$V_{AHPND}$ 和 EHP 的阳性检出率分别为 39.1%（327/834）、21.0%（82/308）、15.6%（63/342）和 18.3%（87/239）。同时，中国水产科学研究院黄海水产研究所团队针对养殖对虾"玻璃苗"弧菌病（Translucent post - larvae vibriosis，TPV）开展的监测结果显示，该病害病原——致 TPV 弧菌（$Vibrio$ causing TPV，$V_{TPV}$）阳性检出率率为 20.4%（81/398）。上述数据表明，CMNV、DIV1、$V_{TPV}$、$V_{AHPND}$ 和 EHP 等 5 种新发疫病病原在我国养殖甲壳类中阳性检出率均高于 15%，其流行危害风险不容忽视。因此，建议国家水生动物疫病监测计划未来应切实加强对 TPV 和病毒性偷死病等新发疫病的监测，以全面掌握我国养殖对虾产业中疫病流行危害情况，为渔业主管部门决策提供客观和准确的数据支持。

### （二）进一步提升全国甲壳类疫病监测实验室的病原检测能力

承担国家水生动物疫病监测计划单位的病原检测能力是保障监测工作质量的重要基础。2014 年以来，在我国渔业主管部门指导下，全国水产技术推广总站与承担单位共同组织和实施了"水生动物防疫系统实验室检测能力测试"活动，2021 年全国共计 214 家单位报名参加了 WSSV、IHHNV、CMNV、SHIV、EHP 和 $V_{AHPND}$ 等 6 种养殖甲壳类疫病病原的实验室检测能力测试活动，参加单位数量较 2020 年增长了 50%，较 2014 年增加了 8.5 倍，这反映出当前我国甲壳类养殖产业及其病原检测实验室对上述虾类病原检测能力提升的强烈诉求，也体现了产业对虾类疫病病原规范化检测能力的迫切需求。针对 EHPD 的 EHP 实验室检测能力测试工作自 2018 年起已连续实施 4 年，该项目的实施有效提高了参与国家水生动物疫病监测计划工作的实验室的 EHP 检测能力。建议所有承担国家水生动物疫病监测计划工作的监测单位纳入所承担监测项目的检测能力测试，以持续提升该单位承担监测计划任务的业务能力，保障其能提供准确可靠的养殖甲壳类疫病监测数据。

# 2021年十足目虹彩病毒病状况分析

中国水产科学研究院黄海水产研究所

（邱　亮　董　宣　万晓媛　张庆利）

## 一、前言

十足目虹彩病毒病（Infection with decapod iridescent virus 1，iDIV1）是由十足目虹彩病毒1（Decapod iridescent virus 1，DIV 1）引起的甲壳类动物疫病，已经被世界动物卫生组织（WOAH）收录为需通报的水生动物疫病，被亚太水产养殖中心网（NACA）收录为亚太水生动物季度报告疫病名录（QAAD）。

研究证实的易感宿主有凡纳滨对虾、红螯螯虾、罗氏沼虾、日本沼虾、脊尾白虾、克氏原螯虾、斑节对虾及三疣梭子蟹。最新研究表明，投喂感染组织和肌肉注射病毒的方式均可以导致健康的三疣梭子蟹感染DIV1并发病死亡。组织病理观察显示，患病三疣梭子蟹多处组织中的血细胞发生病变。病原定量结果表明，鳃和上皮组织中的病毒载量最高，而性腺和肝胰腺中的病毒载量最低。流行病调查结果显示，养殖三疣梭子蟹以及野生天津厚蟹和绒毛近方蟹具有较高的阳性检出。研究同样证实，DIV1可以通过被感染的三疣梭子蟹组织传染健康的凡纳滨对虾。以上结果提示，虾蟹混养模式增加了DIV1传播的风险，而蟹类可能是DIV1在养殖系统中传播的媒介。

目前，有关DIV1侵染机制以及宿主免疫方面的研究相对较少。通过分析健康和患病动物组织的转录组数据，表明DIV1感染可激活虾类的多条先天免疫信号通路，如Toll、Imd、Wnt、p53、溶酶体、吞噬体等。DIV1侵染后，凡纳滨对虾肝胰腺组织中Toll1、Toll2和Toll3受体的转录产物显著增多，但其具体功能还不清楚。同样，DIV1的侵染还可以造成宿主的卵黄原蛋白（Vg）基因和磷酸三糖异构酶（TPI）样基因的显著上调，这些基因与脂质转运、脂质定位、磷脂合成和糖酵解等功能有关。通过RNA干扰技术敲降凡纳滨对虾的TPI样基因，可以降低DIV1感染的死亡率，抑制DIV1复制。推测DIV1可能通过激活宿主的Warburg效应和脂质生物合成途径，为其复制提供有用物质。

## 二、全国各省开展iDIV1的专项监测情况

（一）概况

农业农村部组织全国水生动物疫病监测体系，从2017年开始连续在十几个省份开展了iDIV1的专项监测工作，见图1。2021年，iDIV1专项监测范围包括河北、辽宁、

江苏、安徽、江西、山东、湖北和海南 8 个省，共涉及 41 个区（县）、64 个乡（镇）、102 个监测点，其中国家级原良种场 1 个、省级原良种场 3 个、苗种场 45 个、成虾养殖场 53 个。2021 年，实际采集和检测样品 110 批次，其中河北监测样品 10 批次、辽宁 5 批次、江苏 41 批次、安徽 10 批次、江西 10 批次、山东 14 批次、湖北 10 批次、海南 10 批次。2017—2021 年，各省（自治区、直辖市）累计监测样品数 2 803 批次（表 1）。其中，山东累计监测样品 301 批次、江苏累计 296 批次、广东累计 286 批次，累计监测样品的数量分列前三位。

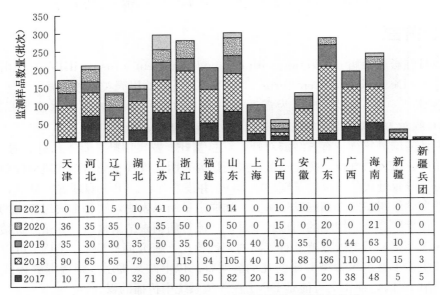

图 1　2017—2021 年 iDIV1 专项监测的采样数量统计

| | 天津 | 河北 | 辽宁 | 湖北 | 江苏 | 浙江 | 福建 | 山东 | 上海 | 江西 | 安徽 | 广东 | 广西 | 海南 | 新疆 | 新疆兵团 |
|---|---|---|---|---|---|---|---|---|---|---|---|---|---|---|---|---|
| 2021 | 0 | 10 | 5 | 10 | 41 | 0 | 0 | 14 | 0 | 0 | 10 | 10 | 0 | 10 | 0 | 0 |
| 2020 | 36 | 35 | 35 | 0 | 35 | 50 | 0 | 50 | 0 | 15 | 0 | 20 | 0 | 21 | 0 | 0 |
| 2019 | 35 | 30 | 30 | 35 | 50 | 35 | 60 | 50 | 40 | 10 | 35 | 60 | 44 | 63 | 10 | 0 |
| 2018 | 90 | 65 | 65 | 79 | 90 | 115 | 94 | 105 | 40 | 10 | 88 | 186 | 110 | 100 | 15 | 3 |
| 2017 | 10 | 71 | 0 | 32 | 80 | 80 | 50 | 82 | 20 | 13 | 0 | 20 | 38 | 48 | 5 | 5 |

表 1　2017—2021 年 iDIV1 专项监测省（自治区、直辖市）采样数量（批次）

| 监测省份 | 天津 | 河北 | 辽宁 | 湖北 | 江苏 | 浙江 | 福建 | 山东 | 上海 | 江西 | 安徽 | 广东 | 广西 | 海南 | 新疆 | 新疆兵团 |
|---|---|---|---|---|---|---|---|---|---|---|---|---|---|---|---|---|
| 监测样品数 | 171 | 211 | 135 | 156 | 296 | 280 | 204 | 301 | 100 | 58 | 133 | 286 | 192 | 242 | 30 | 8 |

（二）不同养殖模式监测点情况

2021 年，各省专项监测数据的 102 个监测点全部记录了养殖模式。其中，池塘养殖的监测点 50 个，占 49.0%；工厂化监测点 34 个，占 33.3%；稻虾连作监测点 11 个，占 10.8%；其他养殖模式监测点 7 个，占 6.9%。

（三）2021 年采样的品种、规格

2021 年监测样品种类有凡纳滨对虾、中国明对虾、日本囊对虾、斑节对虾、脊尾白虾、日本沼虾和克氏原螯虾。相比于去年，增加了日本囊对虾、脊尾白虾和日本沼虾等 3 个品种，减少了罗氏沼虾 1 个品种。

2021 年，所监测的 110 批次样品全部记录了采样规格。其中，体长小于 1 cm 的样品 14 批次，占样品总量的 12.7%；1～4 cm 的 60 批次，占 54.5%；4～7 cm 的 12 批次，占 10.9%；7～10 cm 的 6 批次，占 5.5%；不小于 10 cm 的 18 批次，占 16.4%。具体各省监测样品规格分布情况见图 2。

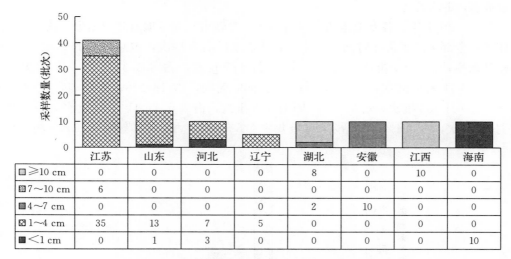

| | 江苏 | 山东 | 河北 | 辽宁 | 湖北 | 安徽 | 江西 | 海南 |
|---|---|---|---|---|---|---|---|---|
| ≥10 cm | 0 | 0 | 0 | 0 | 8 | 0 | 10 | 0 |
| 7～10 cm | 6 | 0 | 0 | 0 | 0 | 0 | 0 | 0 |
| 4～7 cm | 0 | 0 | 0 | 0 | 2 | 10 | 0 | 0 |
| 1～4 cm | 35 | 13 | 7 | 5 | 0 | 0 | 0 | 0 |
| ＜1 cm | 0 | 1 | 3 | 0 | 0 | 0 | 0 | 10 |

图 2　2021 年各省份 iDIV1 专项监测样品的采样规格

2017—2021 年监测样品的规格分布情况见图 3。可见 2017—2020 年期间，体长小于 1 cm 的样品所占比例逐年增加，但 2021 年这个比例减小，为 5 年来最低；2017—2020 年期间，体长 1～4 cm 的样品所占比例逐年减小，但 2021 年这个比例增加，为 5 年来最高；2021 年，体长 4～7 cm 的样品所占比例相比 2020、2017 年有所增加，但相比 2019 和 2018 年有所减小；2021 年，体长 7～10 cm 的样品所占比例相比前 4 年明显减小，而体长不小于 10 cm 的样品所占比例与 2020 年基本持平，高于 2019、2018 和 2017 年三年。

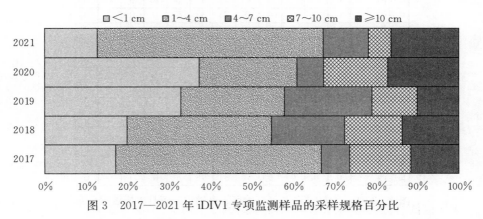

图 3　2017—2021 年 iDIV1 专项监测样品的采样规格百分比

### （四）抽样的自然条件（如时间、水温、pH 等）

2021 年，所监测的 110 批次样品全部记录了采样时间。其中，1 月、2 月和 3 月无样品采集；4 月采集样品 10 批次，占总样品的 9.1%；5 月 42 批次，占 38.2%；6 月 34 批次，占 30.9%；7 月 17 批次，占 15.5%；8 月、9 月无样品采集；10 月 7 批次，占 6.4%；11 月、12 月无样品采集。样品采集主要集中在 4—7 月，其中，5 月采集样品数量最多，6 月次之。

2017—2021 年，各专项监测省（自治区、直辖市）的专项监测数据中总共 2 803 批次样品，全部记录了采样时间。其中，1 月采集样品 8 批次，占总样品的 0.3%；2 月无样品采集；3 月 64 批次，占 2.3%；4 月 177 批次，占 6.3%；5 月 939 批次，占 33.5%；6 月 396 批次，占 14.1%；7 月 509 批次，占 18.2%；8 月 388 批次，占 13.8%；9 月 153 批次，占 5.5%；10 月 126 批次，占 4.5%；11 月 33 批次，占 1.2%；12 月 10 批次，占 0.4%。样品采集主要集中在 5—8 月，占总采样量的 79.6%（图 4）。

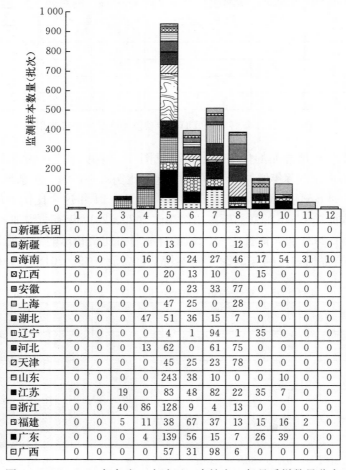

| | 1 | 2 | 3 | 4 | 5 | 6 | 7 | 8 | 9 | 10 | 11 | 12 |
|---|---|---|---|---|---|---|---|---|---|---|---|---|
| □新疆兵团 | 0 | 0 | 0 | 0 | 0 | 0 | 0 | 3 | 5 | 0 | 0 | 0 |
| ▨新疆 | 0 | 0 | 0 | 0 | 13 | 0 | 0 | 12 | 5 | 0 | 0 | 0 |
| ▦海南 | 8 | 0 | 0 | 16 | 9 | 24 | 27 | 46 | 17 | 54 | 31 | 10 |
| ▨江西 | 0 | 0 | 0 | 0 | 20 | 13 | 10 | 0 | 15 | 0 | 0 | 0 |
| ▦安徽 | 0 | 0 | 0 | 0 | 0 | 23 | 33 | 77 | 0 | 0 | 0 | 0 |
| □上海 | 0 | 0 | 0 | 0 | 47 | 25 | 0 | 28 | 0 | 0 | 0 | 0 |
| ■湖北 | 0 | 0 | 0 | 47 | 51 | 36 | 15 | 7 | 0 | 0 | 0 | 0 |
| □辽宁 | 0 | 0 | 0 | 0 | 4 | 1 | 94 | 1 | 35 | 0 | 0 | 0 |
| ■河北 | 0 | 0 | 0 | 13 | 62 | 0 | 61 | 75 | 0 | 0 | 0 | 0 |
| □天津 | 0 | 0 | 0 | 0 | 45 | 25 | 23 | 78 | 0 | 0 | 0 | 0 |
| □山东 | 0 | 0 | 0 | 0 | 243 | 38 | 10 | 0 | 0 | 10 | 0 | 0 |
| ▤江苏 | 0 | 0 | 19 | 0 | 83 | 48 | 82 | 22 | 35 | 7 | 0 | 0 |
| ▤浙江 | 0 | 0 | 40 | 86 | 128 | 9 | 4 | 13 | 0 | 0 | 0 | 0 |
| ▦福建 | 0 | 0 | 5 | 11 | 38 | 67 | 37 | 13 | 15 | 16 | 2 | 0 |
| ■广东 | 0 | 0 | 0 | 4 | 139 | 56 | 15 | 7 | 26 | 39 | 0 | 0 |
| □广西 | 0 | 0 | 0 | 0 | 57 | 31 | 98 | 6 | 0 | 0 | 0 | 0 |

图 4　2017—2021 年各省（自治区、直辖市）每月采样数量分布

2021 年，所监测的 110 批次样品全部记录了采样时水温。其中，46 批次样品采样时水温低于 24 ℃，占样品总量的 41.8%；19 批次在 24~25 ℃，占 17.3%；5 批次在 25~26 ℃，占 4.5%；6 批次在 26~27 ℃，占 5.5%；4 批次在 27~28 ℃，占 3.6%；17 批次在 28~29 ℃，占 15.5%；8 批次在 29~30 ℃，占 7.3%；3 批次在 30~31 ℃，占 2.7%；1 批次在 31~32 ℃，占 0.9%；1 批次不低于 32 ℃，占 0.9%。

2017—2021 年监测样品的水温分布情况见图 5，可见 2021 年采样水温低于 24 ℃ 和在 24~25 ℃的样品所占比例相比前 4 年明显增加；采样水温在 25~26 ℃的样品所占比例相比 2017 和 2018 年明显减小，与 2019 和 2020 年基本持平；采样水温在 26~30 ℃ 的样品所占比例相比前 3 年明显减小，采样水温不低于 30 ℃的样品所占比例相比前 4 年明显减小。

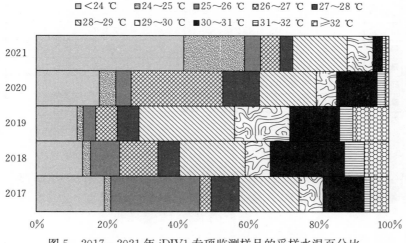

图 5　2017—2021 年 iDIV1 专项监测样品的采样水温百分比

2021 年，记录了采样水体 pH 的样品共 12 批次，占全年总样品量的 10.9%。这个比例在 2017、2018、2019、2020 年分别为 53.4%、31.2%、24.5%、8.8%，2021 年相比 2020 年有所增加，但比 2017、2018、2019 三年明显减小。其中，10 批次样品采样水体 pH 不大于 7.4，占 83.3%；各有 1 批次样品的采样水体 pH 为 7.6 和 7.8，均占 8.3%。

2021 年，记录有养殖环境的样品数为 104 批次。其中，海水养殖的样品数为 43 批次，占样本总量的 41.3%；淡水养殖的样品数为 61 批次，占样本总量的 58.7%（图 6）。

（五）样品检测单位

2021 年各省监测任务分别委托连云港海关综合技术中心、中国水产科学研究院长江水产研究所、中国水产科学研究院珠江水产研究所、中国水产科学研究院黄海水产研究所共 4 家单位按照《虾虹彩病毒病诊断规程》（SC/T 7237—2020）套式 PCR 方法进行实验室检测。

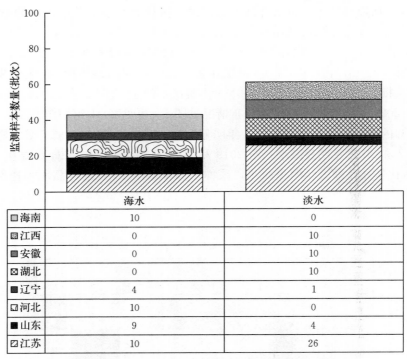

图 6　2021 年 iDIV1 专项监测样品的养殖环境分布

2021 年，各检测单位共承担 110 批次的检测任务，连云港海关综合技术中心承担的检测任务量最多，为 41 批次，占总样品量的 37.3%（图 7）。

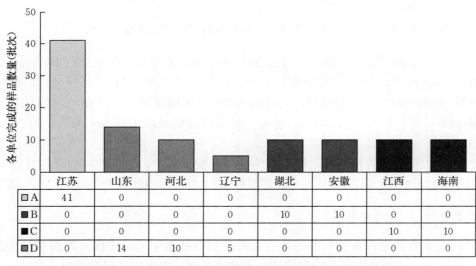

图 7　2021 年 iDIV1 专项监测样品送检单位和样品数量

注：A 代表连云港海关综合技术中心，B 代表中国水产科学研究院长江水产研究所，C 代表中国水产科学研究院珠江水产研究所，D 代表中国水产科学研究院黄海水产研究所。

## 三、检测结果分析

### （一）总体阳性检出情况及其区域分布

iDIV1 的专项监测从 2017 年开始实施，首次的监测范围包括 13 个省（自治区、直辖市）和新疆兵团。2018 年，进一步增加了对辽宁和安徽 2 个省的监测。2019 年未对新疆兵团进行监测，监测范围包括 15 个省（自治区、直辖市）。2020 年，监测范围有所减小，包括 9 个省份。2021 年，监测范围包括河北、辽宁、江苏、安徽、江西、山东、湖北和海南 8 省，共采集样品 110 批次，检出阳性样品 1 批次，样品阳性率为 0.9%；设置监测点 102 个，检出阳性监测点 1 个，监测点阳性率为 1.0%。

2017—2021 年共监测样品 2 803 批次，检出阳性样品 298 批次，平均样品阳性率为 10.6%，共设置监测点 2 149 个，检出阳性监测点 263 个，平均监测点阳性率为 12.2%。监测数据显示，除新疆和新疆兵团暂无阳性样品检出，天津、河北、辽宁、湖北、江苏、浙江、福建、山东、上海、江西、安徽、广东、广西和海南均监测到阳性。其中，天津的样品阳性率为 0.6%，监测点阳性率为 0.7%；河北的样品阳性率为 0.9%，监测点阳性率为 1.1%；辽宁的样品阳性率和监测点阳性率均为 4.4%；湖北的样品阳性率为 6.4%，监测点阳性率为 6.5%；江苏的样品阳性率为 11.8%，监测点阳性率为 13.1%；浙江的样品阳性率为 20.7%，监测点阳性率为 26.2%；福建的样品阳性率为 0.5%，监测点阳性率为 1.1%；山东的样品阳性率为 8.3%，监测点阳性率为 9.4%；上海的样品阳性率为 29.0%，监测点阳性率为 36.7%；江西的样品阳性率和监测点阳性率均为 32.8%；安徽的样品阳性率为 31.6%，监测点阳性率为 33.3%；广东的样品阳性率为 18.5%，监测点阳性率为 23.0%；广西的样品阳性率为 8.3%，监测点阳性率为 9.9%；海南的样品阳性率为 0.4%，监测点阳性率为 0.7%（图 8）。

### （二）检出阳性的甲壳类

2021 年 iDIV1 专项监测结果显示，阳性样品种类相比前 4 年明显减少，仅有克氏原螯虾 1 个物种。2021 年，克氏原螯虾的样品阳性率为 2.7%（1/37），相比于 2020 年（100%，15/15）有明显的下降。

### （三）不同养殖规格的阳性检出情况

2017—2021 年 iDIV1 专项监测中，记录了采样规格的阳性样品共 298 批次。其中，体长为 4～7 cm 的样品阳性率最高，为 21.3%（88/414）；其次为 7～10 cm，阳性率为 10.5%（39/373）；小于 1 cm 的阳性率为 9.2%（61/663）；1～4 cm 的阳性率为 8.7%（86/990）；不小于 10 cm 的阳性率为 6.6%（24/363）（图 9）。

### （四）不同月份的 iDIV1 阳性检出情况

2021 年 iDIV1 的专项监测中，记录采样月份的阳性样品仅 1 批次，为 6 月采集，

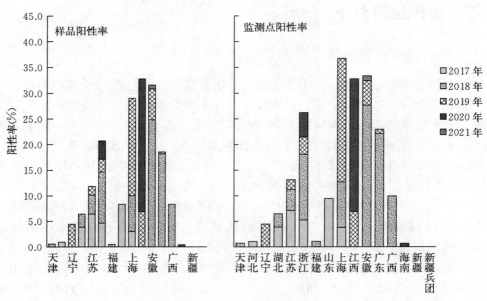

图 8　2017—2021 年 iDIV1 专项监测样品阳性率和监测点阳性率

注：各省份阳性率是以 2017—2021 年的样品总数或监测点总数为基数计算的。

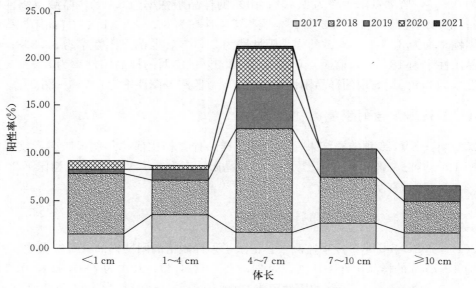

图 9　2017—2021 年 iDIV1 专项监测不同规格样品的阳性率

6月共采集样品 34 批次，样品阳性率为 2.9%（1/34）。4 月、5 月、7 月和 10 月的监测样品无阳性检出。

2017—2021 年，各省（自治区、直辖市）和新疆生产建设兵团记录采样月份的阳性样品共 298 批次。5 年的监测中，6 月的阳性率最高，为 15.2％（60/396）；其次是 5 月，为 12.2％（115/939）；然后是 4 月、9 月、7 月、8 月、10 月。总体来看，阳性样品全部集中在 4—10 月。1—3 月和 11、12 月，暂无阳性样品检出（图 10）。

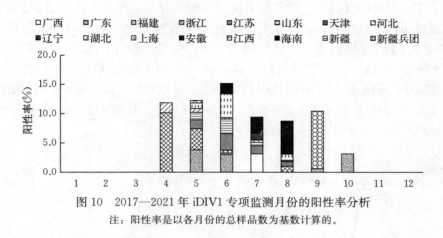

图 10　2017—2021 年 iDIV1 专项监测月份的阳性率分析

注：阳性率是以各月份的总样品数为基数计算的。

### （五）阳性样品与采样时温度的关系

2021 年 iDIV1 的专项监测中，记录了采样温度的阳性样品仅 1 批次，为 28～29 ℃ 采集，阳性率为 5.9％（1/17）。

2017—2021 年，各省（自治区、直辖市）和新疆生产建设兵团记录采样水温的阳性样品共 298 批次。5 年的监测中，温度在 27～28 ℃ 的阳性率最高，为 15.6％（30/192）；其次是 31～32 ℃，为 15.3％（17/111）；然后是 29～30 ℃，为 14.3％（35/244）（图 11）。整体来看，水温从 16～32 ℃ 均有阳性样品检出，而当采样水温低于 16 ℃ 或高于 32 ℃ 时，暂无阳性检出。

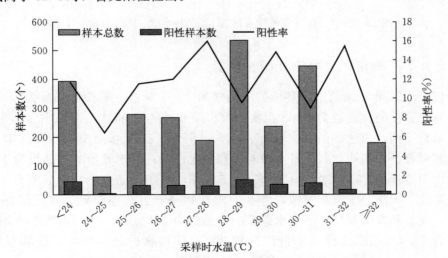

图 11　2017—2021 年 iDIV1 专项监测样品不同温度的阳性率

（六）阳性样品与采样时 pH 的关系

2017—2021 年记录采样时水体 pH 的样品共 870 批次，检出阳性 142 批次。对不同 pH 进行统计，表明 pH 为 7.5 时阳性率最高，为 26.8%（26/97）；其次 pH 为 7.6 时，阳性率为 25.9%（14/54）；pH 为 8.2 时的阳性率为 19.0%（19/100）；pH 为 8.3、8.4 和 8.6 时的阳性率均为 16.7%（4/24、6/36、1/6）；pH 为 8.0 时的阳性率为 16.6%（38/229）；pH 为 7.8 时的阳性率为 14.5%（10/69）；pH 为 7.9 时的阳性率为 11.1%（1/9）；pH≤7.4 时的阳性率为 10.6%（14/132）；pH 为 8.1 时的阳性率为 9.0%（7/78）；pH 为 8.5 时的阳性率为 8.0%（2/25）；其余 pH 采集的样品均无阳性检出（图 12）。

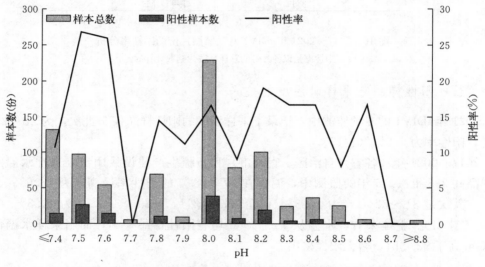

图 12　2017—2021 年不同采样 pH 下的样本数、阳性数和阳性率

（七）不同养殖环境的阳性检出情况

2017—2021 年记录有养殖环境的样品数为 2 757 批次，阳性样品数为 296 批次。其中，海水养殖的样品数为 1 203 批次，检出阳性样品 70 批次，阳性率为 5.8%，阳性样品来自广西、福建、浙江、江苏、山东、河北、辽宁和海南，涉及的阳性物种有凡纳滨对虾、中国明对虾、日本囊对虾和脊尾白虾；淡水养殖的样品数为 1 353 批次，检出阳性样品 205 批次，阳性率为 15.2%，阳性样品来自广东、浙江、江苏、江西、湖北、天津、上海和安徽，涉及的阳性物种有克氏原螯虾、罗氏沼虾、凡纳滨对虾、青虾和澳洲龙虾；半咸水养殖的样品数为 201 批次，检出阳性样品 21 批次，阳性率为 10.4%，阳性样品来自广西和浙江，阳性物种是凡纳滨对虾和罗氏沼虾（图 13）。

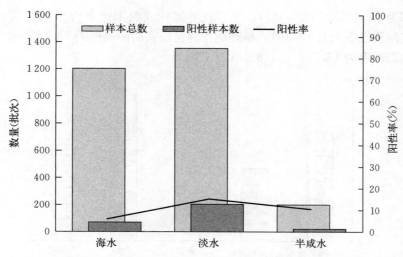

图 13　2017—2021 年不同养殖环境的样本数和阳性率

（八）不同类型监测点的阳性检出情况

2021 年，监测数据显示：国家级原良种场共设立监测点 1 个，监测样品 1 批次，无阳性检出；省级原良种场共设立监测点 3 个，监测样品 3 批次，无阳性检出；重点苗种场共设立监测点 45 个，监测样品 47 批次，无阳性检出；对虾养殖场的样品阳性率为 1.7%（1/59），监测点阳性率为 1.9%（1/53）（图 14）。

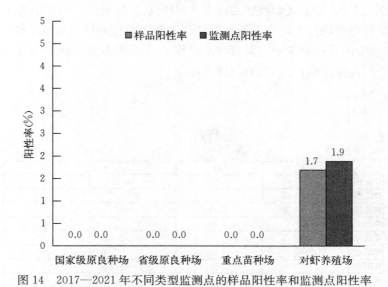

图 14　2017—2021 年不同类型监测点的样品阳性率和监测点阳性率

（九）不同养殖模式监测点的阳性检出情况

2017—2021 年，15 省（自治区、直辖市）和新疆生产建设兵团共 2 149 个记录养殖模式的监测点，检出 263 个阳性监测点，平均阳性率为 12.2%。其中，池塘养殖模式的阳性率为 13.6％（182/1 341）；工厂化养殖模式的阳性率为 9.1％（61/671）；网箱养殖模式的阳性率为 0（0/16）；稻虾连作养殖模式的阳性率为 18.8％（6/32）；其他养殖模式的阳性率为 15.7％（14/89）（图 15）。

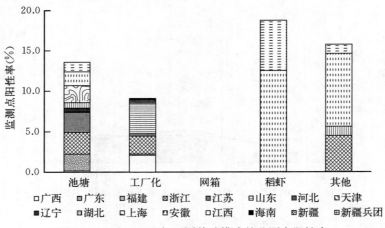

图 15　2017—2021 年不同养殖模式的监测点阳性率

（十）不同检测单位的检测结果情况

连云港海关综合技术中心承担江苏委托的样品检测工作，无阳性样品检出（0/41）。中国水产科学研究院长江水产研究所承担湖北和安徽委托的样品检测工作，总阳性率为 5.0％（1/20）。其中，湖北无阳性样品检出（0/10），安徽的样品阳性率为 10％（1/10）。中国水产科学研究院珠江水产研究所承担江西和海南委托的样品检测工作，无阳性样品检出（0/20）。中国水产科学研究院黄海水产研究所承担山东、河北和辽宁委托的样品检测工作，无阳性样品检出（0/29）（图 16）。

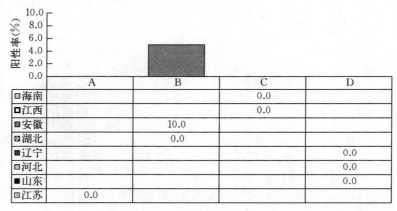

图 16　2021 年 iDIV1 专项监测样品送检单位和阳性率

　　注：A 代表连云港海关综合技术中心，B 代表中国水产科学研究院长江水产研究所，C 代表中国水产科学研究院珠江水产研究所，D 代表中国水产科学研究院黄海水产研究所。阳性率基数为各检测单位承担样品总数，空白表示无样品检测。

## 四、iDIV1 的被动监测工作小结

在国家虾蟹类产业技术体系病害防控岗位科学家任务、中国水产科学研究院基本科研业务费等项目的支持下，中国水产科学研究院黄海水产研究所甲壳类流行病学与生物安保技术团队对 2021 年我国沿海主要省份的样品开展了 iDIV1 被动监测工作。

2021 年针对 iDIV1 的被动监测范围覆盖海南、广东、福建、浙江、江苏、山东、河北、天津、辽宁等 9 个省（直辖市），共监测 463 批次样品，其中检出 DIV1 阳性样品 90 批次，阳性检出率为 19.4％。

## 五、iDIV1 风险分析及防控建议

（一）DIV1 在我国的阳性检出情况

自 2017 年以来，我国先后在 15 个省（自治区、直辖市）和新疆生产建设兵团实施 iDIV1 的专项监测，监测样品 2 803 批次，涉及 2 149 个监测点次。其中，阳性样品 298 批次，阳性监测点 263 点次，平均样品阳性率为 10.6％，平均监测点阳性率为 12.2％。除新疆和新疆兵团以外，其他的 14 个省份均在不同的年份检出 DIV1 阳性。其中，浙江连续 4 年检出阳性，江苏、安徽和上海连续 3 年检出阳性，湖北、江西、和广东连续 2 年检出阳性。2021 年，仅安徽省的 1 批次样品检出了 DIV1 阳性，其他省份未监测到阳性。

从 2017—2020 年的监测结果来看，iDIV1 已经在我国主要甲壳类养殖省份流行传播，虽然流行率整体呈逐年下降趋势，但短期内难以做到完全净化。从阳性率的角度分析，2017—2020 年的样品阳性率分别为 12.3％、12.2％、8.5％、8.8％，监测点阳性率分别为 14.7％、14.1％、10.7％、9.1％，而 2021 年的样品阳性率和监测点阳性率分别下降到了仅为 0.9％和 1.0％。究其原因，很可能是因为监测样品量减少、监测范围缩小，导致 2021 年的监测结果未能全面反映 iDIV1 的流行情况。如此前浙江（连续 4 年）、上海（连续 3 年）、广东（连续 2 年）均多年检出阳性，海南刚在 2020 年检出阳性，但这些省份均未在 2021 年进行连续监测。从各年度的监测点设置情况来看，上一年中检出阳性的监测点，未能在第二年落实连续监测。以上因素，均可能导致监测到的阳性率偏低。

目前，WOAH 已经将 iDIV1 正式收录为需通报的水生动物疫病，建议我国在前期病原鉴定、流行病学研究和防控工作的良好基础之上，继续加强 iDIV1 的监测力度，增加防控和基础研究支持，保持我国在此疫病研究领域的领先地位。

（二）检出 DIV1 阳性的甲壳类

根据 WOAH 对于特定病原易感宿主的认定标准，DIV1 已经证实的易感宿主有凡纳滨对虾、罗氏沼虾、脊尾白虾、青虾、克氏原螯虾、红螯螯虾、斑节对虾和三疣梭子蟹。

从 2017—2021 年的专项监测结果来看，养殖凡纳滨对虾、罗氏沼虾、日本沼虾、克氏原螯虾、中国明对虾、日本囊对虾、脊尾白虾和澳洲龙虾中均能检测到 DIV1 阳性。其中，克氏原螯虾样品已经连续 5 年检出 DIV1 阳性。因此，在后续的监测和防控工作中，应重点警惕克氏原螯虾在养殖水域中携带和传播 DIV1 的重要风险。另外，文献表明，DIV1 可以侵染十足目动物，蟹类可能是其在养殖系统中传播的媒介，应加强对养殖和野生蟹类中 DIV1 的监测。

### （三）iDIV1 流行与温度的关系

2017—2021 年的专项监测数据统计显示，温度在 27～28 ℃的阳性率最高，其次是 31～32 ℃，然后是 29～30 ℃。整体来看，水温从 16～32 ℃均有阳性样品检出，而当采样水温低于 16 ℃或高于 32 ℃时，暂无阳性检出。

养殖水温对于 DIV1 感染具有重要影响，特别是对具有重要遗传价值的凡纳滨对虾群体，预期阶段性的高温处理可抑制凡纳滨对虾体内 DIV1 感染并清除病毒，建议加强对此方面基础研究的支持，以期为 iDIV1 的防控提供新的技术手段。

## 六、监测工作建议

### （一）更新 iDIV1 的诊断标准

2020 年，农业农村部发布了《虾虹彩病毒病诊断规程》行业标准。2021 年 5 月，WOAH 正式收录 iDIV1 为需通报的水生动物疫病。近年来，iDIV1 的疫病信息和诊断技术也在不断完善。因此，有必要对诊断规程的相关内容进行更新，保持标准的先进性。

### （二）加强对 iDIV1 的监测力度

自 2017 年以来，我国先后在 14 个省份的养殖甲壳类中检测到 DIV1 阳性，涉及 298 批次样品，263 监测点次，8 种主要的虾蟹经济物种。可见，iDIV1 已经影响我国主要的甲壳类养殖地区和养殖品种。我国针对 iDIV1 的防控工作得到 WOAH 和 NACA 等国际组织的认可，为各国紧急开展此疫病的监测和防控提供了重要的技术方案。目前，农业农村部畜牧兽医局《一、二、三类动物疫病病种名录（修订征求意见稿）》拟将 iDIV1 收录为二类动物疫病。因此，在前期的监测和防控基础之上，建议继续将十足目虹彩病毒病列入专项监测计划，增加监测力度和相应的经费支持，以掌握 iDIV1 在我国养殖甲壳类中的流行和危害情况，为渔业主管部门制定 iDIV1 防控策略提供数据支持。

# 2021 年急性肝胰腺坏死病状况分析

中国水产科学研究院黄海水产研究所

（万晓媛 张庆利 杨 冰 谢国驷 邱 亮 董 宣）

## 一、前言

急性肝胰腺坏死病（Acute hepatopancreatic necrosis disease，AHPND）是由一类能产生昆虫相关光杆菌杀虫二元毒素（Photorhabdus insect-related，Pir）PirA/PirB 弧菌（$V_{AHPND}$）引起的虾类疫病。目前已知的致病菌主要包括副溶血性弧菌（*Vibrio parahaemolyticus*）、哈维氏弧菌（*V. harveyi*）、坎贝氏弧菌（*V. campbellii*）、欧文斯氏弧菌（*V. owensii*）和浦那弧菌（*V. punensis*）等。世界动物卫生组织（WOAH）将 AHPND 列为需通报的水生动物疫病；《中华人民共和国进境动物检疫疫病名录》将其列为二类疫病。自 2010 年首次发生急性肝胰腺坏死病疫情以来，该病已对我国及全球主要对虾养殖地区造成严重危害。

为有效防控急性肝胰腺坏死病的发生与流行，2020 年《国家水生动物疫病监测计划》首次组织并开展 AHPND 专项监测，开始调查我国主要对虾养殖地区 $V_{AHPND}$ 的感染分布和流行态势。2020—2021 年，累计设置监测点 347 个，采集样品 375 份，监测范围涉及天津、河北、辽宁、江苏、安徽、江西、山东、广东、海南和湖北 10 个省（直辖市）。但 2021 年 AHPND 专项监测样品数量缩减明显，现有数据代表性不足，难以针对阳性检出场点开展系统差异分析。为了弥补 2021 年《国家水生动物疫病监测计划》AHPND 监测样本量少的缺憾，本报告也对科研项目和农业基础性长期性科技工作涉及的 $V_{AHPND}$ 监测数据进行了分析，以期更客观和全面地反映 AHPND 在我国主要养殖甲壳类中的感染和流行情况。

## 二、全国各省份开展 AHPND 专项监测情况

### （一）概况

2021 年，AHPND 专项监测范围是河北、辽宁、江苏、安徽、江西、山东、湖北和海南等 8 省，涉及 41 个区（县）、63 个乡（镇），计划样品数 100 份。因江苏、山东两省调整计划任务，实际共设置 101 个监测点（场），采集和检测样品 109 份，检出阳性样品 1 份。与 2020 年比较，2021 年的 AHPND 专项监测在国家监测计划样品数、实际采集样品数/阳性样品数、监测养殖场数/阳性场数、阳性区（县）数、阳性乡（镇）数等诸多方面存在明显变化（表 1），主要在于以下两方面：①在监测范围上，新增 1

省（湖北），删减 2 省（直辖市）（天津、广东）。②在样品数量上，实际监测样品总体数量由 2020 年的 266 份缩减至 109 份，降低幅度达 59%。从各省份实际采样数量上看（图 1），仅江苏与 2020 年一致，其他各省缩减幅度均超过 50%。

**表 1  2020—2021 年 AHPND 专项监测情况总体比较**

| 省份 | 国家监测计划样品数 | | 实际采集样品数/阳性样品数 | | 监测养殖场数/阳性场数 | | 阳性区（县）数 | | 阳性乡（镇）数 | |
|---|---|---|---|---|---|---|---|---|---|---|
| | 2021 | 2020 | 2021 | 2020 | 2021 | 2020 | 2021 | 2020 | 2021 | 2020 |
| 天津 | / | 35 | / | 35/1 | / | 32/1 | / | 1 | / | 1 |
| 河北 | 10 | 35 | 10/0 | 35/4 | 10/0 | 33/4 | 0 | 3 | 0 | 4 |
| 辽宁 | 5 | 35 | 5/0 | 35/3 | 5/0 | 35/3 | 0 | 2 | 0 | 2 |
| 江苏 | 35 | 35 | 40/0 | 35/0 | 32/0 | 35/0 | 0 | 0 | 0 | 0 |
| 安徽 | 10 | 20 | 10/0 | 20/0 | 10/0 | 10/0 | 0 | 0 | 0 | 0 |
| 江西 | 10 | 15 | 10/0 | 15/0 | 10/0 | 15/0 | 0 | 0 | 0 | 0 |
| 山东 | 10 | 50 | 14/1 | 50/2 | 14/1 | 48/2 | 1 | 2 | 1 | 2 |
| 广东 | / | 20 | / | 20/2 | / | 19/2 | / | 2 | / | 2 |
| 海南 | 10 | 20 | 10/0 | 21/0 | 10/0 | 19/0 | 0 | 0 | 0 | 0 |
| 湖北 | 10 | / | 10/0 | / | 10/0 | / | 0 | / | 0 | / |
| 合计 | 100 | 265 | 109/1 | 266/12 | 101/1 | 246/12 | 1 | 10 | 1 | 11 |

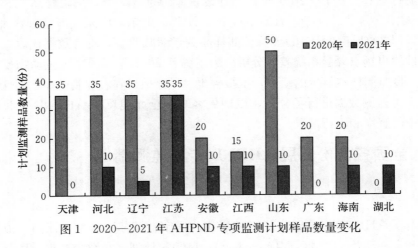

**图 1  2020—2021 年 AHPND 专项监测计划样品数量变化**

（二）监测点分布、养殖模式、养殖场类型

2021 年，AHPND 专项监测共设置 101 处监测点（场）。2021 年所有监测点类型中，国家级原良种场 1 个，占比 0.9%；省级原良种场 3 个，占比 2.8%；苗种场 45 个，占比 43.1%；成虾养殖场 52 处，占比 53.2%。从各省份监测点类型来看，河北、山东、海南以苗种场为主，同时包括国家级或省级良种场及成虾养殖场；辽宁以成虾养殖场为主，有少量苗种场；江苏的苗种场和成虾养殖场比例相当；安徽、江西、湖北全部为成虾养殖场（图 2）。

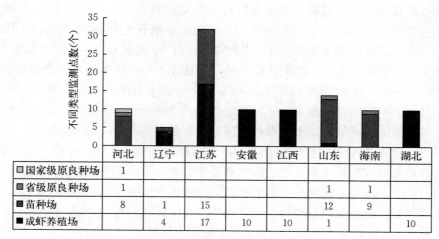

| | 河北 | 辽宁 | 江苏 | 安徽 | 江西 | 山东 | 海南 | 湖北 |
|---|---|---|---|---|---|---|---|---|
| □国家级原良种场 | 1 | | | | | | | |
| ▨省级原良种场 | 1 | | | | | | 1 | 1 |
| ▨苗种场 | 8 | 1 | 15 | | | 12 | 9 | |
| ■成虾养殖场 | | 4 | 17 | 10 | 10 | 1 | | 10 |

图 2　各省份养殖场类型监测点统计

全部监测点的养殖模式以淡水池塘和海水工厂化养殖为主（图 3）。其中，淡水池塘 42 个，占总数的 38.5%，涉及江苏、湖北、江西、辽宁和安徽 5 省；海水工厂化 28 个（含阳性场 1 个），占总数的 25.7%，涉及河北、山东、海南、辽宁和江苏 5 省。其他养殖模式包括海水池塘 13 个，占总数的 11.9%，涉及辽宁、江苏、山东和海南 4 省；稻虾连作 11 个，占总数的 10.1%，只涉及安徽和湖北 2 省；淡水工厂化 8 个，占总数的 7.3%，涉及山东、河北和江苏 3 省；淡水其他 6 个，占总数的 5.5%，只涉及江西和湖北 2 省；海水筏式 1 个，占总数的 0.9%，来自海南。

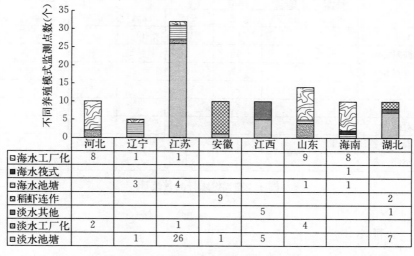

| | 河北 | 辽宁 | 江苏 | 安徽 | 江西 | 山东 | 海南 | 湖北 |
|---|---|---|---|---|---|---|---|---|
| □海水工厂化 | 8 | 1 | 1 | | | 9 | 8 | |
| ▤海水筏式 | | | | | | | 1 | |
| ▥海水池塘 | | 3 | 4 | | | 1 | 1 | |
| □稻虾连作 | | | | 9 | | | | 2 |
| ▦淡水其他 | | | | | 5 | | | 1 |
| ▨淡水工厂化 | 2 | | 1 | | | 4 | | |
| □淡水池塘 | | 1 | 26 | 1 | 5 | | | 7 |

图 3　各省份监测点养殖模式统计

### （三）采样品种

2021 年采样品种更为丰富，涉及 7 种甲壳类养殖品种，包括凡纳滨对虾、中国明对虾、日本囊对虾、斑节对虾、克氏原螯虾、脊尾白虾和日本沼虾。2021 年的 109 份样品中，克氏原螯虾 36 份，占比 33.0%；淡水养殖凡纳滨对虾样品 24 份，占比 22.0%；海水养殖凡纳滨对虾 23 份，占比 21.1%；中国明对虾 16 份，占比 14.7%；脊尾白虾 6 份，占比 5.5%；斑节对虾 2 份，占比 1.8%；日本囊对虾和日本沼虾各 1 份，占比各 0.9%。与 2020 年相比，品种类别中增加了日本囊对虾、脊尾白虾和日本沼虾 3 个品种；中国明对虾和克氏原螯虾的数量与 2020 年基本持平；但其他既有品种中，淡水养殖凡纳滨对虾、海水养殖凡纳滨对虾数量缩减明显，分别减少 98、69 份。

2021 年，样品数量份额较多的几类中：克氏原螯虾来自安徽、江西、湖北和江苏 4 省；淡水养殖凡纳滨对虾来自江苏、山东和辽宁 3 省；海水养殖凡纳滨对虾主要来自河北、海南、辽宁、山东和辽宁 5 个沿海省份；中国明对虾主要来自江苏和山东 2 省，河北提供 1 份样品。样品数量份额较少的几类中：6 份脊尾白虾全部来自江苏，2 份斑节对虾来自海南，1 份日本囊对虾来自河北，1 份日本沼虾来自江苏（图 4）。

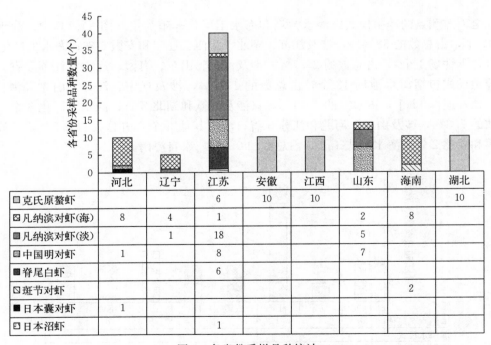

| | 河北 | 辽宁 | 江苏 | 安徽 | 江西 | 山东 | 海南 | 湖北 |
|---|---|---|---|---|---|---|---|---|
| ☐ 克氏原螯虾 | | | 6 | 10 | 10 | | | 10 |
| ☒ 凡纳滨对虾(海) | 8 | 4 | 1 | | | 2 | 8 | |
| ■ 凡纳滨对虾(淡) | | 1 | 18 | | | 5 | | |
| ▦ 中国明对虾 | 1 | | 8 | | | 7 | | |
| ■ 脊尾白虾 | | | 6 | | | | | |
| ☐ 斑节对虾 | | | | | | | 2 | |
| ■ 日本囊对虾 | 1 | | | | | | | |
| ▣ 日本沼虾 | | | 1 | | | | | |

图 4 各省份采样品种统计

### （四）采样水温

2021 年 AHPND 专项监测主要集中在 4—7 月及 10 月的春、夏、秋三季进行。除河北省在 4 月、江苏省的部分样品在 10 月采样外，其余各省份集中于 5—7 月完成。全部样品均在采样时记录了温度，样品采集温度均高于 15 ℃。其中，15 ～20 ℃温度条件下采集样品 8 份，占比 7.3%；21 ～25 ℃61 份，占比 56.0%；26 ～30 ℃38 份，占比 34.9%；30 ℃以上 2 份，占比 1.8%。依据不同品种的适应养殖水温和不同采样季节，克氏原螯虾采样水温分布在 15 ～29 ℃、淡水养殖凡纳滨对虾 20 ～28 ℃、海水养殖凡纳滨对虾 19 ～32 ℃、中国明对虾 22 ～29 ℃、脊尾白虾 24 ℃、斑节对虾 28 ℃、日本囊对虾 28 ℃、日本沼虾 22 ℃。

（五）采样规格

2021 年，109 份 AHPND 监测样品中，绝大多数以体长作为规格指标，部分样品以体重作为指标。为了便于计算，所有样品均以体长作为指标（将以体重为指标的样品进行体长估算）。体长在 3 cm 以下的仔虾和幼虾样品共 61 份样品，占样品总数的 56.0%；3 ～6 cm 的幼虾和半成虾样品共 24 份，占 22.0%；7 ～10 cm 及 10 cm 以上的半成虾和成虾样品共 24 份，占 22.0%。2021 年，体长在 6 cm 以下样品占样品总数的 78%，比 2020 年提高了约 22%。由于生长早期对虾对急性肝胰腺坏死病更为易感，因此采样规格应主要覆盖苗种场。

其中，克氏原螯虾以≥6 cm 半成虾、成虾为主；淡水养殖和海水养殖的凡纳滨对虾、中国明对虾、斑节对虾、日本囊对虾、日本沼虾以≤6 cm 规格仔虾和幼虾为主；脊尾白虾样品规格全部为 7 ～10 cm 半成虾（图 5）。

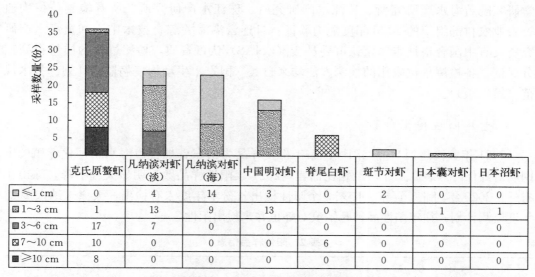

| | 克氏原螯虾 | 凡纳滨对虾（淡） | 凡纳滨对虾（海） | 中国明对虾 | 脊尾白虾 | 斑节对虾 | 日本囊对虾 | 日本沼虾 |
|---|---|---|---|---|---|---|---|---|
| □ ≤1 cm | 0 | 4 | 14 | 3 | 0 | 2 | 0 | 0 |
| ▨ 1～3 cm | 1 | 13 | 9 | 13 | 0 | 0 | 1 | 1 |
| ▥ 3～6 cm | 17 | 7 | 0 | 0 | 0 | 0 | 0 | 0 |
| ▩ 7～10 cm | 10 | 0 | 0 | 0 | 6 | 0 | 0 | 0 |
| ■ ≥10 cm | 8 | 0 | 0 | 0 | 0 | 0 | 0 | 0 |

图 5　各品种采样规格统计

江苏省样品规格覆盖了仔虾、幼虾及半成虾；河北、辽宁、山东、海南 4 省的样品多为属于苗期样本；江西、湖北 2 省以半成虾和成虾为主；安徽省全部为幼虾（图 6）。

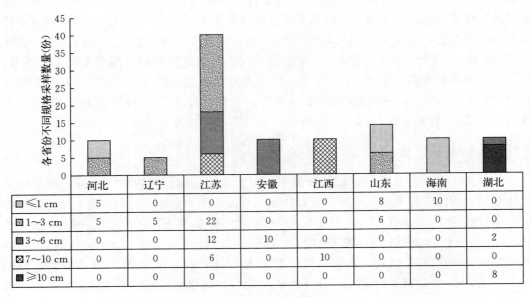

图 6　各省份样品规格分布

（六）检测单位

承担 AHPND 检测任务的单位共 4 家，即连云港海关综合技术中心和中国水产科学研究院黄海水产研究所、长江水产研究所、珠江水产研究所。所有检测单位均通过农业农村部组织的 2020 年度能力验证，且连云港海关综合技术中心和黄海水产研究所具有中国合格评定国家认可委员会（CNAS）认可资质，检测过程的质量得到充分保证。各检测单位采用的检测方法均来自《〈国家水生动物疫病监测计划〉技术规范（第二版）》。

（七）阳性检出分析

2021 年共检测到 $V_{AHPND}$ 阳性样品 1 份，样品为山东省烟台市海水工厂化养殖的中国明对虾仔虾（表 2、图 7）。相比而言，2021 年阳性样品数量明显大幅下降，除山东省外，2020 年河北、辽宁、广东 3 个阳性检出省份本年度未有检出，天津未纳入 2021 年度监测计划；往年阳性品种凡纳滨对虾也并未检出阳性。

表 2　阳性样品信息

| 省份 | 样品总数 | 阳性数 | 品种 | 养殖方式 | 采集水温（℃） | 样品规格 |
|---|---|---|---|---|---|---|
| 山东 | 14 份 | 1 份 | 中国明对虾 | 海水工厂化 | 22 | 12 cm |

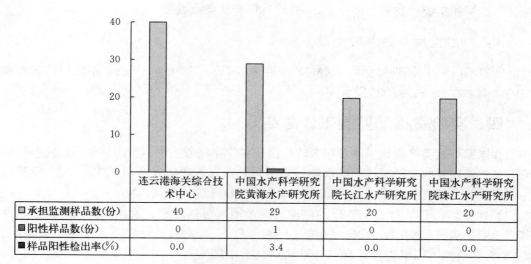

| | 连云港海关综合技术中心 | 中国水产科学研究院黄海水产研究所 | 中国水产科学研究院长江水产研究所 | 中国水产科学研究院珠江水产研究所 |
|---|---|---|---|---|
| 承担监测样品数(份) | 40 | 29 | 20 | 20 |
| 阳性样品数(份) | 0 | 1 | 0 | 0 |
| 样品阳性检出率(%) | 0.0 | 3.4 | 0.0 | 0.0 |

图 7　检测承担单位阳性检出

## 三、2021 年检测结果分析

（一）总体阳性检出情况

2021 年，AHPND 专项监测范围包括为河北、辽宁、江苏、安徽、江西、山东、海南、湖北 8 省，共设 101 个监测点（场），1 个监测点检出 $V_{AHPND}$ 阳性，监测点阳性率为 0.99％；共采集样品 109 份，检出阳性样品 1 份，样品 $V_{AHPND}$ 阳性率为 0.92％。与 2020 年相比，监测点阳性率和样品阳性率分别下降了 3.89 个百分点和 3.59 个百分点。2020—2021 年两年的监测点平均阳性率和样品平均阳性率分别为 2.93％和 2.71％。2021 年，仅 1 个养殖场的 1 份中国明对虾样品检出感染或携带 $V_{AHPND}$，占全部 16 份中国明对虾样品的 6.25％。而 2020 年 12 份阳性凡纳滨对虾样品检出 $V_{AHPND}$ 阳性，占当年全部 214 份凡纳滨对虾总数的 5.61％。

（二）阳性品种分析

2021 年，AHPND 专项监测采集样品包括凡纳滨对虾、中国明对虾、日本囊对虾、斑节对虾、克氏原螯虾、脊尾白虾和日本沼虾 7 个品种。本年度检出阳性样品种为中国明对虾，该品种并未超出已知易感品种范畴，其他品种样品未检出。相比而言，2020 年阳性品种全部为凡纳滨对虾，其中包括 6 份淡水养殖凡纳滨对虾和 6 份海水养殖凡纳滨对虾，本年度的凡纳滨对虾样品未有阳性检出。

（三）阳性规格分析

通常，仔虾阶段对于 $V_{AHPND}$ 更为易感，2021 年阳性检出的中国明对虾也属于苗期样品。回溯往年统计数据，1～15 cm 虾均有可能感染或携带 $V_{AHPND}$。

（四）阳性样品的养殖水温分析

2021 年 $V_{AHPND}$ 阳性样品的采集时的水温为 22 ℃。2020 年，$V_{AHPND}$ 阳性样品的采集时的水温多在 20～29 ℃范围区间。

## 四、实验室被动监测工作总结

在国家虾蟹类产业技术体系病害防控岗位科学家任务、中国水产科学研究院基本科研业务费等项目的支持下，中国水产科学研究院黄海水产研究所对 2014—2021 年我国主要甲壳类养殖省（自治区、直辖市）的 AHPND 开展了被动监测。

2014—2021 年针对 AHPND 的被动监测范围，包括辽宁、天津、河北、山东、江苏、上海、浙江、安徽、湖南、福建、广东、广西、海南、新疆等 14 个省（自治区、直辖市），监测不同甲壳类品种（凡纳滨对虾、中国明对虾、日本囊对虾、日本沼虾、罗氏沼虾、克氏原螯虾、龙虾、中华绒螯蟹、丰年虫卵、桡足类）、饲料、粪便、虾仁制品、饵料生物、环境生物等 4 300 余份样品。监测所采用的方法为《WOAH 水生动物疾病诊断手册》第 2.2.1 章规定的分子生物学检测方法。结果显示，2014—2019 每年样品中 $V_{AHPND}$ 阳性检出率在 4.5%～16.9%间变动，但 2020—2021 年监测样品中 $V_{AHPND}$ 的阳性检出率维持在 2.8%左右。鉴于监测点和采样数量大幅缩减，2021 年度 AHPND 监测中所呈现的阳性检出数量减少、易感品种范围缩小现象，可能尚无法全面反映我国养殖甲壳类中 AHPND 的实际流行规律和感染情况。

## 五、风险分析及建议

（一）风险分析

1. 致 AHPND 病原弧菌种类增多，传播风险增加　研究发现，携带 $PirA$ 和 $PirB$ 毒力基因的 pVA1 质粒可能通过多种方式在不同弧菌间转移，可能促使非致病性弧菌转化为致病性菌株，进而导致 AHPND 传播范围扩大。目前，致 AHPND 弧菌种类包括携带 $PirA$ 和 $PirB$ 毒力基因的副溶血性弧菌、哈维氏弧菌、欧文斯氏弧菌、坎贝氏弧菌和浦那弧菌等，AHPND 致病菌范围扩大无疑会增加其传播危害风险。

2. $V_{AHPND}$ 致病质粒变异增加，监测方案亟待调整　研究表明，一些弧菌分离株携带具有 $PirA$ 和 $PirB$ 基因的 pVA1 毒性质粒，但并不能完整表达毒力蛋白 PirA/PirB，这对目前普遍认为的具有 $PirA$ 和 $PirB$ 毒力基因或 pVA1 毒性质粒的弧菌菌株即可引起 AHPND 提出了挑战，同时也使目前基于 $PirA$ 和 $PirB$ 毒力基因或毒性质粒建立的 $V_{AHPND}$ 分子生物学检测方法的有效性面临更多假阳性风险。2021 年 4 月，WOAH 亚太地区代表处专门致函 WOAH 各水生动物疫病参考实验室，就如何提高 AHPND 致病菌检测准确性进行咨询。建议国内 AHPND 相关研究者密切关注进展，及时更新 $V_{AHPND}$ 的分子生物学检测方法与监测方案。

（二）风险管控建议

凡纳滨对虾和斑节对虾最近被确认为 $V_{AHPND}$ 的易感宿主，而此前中国明对虾、日本囊对虾、罗氏沼虾、卤虫等多种生物种类也有 $V_{AHPND}$ 阳性检出报道，这些结果显示 $V_{AHPND}$ 宿主范围可能较为广泛。因此，建议未来考虑扩大 AHPND 监测对虾品种范围，对具有 $V_{AHPND}$ 潜在携带及感染风险的主要对虾养殖种类开展调查和监测，以便全面了解 $V_{AHPND}$ 在养殖对虾种类中的感染或流行情况。

2021 年水产行业标准《急性肝胰腺坏死病（AHPND）监测技术规范》已通过标准委员会专家审定，该标准规定了 AHPND 监测的通用要求，描述了相应的证实方法，给出了监测对象、监测点的设置、采样、样品包装和运输、实验室检测和监测信息的汇交等内容，可为今后国家水生动物 AHPND 监测计划以及养殖对虾 $V_{AHPND}$ 有效监测提供标准技术支持。

建议目前承担 AHPND 监测任务的实验室继续完善组织架构、人员、技术、设备、设施、方法、标准物质等的质量管理过程，并建设 CNAS 认可和 ISO/IEC17025 规范检测实验室质量管理体系，以便持续提升 $V_{AHPND}$ 检测能力，提高 AHPND 监测数据产出质量。

## 六、监测工作存在的问题与建议

1. 进一步优化 AHPND 专项监测方案　全国水生动物疫病防控体系连续两年针对 AHPND 开展专项监测，但任务下达文件农渔发〔2021〕10 号文件《2021 年国家水生动物疫病监测计划》中并未包含 AHPND 监测的任务计划。受到诸多条件限制，当前 AHPND 的监测缺乏针对性，通常是在白斑综合征或传染性皮下和造血组织坏死病监测样品的基础上附加检测 $V_{AHPND}$。当监测数量有限时，采样时段单一、采样场点局限的问题更为凸显，容易导致错过疫病高发季节，无法保证阳性场点的连续监测。因此，造成了现有统计数据与 AHPND 本身的流行特点存在较大偏差，难以全面反映实际流行情况的局面。

建议渔业主管部门在发挥好监管职能的前提下，拓宽甲壳类疫病监测数据来源渠道，吸纳科研院所具有 CNAS 资质的甲壳类疫病监测实验室以及农业基础性长期性科技工作对养殖甲壳类的 AHPND 监测数据，以客观、全面地反映全国养殖甲壳类中 AHPND 的发生、流行和危害情况，避免出现因专项监测计划任务缩减，导致数据来源过度压缩、数据分析失真的情况。

2. 进一步完善 AHPND 监测网络平台　经过多年建设，国家水生动物疫病监测信息管理系统已逐渐成为我国开展水生动物疫病监测和数据分析共享的有效平台，该平台每年收集监测点备案表、采样信息表、流行病学调查表、检测报告、阳性场处置记录等表格中的关键养殖与流行病学信息，在水生动物疫病监测数据汇交、疫情风险分析和辅助决策中发挥了重要作用。

与目前不断涌现的、以新型冠状病毒疫情监测信息化为代表的各类国家级疫病监测数据平台相比，目前国家水生动物疫病监测信息管理系统工作的功能还显得较为基础，仅具备监测数据采集汇总、病原检测结果报告及数据初步分析的能力。相比于甲壳类养殖产业中各类信息变动对疫情防控工作的信息化诉求，国家水生动物疫病监测信息管理系统中缺乏大数据信息的智能关联分析和展示模块，不具备自动整合离散信息资源和实时反馈监测结果的能力，尚无法充分发挥该平台在"疫病预警、快速反应和应急防控"中的作用。在水产动物疫情监测经费紧张、资源欠缺的当下，可考虑结合监测单位对国家级、省级原良种场和引育种中心以及苗种场的 $V_{AHPND}$ 监测结果，推出类似水产病原"健康码"功能模块，让监测结果信息服务于养殖产业一线，进一步发挥国家水生动物疫病监测信息管理系统的预警与防控效能。

# 2021 年水生动物重要/新发疫病监测/调查情况

2021 年，农业农村部组织实施了《2021 年国家水生动物疫病监测计划》，针对鲤春病毒血症等 9 种重要水生动物疫病进行专项监测，并对十足目虹彩病毒病等 4 种新发病害开展调查，同时组织专家进行了风险评估。

汇总情况见表 1~表 13：

表 1 《2021 年鲤春病毒血症监测情况》；

表 2 《2021 年锦鲤疱疹病毒病监测情况》；

表 3 《2021 年草鱼出血病监测情况》；

表 4 《2021 年传染性造血器官坏死病监测情况》；

表 5 《2021 年病毒性神经坏死病监测情况》；

表 6 《2021 年鲫造血器官坏死病监测情况》；

表 7 《2021 年鲤浮肿病监测情况》；

表 8 《2021 年传染性胰脏坏死病调查情况》；

表 9 《2021 年白斑综合征监测情况》；

表 10 《2021 年传染性皮下和造血组织坏死病监测情况》；

表 11 《2021 年虾肝肠胞虫病调查情况》；

表 12 《2021 年十足目虹彩病毒病调查情况》；

表 13 《2021 年急性肝胰腺坏死病调查情况》。

表 1　2021 年鲤春病毒血症监测情况

| 省份 | 区（县）数 | 乡（镇）数 | 国家级原良种场 | 省级原良种场 | 苗种场 | 观赏鱼养殖场 | 成鱼养殖场 | 监测养殖场点合计 | 国家级原良种场抽样数量 | 国家级原良种场阳性样品数 | 省级原良种场抽样数量 | 省级原良种场阳性样品数 | 苗种场抽样数量 | 苗种场阳性样品数 | 观赏鱼养殖场抽样数量 | 观赏鱼养殖场阳性样品数 | 成鱼/虾养殖场抽样数量 | 成鱼/虾养殖场阳性样品数 | 抽样总数 | 阳性样品总数（批次） | 样品阳性率（%） | 阳性品种 | 阳性样品处理措施 |
|---|---|---|---|---|---|---|---|---|---|---|---|---|---|---|---|---|---|---|---|---|---|---|---|
| 北京 | 3 | 4 | | | | 5 | 1 | 6 | | | | | | | 8 | 0 | 1 | 0 | 9 | 0 | 0 | | |
| 天津 | 2 | 4 | 1 | | | | 3 | 4 | 2 | 0 | | | | | | | 3 | 0 | 5 | 0 | 0 | | |
| 河北 | 17 | 23 | | 2 | 8 | 6 | 19 | 35 | | | 2 | 0 | 8 | 0 | 6 | 0 | 19 | 0 | 35 | 0 | 0 | | |
| 内蒙古 | 2 | 4 | | | | | 5 | 5 | | | | | | | | | 5 | 0 | 5 | 0 | 0 | | |
| 辽宁 | 7 | 9 | | 5 | | | 10 | 15 | | | 5 | 0 | | | | | 10 | 0 | 15 | 0 | 0 | | |
| 吉林 | 4 | 5 | | 3 | 1 | | 1 | 5 | | | 3 | 0 | 1 | 0 | | | 1 | 0 | 5 | 0 | 0 | | |
| 黑龙江 | 2 | 6 | | 2 | | | 8 | 10 | | | 2 | 0 | | | | | 8 | 0 | 10 | 0 | 0 | | |
| 上海 | 4 | 4 | 2 | | 1 | 1 | 1 | 5 | 2 | 0 | | | 1 | 0 | 1 | 0 | 1 | 0 | 5 | 0 | 0 | | |
| 江苏 | 27 | 35 | 1 | 7 | 5 | 5 | 20 | 38 | 1 | 0 | 10 | 0 | 5 | 0 | 7 | 0 | 27 | 0 | 50 | 0 | 0 | | |
| 浙江 | 11 | 14 | | 1 | 13 | 1 | | 15 | | | 1 | 0 | 13 | 0 | 1 | 0 | | | 15 | 0 | 0 | | |
| 安徽 | 4 | 5 | | | | | 5 | 5 | | | | | | | | | 5 | 0 | 5 | 0 | 0 | | |
| 江西 | 3 | 5 | | 1 | | 2 | | 5 | | | 1 | 0 | | | 2 | 0 | | | 5 | 0 | 0 | | |
| 山东 | 13 | 14 | | 2 | 2 | 1 | 12 | 17 | | | 2 | 0 | 2 | 0 | 1 | 0 | 12 | 0 | 17 | 0 | 0 | | |
| 河南 | 5 | 5 | | 1 | | 3 | 1 | 5 | | | 1 | 0 | | | 3 | 0 | 1 | 0 | 5 | 0 | 0 | | |
| 湖北 | 4 | 5 | 1 | | 3 | | 1 | 5 | 1 | 1 | | | 3 | 0 | | | 1 | 0 | 5 | 1 | 20.0 | 鲤 | CL、Z |
| 湖南 | 13 | 19 | 1 | 12 | 5 | 2 | | 20 | 1 | 0 | 12 | 0 | 5 | 0 | 2 | 0 | | | 20 | 0 | 0 | | |
| 重庆 | 4 | 6 | | | | | 7 | 7 | | | | | | | | | 10 | 0 | 10 | 0 | 0 | | |
| 四川 | 3 | 4 | 1 | | 4 | | | 5 | 1 | 0 | | | 4 | 0 | | | | | 5 | 0 | 0 | | |
| 青海 | 5 | 5 | | 3 | | | | 5 | | | 3 | 0 | | | | | | | 5 | 0 | 0 | | |
| 宁夏 | 3 | 4 | | 5 | | | | 5 | | | 5 | 0 | | | | | | | 5 | 0 | 0 | | |
| 新疆 | 5 | 5 | | 2 | | | 3 | 5 | | | 2 | 0 | | | | | 3 | 0 | 5 | 0 | 0 | | |
| 合计 | 141 | 184 | 7 | 46 | 51 | 26 | 92 | 222 | 8 | 1 | 49 | | 56 | | 29 | | 99 | | 241 | 1 | 0.4 | | |

注：阳性处理措施中，CL 代表消毒，M 代表监控，Gsu 代表全面监控，Tsu 代表专项调查，Qi 代表移动控制，S 代表全群扑杀，Z 代表分区隔离，V 代表免疫接种，T 代表治疗，O 代表其他措施，N 代表未采取任何措施。表 2～表 13 与此相同。

表 2　2021 年锦鲤疱疹病毒病监测情况

监测养殖场点（个）／病原学检测〔其中（批次）／检测结果〕

| 省份 | 区（县）数 | 乡（镇）数 | 国家级原良种场 | 省级原良种场 | 苗种场 | 观赏鱼养殖场 | 成鱼养殖场 | 监测养殖场点合计 | 国家级原良种场·抽样数量 | 国家级原良种场·阳性样品数 | 省级原良种场·抽样数量 | 省级原良种场·阳性样品数 | 苗种场·抽样数量 | 苗种场·阳性样品数 | 观赏鱼养殖场·抽样数量 | 观赏鱼养殖场·阳性样品数 | 成鱼养殖场·抽样数量 | 成鱼养殖场·阳性样品数 | 抽样总数 | 阳性样品总数（批次） | 样品阳性率（%） | 阳性品种 | 阳性样品处理措施 |
|---|---|---|---|---|---|---|---|---|---|---|---|---|---|---|---|---|---|---|---|---|---|---|---|
| 北京 | 2 | 4 |  |  |  | 4 |  | 4 |  |  |  |  |  |  | 5 | 0 |  |  | 5 | 0 | 0 |  |  |
| 天津 | 3 | 5 |  |  |  | 1 | 4 | 5 |  |  |  |  |  |  | 1 | 0 | 4 | 0 | 5 | 0 | 0 |  |  |
| 河北 | 19 | 23 |  | 2 | 6 | 3 | 24 | 35 |  |  | 2 | 1 | 6 | 1 | 3 | 0 | 24 | 0 | 35 | 2 | 5.7 | 鲤 | O |
| 内蒙古 | 3 | 4 |  |  |  |  | 5 | 5 |  |  |  |  |  |  |  |  | 5 | 0 | 5 | 0 | 0 |  |  |
| 辽宁 | 5 | 5 |  | 3 |  |  | 2 | 5 |  |  | 3 | 0 |  |  |  |  | 2 | 0 | 5 | 0 | 0 |  |  |
| 吉林 | 3 | 4 |  |  | 5 |  |  | 5 |  |  |  |  | 5 | 0 |  |  |  |  | 5 | 0 | 0 |  |  |
| 黑龙江 | 1 | 2 |  | 1 | 1 |  | 3 | 5 |  |  |  |  |  |  |  |  | 3 | 0 | 5 | 0 | 0 |  |  |
| 江苏 | 11 | 15 |  | 3 | 5 | 8 | 16 |  |  |  |  |  | 3 |  | 7 |  |  |  | 19 |  |  |  |  |
| 浙江 | 11 | 14 |  | 1 | 13 | 1 |  | 15 |  |  | 1 | 0 | 13 |  | 1 | 0 |  |  | 15 | 0 | 0 |  |  |
| 安徽 | 4 | 4 |  |  |  | 2 | 3 | 5 |  |  |  |  |  |  | 2 | 2 | 3 | 2 | 5 | 4 | 80.0 | 锦鲤 | O |
| 江西 | 3 | 4 | 1 | 1 |  | 2 | 1 | 5 | 1 |  | 1 | 0 |  |  | 2 | 0 | 1 | 0 | 5 | 0 | 0 |  |  |
| 山东 | 4 | 5 |  | 1 | 2 |  | 2 | 5 |  |  | 1 | 0 | 2 | 0 |  |  | 2 | 0 | 5 | 0 | 0 |  |  |
| 河南 | 5 | 5 |  | 1 | 2 |  | 2 | 5 |  |  | 1 | 0 | 2 |  |  |  | 2 | 0 | 5 | 0 | 0 |  |  |
| 湖南 | 12 | 15 |  | 10 | 4 | 1 |  | 15 |  |  | 10 | 0 | 4 |  | 1 | 0 |  |  | 15 | 0 | 0 |  |  |
| 广东 | 3 | 4 |  |  |  | 8 | 1 | 9 |  |  |  |  |  |  | 9 | 0 | 1 | 0 | 10 | 0 | 0 |  |  |
| 重庆 | 3 | 4 |  |  | 5 |  |  | 5 |  |  |  |  | 5 |  |  |  |  |  | 5 | 0 | 0 |  |  |
| 四川 | 4 | 5 |  | 1 | 3 |  | 1 | 5 |  |  | 1 | 0 | 3 |  |  |  | 1 | 0 | 5 | 0 | 0 |  |  |
| 宁夏 | 3 | 4 |  |  | 5 |  |  | 5 |  |  |  |  | 5 | 0 |  |  |  |  | 5 | 0 | 0 |  |  |
| 新疆 | 5 | 5 |  |  | 2 |  | 3 | 5 |  |  |  |  | 2 | 0 |  |  | 3 | 0 | 5 | 0 | 0 |  |  |
| 合计 | 104 | 131 | 1 | 33 | 37 | 29 | 59 | 159 | 1 |  | 33 | 1 | 37 | 1 | 33 | 2 | 60 | 2 | 164 | 6 | 3.7 |  |  |

表 3　2021 年草鱼出血病监测情况

| 省份 | 监测养殖场点（个） | | | | | | | | 病原学检测 | | | | | | | | | | | | | | |
| | | | | | | | | | 其中（批次） | | | | | | | | | | 检测结果 | | | | |
| | 区（县）数 | 乡（镇）数 | 国家级原良种场 | 省级原良种场 | 苗种场 | 观赏鱼养殖场 | 成鱼养殖场 | 监测养殖场点合计 | 国家级原良种场抽样数量 | 国家级原良种场阳性样品数 | 省级原良种场抽样数量 | 省级原良种场阳性样品数 | 苗种场抽样数量 | 苗种场阳性样品数 | 观赏鱼养殖场抽样数量 | 观赏鱼养殖场阳性样品数 | 成鱼养殖场抽样数量 | 成鱼养殖场阳性样品数 | 抽样总数 | 阳性样品总数（批次） | 样品阳性率（%） | 阳性品种 | 阳性样品处理措施 |
|---|---|---|---|---|---|---|---|---|---|---|---|---|---|---|---|---|---|---|---|---|---|---|---|
| 天津 | 3 | 5 | | | | 1 | 4 | 5 | | | | | | | 1 | 0 | 4 | 0 | 5 | 0 | 0 | | |
| 河北 | 16 | 22 | | 2 | 8 | | 25 | 35 | | | 2 | 0 | 8 | 1 | | | 25 | 2 | 35 | 3 | 8.6 | 草鱼 | CL、M |
| 吉林 | 3 | 4 | | | 5 | | | 5 | | | | | 5 | 0 | | | | | 5 | 0 | 0 | | |
| 上海 | 4 | 5 | 1 | 2 | | | 2 | 5 | 1 | 0 | 2 | 1 | | | | | 2 | 0 | 5 | 1 | 20.0 | 草鱼 | CL、M |
| 江苏 | 25 | 29 | 1 | 9 | 7 | | 13 | 30 | 1 | 0 | 9 | 0 | 7 | 0 | | | 14 | 0 | 31 | 0 | 0 | | |
| 浙江 | 9 | 14 | 1 | 1 | 13 | | | 15 | 1 | 0 | 1 | 0 | 14 | 0 | | | | | 16 | 0 | 0 | | |
| 安徽 | 4 | 5 | | 2 | 2 | | 1 | 5 | | | 2 | 1 | 2 | 0 | | | 1 | 1 | 5 | 2 | 40.0 | 草鱼 | CL、M |
| 江西 | 5 | 5 | 1 | | 3 | | | 5 | 1 | 0 | | | 3 | 0 | | | 1 | 0 | 5 | 0 | 0 | | |
| 山东 | 3 | 3 | | 2 | | | 3 | 5 | | | 2 | 0 | | | | | 3 | 1 | 5 | 1 | 20.0 | 草鱼 | CL、M |
| 河南 | 2 | 3 | | | 5 | | | 5 | | | | | 5 | 0 | | | | | 5 | 0 | 0 | | |
| 湖北 | 5 | 5 | 1 | 1 | 1 | | 2 | 5 | 1 | 1 | 1 | 0 | 1 | 1 | | | 2 | 0 | 5 | 2 | 40.0 | 草鱼 | CL、M |
| 湖南 | 17 | 20 | 1 | 15 | 4 | | | 20 | 1 | 0 | 19 | 0 | 5 | 0 | | | | | 25 | 0 | 0 | | |
| 广东 | 9 | 12 | | 1 | | | 15 | 16 | | | 2 | 1 | | | | | 23 | 2 | 25 | 3 | 12.0 | 草鱼 | CL、M |
| 广西 | 4 | 4 | | 3 | 2 | | | 5 | | | 3 | 3 | 2 | 1 | | | | | 5 | 4 | 80.0 | 草鱼 | CL、M |
| 重庆 | 5 | 5 | | | 5 | | | 5 | | | | | 5 | 0 | | | | | 5 | 0 | 0 | | |
| 四川 | 3 | 3 | | | 3 | | 2 | 5 | | | | | 3 | 0 | | | 2 | 0 | 5 | 0 | 0 | | |
| 贵州 | 1 | 1 | | | 5 | | | 5 | | | | | 5 | 0 | | | | | 5 | 0 | 0 | | |
| 宁夏 | 3 | 3 | | 3 | | | 2 | 5 | | | 3 | 0 | | | | | 2 | 0 | 5 | 0 | 0 | | |
| 新疆 | 5 | 5 | | 1 | 1 | | 3 | 5 | | | 1 | 0 | 1 | 0 | | | 3 | 0 | 5 | 0 | 0 | | |
| 合计 | 126 | 155 | 6 | 48 | 58 | 1 | 73 | 186 | 6 | 1 | 53 | 6 | 60 | 3 | 1 | 0 | 82 | 6 | 202 | 16 | 7.9 | | |

**表 4　2021 年传染性造血器官坏死病监测情况**

| 省份 | 监测养殖场点（个） | | | | | | | | 病原学检测 其中（批次） | | | | | | | | | | 检测结果 | | | | |
| --- | --- | --- | --- | --- | --- | --- | --- | --- | --- | --- | --- | --- | --- | --- | --- | --- | --- | --- | --- | --- | --- | --- | --- |
| | 区（县）数 | 乡（镇）数 | 国家级原良种场 | 省级原良种场 | 苗种场 | 引育种中心 | 成鱼养殖场 | 监测养殖场点合计 | 国家级原良种场 抽样数量 | 国家级原良种场 阳性样品数 | 省级原良种场 抽样数量 | 省级原良种场 阳性样品数 | 苗种场 抽样数量 | 苗种场 阳性样品数 | 引育种中心 抽样数量 | 引育种中心 阳性样品数 | 成鱼养殖场 抽样数量 | 成鱼养殖场 阳性样品数 | 抽样总数 | 阳性样品总数（批次） | 样品阳性率（%） | 阳性品种 | 阳性样品处理措施 |
| 北京 | 1 | 2 | | 2 | | | 1 | 3 | | | | | 4 | | | | 2 | | 6 | | | | |
| 河北 | 9 | 16 | | 1 | | | 34 | 35 | | | 1 | | | | | | 34 | | 35 | | | | |
| 辽宁 | 3 | 3 | 3 | | | | | 3 | | | 5 | | | | | | | | 5 | | | | |
| 吉林 | 4 | 4 | 1 | 3 | | | | 4 | 1 | | | | 4 | | | | | | 5 | | | | |
| 黑龙江 | 1 | 1 | | | 1 | 1 | | 2 | | | | | 2 | | 3 | | | | 5 | | | | |
| 山东 | 2 | 3 | | | 5 | | | 5 | | | | | 5 | | | | | | 5 | | | | |
| 云南 | 1 | 2 | | | 2 | | 3 | 5 | | | | | 2 | | | | 3 | | 5 | | | | |
| 甘肃 | 2 | 3 | 1 | | | | 5 | 6 | 2 | | | | | | | | 8 | | 10 | | | | |
| 青海 | 7 | 11 | | 2 | | | 13 | 15 | | | | | 4 | | | | 26 | 1 | 30 | 1 | 3.3 | 鲑 | CL、M |
| 新疆 | 3 | 5 | | 1 | 1 | | 3 | 5 | | | 1 | | 1 | | | | 3 | | 5 | | | | |
| 合计 | 33 | 50 | 2 | 8 | 13 | 1 | 59 | 83 | 3 | | 11 | | 18 | | 3 | | 76 | 1 | 111 | 1 | 0.9 | | |

表 5　2021 年病毒性神经坏死病监测情况

| 省份 | 监测养殖场点（个）区（县）数 | 乡（镇）数 | 国家级原良种场 | 省级原良种场 | 苗种场 | 观赏鱼养殖场 | 成鱼养殖场 | 监测养殖场点合计 | 国家级原良种场抽样数量 | 国家级原良种场阳性样品数 | 省级原良种场抽样数量 | 省级原良种场阳性样品数 | 苗种场抽样数量 | 苗种场阳性样品数 | 成鱼养殖场抽样数量 | 成鱼养殖场阳性样品数 | 抽样总数 | 阳性样品总数（批次） | 样品阳性率（%） | 阳性品种 | 阳性样品处理措施 |
|---|---|---|---|---|---|---|---|---|---|---|---|---|---|---|---|---|---|---|---|---|---|
| 天津 | 1 | 3 | 0 | 0 | 2 | 0 | 2 | 4 | 0 | 0 | 0 | 0 | 3 | 0 | 2 | 0 | 5 | 0 | 0 | | |
| 河北 | 3 | 4 | 0 | 1 | 2 | 0 | 2 | 5 | 0 | 0 | 1 | 0 | 2 | 0 | 2 | 0 | 5 | 0 | 0 | | |
| 辽宁 | 2 | 2 | 0 | 0 | 0 | 0 | 5 | 5 | 0 | 0 | 0 | 0 | 0 | 0 | 5 | 0 | 5 | 0 | 0 | | |
| 浙江 | 5 | 8 | 0 | 4 | 0 | 0 | 9 | 13 | 0 | 0 | 6 | 1 | 0 | 0 | 9 | 1 | 15 | 2 | 13.3 | 石斑鱼、鲈（海水） | CL、M |
| 福建 | 1 | 1 | 0 | 0 | 5 | 0 | 0 | 5 | 0 | 0 | 0 | 0 | 5 | 2 | 0 | 0 | 5 | 2 | 40.0 | 石斑鱼 | CL、M |
| 山东 | 3 | 4 | 2 | 0 | 5 | 0 | 3 | 10 | 2 | 0 | 0 | 0 | 5 | 0 | 3 | 0 | 10 | 0 | 0 | | |
| 广东 | 5 | 6 | 0 | 6 | 2 | 0 | 7 | 15 | 0 | 0 | 12 | 5 | 4 | 4 | 9 | 3 | 25 | 12 | 48.0 | 石斑鱼 | CL，M，T |
| 广西 | 1 | 1 | 0 | 0 | 2 | 0 | 3 | 5 | 0 | 0 | 0 | 0 | 2 | 2 | 3 | 0 | 5 | 2 | 40.0 | 卵形鲳鲹 | Cl，S |
| 海南 | 3 | 5 | 0 | 2 | 3 | 0 | 0 | 5 | 0 | 0 | 2 | 0 | 3 | 0 | 0 | 0 | 5 | 0 | 0 | | |
| 合计 | 24 | 34 | 2 | 13 | 21 | 0 | 31 | 67 | 2 | 0 | 21 | 6 | 24 | 8 | 33 | 4 | 80 | 18 | 22.5 | | |

表 6　2021 年鲫造血器官坏死病监测情况

| 省份 | 监测养殖场点（个） | | | | | | | 病原学检测 | | | | | | | | | | | | | | |
| | | | | | | | | 其中（批次） | | | | | | | | | | 检测结果 | | | | |
| | 区（县）数 | 乡（镇）数 | 国家级原良种场 | 省级原良种场 | 苗种场 | 观赏鱼养殖场 | 成鱼养殖场 | 监测养殖场点合计 | 国家级原良种场 抽样数量 | 国家级原良种场 阳性样品数 | 省级原良种场 抽样数量 | 省级原良种场 阳性样品数 | 苗种场 抽样数量 | 苗种场 阳性样品数 | 观赏鱼养殖场 抽样数量 | 观赏鱼养殖场 阳性样品数 | 成鱼养殖场 抽样数量 | 成鱼养殖场 阳性样品数 | 抽样总数 | 阳性样品总数（批次） | 样品阳性率（%） | 阳性品种 | 阳性样品处理措施 |
|---|---|---|---|---|---|---|---|---|---|---|---|---|---|---|---|---|---|---|---|---|---|---|---|
| 北京 | 2 | 2 | | | | 3 | | 3 | | | | | | | 5 | 1 | | | 5 | 1 | 20 | 金鱼 | CL、M |
| 天津 | 3 | 4 | | | | | 5 | 5 | | | | | | | | | 5 | | 5 | | 0 | | |
| 河北 | 5 | 5 | | | | 2 | 3 | 5 | | | | | | | 2 | | 3 | | 5 | | 0 | | |
| 吉林 | 3 | 3 | | | 5 | | | 5 | | | | | 5 | | | | | | 5 | | 0 | | |
| 上海 | 9 | 9 | 1 | 4 | 1 | | 4 | 10 | 1 | | 4 | | 1 | | | | 4 | 1 | 10 | 1 | 10 | 鲫 | CL、M |
| 江苏 | 24 | 32 | 1 | 4 | 10 | | 25 | 40 | 1 | | 5 | | 11 | | | | 29 | | 46 | | 0 | | |
| 浙江 | 10 | 16 | 1 | 1 | 13 | 1 | | 16 | 1 | | 1 | | 13 | | 1 | | | | 16 | | 0 | | |
| 安徽 | 4 | 5 | | 2 | 2 | | 1 | 5 | | | 2 | | 2 | | | | 1 | | 5 | | 0 | | |
| 江西 | 3 | 4 | | 3 | 1 | | 1 | 5 | | | 3 | | 1 | | | | 1 | | 5 | | 0 | | |
| 山东 | 4 | 5 | | | 3 | | 2 | 5 | | | | | 3 | | | | 2 | | 5 | | 0 | | |
| 河南 | 5 | 5 | | 2 | 2 | | 1 | 5 | | | 2 | | 2 | | | | 1 | | 5 | | 0 | | |
| 湖北 | 4 | 5 | | 2 | | | 3 | 5 | | | 2 | | | | | | 3 | | 5 | | 0 | | |
| 湖南 | 3 | 5 | 1 | 2 | 2 | | | 5 | 1 | | 2 | | 2 | | | | | | 5 | | 0 | | |
| 重庆 | 2 | 4 | | | 4 | | | 4 | | | | | 5 | | | | | | 5 | | 0 | | |
| 四川 | 4 | 5 | | | 1 | | 4 | 5 | | | | | 1 | | | | 4 | | 5 | | 0 | | |
| 合计 | 85 | 109 | 4 | 23 | 41 | 6 | 49 | 123 | 4 | | 24 | | 43 | | 8 | 1 | 53 | 1 | 132 | 2 | 1.5 | | |

表 7　2021 年鲤浮肿病监测情况

| 省份 | 区（县）数 | 乡（镇）数 | 国家级原良种场 | 省级原良种场 | 苗种场 | 观赏鱼养殖场 | 成鱼养殖场 | 监测养殖场点合计 | 国家级原良种场抽样数量 | 国家级原良种场阳性样品数 | 省级原良种场抽样数量 | 省级原良种场阳性样品数 | 苗种场抽样数量 | 苗种场阳性样品数 | 观赏鱼养殖场抽样数量 | 观赏鱼养殖场阳性样品数 | 成鱼养殖场抽样数量 | 成鱼养殖场阳性样品数 | 抽样总数 | 阳性样品总数（批次） | 样品阳性率（%） | 阳性品种 | 阳性样品处理措施 |
|---|---|---|---|---|---|---|---|---|---|---|---|---|---|---|---|---|---|---|---|---|---|---|---|
| 北京 | 2 | 4 |  |  |  | 4 |  | 4 |  |  |  |  |  |  | 5 | 2 |  |  | 5 | 2 | 40.0 | 锦鲤 | CL、Tsu |
| 天津 | 3 | 5 |  |  |  |  | 5 | 5 |  |  |  |  |  |  |  |  | 5 |  | 5 |  | 0 |  |  |
| 河北 | 4 | 5 |  | 1 | 2 | 2 |  | 5 |  |  |  |  | 1 |  | 2 |  | 2 |  | 5 |  | 0 |  |  |
| 内蒙古 | 2 | 3 |  |  |  |  | 4 | 4 |  |  |  |  |  |  |  |  | 5 |  | 5 |  | 0 |  |  |
| 辽宁 | 5 | 5 | 3 |  |  |  | 2 | 5 |  |  |  |  | 3 |  |  |  | 2 |  | 5 |  | 0 |  |  |
| 吉林 | 3 | 4 | 5 |  |  |  |  | 5 |  |  |  |  | 5 |  |  |  |  |  | 5 |  | 0 |  |  |
| 黑龙江 | 1 | 3 |  |  |  |  | 5 | 5 |  |  |  |  |  |  |  |  | 5 | 2 | 5 | 2 | 40.0 | 鲤 | CL |
| 上海 | 4 | 4 | 2 | 1 | 1 | 1 |  | 5 |  |  |  |  | 2 | 2 | 1 |  | 1 |  | 5 | 2 | 40.0 | 鲤 | CL |
| 江苏 | 12 | 16 |  | 4 |  | 3 | 10 | 17 |  |  |  |  | 4 |  | 3 |  | 12 |  | 19 |  | 0 |  |  |
| 浙江 | 11 | 14 |  | 1 | 13 | 1 |  | 15 |  |  |  |  | 1 |  | 13 |  | 1 |  | 15 |  | 0 |  |  |
| 安徽 | 4 | 5 |  |  |  |  | 5 | 5 |  |  |  |  |  |  |  |  | 5 |  | 5 |  | 0 |  |  |
| 江西 | 3 | 4 | 1 | 1 |  | 2 | 1 | 5 |  |  | 1 |  |  |  | 2 | 1 | 1 |  | 5 | 1 | 20.0 | 锦鲤 | CL |
| 山东 | 4 | 5 |  | 1 | 2 | 1 |  | 5 |  |  |  |  | 2 |  | 1 |  | 2 |  | 5 |  | 0 |  |  |
| 河南 | 4 | 5 |  |  | 1 | 2 | 2 | 5 |  |  |  |  | 1 |  | 2 |  | 2 |  | 5 |  | 0 |  |  |
| 湖北 | 4 | 5 | 2 | 1 |  | 1 |  | 5 |  |  |  |  |  |  |  |  | 1 |  | 5 |  | 0 |  |  |
| 湖南 | 12 | 15 | 10 | 4 |  | 1 |  | 15 |  |  |  |  | 10 |  | 4 |  | 1 |  | 15 |  | 0 |  |  |
| 广东 | 3 | 4 |  |  |  |  | 8 | 9 |  |  |  |  |  |  | 9 | 1 | 1 |  | 10 | 1 | 10.0 | 锦鲤 | CL |
| 重庆 | 4 | 4 |  |  |  |  | 5 | 5 | 1 |  |  |  | 4 |  |  |  |  |  | 5 |  | 0 |  |  |
| 四川 | 4 | 5 |  | 1 | 2 | 2 |  | 5 |  |  |  |  | 1 |  | 2 |  | 2 |  | 5 |  | 0 |  |  |
| 贵州 | 1 | 3 |  | 5 |  |  |  | 5 |  |  | 5 | 2 |  |  |  |  |  |  | 5 | 2 | 40.0 | 鲤 | CL |
| 宁夏 | 3 | 4 | 5 |  |  |  |  | 5 |  |  |  |  | 5 |  |  |  |  |  | 5 |  | 0 |  |  |
| 新疆 | 5 | 5 | 2 |  |  |  | 3 | 5 |  |  |  |  | 2 |  |  |  | 3 |  | 5 |  | 0 |  |  |
| 合计 | 98 | 127 | 4 | 32 | 38 | 25 | 45 | 144 | 4 |  | 32 | 2 | 38 | 2 | 27 | 4 | 48 | 2 | 149 | 10 | 6.7 |  |  |

表 8　2021 年传染性胰脏坏死病调查情况

| 省份 | 监测养殖场点（个） | | | | | | | | 病原学检测 其中（批次） | | | | | | | | | | 检测结果 | | | 阳性品种 | 阳性样品处理措施 |
| --- | --- | --- | --- | --- | --- | --- | --- | --- | --- | --- | --- | --- | --- | --- | --- | --- | --- | --- | --- | --- | --- | --- | --- |
| | 区（县）数 | 乡（镇）数 | 国家级原良种场 | 省级原良种场 | 苗种场 | 引育种中心 | 成鱼养殖场 | 监测养殖场点合计 | 国家级原良种场 抽样数量 | 国家级原良种场 阳性样品数 | 省级原良种场 抽样数量 | 省级原良种场 阳性样品数 | 苗种场 抽样数量 | 苗种场 阳性样品数 | 引育种中心 抽样数量 | 引育种中心 阳性样品数 | 成鱼养殖场 抽样数量 | 成鱼养殖场 阳性样品数 | 抽样总数 | 阳性样品总数（批次） | 样品阳性率（%） | | |
| 北京 | 1 | 2 | | | 2 | | 1 | 3 | | | | | 9 | 0 | | | 2 | 0 | 11 | 0 | 0 | | |
| 河北 | 4 | 5 | | | | | 5 | 5 | | | | | | | | | 5 | 0 | 5 | 0 | 0 | | |
| 吉林 | 4 | 4 | 1 | | 3 | | | 4 | 1 | 0 | 4 | 0 | | | | | | | 5 | 0 | 0 | | |
| 黑龙江 | 1 | 1 | | | 1 | 1 | | 2 | | | | | 2 | 0 | 3 | 0 | | | 5 | 0 | 0 | | |
| 甘肃 | 2 | 2 | 1 | 1 | | | 6 | 8 | 8 | 2 | | | 13 | 5 | | | 8 | 3 | 29 | 10 | 34.5 | 鲑、鳟 | CL、M |
| 青海 | 4 | 7 | | 2 | | | 10 | 12 | | | | | 2 | 0 | | | 24 | 2 | 26 | 2 | 7.7 | 鳟 | CL、M |
| 新疆 | 3 | 5 | | 1 | 1 | | 3 | 5 | | | 1 | 0 | 1 | 0 | | | 3 | 0 | 5 | 0 | 0 | | |
| 合计 | 19 | 26 | 2 | 4 | 7 | 1 | 25 | 39 | 9 | 2 | 5 | 0 | 27 | 5 | 3 | 0 | 42 | 5 | 86 | 12 | 14.0 | | |

表 9　2021 年白斑综合征监测情况

| 省份 | 监测养殖场点（个） | | | | | | | | 病原学检测 | | | | | | | | | | | | |
| | | | | | | | | | 其中（批次） | | | | | | | | | 检测结果 | | | |
| | 区（县）数 | 乡（镇）数 | 国家级原良种场 | 省级原良种场 | 苗种场 | 观赏鱼养殖场 | 成虾养殖场 | 监测养殖场点合计 | 国家级原良种场 抽样数量 | 国家级原良种场 阳性样品数 | 省级原良种场 抽样数量 | 省级原良种场 阳性样品数 | 苗种场 抽样数量 | 苗种场 阳性样品数 | 成虾养殖场 抽样数量 | 成虾养殖场 阳性样品数 | 抽样总数 | 阳性样品总数（批次） | 样品阳性率（%） | 阳性品种 | 阳性样品处理措施 |
|---|---|---|---|---|---|---|---|---|---|---|---|---|---|---|---|---|---|---|---|---|---|
| 天津 | 1 | 2 | | | 4 | | 1 | 5 | | | | | 4 | | 1 | | 5 | | 0 | | |
| 河北 | 5 | 13 | 1 | 2 | 72 | | 31 | 106 | 1 | | 2 | | 76 | 9 | 31 | 2 | 110 | 11 | 10.0 | 凡纳滨对虾（海水）、中国明对虾、日本囊对虾 | CL、M |
| 内蒙古 | 2 | 4 | | | | | 5 | 5 | | | | | | | 5 | | 5 | | 0 | | |
| 辽宁 | 4 | 5 | | 1 | | | 4 | 5 | | | 1 | | | | 4 | 3 | 5 | 3 | 60.0 | 凡纳滨对虾（海水） | CL、Z |
| 上海 | 4 | 9 | | 2 | 3 | | 5 | 10 | | | 2 | | 3 | | 5 | | 10 | | 0 | | |
| 江苏 | 22 | 40 | | 3 | 14 | | 44 | 61 | | | 3 | | 16 | | 46 | 2 | 65 | 2 | 3.1 | 克氏原螯虾 | CL、M |
| 浙江 | 18 | 25 | 1 | 3 | 34 | | | 38 | 1 | | 3 | | 46 | | 3 | | 50 | | 0 | | |
| 安徽 | 8 | 10 | | | | | 10 | 10 | | | | | | | 10 | 10 | 10 | 10 | 100.0 | 克氏原螯虾 | CL、M、Tsu |
| 福建 | 2 | 8 | | 1 | 29 | | | 30 | | | 1 | | 29 | | | | 30 | | 0 | | |
| 江西 | 5 | 7 | | | | | 10 | 10 | | | | | | | 10 | | 10 | | 0 | | |
| 山东 | 6 | 7 | | 1 | 27 | | 1 | 29 | | | 1 | | 27 | 2 | 1 | | 29 | 2 | 6.9 | 凡纳滨对虾（海水）、中国明对虾 | CL、M |
| 湖北 | 5 | 8 | | | | | 10 | 10 | | | | | | | 10 | 9 | 10 | 9 | 90.0 | 罗氏沼虾、克氏原螯虾 | CL、M、Z |
| 广东 | 12 | 19 | 1 | 28 | 9 | | 1 | 39 | 1 | | 48 | | 9 | | 2 | | 60 | | 0 | | |
| 广西 | 5 | 5 | 1 | 3 | 16 | | | 20 | 1 | | 3 | | 16 | | | | 20 | | | | |
| 海南 | 2 | 4 | | | | | | 10 | | | 1 | | 9 | | | | 10 | | | | |
| 合计 | 101 | 166 | 4 | 44 | 218 | | 122 | 388 | 4 | | 64 | | 236 | 11 | 125 | 26 | 429 | 37 | 8.6 | | |

表 10　2021 年传染性皮下和造血组织坏死病监测情况

| 省份 | 监测养殖场点（个） | | | | | | | 病原学检测 其中（批次） | | | | | | | | 检测结果 | | | | |
| --- | --- | --- | --- | --- | --- | --- | --- | --- | --- | --- | --- | --- | --- | --- | --- | --- | --- | --- | --- | --- |
| | 区（县）数 | 乡（镇）数 | 国家级原良种场 | 省级原良种场 | 苗种场 | 成虾养殖场 | 监测养殖场点合计 | 国家级原良种场抽样数量 | 国家级原良种场阳性样品数 | 省级原良种场抽样数量 | 省级原良种场阳性样品数 | 苗种场抽样数量 | 苗种场阳性样品数 | 成虾养殖场抽样数量 | 成虾养殖场阳性样品数 | 抽样总数 | 阳性样品总数（批次） | 样品阳性率（%） | 阳性品种 | 阳性样品处理措施 |
| 天津 | 1 | 2 | | | 4 | 1 | 5 | | | | | 4 | | 1 | | 5 | | 0 | | |
| 河北 | 5 | 13 | 1 | 2 | 72 | 31 | 106 | 1 | | 2 | | 76 | 14 | 31 | 9 | 110 | 23 | 20.9 | 凡纳滨对虾（淡）、凡纳滨对虾（海）、中国对虾 | CL、M |
| 辽宁 | 4 | 5 | | 1 | 4 | | 5 | | | 1 | | 4 | | | | 5 | | 0 | | |
| 上海 | 4 | 9 | | 2 | 3 | 5 | 10 | | | 2 | | 3 | | 5 | | 10 | | 0 | | |
| 江苏 | 23 | 49 | | 2 | 28 | 44 | 74 | | | 2 | | 30 | | 46 | 4 | 78 | 4 | 5.1 | 罗氏沼虾 | CL、M |
| 浙江 | 18 | 25 | 1 | 3 | 34 | | 38 | 1 | | 3 | | 46 | 2 | | | 50 | 2 | 4.0 | 凡纳滨对虾（海） | CL、M |
| 安徽 | 8 | 10 | | | | 10 | 10 | | | | | | | 10 | | 10 | | 0 | | |
| 福建 | 1 | 3 | | | 10 | | 10 | | | | | 10 | | | | 10 | | 0 | | |
| 江西 | 5 | 7 | | | | 10 | 10 | | | | | | | 10 | | 10 | | 0 | | |
| 山东 | 6 | 7 | | 1 | 12 | 1 | 14 | | | 1 | | 12 | 1 | 1 | | 14 | 1 | 7.1 | 凡纳滨对虾（海） | CL、M |
| 湖北 | 5 | 8 | | | | 10 | 10 | 2 | | | | | | 10 | | 10 | | 0 | | |
| 广东 | 12 | 19 | 1 | 28 | 9 | 1 | 39 | 1 | | 48 | 3 | 9 | 1 | 2 | | 60 | 4 | 6.7 | 凡纳滨对虾（淡） | CL、M |
| 广西 | 3 | 3 | | 3 | 7 | | 10 | | | 3 | | 7 | | | | 10 | | 0 | | |
| 海南 | 2 | 4 | | 1 | 9 | | 10 | | | 1 | | 9 | | | | 10 | | 0 | | |
| 合计 | 97 | 164 | 3 | 42 | 189 | 117 | 351 | 3 | 0 | 62 | 3 | 207 | 18 | 120 | 13 | 392 | 34 | 8.7 | | |

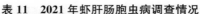
表 11　2021 年虾肝肠胞虫病调查情况

| 省份 | 监测养殖场点（个） | | | | | | | 病原学检测 | | | | | | | | | | | | |
| --- | --- | --- | --- | --- | --- | --- | --- | --- | --- | --- | --- | --- | --- | --- | --- | --- | --- | --- | --- | --- |
| | | | | | | | | 其中（批次） | | | | | | | | | 检测结果 | | | |
| | 区（县）数 | 乡（镇）数 | 国家级原良种场 | 省级原良种场 | 苗种场 | 成虾养殖场 | 监测养殖场点合计 | 国家级原良种场 | | 省级原良种场 | | 苗种场 | | 成虾养殖场 | | 抽样总数（批次） | 阳性样品总数（批次） | 样品阳性率（%） | 阳性品种 | 阳性样品处理措施 |
| | | | | | | | | 抽样数量 | 阳性样品数 | 抽样数量 | 阳性样品数 | 抽样数量 | 阳性样品数 | 抽样数量 | 阳性样品数 | | | | | |
| 河北 | 3 | 4 | 1 | 1 | 8 | | 10 | 1 | | 1 | | 8 | 3 | | | 10 | 3 | 30.0 | 凡纳滨对虾（海） | CL、M |
| 辽宁 | 4 | 5 | | | 1 | 4 | 5 | | | | | 1 | | 4 | 1 | 5 | 1 | 20.0 | 凡纳滨对虾（海） | CL、Z |
| 江苏 | 6 | 11 | | | 8 | 9 | 17 | | | | | 10 | | 13 | | 23 | | 0 | | |
| 安徽 | 8 | 10 | | | | 10 | 10 | | | | | | | 10 | | 10 | | 0 | | |
| 江西 | 5 | 7 | | | | 10 | 10 | | | | | | | 10 | | 10 | | 0 | | |
| 山东 | 6 | 7 | | 1 | 12 | 1 | 14 | | | 1 | | 12 | 1 | 1 | | 14 | 1 | 7.1 | 凡纳滨对虾（海） | CL、M |
| 湖北 | 5 | 8 | | | | 10 | 10 | | | | | | | 10 | | 10 | | 0 | | |
| 海南 | 2 | 4 | | 1 | 9 | | 10 | | | 1 | | 9 | | | | 10 | | 0 | | |
| 合计 | 39 | 56 | 1 | 3 | 38 | 44 | 86 | 1 | | 3 | | 40 | 4 | 48 | 1 | 92 | 5 | 5.4 | | |

表 12  2021 年十足目虹彩病毒病调查情况

| 省份 | 监测养殖场点（个） | | | | | | | 病原学检测 | | | | | | | | | | | | |
| | 区（县）数 | 乡（镇）数 | 国家级原良种场 | 省级原良种场 | 苗种场 | 成虾养殖场 | 监测养殖场点合计 | 国家级原良种场抽样数量 | 国家级原良种场阳性样品数 | 省级原良种场抽样数量 | 省级原良种场阳性样品数 | 苗种场抽样数量 | 苗种场阳性样品数 | 成虾养殖场抽样数量 | 成虾养殖场阳性样品数 | 抽样总数 | 阳性样品总数（批次） | 样品阳性率（%） | 阳性品种 | 阳性样品处理措施 |
|---|---|---|---|---|---|---|---|---|---|---|---|---|---|---|---|---|---|---|---|---|
| 河北 | 3 | 4 | 1 | 1 | 8 | | 10 | 1 | | 1 | | 8 | | | | 10 | 0 | | | |
| 辽宁 | 4 | 5 | | | 1 | 4 | 5 | | | | | 1 | | 4 | | 5 | 0 | | | |
| 江苏 | 8 | 19 | | | 15 | 18 | 33 | | | | | 17 | | 24 | | 41 | 0 | | | |
| 安徽 | 8 | 10 | | | | 10 | 10 | | | | | | | 10 | 1 | 10 | 1 | 10 | 克氏原螯虾 | CL、M、Tsu |
| 江西 | 5 | 7 | | | | 10 | 10 | | | | | | | 10 | | 10 | 0 | | | |
| 山东 | 6 | 7 | | 1 | 12 | 1 | 14 | | | 1 | | 12 | | 1 | | 14 | 0 | | | |
| 湖北 | 5 | 8 | | | | 10 | 10 | | | | | | | 10 | | 10 | 0 | | | |
| 海南 | 2 | 4 | | 1 | 9 | | 10 | | | 1 | | 9 | | | | 10 | 0 | | | |
| 合计 | 41 | 64 | 1 | 3 | 45 | 53 | 102 | 1 | | 3 | | 47 | | 59 | 1 | 110 | 1 | 0.9 | | |

表 13　2021 年急性肝胰腺坏死病调查情况

| 省份 | 监测养殖场点（个） | | | | | | 病原学检测 | | | | | | | | | | | |
|---|---|---|---|---|---|---|---|---|---|---|---|---|---|---|---|---|---|---|
| | | | | | | | 其中（批次） | | | | | | | | 检测结果 | | | |
| | 区（县）数 | 乡（镇）数 | 国家级原良种场 | 省级原良种场 | 苗种场 | 成虾养殖场 | 监测养殖场点合计 | 国家级原良种场 | | 省级原良种场 | | 苗种场 | | 成鱼/虾养殖场 | | 抽样总数 | 阳性样品总数（批次） | 样品阳性率（%） | 阳性品种 | 阳性样品处理措施 |
| | | | | | | | | 抽样数量 | 阳性样品数 | 抽样数量 | 阳性样品数 | 抽样数量 | 阳性样品数 | 抽样数量 | 阳性样品数 | | | | | |
| 河北 | 3 | 4 | 1 | 1 | 8 | | 10 | 1 | 0 | 1 | 0 | 8 | 0 | | | 10 | | 0 | | |
| 辽宁 | 4 | 5 | | | 1 | 4 | 5 | | | | | 1 | 0 | 4 | 0 | 5 | | 0 | | |
| 江苏 | 8 | 18 | | | 15 | 17 | 32 | | | | | 17 | 0 | 23 | 0 | 40 | | 0 | | |
| 安徽 | 8 | 10 | | | | 10 | 10 | | | | | | | 10 | 0 | 10 | | 0 | | |
| 江西 | 5 | 7 | | | | 10 | 10 | | | | | | | 10 | 0 | 10 | | 0 | | |
| 山东 | 6 | 7 | | 1 | 12 | 1 | 14 | | | 1 | 0 | 12 | 1 | 1 | 0 | 14 | 1 | 7.1 | 中国明对虾 | CL、M |
| 湖北 | 5 | 8 | | | | 10 | 10 | | | | | | | 10 | 0 | 10 | | 0 | | |
| 海南 | 2 | 4 | | 1 | 9 | | 10 | | | 1 | | 9 | | | | 10 | | 0 | | |
| 总计 | 41 | 63 | 1 | 3 | 45 | 52 | 101 | 1 | 0 | 3 | 0 | 47 | 1 | 58 | 0 | 109 | 1 | 0.9 | | |

# 地　方　篇

# 2021 年北京市水生动物病情分析

北京市水产技术推广站

（王静波　徐立蒲　王　姝　吕晓楠　张　文　曹　欢　王小亮）

2021 年北京市继续开展常规鱼病监测、重要水生动物疫病监测工作。通过水产病害监测，了解掌握北京市水产病害流行状况，做到合理用药、科学防治，保障水产品食用安全。

## 一、监测结果与分析

（一）常规鱼病监测（数据来源于各区上报）

1. 基本情况

监测点设置：共设置常规鱼病监测点 69 个，监测总面积 169.53 hm²。

主要监测品种：草鱼、鲢、鲤、鲫、观赏鱼（金鱼、锦鲤）、虹鳟（金鳟）、鲟等。

监测项目：病毒性疾病、细菌性疾病、寄生虫性疾病、真菌病以及非生物原性疾病。详见表 1。

监测时间：1—12 月。

表 1　监测的主要疾病种类

| 疾病性质 | 疾病名称 |
| --- | --- |
| 病毒性疾病 | 鲤春病毒血症、锦鲤疱疹病毒病、鲫造血器官坏死病、传染性造血器官坏死病、传染性胰坏死病、鲤浮肿病 |
| 细菌性疾病 | 淡水鱼细菌性败血症、链球菌病、柱状黄杆菌病（细菌性烂鳃病）、赤皮病、细菌性肠炎病、打印病、竖鳞病、烂尾病、疖疮病 |
| 真菌性疾病 | 水霉病、鳃霉病 |
| 寄生虫性疾病 | 三代虫病、小瓜虫病、黏孢子虫病、斜管虫病、指环虫病、车轮虫病、锚头鳋病 |
| 非生物源性疾病 | 气泡病、缺氧症、畸形、脂肪肝、维生素 C 缺乏病、不明原因 |

2. 监测结果与分析　监测结果显示，全年监测共发生 10 种疾病（表 2），其中细菌性疾病 4 种，病毒性疾病 2 种、寄生虫疾病 3 种、真菌性疾 1 种。各监测品种中易发病

的主要品种是草鱼、鲤、鲫、鲢、鳟、罗非鱼、鲟和观赏鱼（锦鲤、金鱼）。发病种类以细菌性疾病和寄生虫性疾病为主，所占比例分别为 40% 和 30%；其次为病毒性疾病，占比例为 20%；最后为真菌性疾病，占比例为 10%。

表 2　监测疾病种类

| 类别 | | 病名 | 数量 |
|---|---|---|---|
| 鱼类 | 细菌性疾病 | 赤皮病、细菌性肠炎病、柱状黄杆菌病（细菌性烂鳃病）、淡水鱼细菌性败血症 | 4 |
| | 真菌性疾病 | 水霉病 | 1 |
| | 寄生虫性疾病 | 车轮虫病、小瓜虫病、三代虫病 | 3 |
| 观赏鱼 | 病毒性疾病 | 鲤浮肿病、鲫造血器官坏死病 | 2 |
| | 细菌性疾病 | 淡水鱼细菌性败血症、柱状黄杆菌病（细菌性烂鳃病）、细菌性肠炎病 | 3 |
| | 寄生虫性疾病 | 车轮虫病、小瓜虫病、三代虫病 | 3 |

北京市鱼病总体上呈现出以下特点：①细菌性疾病依然是引起养殖鱼类发病死亡的主要病因；发生普遍，死亡率较高。②寄生虫病存在滥用药物现象，甚至因施药过量导致鱼类受到应急刺激导致死亡或者继发感染细菌性疾病或者引发病毒性疾病。③病毒性疾病凸显，尤其是鲤浮肿病，发病率和死亡率高于其他病毒病。

（二）重要水生动物疫病监测

2021 年北京市全年抽样监测鲤春病毒血症（SVC）样品 9 个，传染性造血器官坏死病（IHN）样品 6 个，锦鲤疱疹病毒病（KHVD）样品 6 个，鲫造血器官坏死病（GHN）样品 7 个，鲤浮肿病（CEVD）样品 6 个，共计 34 个。发现 CyHV-2 阳性样品 2 个，CEV 阳性样品 3 个，涉及阳性渔场 4 个。

1. 鲤春病毒血症（SVC）监测结果及分析

（1）监测基本情况　2021 年北京市 SVC 监测工作主要集中在 5 月开展，池塘水温 15～18 ℃，是 SVC 的适合发病温度。北京市在通州区 1 个乡镇的 1 个养殖场；平谷区 3 个乡镇的 4 个养殖场；大兴区的 1 个乡镇的 1 个养殖场，合计在 3 区的 5 乡镇的 6 个养殖场采集了 9 份样品。

监测品种为：金鱼、锦鲤、鲤、鲫、草鱼等。这些品种既是北京地区的主养品种，也是 SVC 易感品种。

（2）监测结果分析　采用《鲤春病毒血症（SVC）诊断规程》（GB/T 15805.5—2018）检测，9 份样品中未检出阳性。

2013—2021 年监测阳性场检出率如图 1 所示。结果显示，2013—2015 年阳性场检出率较高，而在之后的 6 年监测中，只有 2018 年检测到的 1 份阳性样品，采集自通州区于家务某个体养殖场。采样品种为蝴蝶鲤，是引种繁育的新品种。此样品既检测到

SVC，也检测到 CEV，是混合感染。连续三年未检测到 SVCV 阳性，提示北京目前处于 SVCV 低风险阶段。对养殖场的情况进行调查也显示，北京市未出现因感染 SVC 而死鱼的情况。但是，外来引进新品种应是未来北京市水生动物疫病监测的重点。

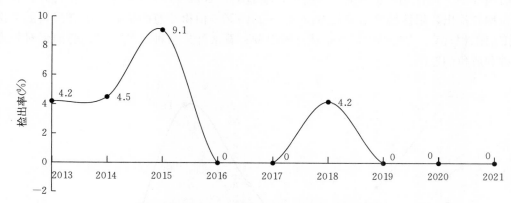

图 1　2023—2021 年北京市 SVC 阳性场检出率

2. 传染性造血器官坏死病（IHN）监测结果及分析

（1）监测基本情况　2021 年 1—3 月，在怀柔区的 4 个养殖场抽检 6 份样品，品种为虹鳟、金鳟。

（2）监测结果分析　采用《传染性造血器官坏死病诊断规程》（GB/T 15805.2—2017）检测，未检出 IHN 阳性。

2015—2021 年监测阳性场检出率如图 2 所示。结果显示，2015—2018 年阳性场检出率较高，而 2019—2021 年北京地区均未检出 IHN 阳性。分析原因：一是因为北京市虹鳟养殖场数量减少，一些养殖规模小、防控技术不到位的养殖场关闭；二是监测与防控工作发挥作用，养殖户的防病意识增强，管理措施更加科学有效。

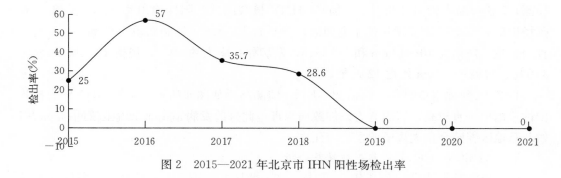

图 2　2015—2021 年北京市 IHN 阳性场检出率

3. 锦鲤疱疹病毒病（KHVD）监测结果及分析

（1）监测基本情况　2021 年 5—9 月，在通州区 2 乡镇 2 个养殖场、平谷区 3 乡镇 3 个养殖场，共采集样品 6 个样品，监测品种为锦鲤。

（2）监测结果分析　采用《鲤疱疹病毒监测方法 第1部分：锦鲤疱疹病毒》（SC/T 7212.1—2011）检测，未检出阳性。

2008年北京地区首次发现KHV感染病例后，KHV并不是每年均有检出。2015—2021年KHV阳性场检出率如图3所示，除2017、2020和2021年未检出阳性外，其他年份均有检出，阳性场检出率范围在5%～11.1%。值得注意的是，2019年发现的2份KHV阳性样品，均为锦鲤，且是从外省引种。看来外来引种风险较高，要加强对外来苗种和成鱼的监测。

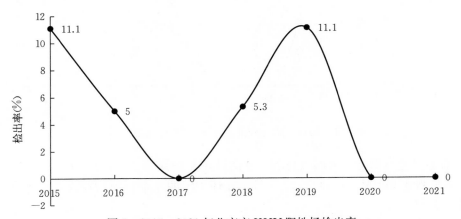

图3　2015—2021年北京市KHV阳性场检出率

**4. 鲫造血器官坏死病（GHN/CCHND）监测结果及分析**

（1）监测基本情况　2021年5—9月，在通州区1乡镇1个养殖场、丰台区1乡镇1个养殖场、平谷区1乡镇2个养殖场，共采集了4个养殖场的7份样品。监测品种为金鱼。

（2）监测结果分析　采用《金鱼造血器官坏死病毒检测方法》（GB/T 36194—2018）检测，7份样品中检出2份（1个场）GHNV核酸阳性，阳性检出率28.6%，阳性养殖场检出率25%。该养殖场位于通州区，养殖面积$2 hm^2$，发病面积$0.67 hm^2$，发病品种为金鱼，规格为10～12 cm和1～2 cm，发病死亡率大约30%，规格10～12 cm死亡3万尾、规格1～2 cm死亡12万尾。

自2014年北京市每年连续监测GHN，监测结果如图4所示。虽然GHNV的核酸阳性检出率一直较高，但因其为条件致病病毒，此病的发病率在北京地区较低，还未引发北京地区养殖金鱼大规模的发病与死亡。

**5. 鲤浮肿病（CEVD）监测结果及分析**

（1）监测基本情况　2021年5—9月，在通州区2乡镇2个养殖场、平谷区3乡镇3个养殖场，共采集样品6份样品，监测品种为锦鲤。

（2）监测结果分析　采用《鲤浮肿病诊断规程》（SC/T 7229—2019）检测，在6份样品（5场）中检出3份（3场）阳性，阳性检出率50%，阳性养殖场检出率60%。

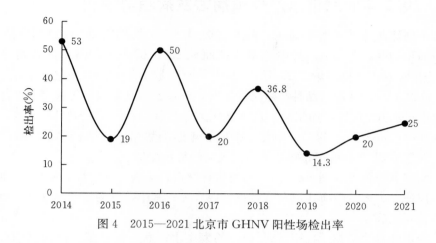

图 4 　 2015—2021 北京市 GHNV 阳性场检出率

　　2021 年检测到的 3 份阳性样品采集自平谷的锦鲤养殖场。检出 CEVD 阳性的 3 个养殖场中，2 场未发病，1 场发病。发病渔场养殖面积 2.67 hm²，发病面积 1.33 hm²，发病品种为锦鲤，规格 3～4 cm，死亡率 80% 以上，发病死亡 20 万尾。CEV 具有潜伏性，被感染的鱼可能终生携带病毒，并在水温骤变、施药消毒等外界环境条件改变时，发病甚至死亡。需进一步加强对 CEVD 的监测和防控。

（三）2021 年北京市水生动物疫病监测分析

　　2021 年北京市共监测 7 种重大水生动物疫病，15 个养殖场，34 份样品，检出 2 种疫病，4 个阳性养殖场，5 份阳性样品（图 5）。总的阳性检出率 14.7%，总的阳性养殖场检出率 26.7 %。在怀柔、大兴、平谷、通州等区抽样，抽样品种包括：金鱼、锦鲤、鲤、虹鳟等。监测工作覆盖北京地区的水产主养区和主要养殖品种，超额完成全年监测任务。

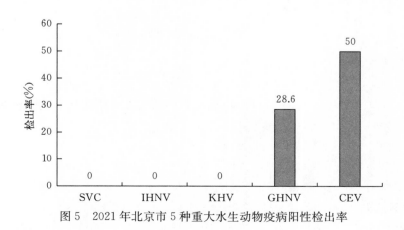

图 5 　 2021 年北京市 5 种重大水生动物疫病阳性检出率

## 二、2022 年北京市水产养殖病害发病趋势预测

据《中国渔业统计年鉴》显示，截至 2020 年底，北京市水产养殖总户数为 1563 户；养殖面积 2086.67 hm²，其中池塘养殖面积 2066.67 hm²，占水产养殖总面积的 99.14%；全年水产品总产量 2.29 万 t，其中养殖产量 1.48 万 t（占比 64.6%）、远洋捕捞产量 0.81 万 t；从养殖品种产量结构上看，草鱼、鲤、花白鲢等大宗水产品种产量占养殖总产量的 85.78%，加州鲈、斑点叉尾鮰等名优品种产量占比 12.08%，鲟、鲑鳟等冷水品种产量占比 2.14%。因此，根据往年监测数据以及结合北京市水产养殖品种情况，2022 年北京市水产养殖品种病害发病趋势预测如下。

（1）大宗养殖鱼类（鲤、鲫等）　易发生柱状黄杆菌病（细菌性烂鳃病）、细菌性肠炎病、赤皮病、细菌性败血症以及寄生虫性疾病等。其中，鲤易发鲤浮肿病，鲫易发生鲫造血器官坏死病。

（2）冷水性养殖鱼类（虹鳟、鲟等）　易发生水霉病、柱状黄杆菌病（细菌性烂鳃病）等细菌性疾病。其中，虹鳟鱼苗易发传染性造血器官坏死病和传染性胰坏死病。

（3）观赏鱼养殖鱼类（金鱼和锦鲤）　易发生柱状黄杆菌病（细菌性烂鳃病）、细菌性肠炎病、赤皮病以及寄生虫性疾病。其中，金鱼易发金鱼造血器官坏死病，锦鲤易发鲤浮肿病。

# 2021 年天津市水生动物病情分析

天津市动物疫病预防控制中心

（林春友　马文婷　张丽　杨凯　冯守明）

## 一、基本情况

根据农业农村部的要求，2021 年天津市动物疫病预防控制中心组织全市疫病监测部门，开展了水产养殖动物病情监测工作。将全市水产养殖区划分为 12 个监测区，监测到 15 个养殖品种（表1），监测面积 7 760.03 hm²。病情监测数据通过"全国水产养殖动植物病情测报系统"报送完成。

**表 1　2021 年开展病情监测的水产养殖品种**

| 类别 | 养 殖 品 种 | 数量 |
|---|---|---|
| 鱼类 | 鲢、鳙、草鱼、鳊、鲫、鲤、泥鳅、鲴、黄颡、锦鲤、半滑舌鳎、石斑鱼、鲆 | 13 |
| 甲壳类 | 凡纳滨对虾、中华绒螯蟹 | 2 |
| 合　计 | | 15 |

## 二、监测结果

### （一）水产养殖动物疾病流行情况及特点

2021 年，监测到水产养殖动物发病品种 12 种（表2）。监测到疾病 26 种（宗），其中病毒性疾病 1 种、细菌性疾病 12 种、真菌性疾病 2 种、寄生虫性疾病 7 种、水质因子致病 3 种、不明病因致病 1 宗（表3）。各类疾病种数占比见图1。

**表 2　2021 年监测到的水产养殖发病品种**

| 类别 | 养 殖 品 种 | 数量 |
|---|---|---|
| 鱼类 | 鲢、鳙、草鱼、鳊、鲫、鲤、鲴、半滑舌鳎、石斑鱼、鲆 | 10 |
| 甲壳类 | 凡纳滨对虾、中华绒螯蟹 | 2 |
| 合　计 | | 12 |

表 3　2021 年监测到的水产养殖动物疾病种类数量

| 类 别 | | 鱼类疾病（种） | 甲壳类疾病（种/宗） | 合计（种/宗） |
|---|---|---|---|---|
| 疾病性质 | 病毒性疾病 | 0 | 1 | 1 |
| | 细菌性疾病 | 9 | 3 | 12 |
| | 真菌性疾病 | 2 | 0 | 2 |
| | 寄生虫性疾病 | 6 | 1 | 7 |
| | 水质因子致病 | 2 | 1 | 3 |
| | 不明病因致病 | 0 | 1 | 1 |
| 合　计 | | 19 | 7 | 26 |

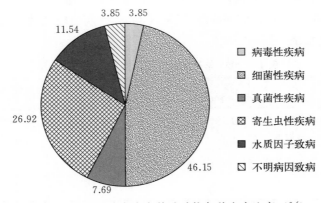

图 1　2021 年天津市水产养殖动物各种疾病比率（％）

从月发病面积比例、月死亡率来看，2021 年养殖鱼类发病面积比例 8 月最高，为 2.712 2％；7 月次之，为 2.620 5％；12 月最低，为 0。鱼类死亡率 1 月最高，为 0.008 4％；3 月次之，为 0.005 6％；10 月、11 月、12 月最低，均为 0（图 2）。养殖甲壳类发病面积比例 7 月最高，为 2.119 2％；8 月次之，为 1.773 3％；4 月、11 月最低，均为 0。甲壳类死亡率 7 月最高，为 0.139 6％；8 月次之，为 0.016 9％；4 月、5 月、11 月最低，均为 0（图 3）。疾病对池塘养殖鱼类、甲壳类危害程度受养殖环境优劣、病原侵袭力强弱及养殖动物免疫力等因素综合作用的影响。2021 年，疾病对养殖鱼类的危害程度受病原侵袭力以及分池、拉网、运输等人为因素影响较大；疾病对池塘养殖甲壳类危害程度受病原侵袭力影响较大。

（二）鱼类疾病发生情况

2021 年共监测到鱼类疾病 19 种，其中细菌性疾病 9 种、真菌性疾病 2 种、寄生虫性疾病 6 种、水质因子致病 2 种（表 4）。

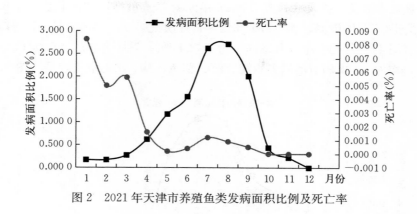

图 2　2021 年天津市养殖鱼类发病面积比例及死亡率

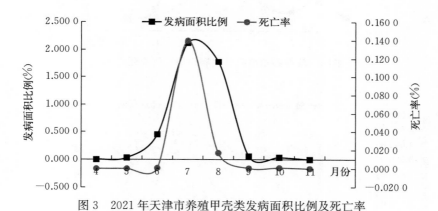

图 3　2021 年天津市养殖甲壳类发病面积比例及死亡率

**表 4　养殖鱼类疾病种类**

| 疾病类别 | 疾病名称 | 种数 |
|---|---|---|
| 细菌性疾病 | 溃疡病、赤皮病、竖鳞病、疖疮病、打印病、烂鳃病、肠炎病、淡水鱼细菌性败血症、鲫类肠败血症 | 9 |
| 真菌性疾病 | 水霉病、鳃霉病 | 2 |
| 寄生虫性疾病 | 黏孢子虫病、车轮虫病、固着类纤毛虫病、指环虫病、三代虫病、锚头鳋病 | 6 |
| 水质因子致病 | 缺氧症、气泡病 | 2 |
| 合　计 | | 19 |

　　2021 年鱼类各养殖品种中，月发病面积比例均值较高的品种有草鱼、鳊、鲫、鲤、鲴、半滑舌鳎、鲆，均达 1％以上；月死亡率均值较高的品种有鲢、鳙、草鱼、鲫、鲴，均达 0.007％以上。

1. 池塘主养鱼类疾病发生情况　2021 年池塘养殖鱼类监测面积为 2 345.67 hm²。月发病面积比例 8 月最高，为 2.704 3%；7 月次之，为 2.598 0%；11 月最低，为 0.220 7%（图 4）。月死亡率 3 月最高，为 0.004 5%；7 月次之，为 0.001 2%；10 月、11 月最低，均为 0。疾病对池塘养殖鳙、鲢、草鱼、鲫、鲤的危害较重（图 5、图 6）。

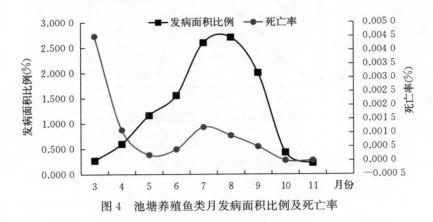

图 4　池塘养殖鱼类月发病面积比例及死亡率

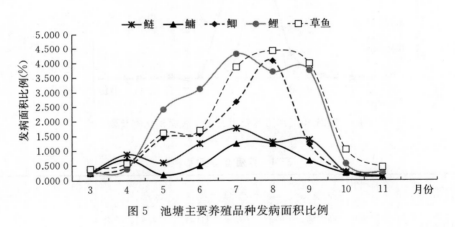

图 5　池塘主要养殖品种发病面积比例

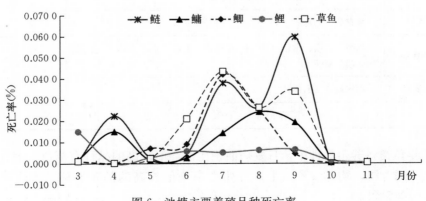

图 6　池塘主要养殖品种死亡率

2. 海水工厂化养殖鱼类疾病发病情况　2021 年海水工厂化养殖鱼类月最高监测面积为 9.928 hm²。从疾病发生情况看，海水工厂化养殖鱼类 4 月发病面积比例最高，为 10.527 8％；9 月次之，为 5.384 8％；12 月最低，为 0（图 7）。1 月死亡率最高，为 0.008 4％；3 月次之，为 0.007 3％；12 月最低，为 0（图 7）。监测到发病品种有半滑舌鳎、石斑鱼、鲆，疾病对半滑舌鳎的危害较重。

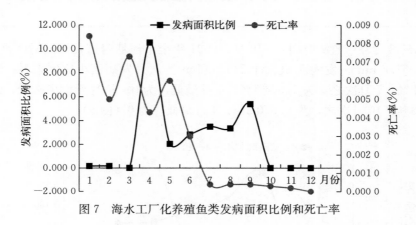

图 7　海水工厂化养殖鱼类发病面积比例和死亡率

（1）半滑舌鳎　监测时间 1—12 月，月最高监测面积为 6.728 hm²。监测到溃疡病、肠炎病、车轮虫病；其中，溃疡病危害较重。溃疡病发生于 1—11 月，发病面积 0.009 1 hm²。1—2 月发病面积比例最高，均为 0.019 5％；4 月死亡率最高，为 0.014 5％。

（2）石斑鱼　监测时间 1—12 月，月最高监测面积为 0.6 hm²。仅监测到车轮虫病，该病流行于 1—2 月、6—7 月、9 月，发病面积 0.024 hm²。1 月发病面积比例最高，为 1.630 4％；各月死亡率均为 0。

（3）鲆　监测时间 1—12 月，月最高监测面积 2.6 hm²。仅监测到肠炎病，该病流行于 4—9 月，发病面积 1.33 hm²。9 月发病面积比例最高，为 12.692 3％；各月死亡率均为 0。

（三）甲壳类疾病流行情况

2021 年，养殖甲壳类监测面积 5 284.93 hm²，其中凡纳滨对虾监测面积为 4 951.6 hm²，中华绒螯蟹监测面积 333.33 hm²。监测到疾病 6 种（宗），其中病毒性疾病 1 种、细菌性疾病 3 种、寄生虫性疾病 1 种、不明病因致病 1 宗，如表 5 所示。

表 5　养殖甲壳类疾病种类

| 疾病类别 | 疾病名称 | 种（宗）数 |
|---|---|---|
| 病毒性疾病 | 白斑综合征 | 1 |
| 细菌性疾病 | 烂鳃病、肠炎病、弧菌病 | 3 |

（续）

| 疾病类别 | 疾病名称 | 种（宗）数 |
|---|---|---|
| 寄生虫性疾病 | 固着类纤毛虫病 | 1 |
| 不明病因致病 | | 1 |
| 合　计 | | 6 |

1. **凡纳滨对虾**　监测时间4—10月，2021年全市池塘养殖凡纳滨对虾月最高监测面积为4 951.6 hm²，发病面积总计235.39 hm²。从月发病面积比例来看，6月最高，为1.948 2%；7月次之，为1.504 1%；4月最低，为0。从月死亡率来看，9月最高，为0.613 8%；10月次之，为0.570 5%；4月最低，为0（图8）。

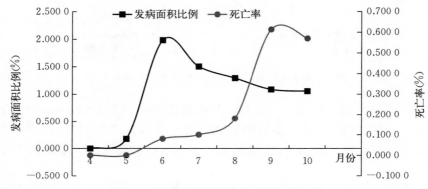

图8　凡纳滨对虾发病面积比例、死亡率

各种疾病中，白斑综合征、肠炎病、不明病因致病对凡纳滨对虾的危害较大。

（1）**白斑综合征**　流行于7月，发病面积56.67 hm²。发病面积比例为1.144 5%，死亡率为0.138 6%。

（2）**肠炎病**　流行于7—8月，发病面积28.67 hm²。发病面积比例分别为0.417 4%、0.161 6%。死亡率分别为0.001 1%、0。

（3）**不明病因致病**　流行于8月，发病面积66.67 hm²。发病面积比例为1.346 4%，死亡率为0.016 8%。

2. **中华绒螯蟹**　2021年全市池塘养殖中华绒螯蟹监测时间3—10月，监测面积为333.33 hm²。仅9月监测到缺氧症，发病面积0.67 hm²。发病面积比例为0.201 0%，死亡率为0.400 0%。

（四）病情分析

1. **池塘养殖鱼类病情分析**　从整体看，2021年天津市池塘养殖鱼类各类疾病中，寄生虫性疾病危害最重，细菌性疾病次之，真菌性疾病危害最轻。危害较严重的细菌性疾病为溃疡病、烂鳃病、细菌性败血症；危害较严重的真菌性疾病为水霉病；危害较严重的寄生虫性疾病为三代虫病。

从疾病的流行分布来看，池塘养殖鱼类溃疡病分布于武清、西青、宁河；烂鳃病分布于蓟州、武清、宁河、静海、汉沽；细菌性败血症分布于蓟州、武清、宁河。水霉病分布于武清、宁河、蓟州、西青。三代虫病分布于蓟州、西青、宁河、汉沽。

从疾病对池塘养殖鱼类的危害程度看，由重到轻依次为鲢、草鱼、鲫、鳙、鲴、鳊、鲤。与 2020 年相比，2021 年疾病对鲢、鳊、鲫、鲴的危害程度有所上升；对鳙、草鱼、鲤的危害程度有所下降。其中，鲢月死亡率均值由 0.017 6% 升至 0.020 3%，鳊月死亡率均值由 0.004 6% 升至 0.005 6%，鲫月死亡率均值由 0.006 4% 升至 0.013 9%，鲴月死亡率均值由 0.005 5% 升至 0.007 3%；而鳙月死亡率均值由 0.027 7% 降至 0.009 9%，草鱼月死亡率均值由 0.022 4% 降至 0.019 3%，鲤的月死亡率均值由 0.017 3% 降至 0.004 5%。

（1）池塘养殖鱼类细菌性疾病病情分析

① 体表细菌病病情分析　2021 年池塘养殖鱼类发生的体表细菌病包括赤皮病、竖鳞病、溃疡病、打印病、疖疮病，春季、夏季较重。体表细菌病多由外力致鱼机械损伤而诱发。

② 烂鳃病、肠炎病、细菌性败血症病情分析　池塘养殖鱼类烂鳃病、肠炎病、细菌性败血症的发病面积比例与水温呈正相关。从三种疾病的危害程度来看，烂鳃病的危害最大，细菌性败血症次之，肠炎病的危害较小。从疾病流行季节来看，烂鳃病、肠炎病流行于春末、夏、秋季，夏季危害较重；细菌性败血症流行于春末、夏季、初秋，夏季、初秋危害较重。水位较低、池水较瘦、浊度较大且较长时间低氧的寡营养型池塘易发生烂鳃病。摄饵过量易发生肠炎病。水质高度富营养化、老化的池塘易发生细菌性败血症；其他细菌病（如肠炎病、赤皮病、溃疡病等）病程较长时，也可引发细菌性败血症。

（2）真菌性疾病病情分析　2021 年池塘养殖鱼类发生的真菌病为水霉病、鳃霉病。从发病季节看，水霉病、鳃霉病均发生于春季和秋季；从不同季节的危害程度看，春季危害较重。

（3）寄生虫病病情分析　2021 年池塘养殖鱼类发生的寄生虫病为黏孢子虫病、车轮虫病、指环虫病、三代虫病、锚头鳋病，其中黏孢子虫病、车轮虫病、三代虫病的危害较大。这三种之中，黏孢子虫病的危害最大，三代虫病次之，车轮虫病危害最小。从疾病流行季节看，黏孢子虫病流行于春、夏、秋季，春季危害较重；车轮虫病流行于春、夏、秋季，夏季危害较重；三代虫病流行于春末、夏、秋季，春末危害较重。

2. 海水工厂化养殖鱼类病情分析　2021 年海水工厂化养殖鱼类发生的细菌性疾病有溃疡病、肠炎病；发生的寄生虫性疾病为车轮虫病。其中，细菌性疾病的危害较重。

从疾病的流行分布来看，溃疡病分布于塘沽，肠炎病分布于汉沽，车轮虫病分布于大港。

从发病面积比例、死亡率来看，海水工厂化养殖鱼类 2021 年月发病面积比例均值由 2020 年的 2.316 7% 升至 2.834 1%；月死亡率均值由 2020 年的 0.008 8% 降至

0.002 3%。以上数据表明，2021 年海水工厂化养殖鱼类疾病危害程度呈减弱趋势。

3. 池塘养殖甲壳类病情分析　2021 年池塘养殖甲壳类危害较严重的疾病有凡纳滨对虾白斑综合征、肠炎病、不明病因致病；池塘养殖中华绒螯蟹仅于 9 月发生了缺氧症。

从疾病的流行分布来看，凡纳滨对虾白斑综合征分布于大港；肠炎病分布于宁河、西青、汉沽；不明病因致病分布于大港。

从发病面积比例、死亡率来看，2021 年池塘养殖凡纳滨对虾月发病面积比例均值由 2020 年的 1.028 3% 降至 0.679 1%，月死亡率均值由 2020 年的 0.118 2% 降至 0.040 8%。2021 年发病较严重的月份集中在 8—10 月，其中 9 月死亡率最高，达 0.613 8%。

(1) 白斑综合征病情分析　白斑综合征流行于 7 月。与 2020 年相比，月发病面积比例均值由 0.755 4% 升至 1.144 5%，月死亡率均值由 0.144 1% 降至 0.138 6%。其危害程度较 2020 年有所下降。

(2) 对虾肠炎病病情分析　对虾肠炎病流行于 7—8 月。与 2020 年相比，月发病面积比例均值由 0.023 2% 升至 0.289 5%，月死亡率均值由 0.000 1% 升至 0.000 7%。其危害程度较 2020 年有所上升。

(五) 疾病风险分析

1. 鲫造血器官坏死病、鲤浮肿病、锦鲤疱疹病毒病风险分析　天津动物疫病预防控制中心对鲫造血器官坏死病、鲤浮肿病、锦鲤疱疹病毒病等重要疫病进行了监测。2018—2021 年未检出鲫造血器官坏死病阳性样本。2018 年鲤浮肿病阳性养殖场 4 个（养殖场阳性率 13.3%），2019 年未监测到阳性监测点，2020 年样本阳性 4 例（4/25，样品阳性率 16%），2021 年未检出阳性样本（0/5）。2018—2019 年均未检出锦鲤疱疹病毒病阳性样本，2020 年检出阳性样本 4 例（4/30，样品阳性率 13.3%），2021 年未检出阳性样本（0/5）。近年监测结果表明，天津地区依然存在着发生锦鲤疱疹病毒病、鲤浮肿病的风险。

2. 外来疫病风险分析

(1) 外来疫病侵入风险　外来疫病的侵入，往往对本土品种构成严重威胁。究其原因，本土水产品种体内缺乏针对外来病原的抗体。水产动物外来疫病的侵入通常由国外引种等活动引发。

《中华人民共和国畜牧法》（2005 年 12 月 29 日）、《中华人民共和国进出境动植物检疫法》（1991 年 10 月 30 日）、《进境动物隔离检疫场使用监督管理办法》（2018 年 11 月修订版）、《进境水生动物检验检疫管理办法》（2003 年 4 月 16 日）中，关于进境动物隔离检疫期的规定，仅见到《进境动物隔离检疫场使用监督管理办法》第七条"进境种用大中动物隔离检疫期为 45 d，其他动物隔离检疫期为 30 d"。目前，《进境动物检疫疫病名录》（2020 年 7 月 3 日）尚不能全面涵盖原产地疫病。而且，水产养殖动物疫病发生与养殖水温密切相关。30 或 45 d 的隔离期时间较短，短期隔离养殖水温未达到疫病发病温度时，不足以监测到进境水产品种检疫疫病名录之外的原产地疫病的发生。因此，仅按《进境动物检疫疫病名录》及《进境动物隔离检疫场使用监督管理办法》对进境水产动物隔离检疫，会增加外来水产品种疫病入境传播风险。外来病原一旦流入本土，必将给养殖生产造成严重损失。

（2）降低外来疫病入侵风险举措

① 对引入品种进行全面隔离检疫和监测　在计划由国外引入某品种时，要事先全面查清该品种原产地的疫病名录；根据该品种原产地疫病名录，加强该品种入境的全面隔离检疫和监测，并对运输该品种的入境用水及包装材料等进行全面消杀。

② 建立国外水产引种动物进场试养隔离期制度　为降低外来疫病的传入风险，建议邀请养殖专家、病害防控专家、生产单位等各方面代表召开研讨会，研讨建立"国外引种（水产品种）进场试养隔离期制度"的可行性、必要性，旨在进场试养隔离期内，针对原产地疫病名录对引种动物进行隔离检疫和监测，将外来疫病的境内传播风险扼杀在萌芽中。我们建议：国外引种进场试养隔离期为 1～2 年。

## 三、2022 年疾病流行预测

1. 春季应警惕的疾病

（1）池塘养殖鱼类　鲫造血器官坏死病、赤皮病、竖鳞病、溃疡病、疖疮病、水霉病、鳃霉病、车轮虫病。

（2）海水工厂化养殖鱼类　溃疡病、烂尾病、车轮虫病。

2. 夏季应警惕的疾病

（1）池塘养殖鱼类　锦鲤疱疹病毒病、鲤浮肿病、淡水鱼细菌性败血症、烂鳃病、肠炎病、车轮虫病、指环虫病、三代虫病、缺氧症。

（2）海水工厂化养殖鱼类　烂尾病、溃疡病、腹水病。

（3）池塘养殖凡纳滨对虾　白斑综合征、弧菌病、对虾肝胰腺坏死病、对虾肠道细菌病、固着类纤毛虫病。

（4）池塘养殖中华绒螯蟹　固着类纤毛虫病、缺氧症。

3. 秋季应警惕的疾病

（1）池塘养殖鱼类　鲫造血器官坏死病、鲤浮肿病、烂鳃病、肠炎病、淡水鱼细菌性败血症、车轮虫病、三代虫病。

（2）海水工厂化养殖鱼类　溃疡病、烂尾病。

（3）池塘养殖凡纳滨对虾　白斑综合征、对虾肠道细菌病、弧菌病、固着类纤毛虫病。

（4）池塘养殖中华绒螯蟹　固着类纤毛虫病。

4. 冬季应警惕的疾病

（1）池塘养殖鱼类　水霉病、鲢鳙肠炎病、溃疡病、气泡病、冻伤。

（2）海水工厂化养殖鱼类　溃疡病、烂尾病、车轮虫病。

# 2021 年河北省水生动物病情分析

河北省水产技术推广总站

（刘晓丽 李全振 田 洋 王凤敏）

2021 年河北省水产技术推广总站继续开展病情测报、重要水生动物疫病监测工作，对河北省主要养殖区域、重大疫病进行监测，监测养殖面积 7 525.6 hm²，约占河北省水产养殖总面积的 7.3%。通过此项工作掌握河北省水产病害分布和流行态势，为科学研判防控形势、制定防控决策提供依据。

## 一、病害总体情况

（一）病情测报

1. 基本情况  2021 年在河北省 11 个市 59 个县共设立 202 个监测点，测报员 94 名，开展水产养殖病情监测工作，测报养殖品种包括 6 大类 24 个品种（表 1）。监测时间为 1—12 月。

表 1　2021 年水产养殖病情测报监测品种

| 类别 | | 养殖品种 | 数量 |
|---|---|---|---|
| 鱼类 | | 鲤、草鱼、鲢、鳙、鲫、鳟、鲟、罗非鱼、鲴、观赏鱼、泥鳅、青鱼、鲈、黄颡鱼、河鲀、半滑舌鳎、鲆 | 17 |
| 甲壳类 | 虾类 | 凡纳滨对虾、日本对虾、中国明对虾 | 3 |
| | 蟹类 | 梭子蟹 | 1 |
| 爬行类 | | 鳖 | 1 |
| 贝类 | | 扇贝 | 1 |
| 棘皮动物 | | 海参 | 1 |
| 合计 | | | 24 |

2. 发病养殖种类  监测数据显示，全省测报点共监测到发病养殖种类 11 种（表 2）。

表 2　2021 年监测到发病水产养殖种类汇总

| 类　别 | | 种　类 | 数量（种） |
|---|---|---|---|
| 淡水 | 鱼类 | 草鱼、鲤、虹鳟、鲟、鲫、鲈 | 6 |
| | 虾类 | 凡纳滨对虾（淡水） | 1 |
| | 爬行类 | 鳖 | 1 |
| 海水 | 鱼类 | 鲆 | 1 |
| | 虾类 | 日本对虾、凡纳滨对虾（海水） | 2 |
| 合计 | | | 11 |

3. 监测到的疾病种类　监测到的疾病种类共有 14 种（表 3）。这些疾病中病毒性疾病占 4 种、细菌性疾病 7 种、真菌性疾病 1 种、寄生虫病 1 种、非病原性疾病 1 种，另有不明病因 6 宗。在发病原因中，生物源性疾病占 92.86%。其中，病毒性疾病占 30.77%、细菌性疾病占 53.85%、真菌性疾病占 7.69%、寄生虫病占 7.69%（图 1）。

表 3　2021 年水产养殖病情测报监测疾病种类

| 类　别 | | 病　名 | 数量（种） |
|---|---|---|---|
| 鱼类 | 病毒性疾病 | 传染性造血器官坏死病、淋巴囊肿病 | 2 |
| | 细菌性疾病 | 细菌性肠炎病、淡水鱼细菌性败血症、溃疡病 | 3 |
| | 寄生虫性疾病 | 锚头鳋病 | 1 |
| | 真菌性疾病 | 水霉病 | 1 |
| | 非病原性疾病 | 肝胆综合征 | 1 |
| | 其他 | 不明病因疾病 | （6） |
| 虾类 | 病毒性疾病 | 白斑综合征 | 1 |
| | 细菌性疾病 | 急性肝胰腺坏死病 | 1 |
| 其他类 | 病毒性疾病 | 鳖红底板病 | 1 |
| | 细菌性疾病 | 鳖红脖子病、鳖穿孔病、鳖溃烂病 | 3 |
| 合计 | | | 14 |

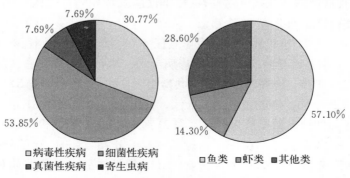

图 1　监测到的疾病种类和发病种类比例

4. 经济损失情况 河北省 2021 年水产养殖测报区因病害造成的经济损失 111.31 万元（表4），较 2020 年减少 564.16 万元，主要是凡纳滨对虾疾病和鲤浮肿病减少，其他病害较往年未有明显变化。

表 4    2021 年测报区各品种经济损失情况

| 品　　种 | 经济损失（万元） |
|---|---|
| 草鱼 | 4.94 |
| 鲤 | 0.11 |
| 虹鳟 | 21.36 |
| 鲟 | 3.00 |
| 鲫 | 0.50 |
| 鲆 | 11.01 |
| 日本对虾 | 12.00 |
| 凡纳滨对虾（淡） | 5.25 |
| 凡纳滨对虾（海） | 45.00 |
| 中华鳖 | 7.44 |
| 鲈（淡） | 0.70 |
| 合计 | 111.31 |

（二）疫病监测

1. 监测情况 2021 年农业农村部下达《2021 年国家水生动物疫病监测计划》、河北省农业农村厅下达《2021 年河北省水生动物疫病监测计划》，其中国家监测任务 55 个样品，省级监测任务 480 个样品。主要对河北省鲤春病毒血症（鲤科鱼类）、白斑综合征（对虾）、病毒性神经坏死病（海水鱼）、传染性造血器官坏死病（鲑鳟）、锦鲤疱疹病毒病（鲤和锦鲤）、鲫造血器官坏死病（鲫）、草鱼出血病（草鱼）、传染性皮下和造血器官坏死病（对虾）、鲤浮肿病（鲤和锦鲤）、虾肝肠胞虫病（对虾）、虾虹彩病毒病（对虾）、急性肝胰腺坏死病（对虾）、传染性胰脏坏死病（虹鳟）等 13 种疫病开展专项监测。监测范围是河北省 10 个市。

2. 监测结果 2021 年实际完成国家监测任务 90 个，省级监测任务 497 个。共检出 6 种疫病阳性，分别是鲤浮肿病、锦鲤疱疹病毒病、草鱼出血病、白斑综合征、传染性皮下和造血器官坏死病、虾肝肠胞虫病，共检出阳性样品 97 个（表5）。

2021 年河北省全年监测养殖场共 205 家，检出阳性的养殖场 81 家。就检测结果来看，虾类疫病的阳性检出情况最为严重（表6），其中 EHP 阳性检出率达到 47.3%，沧州地区的阳性检出率达到 76.36%，较 2020 年升高 21.04 个百分点；唐山地区 18.33%，较 2021 年降低 15.00 个百分点；EHP 阳性样品中以凡纳滨对虾为主要检出品种，沧州地区采样大部分为凡纳滨对虾，唐山地区采样品种有部分中国明对虾。IHHNV

表 5　2021 年监测结果

| 疫病种类 | 国家监测数 | 阳性数 | 检测单位 | 省级监测数 | 阳性数 | 检测单位 | (国家+省)阳性率（%） |
|---|---|---|---|---|---|---|---|
| SVCV | 5 | 0 | A | 34 | 0 | C | 0 |
| IHNV | 5 | 0 | A | 30 | 0 | C | 0 |
| CEV | 5 | 0 | A | 34 | 4 | C | 10.3 |
| KHV | 5 | 0 | A | 34 | 2 | C | 5.1 |
| GCHV | 5 | 3 | A | 30 | 0 | C | 8.6 |
| VNNV | 5 | 0 | B | 0 | 0 | | 0 |
| CyHV-2 | 5 | 0 | A | 35 | 0 | C | 0 |
| WSSV | 10 | 1 | B | 100 | 11 | C | 10.9 |
| IHHNV | 10 | 0 | B | 100 | 24 | C | 21.8 |
| SHIV | 10 | 0 | B | 0 | 0 | | 0 |
| EHP | 10 | 3 | B | 100 | 49 | C | 47.3 |
| AHPND | 10 | 0 | B | 0. | 0 | | 0 |
| IPN | 5 | 0 | A | | | | 0 |
| 合计 | 90 | 7 | | 497 | 90 | | 16.5 |

注：A 代表中国水产科学研究院黑龙江水产研究所，B 代表中国水产科学研究院黄海水产研究所，C 代表河北省水产技术推广总站。

的阳性检出率 21.82%，相较 2020 年降低 1.51 个百分点，变化不大，阳性样品中仍以凡纳滨对虾为主要检出品种。WSSV 阳性检出率 10.9%，较 2020 年降低 12.4 个百分点，降幅明显。2021 年草鱼出血病样品有阳性检出，送部检草鱼出血病的 5 个样品中，有 3 个样品阳性，是河北省近 8 年来首次检出。

表 6　2020—2021 年对虾疫病监测检出率（%）

| 年度 | EHP 检出率 | | IHHNV 检出率 | WSSV 检出率 |
|---|---|---|---|---|
| | 沧州 | 唐山 | | |
| 2020 | 55.32 | 33.33 | 23.33 | 23.33 |
| 2021 | 76.36 | 18.33 | 21.82 | 10.90 |

## 二、主要病害情况分析

### （一）鲤病害情况

鲤病害主要是鲤浮肿病（CEVD）。鲤浮肿病对河北省鲤养殖产业影响较大，2021 年对该病的发病情况进行了调查，共调查 9 家鲤浮肿病发病（或疑似）场家（表 7），其中唐山 8 家、保定 1 家。6 家经实验室检测 CEV 阳性，其中唐山 5 家、保定 1 家。

其他地区虽有 CEV 检测阳性，但未发现有鲤浮肿病发病。

表 7　河北省 2021 年鲤浮肿病（或疑似）调查

| 养殖场名称 | 养殖面积（hm²） | 放养密度（尾/hm²） | 苗种来源 | 发病日期 | 发病面积（hm²） | 发病规格（g/尾） | 发病水温（℃） | 发病前存塘量（万尾） | 死亡数量（万尾） | 发病率（%） | 死亡率（%） | 经济损失（万元） | 备注 |
|---|---|---|---|---|---|---|---|---|---|---|---|---|---|
| A | 8 | 225 000 | 本地 | 6月24日 | 5.33 | 12 | 24 | 180 | 60 | 60.00 | 33.33 | 12.00 | 采样检测CEV阳性 |
| B | 1.9 | 180 000 | 外省 | 7月12日 | 1.2 | 15 | 25 | 30 | 10 | 60.00 | 30.33 | 1.80 | 采样检测CEV阳性 |
| C | 0.53 | 225 000 | 外省 | 6月2日 | 0.53 | 12 | 22 | 18 | 8 | 90.00 | 44.44 | 1.50 | 疑似CEVD |
| D | 0.53 | 180 000 | 本地 | 6月18日 | 0.53 | 10 | 21 | 12 | 6.8 | 70.00 | 56.67 | 1.20 | 采样检测CEV阳性 |
| E | 1.33 | 225 000 | 本地 | 6月20日 | 1 | 12 | 21 | 30 | 8 | 50.00 | 26.67 | 1.90 | 疑似CEVD |
| F | 1.33 | 225 000 | 外省 | 6月26日 | 0.73 | 12 | 22 | 30 | 10 | 55.00 | 31.66 | 2.10 | 疑似CEVD |
| G | 8.67 | 4 950 000 | 本地 | 6月12日 | 8.67 | 1 | 22 | 4 290 | 965 | 100.00 | 22.50 | 48.25 | 采样检测CEV阳性 |
| H | 3 | 22 500 | 外省 | 7月23日 | 3 | 600 | 26 | 7 | 2.17 | 100.00 | 32.00 | 20.80 | 采样检测CEV阳性 |
| I | 3.53 | 52 500 | 外省 | 7月25日 | 0.13 | 300～400 | 18～21 | 0.77 | 0.51 | 3.77 | 66.23 | 60.00 | 采样检测CEV阳性 |
| 合计 | 28.82 | | | | 21.12 | | 18～26 | 4 598 | 1 070 | 73.29 | 23.27 | 149.55 | |

在 9 家鲤浮肿病发病场中，有 5 家苗种来自外地，尤其是 1 家以主养鳙为主，因对鲤疫病不了解，将来自外省的锦鲤鱼种未经检验及单独隔离饲养，而直接投入养殖池中，鳙不发病，但是导致以前养殖多年的商品锦鲤发病死亡，经济损失惨重。因此，因引种原因造成 CEVD 点状发病有扩散趋势。

经 2018—2021 年连续监测，唐山地区 CEVD 多呈片区发病，为河北省重点发病地区。2021 年鲤浮肿病发病率比以前年度增加，死亡率变化不大，经济损失很高（主要是锦鲤死亡所致），说明河北省 CEVD 形势仍很严峻，应引起广大养殖户充分重视。

河北省 2016—2019 年专项监测未检出 KHV 阳性，2020 年检测出 KHV 阳性 9 例，2021 年检出阳性 2 例（表 8），没有发病死亡报告，但仍应引起重视。

表 8　河北省 2013—2021 年 KHV 监测情况

| 年份 | 样品数（个） | 阳性数（个） | 阳性率（%） |
|---|---|---|---|
| 2013 | 12 | 3 | 25.00 |
| 2014 | 70 | 0 | 0 |
| 2015 | 75 | 2 | 2.67 |
| 2016 | 60 | 0 | 0 |
| 2017 | 60 | 0 | 0 |
| 2018 | 30 | 0 | 0 |
| 2019 | 30 | 0 | 0 |
| 2020 | 43 | 5 | 11.63 |
| 2021 | 39 | 2 | 5.12 |
| 合计/平均 | 419 | 12 | 2.86 |

（二）草鱼病害情况

草鱼病害主要有草鱼出血病、肠炎病、赤皮病、细菌性败血症、锚头蚤病等。以5—8 月发病较多，但死亡率较低。发病原因主要是水质恶化，病原微生物对养殖生物构成危害。2021 年专项监测检测出草鱼出血病阳性 3 例，但是在流行病学调查过程中未发现有发病情况。

（三）鲈病害情况

河北省养殖加州鲈时间不长，近年来养殖规模逐渐扩大。2020 年有 1 家养殖场发生疾病。2021 年石家庄、邢台地区发生加州鲈病害，诊断为因水质恶化由气单胞菌引起的烂身病。

（四）虹鳟病害情况

2021 年，虹鳟主要出现疑似 IHN、细菌性肠炎病、水霉病和不明病因病等。4 月张家口市赤城县有 2 个虹鳟养殖场不同程度发病，现场诊断为疑似 IHN，但抽样检测IHNV 皆为阴性，或疑似为 IPN（表 9）。

表 9　河北省历年 IHNV 专项监测情况表

| 年份 | 样品数量（个） | 阳性数量（个） | 阳性率（%） |
|---|---|---|---|
| 2013 | 60 | 40 | 66.67 |
| 2014 | 60 | 52 | 86.67 |
| 2015 | 93 | 5 | 5.38 |
| 2016 | 90 | 11 | 12.22 |

（续）

| 年 份 | 样品数量（个） | 阳性数量（个） | 阳性率（%） |
|---|---|---|---|
| 2017 | 80 | 0 | 0 |
| 2018 | 41 | 3 | 7.32 |
| 2019 | 30 | 0 | 0 |
| 2020 | 34 | 3 | 8.82 |
| 2021 | 35 | 0 | 0 |
| 合计/平均 | 523 | 114 | 21.8 |

（五）鲟病害情况

鲟病害主要是链球菌病、不明病因病等，病害平均发病率和死亡率均有所上升。2021 年鲟病害主要集中在石家庄地区，应急监测采样后经实验室检测大多数为鲟链球菌病。鲟链球菌病呈上升趋势，一些不明病因病有待于进一步研究。

（六）中华鳖病害情况

中华鳖病害主要有鳖红底板病、鳖红脖子病、鳖穿孔病、鳖溃烂病等，发病种类、发病率、死亡率及造成的经济损失均有所降低。发病原因主要是水质恶化、外伤感染等。

（七）对虾病害情况

对虾病害主要是弧菌病、烂鳃病、白斑综合征、传染性皮下和造血器官坏死病、肝肠胞虫病等。2021 年虾类疫病的阳性检出情况最为严重，其中 EHP 阳性检出率最高。

（八）鲆鲽类病害情况

鲆鲽类主要病害是细菌性肠炎、溃疡病和淋巴囊肿病等，发病种类死亡率及造成的经济损失均较低，与 2020 年相比未有明显变化。

（九）其他品种病害情况

其他养殖品种如鲴等发生了不同程度的病害，但其发病率和死亡率均较低，造成的经济损失也较低。与去年相比，病害种类、造成的经济损失有所降低。另外，鲢、鳙、鲫、罗非鱼、泥鳅、青鱼、黄颡鱼、河鲀、半滑舌鳎、梭子蟹、扇贝、海参等在测报区未监测到病害。

## 三、2022 年河北省水产养殖病害趋势预测

根据近年来河北省水产养殖病害发生情况，预测 2022 年病害发生趋势如下：

（1）淡水鱼类病害仍以病毒性、细菌性疾病和寄生虫病为主，主要是鲤浮肿病、鲆链球菌病、传染性造血器官坏死病、肠炎病、烂鳃病等。局部暴发鲤浮肿病的可能性非常大，并且有扩散趋势，应加强苗种检疫和运输管理，加大鲤浮肿病防控知识宣传力度；草鱼出血病在 2022 年专项监测工作中应引起重视，加大监测数量和发病流行病学调查工作；加州鲈病害随着河北省养殖规模扩大将呈上升趋势，应引起高度关注；鲆链球菌病局部发病严重，应加强监测、病情调查和药敏试验。

（2）对虾类病害主要是虾肝肠胞虫病、白斑综合征、急性肝胰腺坏死病、弧菌病等。虾肝肠胞虫病发病率很高，需要重点关注；弧菌病可能造成较大的经济损失。

（3）中华鳖病害主要是鳖溃烂病、鳖红底板病、鳖红脖子病等，不会有明显变化。

# 2021 年内蒙古自治区水生动物病情分析

内蒙古农牧业技术推广中心水产技术处

（武二栓　乌兰托亚）

## 一、基本情况

2021 年，内蒙古自治区水产技术推广站组织全区 12 个盟（市）、30 个旗（县）的 84 个测报点，重点关注沿黄集中连片养殖地区，对草鱼、鲢、鲤、鳙、鲫、鳊、鲇、乌鳢、红鲌等 9 个鱼类养殖品种的病害情况进行了监测。监测面积 10 468.9 hm²，其中池塘监测面积 2 828.9 hm²。

## 二、监测结果与分析

2021 年监测到养殖鱼类发病种类 3 种，分别为草鱼、鲢、鲤。

2021 年监测到养殖鱼类病害 4 种。其中，病毒性疾病 1 种（鲤浮肿病），寄生虫性疾病 2 种（三代虫病、车轮虫病），不明病因疾病 1 种。

2021 年监测到的内蒙古养殖鱼类疾病中，病毒性疾病（鲤浮肿病）占 12.5%；寄生虫性疾病（车轮虫病 12.5%，三代虫病 12.5%）占 25%；不明病因疾病（其他）占 62.5%。

2021 年的监测中，养殖鱼类发病面积占监测区域面积比例以 6 月最高，为 0.04%；7 月和 9 月为 0.02%；其他月无发病。

2021 年对内蒙古自治区养殖鱼类危害较大的疾病是鲤浮肿病，监测区域死亡率平均为 1.55%，发病区域死亡率是 23.81%，三代虫病、车轮虫病均有发生，但没有导致养殖鱼类死亡的现象出现（表 1）。

表 1　2021 年监测发病区域面积比例、发病区域死亡率、监测区域死亡率

| 疾病名称 | 鲤浮肿病 | 三代虫病 | 车轮虫病 | 不明病因疾病 |
|---|---|---|---|---|
| 发病面积占监测面积比例（%） | 1.2 | 2.41 | 1.2 | 0 |
| 监测区域死亡率（%） | 1.55 | 0 | 0 | 0 |
| 发病区域死亡率（%） | 23.81 | 0 | 0 | 0 |

产生上述病害的主要原因是养殖池塘多年使用，饵料残渣和肥料逐年沉积导致淤泥加厚，池塘老化现象较严重，致使养殖池塘病害多。部分是由于水质恶化、施肥不合理、消毒不规范等所致，也有少量是由于寄生虫、鱼苗种质量差所致。

内蒙古自治区水域面积大，以大中水域为主，预计下一年度渔业病害趋势仍将是以继发性感染为主，也有可能在春夏之交，越冬水生动物体质差、水温变化较大时在一定范围出现疫情。

## 三、2021 年内蒙古自治区水产养殖动物病害流行情况预测

根据历年内蒙古自治区水产养殖病害测报和监测数据，2021 年在全区水产养殖过程中仍将发生不同程度的病害，疾病种类主要是细菌、真菌、寄生虫等疾病。也要防范病毒性疾病，尤其是鲤浮肿病近年时有发生，造成了一定的损失。要注意苗种的引进检疫把关和池塘日常管理。一旦发病，科学用药治疗、减少损失。

内蒙古自治区 4 月气温升高转暖，水温虽开始回升但仍较低，水产养殖动物处于经过越冬后的生长期，投饵量和排泄物的增加，鲤易发细菌性疾病和寄生虫疾病，主要是肠炎病和锚头鳋，4 月也是鲤春病毒血症的发病季节，内蒙古自治区近几年虽未出现鲤春病毒血症暴发情况，但有时检出 SVC 阳性，应提高警惕，重点区域在呼和浩特、包头、巴彦淖尔和鄂尔多斯。鲢鳙易发细菌性疾病，主要是打印病，重点区域在呼和浩特、包头。

5 月是水生动物开始生长阶段，食欲逐渐增强，摄食量大增。气候变化无常，水质易变，因而 5 月应密切关注鱼类的水霉病、肠炎病、打印病和寄生虫病。

6 月，气温回升比较明显，渔业生产进入旺季，内蒙古自治区比较常见的鱼病有水霉病、锚头鳋病、烂鳃病。在生产过程中，因养殖密度过高，转塘、分池等管理不善，一旦造成鱼体受伤，极易感染水霉病。烂鳃病是一种比较常见的鱼病，传播快、病程长，一经发病便难控制其蔓延。危害品种主要有草鱼、白鲢。

7 月将迎来小暑和大暑两个节气，气温会陆续创出新高。

8 月，将迎来立秋和处暑两个节气，气温仍然偏高，这两个月水产养殖生产需注意防范高温天气的不利影响，随着气温越来越高，水温也相应升高，各类病原生物开始活跃繁殖，谨防暴发性鱼病发生。7—8 月密切关注鱼类的烂鳃病。

9—10 月，气温略低，本地区不易发生鱼病，注意捕鱼过程中减少鱼体受伤，预防时注意水体消毒。

# 2021 年辽宁省水生动物病情分析

辽宁省水产技术推广站

（陈静　李重实　白鹏　陈文博）

## 一、基本情况

### （一）水产养殖病情测报

按照农业农村部的统一部署，2021 年辽宁省通过"全国水产养殖动植物病情测报系统"对全省 10 市 21 县（市）区开展了水产养殖病情测报工作。2021 年辽宁省调配水产养殖病情测报员 87 名，设置监测点 168 个，监测面积 11 352.872 2 hm²（表 1），测报养殖品种 22 个（表 2）。监测项目为病毒性疾病、细菌性疾病、寄生虫性疾病、真菌性疾病及非病原性疾病（表 3）。测报期为 3—12 月，2021 年辽宁省上报记录数 715 次。

表 1　2021 年辽宁省水产养殖病情监测面积汇总（hm²）

| 海水池塘 | 海水池塘、海水普通网箱 | 海水滩涂 | 海水筏式 | 海水工厂化 | 海水底播 | 淡水池塘 | 淡水池塘、淡水其他 | 淡水工厂化 | 淡水其他 | 合计 |
|---|---|---|---|---|---|---|---|---|---|---|
| 2 391.667 9 | 180.000 1 | 66.666 7 | 195.333 4 | 4.266 7 | 4 266.668 8 | 1 124.734 1 | 64.666 8 | 2.866 5 | 3 056.001 2 | 11 352.872 2 |

表 2　2021 年辽宁省水产养殖病情监测品种汇总

| 地区 | 监测品种 | 小计（个） |
|---|---|---|
| 沈阳市 | 鲤、鲫、草鱼、乌鳢、黄颡鱼 | 5 |
| 抚顺市 | 鲢、鳙、中华绒螯蟹、鲤 | 5 |
| 本溪市 | 鲑、鲟 | 2 |
| 丹东市 | 海蜇、中国明对虾、蛏、蛤 | 4 |
| 锦州市 | 海参 | 1 |
| 营口市 | 凡纳滨对虾、鲤、海参、鲢 | 4 |
| 辽阳市 | 草鱼、鲤、鲇 | 3 |

（续）

| 地区 | 监测品种 | 小计（个） |
|---|---|---|
| 大连市 | 海参、海带、蛤、牡蛎 | 4 |
| 盘锦市 | 中华绒螯蟹、鲤、凡纳滨对虾 | 3 |
| 朝阳市 | 鲤、草鱼、鲢 | 3 |
| 葫芦岛市 | 罗非、鲆、海参、蛏、蛤、鳟、鲟 | 7 |

| 省份 | 监测种类数量（个） | | | | | | |
|---|---|---|---|---|---|---|---|
| | 淡水鱼类 | 海水鱼类 | 虾类 | 蟹类 | 贝类 | 藻类 | 其他类 |
| 辽宁省 | 12 | 1 | 2 | 1 | 3 | 1 | 2 |
| 合计 | 22 | | | | | | |

注：监测水产养殖种类合计数不是监测种类的直接合计数，而是剔除相同种类后的数量。

表 3　2021 年辽宁省水产养殖病情监测的主要疾病种类

| 疾病类别 | 疾病名称 |
|---|---|
| 病毒性疾病 | 鲤春病毒血症、锦鲤疱疹病毒病、鲤浮肿病、草鱼出血病、传染性造血器官坏死病、病毒性神经坏死病、传染性胰坏死病、白斑综合征、桃拉综合征、传染性皮下和造血器官坏死病、虾虹彩病毒病、对虾偷死野田村病毒病、鲆类淋巴囊肿病、牙鲆弹状病毒病、大菱鲆病毒性红体病 |
| 细菌性疾病 | 淡水鱼细菌性败血症、细菌性烂鳃病、细菌性肠炎病、打印病、竖鳞病、赤皮病、疖疮病、链球菌病、虾类弧菌病、虾类烂鳃病、虾类红腿病、急性肝胰腺坏死病、鲆类腹水病、鲆类爱德华氏菌病、文蛤弧菌病、溃疡病、海参腐皮综合征 |
| 寄生虫性疾病 | 小瓜虫病、三代虫病、指环虫病、固着类纤毛虫病、车轮虫病、中华鳋病、锚头鳋病、黏孢子虫病、盾纤毛虫病、刺激隐核虫病、虾肝肠胞虫病、蟹奴病 |
| 真菌性疾病 | 水霉病、鳃霉病、中华绒螯蟹"牛奶病" |
| 非病原性疾病 | 气泡病、畸形、脂肪肝、维生素 C 缺乏症、肝胆综合征、不明原因的疾病 |
| 其他 | 中华绒螯蟹颤抖病 |

## （二）重要水生动物疫病监测

1. 国家监测任务　《2021 年国家水生动物疫病监测计划》中，辽宁省承担 7 种疫病 35 个样品的监测任务，其中鲤春病毒血症 5 个、锦鲤疱疹病毒病 5 个、鲤浮肿病 5 个、传染性造血器官坏死病 5 个、传染性皮下和造血器官坏死病 5 个、病毒性神经坏死病 5 个、白斑综合征 5 个。按照总站要求，将样品送至规定检测机构。

2. 省级监测任务　2021 年辽宁省对凡纳滨对虾、大菱鲆、鲑鳟、鲤、锦鲤等 5 个品种 325 个样品进行了 9 种疫病的专项监测。年初制定《2021 年辽宁省水生动物疫病监测计划实施方案》下发各市（表 4）。4 月 30 日前，组织重点监测的市、县渔业主管部门，根据监测计划科学选择采样点，采样点覆盖辖区内省级原良种场、龙头养殖场、大型育苗室等重点场所。5 月初至 6 月底，辽宁省水产技术推广站工作人员在各地渔业主管部门配合下，严格按照《水生动物产地检疫采样技术规范》（SC/T 7103—2008）采集样品，完成了 325 个样品现场采样工作，依规填写《现场采样记录表》并将样品送至检测机构。截至 9 月 30 日，325 个样品检测完毕。

表 4　2021 年辽宁省省本级疫病监测任务分配（个）

| 疫病 | 营口 | 盘锦 | 锦州 | 丹东 | 辽阳 | 葫芦岛 | 沈阳 | 鞍山 | 本溪 | 合计 |
|---|---|---|---|---|---|---|---|---|---|---|
| 鲤春病毒血症 | | 5 | | | 10 | | 5 | 5 | | 25 |
| 锦鲤疱疹病毒病 | | 5 | | | 10 | | 5 | 5 | | 25 |
| 鲤浮肿病 | | 5 | | | 10 | | 5 | 5 | | 25 |
| 传染性造血器官坏死病 | | | | | | 15 | | | 30 | 45 |
| 白斑综合征 | 10 | 10 | 10 | 10 | | | | | | 40 |
| 传染性皮下和造血器官坏死病 | 10 | 10 | 10 | 10 | | | | | | 40 |
| 虾肝肠胞虫病 | 10 | 10 | 10 | 10 | | | | | | 40 |
| 虾虹彩病毒病 | 10 | 10 | 10 | 10 | | | | | | 40 |
| 病毒性神经坏死病毒病 | 10 | | | | | 35 | | | | 45 |
| 合计 | 50 | 55 | 40 | 40 | 30 | 50 | 15 | 15 | 30 | 325 |

## 二、监测结果

### （一）病情测报监测结果

2021 年，辽宁省在葫芦岛市、辽阳市、沈阳市共监测到水产养殖动物疾病 17 种 42 例（表 5），其中葫芦岛市 7 例，占比 16.67%；沈阳市 16 例，占比 38.10%；辽阳市 19 例，占比 45.23%。42 例疾病中病毒性疾病占 2.38%，细菌性疾病占 47.62%，真菌性疾病占 14.29%，寄生虫性疾病占 33.33%，非病原性疾病 2.38%。发病养殖品种为鲤、草鱼、鲇、鲆和海参，各品种监测到病例分别为 15、17、3、6、1 例，占比分别为 35.71%、40.48%、7.14%、14.29%、2.38%。发病面积 25.24 hm²，平均发病面积率为 4.18%，平均监测区域死亡率 0.16%，平均发病区域死亡率 3.35%（表 6）。

表 5　2021 年辽宁省监测到的疾病汇总

| 类别 | | 疾病名称 | 数量 |
|---|---|---|---|
| 鱼类 | 病毒性疾病 | 大菱鲆病毒性红体病 | 葫芦岛市 1 例 |
| | 细菌性疾病 | 赤皮病 | 辽阳市 3 例 |
| | | 细菌性肠炎病 | 葫芦岛市 1 例、沈阳市 3 例、辽阳市 4 例 |
| | | 淡水鱼细菌性败血症 | 辽阳市 3 例 |
| | | 溃疡病 | 葫芦岛市 1 例、辽阳市 1 例 |
| | | 柱状黄杆菌病（细菌性烂鳃病） | 辽阳市 1 例 |
| | | 弧菌病 | 葫芦岛市 2 例 |
| | | 水霉病 | 沈阳市 5 例 |
| | 真菌性疾病 | 鳃霉病 | 沈阳市 1 例 |
| | | 黏孢子虫病 | 沈阳市 1 例、辽阳市 1 例 |
| | 寄生虫性疾病 | 指环虫病 | 沈阳市 1 例 |
| | | 车轮虫病 | 沈阳市 2 例、辽阳市 5 例 |
| | | 小瓜虫病 | 沈阳市 1 例 |
| | | 三代虫病 | 沈阳市 1 例、辽阳市 1 例 |
| | | 盾纤毛虫病 | 葫芦岛市 1 例 |
| | 非病原性疾病 | 肝胆综合征 | 沈阳市 1 例 |
| 其他类 | 细菌性疾病 | 海参腐皮综合征 | 葫芦岛市 1 例 |
| 合计 | | | 17 种 42 例 |

表 6　各养殖品种平均发病面积率

| 养殖种类 | 淡水 | | | 海水 | | 合计 |
|---|---|---|---|---|---|---|
| | 鱼类 | | | 鱼类 | 其他类 | |
| | 草鱼 | 鲤 | 鲇 | 鲆 | 海参 | |
| 总监测面积（hm²） | 663.533 7 | 1 936.467 6 | 20.666 7 | 4.766 7 | 3 417.868 4 | 6 043.303 1 |
| 总发病面积（hm²） | 11.133 5 | 9.333 3 | 4 | 0.75 | 0.02 | 25.236 6 |
| 平均发病面积率（%） | 1.68 | 0.48 | 19.35 | 15.73 | 0 | 4.18 |

## （二）重要水生动物疫病监测结果

1. 国家监测任务结果　2021 年，辽宁省所承担任务中鱼类疫病样品均为阴性；检测机构对 10 个虾类疫病样品（传染性皮下和造血器官坏死病 5 个样品、白斑综合征 5 个样品）均进行了传染性皮下和造血器官坏死病、白斑综合征、虾虹彩病毒病、虾肝肠胞虫病和急性肝胰腺坏死病的检测，检测结果显示白斑综合征阳性样品 5 个，阳性检出率为 50%，虾肝肠胞虫病阳性样品 2 个，阳性检出率为 20%。

2. 省级监测结果　　2021 年，辽宁省共检测省级疫病专项监测样品 325 个，其中样品阳性 6 个，包括白斑综合征阳性样品 3 个和传染性皮下和造血器官坏死病阳性样品 3 个，总阳性检出率为 1.85%，而 40 个对虾样品白斑综合征和传染性皮下和造血器官坏死病阳性检出率均为 7.5%（表 7）。

**表 7　2021 年辽宁省省级疫病监测结果汇总**

| 疫病名称 | 监测数量（个） | 阳性样品数量（个） | 阳性检出率（%） |
|---|---|---|---|
| 鲤春病毒血症 | 25 | 0 | 0 |
| 锦鲤疱疹病毒病 | 25 | 0 | 0 |
| 鲤浮肿病 | 25 | 0 | 0 |
| 传染性造血器官坏死病 | 45 | 0 | 0 |
| 白斑综合征 | 40 | 3 | 7.5 |
| 传染性皮下和造血器官坏死病 | 40 | 3 | 7.5 |
| 虾肝肠胞虫病 | 40 | 0 | 0 |
| 虾虹彩病毒病 | 40 | 0 | 0 |
| 病毒性神经坏死病毒病 | 45 | 0 | 0 |
| 合计 | 325 | 6 | 1.85 |

# 三、情况分析

## （一）2021 年辽宁省水产养殖病害测报情况分析

2021 年，辽宁省仅在葫芦岛市、辽阳市和沈阳市监测到水产养殖动物疾病 17 种 42 例，与 2020 年 19 种 72 例相比呈下降趋势。2021 年未监测到甲壳类疾病情况，分析可能与人员变动有关。中华绒螯蟹和凡纳滨对虾是辽宁省重要的养殖经济品种，养殖规模较大；中华绒螯蟹的主要养殖区是盘锦市，凡纳滨对虾的主要养殖区是营口市和丹东市，2021 年由于机构改革，原测报员调离岗位，新进人员熟悉业务需要时间，有漏报的可能。从 2021 年各月监测到的疾病数量看，7 月、8 月和 9 月是发病高峰季节，多发生细菌性疾病，而且发病面积比也在 9 月达到了高峰，因此养殖生产者要提高科学防病意识，做好养殖过程每个环节的管理工作。

## （二）监测到主要养殖品种病情分析

1. 草鱼　　2021 年共监测到草鱼疾病 8 种 17 例，在监测到的发病品种中占比 40.48%；细菌性肠炎病为高发病，赤皮病次之，6—8 月为发病高峰季节，肠炎病、赤皮病和烂鳃病被称为草鱼"三病"，对草鱼的危害较大，在养殖过程中要重点防范；监测到发病面积为 11.133 3hm²，平均发病面积比例 1.029%，平均监测区域死亡率 0.140%，平均发病区域死亡率 1.157%，全年发病情况详见图 1 和表 8。

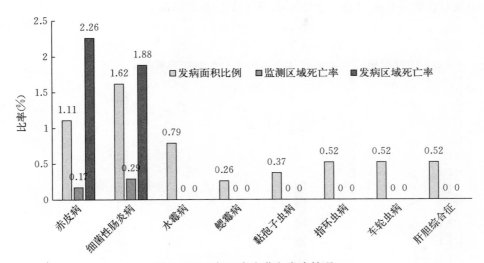

图 1  2021 年辽宁省草鱼发病情况

**表 8  2021 年辽宁省草鱼不同季节发病情况汇总**

| 月份 | 监测到的疾病 | 发病面积（hm²） |
|---|---|---|
| 5 | 水霉病（2 例） | 1.000 0 |
|  | 鳃霉病 | 0.333 3 |
| 6 | 细菌性肠炎病 | 1.133 3 |
|  | 赤皮病 | 0.533 3 |
| 7 | 肝胆综合征 | 0.666 7 |
|  | 指环虫病 | 0.666 7 |
|  | 车轮虫病 | 0.666 7 |
|  | 赤皮病 | 0.666 7 |
| 8 | 赤皮病 | 0.666 7 |
|  | 细菌性肠炎病（3 例） | 1.666 7 |
|  | 黏孢子虫病 | 0.466 7 |
| 9 | 细菌性肠炎病（3 例） | 2.666 7 |
| 合计 | 8 种 17 例 | 11.133 5 |

2. 鲤　2021 年共监测到鲤疾病 8 种 15 例，淡水鱼细菌性败血症、水霉病和车轮虫病各 3 例，三代虫病 2 例，溃疡病、细菌性烂鳃病（柱状黄杆菌病）、黏孢子虫病和小瓜虫病各 1 例，在监测到的发病品种中占比 35.71%；监测到发病面积为 9.333 3 hm²，平均发病面积比例 0.860%，平均监测区域死亡率 0.045%，平均发病区域死亡率 0.921%；淡水鱼细菌性败血症对鲤的危害较大，发病面积比最高，达到 2.3%，养殖

过程中及时预防是重中之重，全年发病情况详见图2和表9。

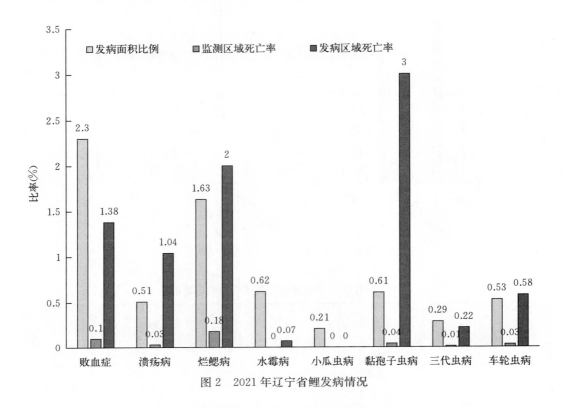

图2　2021年辽宁省鲤发病情况

**表9　2021年辽宁省鲤不同季节发病情况汇总**

| 月份 | 监测到的疾病 | 发病面积（hm²） |
|------|------|------|
| 5 | 水霉病（3例） | 1.566 7 |
|  | 溃疡病 | 0.333 3 |
| 6 | 细菌性烂鳃病（柱状黄杆菌病） | 1.066 7 |
|  | 车轮虫病 | 0.400 0 |
| 7 | 三代虫病（2例） | 0.866 7 |
|  | 车轮虫病 | 0.466 7 |
| 8 | 淡水鱼细菌性败血症（2例） | 1.666 6 |
|  | 黏孢子虫病 | 0.433 3 |
| 9 | 淡水鱼细菌性败血症 | 1.333 3 |
|  | 车轮虫病 | 0.666 7 |
|  | 小瓜虫病 | 0.533 3 |
| 合计 | 8种15例 | 9.333 3 |

3. 鲇　2021 年辽宁省只监测到车轮虫病，7 月、8 月和 9 月各发生 1 例。发病面积为 4.0 hm²，却占总发病面积的 15.84%，可见车轮虫对鲇的危害较大，养殖户在日常管理中需要重点防范。

4. 鲆　2021 年辽宁省鲆发病情况如图 3 所示。监测到疾病 5 种 6 例，弧菌病 2 例，大菱鲆病毒性红体病、溃疡病、细菌性肠炎病和盾纤毛虫各 1 例。盾纤毛虫病虽然只监测到 1 例，但发病区域死亡率却高达 30%，此病在苗期、养成期和亲鱼培育期均可发生，传染快、发病率高，可引起大规模死亡，鲆养殖过程中要加强防范。弧菌病的发生，往往是由于养殖环境条件的恶化，致病弧菌达到一定数量，同时各种因素造成鱼体抗病力下降等方面原因互相作用的结果，此病为鲆类最常发生的细菌性疾病，因此在鲆养殖过程中要加强日常管理，保持良好的水底质环境。

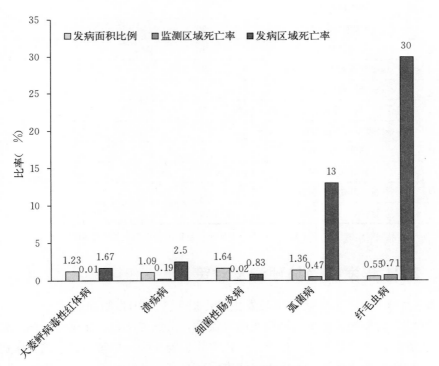

图 3　2021 年辽宁省鲆发病情况

5. 海参　海参具有很高的营养价值和保健功效，是辽宁省重要的经济养殖品种，随着养殖规模扩大，病害问题频发。海参腐皮综合征是当前养殖海参常见的疾病，发病面广、发病较快，危害也最为严重，辽宁省连年监测到此病。此病以防为主，因此养殖过程中要有效地控制池底污染，提高海参自身的免疫力和抗病力。

（三）2021 年辽宁省重要水生动物疫病监测分析

2021 年，辽宁省共监测 10 种重要水生动物疫病（国家任务中后增加了虾类急性肝胰腺坏死病，合计 10 种），360 个样品（国家任务 35 个、省本级任务 325 个），检出 3 种疫病（白斑综合征、传染性皮下和造血器官坏死病和虾肝肠胞虫病），均为虾类疫病，11 个阳性样品，阳性总检出率 3.05%，而且存在一个阳性样品有两种疫病检出的情况（表 10）。白斑综合征阳性检出率最高，为 16%；传染性皮下和造血器官坏死病次之，为 6%；虾肝肠胞虫病为 4%。虾类监测 5 种疫病，3 种有检出，可见 2021 年辽宁省虾类养殖业疫病风险较高，为保障养殖对虾的质量安全和养殖环境的生态安全，加强虾类疫病风险防控是重中之重。

表 10　2021 年辽宁省重要水生动物疫病监测结果汇总

| 序号 | 疫病名称 | | 样品数量（个） | 阳性样品数（个） | 检出率（%） |
|---|---|---|---|---|---|
| 1 | 鱼类 | 鲤春病毒血症 | 30 | 0 | 0 |
| 2 | | 锦鲤疱疹病毒病 | 30 | 0 | 0 |
| 3 | | 鲤浮肿病 | 30 | 0 | 0 |
| 4 | | 传染性造血器官坏死病 | 50 | 0 | 0 |
| 5 | | 病毒性神经坏死病 | 50 | 0 | 0 |
| 6 | 虾类 | 白斑综合征 | 50 | 8 | 16 |
| 7 | | 传染性皮下和造血器官坏死病 | 50 | 3 | 6 |
| 8 | | 虾肝肠胞虫病 | 50 | 2 | 4 |
| 9 | | 虾虹彩病毒病 | 50 | 0 | 0 |
| 10 | | 急性肝胰腺坏死病 | 10 | 0 | 0 |
| 合计 | | | 360 | 11 | 3.06 |

注：有 10 个样品同时监测了 5 种虾类疫病；有 2 个阳性样品同时检出白斑综合征和虾肝肠胞虫病。

## 四、2021 年发病趋势预测及对策

1. 淡水养殖品种　大宗淡水鱼易发生鲤浮肿病、细菌性败血病、黏孢子虫病、烂鳃病、打印病、肠炎病、赤皮病和锚头鳋等疾病，重点关注省内沈阳、辽阳、营口、丹东、鞍山主养区。虹鳟易发生小瓜虫、三代虫病、肠炎病、烂鳃病、烂鳍等疾病，苗期易发生传染性造血器官坏死病，重点关注本溪、丹东、葫芦岛养殖区。泥鳅易发生肠炎病、车轮虫病，重点关注盘锦泥鳅高密度精养区。中华绒螯蟹易发生牛奶病、黑鳃病、纤毛虫病和水肿病，重点关注盘锦中华绒螯蟹稻田、苇田养殖区。凡纳滨对虾易发生白斑综合征、肝肠胞虫病、急性肝胰腺坏死病、传染性皮下和造血器官坏死病、虾虹彩病毒病等，重点关注营口、盘锦、鞍山对虾精养区。

2. 海水养殖品种　大菱鲆易发生红嘴病、肠炎病、腹水病，重点关注葫芦岛养殖区。虾类易发生白斑综合征、肝肠胞虫病、急性肝胰腺坏死病、传染性皮下和造血器官坏死病、虾虹彩病毒病等，重点关注沿海各市的中国明对虾养殖区和营口、盘锦、丹东凡纳滨对虾精养区。海参易发生腐皮病综合征和养殖池内发生草害，关注沿海全部养殖

区域。海蜇易发生"气泡病"、顶网、长脖、萎缩、上吊等病，重点关注营口、丹东海蜇养殖区。

养殖过程中，要坚持"预防为主、防治结合、防重于治"的原则。预防各类细菌性疾病的最好办法是定期加注新水、用水质改良剂调节水质；定期使用底质改良剂改良底质；定期使用杀菌剂，控制有害病菌的浓度；延长增氧时间，为养殖鱼、虾、蟹等营造良好的环境，减少病害发生。一旦发病，要及时确诊，并在水产执业兽医的指导下进行药物治疗，减少病害造成的损失。

# 2021 年吉林省水生动物病情分析

吉林省水产技术推广总站

（万继武　孙宏伟　袁海延　蔺丽丽）

## 一、基本情况

2021 年吉林省 10 个市（州）、45 个县（市、区）开展水产养殖病害检测工作，共设置监测点 118 个，测报员 58 名，监测总面积 12 835.02 hm²，监测养殖品种 15 个。

## 二、监测情况及分析

### （一）总体情况

2021 年吉林省共监测 15 个品种，其中发病品种 5 个。疾病类别为 4 类：细菌性疾病 5 种，发病数量 16 次；真菌性疾病 2 种，发病数量 7 次；寄生虫性疾病 3 种，发病数量 12 次；非病原性疾病 1 种，发病数量 1 次。具体见表 1。

**表 1　2021 年吉林省水产养殖病害汇总**

| 监测品种 | 发病种类 | 疾病类别 | 病名 | 数量 |
|---|---|---|---|---|
| 草鱼、鲢、鳙、鲤、鲫、鳊、青鱼、鲇、鲴、鲑鳟、鳜、红鲌、洛氏鱼岁、锦鲤 | 草鱼、鲢、鳙、鲤、鲫 | 细菌性疾病 | 淡水鱼细菌性败血症、肠炎病、打印病、赤皮病、柱状黄杆菌病（细菌性烂鳃病） | 16 |
| | | 真菌性疾病 | 鳃霉病、水霉病 | 7 |
| | | 寄生虫性疾病 | 锚头鳋病、指环虫病、鱼虱病 | 12 |
| | | 非病原性疾病 | 缺氧症 | 1 |

### （二）数据分析

1.2021 年吉林省监测到各疾病总发病 36 次　其中锚头鳋病发生 8 次，占总发病比例的 22.22%；打印病、水霉病、肠炎病、柱状黄杆菌病各发生 4 次，占总发病比例的 11.11%；鳃霉病、淡水鱼细菌性败血症均发生 3 次，占总发病比例 8.33%；鱼虱病、指环虫病均发生 2 次，占总发病比例 5.56%；赤皮病、缺氧症均发生 1 次，占总发病比例 2.78%。

2.2021 年监测各月份发病情况及每种病发生数量变化　由于吉林省 1—3 月为冰封期，4 月进入养殖期后，疾病陆续开始发生，其中 7 月为疾病高发月份，发病率为

30.6％。全年发生最多的疾病为锚头鳋病，几乎覆盖整个养殖期，今后养殖生产中应注意防范。具体见表2。

表 2　2021 年吉林省各月发病情况汇总

| 发病月份 | 淡水鱼细菌性败血症 | 细菌性肠炎病 | 鳃霉病 | 水霉病 | 鱼虱病 | 锚头鳋病 | 缺氧症 | 打印病 | 指环虫病 | 细菌性烂鳃病 | 赤皮病 | 数量 |
|---|---|---|---|---|---|---|---|---|---|---|---|---|
| 4 | | | | 2 | | 1 | | | | | | 3 |
| 5 | | | 3 | 2 | | | | | | | 1 | 6 |
| 6 | 1 | 1 | | | | 2 | | | | | | 4 |
| 7 | | 2 | | | 2 | 2 | 1 | 1 | 1 | 2 | | 11 |
| 8 | | 1 | | | | 1 | | 1 | | 1 | | 6 |
| 9 | 2 | | | | | 2 | | 2 | 1 | 1 | | 6 |
| 总发病量 | 3 | 4 | 3 | 4 | 2 | 8 | 1 | 4 | 2 | 4 | 1 | 36 |

3.2021 年吉林省各养殖种类总监测面积及发病面积　见表4。其中，鲤发病面积占比最高，达 0.59％，草鱼发病面积占比最低，占 0.03％。2022 年，应重视对鲤主养区的疾病监测及诊断治疗管理。具体见表3。

表 3　2021 年吉林省各养殖种类平均发病面积率

| 项目 | 草鱼 | 鲢 | 鳙 | 鲤 | 鲫 |
|---|---|---|---|---|---|
| 总监测面积（hm²） | 8 805.737 7 | 11 762.544 5 | 11 106.544 2 | 5 059.474 5 | 5 079.407 9 |
| 总发病面积（hm²） | 2.533 3 | 14.066 7 | 5.733 3 | 29.666 7 | 9.2 |
| 平均发病面积率（％） | 0.03 | 0.12 | 0.05 | 0.59 | 0.18 |

## 三、2022 年吉林省病害流行预测及防治

根据历年吉林省水生动物病害监测数据及吉林省实际养殖情况，2022 年，我们需要在以下几个养殖期做好相关预防工作。

4—5 月进入春季，主要预防真菌性疾病、细菌性疾病。4 月封冰期刚刚结束，气温相对较低，鱼苗、鱼种拉网或者入池时易得水霉病、赤皮病、鳃霉病、细菌性烂鳃病等。5 月气温持续上升，但不同区域升温情况有所差异，因此还有可能伴随上述疾病的发生。同时，还应注意寄生虫疾病，如锚头鳋病、车轮虫病等。外购鲤时需做好检疫，避免鲤春病毒血症的引入。

6—8 月进入夏季，水温基本维持在 20 ℃以上，易暴发细菌性、寄生虫性疾病等，条件适宜也可发生病毒病，应提前做好预防工作。这个季节常发生的细菌性疾病包括淡水鱼细菌性败血症、细菌性烂鳃病、肠炎病等，寄生虫病包括车轮虫病、指环虫病、三

代虫病、锚头鳋病等。病毒性疾病包括锦鲤疱疹病、草鱼出血病、鲫造血器官坏死病等，2021 年吉林省虽然未监测到病毒性疾病的发生，但由于此类病危害较大，因此在 2022 年仍予以重视。由于温度环境、水质条件、鱼体自身情况等综合因素，各种疾病也有同时发生的可能，因此，在疾病诊断、治疗用药方面，应根据实际情况适时调整。

9—10 月进入秋季，气温水温持续下降，此时细菌性疾病、寄生虫病还会时有发生。9 月，投喂量逐步降低，细菌性疾病、寄生虫疾病是这一阶段主要病害，因此应定期做好监测工作。10 月进入收获季节，池塘一部分养殖成鱼上市，另一部分存塘越冬，除做好疾病防治，还应避免人为操作造成鱼体损伤。越冬前，应根据水质，做好清塘消毒及水质调节，避免越冬期病害发生。

# 2021 年黑龙江省水生动物病情分析

黑龙江省水产技术推广总站

（胡光源　王昕阳　李庆东）

## 一、基本情况

2021 年，黑龙江省采取以点测报方式进行了水产养殖病害测报工作，共设了 12 个监测区、222 个测报点，测报品种为鲤、鲫、鲢、鳙、草鱼等，测报面积为 7 366.7 hm²。全年共监测到水产养殖病害 4 类，其中细菌性疾病 7 种、寄生虫性疾病 5 种、真菌性疾病 1 种、非病原性疾病 1 种。6 个月的测报统计结果表明，黑龙江省的主要养殖鱼类病害为细菌性疾病、寄生虫性疾病和真菌性疾病。在细菌性疾病中，打印病、赤皮病危害较重；在寄生虫病中以锚头鳋病、车轮虫病和中华鳋病较为常见；在真菌性疾病中，水霉病较重（表1）。

**表1　2021 年黑龙江省水产养殖病害监测汇总**

| 监测品种 | 发病种类 | 疾病类别 | 病　名 | 累计发病数量（个） | 比率（％） |
|---|---|---|---|---|---|
| 青鱼、草鱼、鲢、鳙、鲤、鲫、泥鳅、鲇、黄颡鱼、鳜、银鱼、中华绒螯蟹、锦鲤 | 鲤、鲢、鳙、鲫、草鱼 | 细菌性疾病 | 赤皮病、打印病、细菌性肠炎病、疖疮病、竖鳞病、烂鳃病、溃疡病 | 21 | 39.62 |
| | | 寄生虫性疾病 | 车轮虫病、锚头鳋病、中华鳋病（鳃蛆病）、斜管虫病、指环虫病 | 26 | 49.06 |
| | | 真菌性疾病 | 水霉病 | 5 | 9.43 |
| | | 非病原性疾病 | 缺氧症 | 1 | 1.89 |

## 二、2021 年度主要病害发生与流行情况

### （一）病原情况分析

全年共监测到水产养殖病害 4 类，其中细菌性疾病发病数量 21 个，占总数的 39.62％；寄生虫病发病数量 26 个，占总数的 49.06％；真菌性疾病发病数量 5 个，占总数的 9.43％；非病原性疾病发病数量 1 个，占总数的 1.89％。

（二）各月份病害数及流行情况分析

图 1 清晰地反映出不同月份的发病情况，5 月、6 月和 9 月为发病高峰。

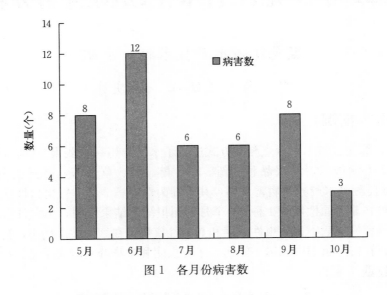

图 1　各月份病害数

## 三、各月份病害测报数据及分析

（一）5 月

全月发病数量合计 8 例，其中赤皮病 4 例、溃疡病 1 例、车轮虫病 1 例、锚头鳋病 2 例。共发生 4 种病害，其中细菌性疾病 2 种，为赤皮病和溃疡病（发病面积比例分别为 0.4%、0.56%）；寄生虫病 2 种，为车轮虫病和锚头鳋病（发病面积比例分别为 0.17%、0.66%）。

（二）6 月

全月发病数量合计 12 例，其中赤皮病 1 例、打印病 1 例、疖疮病 1 例、车轮虫病 5 例、锚头鳋病 1 例、斜管虫病 1 例、指环虫病 1 例、中华鳋病（鳃蛆病）1 例。共发生 8 种病害，其中细菌性疾病 3 种，为赤皮病、打印病和疖疮病（发病面积比例分别为 0.17%、0.17%、0.25%）；寄生虫病 5 种，为车轮虫病、锚头鳋病、斜管虫病、指环虫病和中华鳋病（鳃蛆病）(发病面积比例分别为 0.3%、0.18%、0.17%、0.81%、0.2%）。

（三）7 月

全月发病数量合计 6 例，其中赤皮病 1 例、打印病 2 例、车轮虫病 2 例、锚头鳋病 1 例。共发生 4 种病害，其中细菌性疾病 2 种，为赤皮病和打印病（发病面积比例分别为 0.17％、0.15％）；寄生虫病 2 种，为车轮虫病和锚头鳋病（发病面积比例为 0.06％、0.56％）。

### （四）8 月

全月发病数量为 6 例，其中打印病 3 例、细菌性肠炎病 1 例、烂鳃病 1 例、缺氧症 1 例。共发生 4 种病害，其中细菌性疾病 3 种，为打印病、细菌性肠炎病和烂鳃病（发病面积比例分别为 0.26％、0.37％、0.04％）；非病原性疾病 1 种，为缺氧症（发病面积比例为 0.52％）。

### （五）9 月

全月发病数量合计 8 例，其中打印病 2 例、锚头鳋病 4 例、中华鳋病（鳋蛆病）2 例。共发生 3 种病害，其中细菌性疾病 1 种，为打印病（发病面积比例为 0.39％）；寄生虫病 2 种，为锚头鳋病和中华鳋病（鳋蛆病）（发病面积比例分别为 0.09％、0.77％）。

### （六）10 月

全月发病数量 3 例，为寄生虫锚头鳋病（发病面积比例为 0.11％）。

## 四、2022 年病害流行趋势研判

2022 年，黑龙江省水产养殖病害流行趋势与 2021 年大致相同，主要还是以细菌性疾病和寄生虫性疾病为主。在细菌性疾病中，要以败血症、赤皮病、烂鳃病和打印病等为主要防控对象；在寄生虫性疾病中，要以黏孢子虫病、指环虫病、锚头鳋病和车轮虫病等为主要防控对象。同时，结合全省水产苗种产地检疫工作的实施，要高度警惕鲤春病毒血症、锦鲤疱疹病毒、鲤浮肿病、传染性造血器官坏死病及小瓜虫病的发生。5—9 月既是养殖生长期，又是疾病易发期，要在养殖生产过程中密切观察鱼类病害，早发现、早诊断、早治疗，做到安全、合理、有效用药。

## 五、水产养殖病防服务工作建议

针对黑龙江省水产养殖病害测报数据的汇总分析，我们认为全省各地测报员上报的数据大体上反映出了当地的病害流行情况，测报员错报、漏报偶有发生，还需要在今后工作中加强培训，使测报工作日趋科学化、专业化和规范化。

黑龙江省自 2003 年开展水产养殖动植物病害测报工作以来，一直面临无专项资金，技术人员力量不足的困扰。特别是随着此次机构改革，有些地区存在着疫病防控体系有所弱化、人员流失等问题。一些县级基层推广机构在人员数量、业务能力、基础设施条件等方面与当前日益繁重的疫病防控任务不相适应。许多基层测报员在养殖季节需要到生产一线去进行监测工作，但由于缺少工作经费支持，一定程度上影响了测报工作的开展。希望各地农业农村主管部门能够提高对水产养殖动植物病害测报工作的重视，设置相应岗位人员并配套经费以支撑工作开展。

# 2021 年上海市水生动物病情分析

上海市水产技术推广站

（高晓华　何正侃　张明辉）

## 一、2021 年度水产养殖及病情测报总体情况

2021 年本市养殖总面积为 12 878.17 hm²，养殖品种 30 余种，养殖模式以淡水池塘养殖为主，鲫等常规鱼及凡纳滨对虾、中华绒螯蟹仍是本市主要养殖品种。其中，常规鱼养殖面积 4 434.47 hm²，占养殖总面积的 34.43％；凡纳滨对虾养殖面积 3 169.67 hm²，占养殖总面积的 24.61％；中华绒螯蟹养殖面积为 2 824.8 hm²，占养殖总面积的 21.93％。

根据全国水产技术推广总站的要求，纳入《全国水产养殖动植物病情测报信息系统》的监测对象为本市 12 个重点养殖品种，1—12 月全年监测。本年度，在全市 9 个涉农区共设置监测点 80 个，测报面积为 964.81 hm²，占总养殖面积的 7.49％。2021 年度上海市各区监测点分布情况详见表 1。

表 1　2021 年度上海市各区监测点分布情况

| 区域 | 监测点（个） | 面积（hm²） |
|---|---|---|
| 闵行 | 4 | 34.53 |
| 浦东 | 12 | 109.2 |
| 奉贤 | 11 | 80.93 |
| 金山 | 8 | 87.63 |
| 松江 | 10 | 109.11 |
| 青浦 | 23 | 170.07 |
| 嘉定 | 4 | 40.07 |
| 宝山 | 1 | 3.00 |
| 崇明 | 7 | 330.27 |
| 合计 | 80 | 964.81 |

## 二、2021 年度上海市水产养殖病害及病情分析

（一）养殖品种总体病害情况

池塘养殖全年累计发病率为 25.95％，累计发病率最高的前三位是：凡纳滨对虾 38.28％，常规鱼 35.93％，斑点叉尾鲴 24.57％。

全市水产养殖因病害造成的经济损失全年为 2 384.1 万元，其中凡纳滨对虾经济损失为 1 950.4 万元，占全部经济损失的 81.81％；常规鱼病害损失 224.53 万元，占全部经济损失的 9.42％；中华绒螯蟹经济损失为 125.53 万元，占全部经济损失的 5.27％。其余 20 多个养殖品种的病害损失合计占全部经济损失的 3.51％。

（二）病害监测及水生动物病情分析

2021 年度，本市水产养殖病害测报区域覆盖了全市 9 个郊区，共对 12 种主要水产养殖品种进行了病害监测与报告，监测对象包括 7 种鱼类、4 种甲壳类、1 种爬行类，详见表 2。

**表 2　2021 年度上海市水产养殖病害测报监测品种**

| 类　别 | 病害监测品种 | 数量（种） |
|---|---|---|
| 鱼　类 | 草鱼、鲫、鲢、鳙、鳊、黄颡鱼、翘嘴鲌 | 7 |
| 甲壳类 | 罗氏沼虾、青虾、凡纳滨对虾、中华绒螯蟹 | 4 |
| 爬行类 | 中华鳖 | 1 |

12 种主要水产养殖品种中监测到病害发生的有 9 种，其余 3 种（凡纳滨对虾、青虾、中华鳖）在设定的监测点内未监测到病害发生。发病的 9 个养殖品种全年共监测到各类病害 23 种、累计 44 次。各类疾病累计发病次数占比见表 3。

**表 3　2021 年度上海市水产养殖动物各类疾病累计发病次数统计**

| 疾病种类 | 鱼类（次） | 甲壳类（次） | 爬行类（次） | 合计（次） | 占比（％） |
|---|---|---|---|---|---|
| 病毒性 | 0 | 2 | 0 | 2 | 4.545 |
| 细菌性 | 25 | 1 | 0 | 26 | 59.09 |
| 真菌性 | 4 | 0 | 0 | 4 | 9.09 |
| 寄生虫 | 6 | 0 | 0 | 6 | 13.64 |
| 蜕壳不遂症 | 0 | 4 | 0 | 4 | 9.09 |
| 不明病因疾病 | 0 | 2 | 0 | 2 | 4.545 |
| 合　计 | 35 | 9 | 0 | 44 | 100.00 |

（三）主要养殖鱼类监测到的病害情况

2021 年本市 7 种主要养殖鱼类（草鱼、鲫、鳙、鲢、鳊、黄颡鱼、翘嘴鲌）经全年监测均有病害发生，共监测到 19 种疾病。

细菌性疾病 14 种：包括草鱼细菌性败血症、溃疡病、赤皮病，鲫细菌性败血症、溃疡病、赤皮病，鲢细菌性败血症、溃疡病，鳙赤皮病，鳊细菌性败血症、溃疡病、赤皮病，黄颡鱼溃疡病、赤皮病。

真菌性疾病 2 种：包括鲢水霉病，鳊水霉病。

寄生虫性疾病 3 种：包括鳊指环虫病，翘嘴鲌车轮虫病，黄颡鱼车轮虫病。

全年监测点内未监测到病毒性疾病。

1. 草鱼  监测面积 99.13 hm²，共监测到 3 种病害，分别为草鱼细菌性败血症、溃疡病、赤皮病。从总体来看，草鱼的病害主要发生在 1—7 月，8—12 月在监测点内未监测到病害。全年发病率（与该品种的总测报面积相比，以下相同）以 1—3 月最高，达到 12.30%，4 月次之，为 6.72%；全年死亡率以 1—3 月最高，为 0.97%，6 月次之，为 0.81%（图 1）。

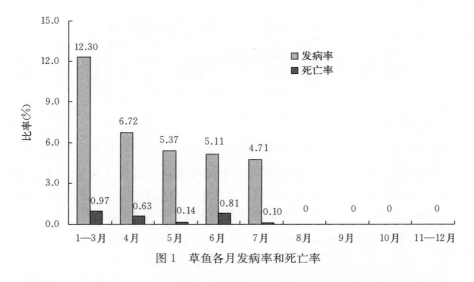

图 1  草鱼各月发病率和死亡率

赤皮病：发生于 1—3、5、7 月，全年累计发病率和死亡率分别为 17.48%、0.83%。

溃疡病：发生于 4—6 月，全年累计发病率和死亡率分别为 15.19%、1.54%。

细菌性败血症：发生于 1—3、5 月，全年累计发病率和死亡率分别为 1.54%、0.28%。

全年草鱼发生的所有疾病中，以赤皮病发病率最高，但溃疡病造成草鱼的死亡率最高，危害也最大。

2. 鲢  监测面积 103.03 hm²，共监测到 3 种病害，分别为鲢细菌性败血症、溃疡病、水霉病。从总体来看，鲢发病主要集中在 1—5、7、8、11—12 月，其余月份未监测到病害发生。发病率以 1—3 月最高，为 1.29%；7 月次之，为 1.16%。全年死亡率

5 月最高，为 0.08％；1—3、4 月次之，为 0.07％。

细菌性败血症：发生于 5、7、8 月，全年累计发病率和死亡率分别为 3.17％、0.1％。

溃疡病：发生于 1—3、11—12 月，全年累计发病率和死亡率分别为 2.00％、0.07％。

水霉病：仅发生于 4 月，累计发病率和死亡率分别为 0.84％、0.07％。

全年鲢发生的所有疾病中，细菌性败血症发病率和死亡率均最高，溃疡病次之，水霉病仅在 4 月监测到 1 次。

3. 鳙　监测面积 128.30 hm²，共监测到 1 种病害，为鳙赤皮病。病害主要集中在 5 月，累计发病率为 0.16％，造成鳙零星死亡。

4. 鲫　监测面积 101.93 hm²，共监测到 3 种病害，分别为鲫细菌性败血症、赤皮病、溃疡病。从总体来看，病害主要集中在 1—3、5、7、10 月，其余月份未监测到病害发生。全年发病率以 1—3 月最高，为 7.85％，5 月次之，为 5.23％；死亡率分别为 0.47％、0.11％（图 2）。

细菌性败血症：发生于 5、7、10 月，全年累计发病率和死亡率分别为 9.15％、0.15％。

赤皮病：发生于水温较低的 1—3 月，累计发病率和死亡率分别为 6.54％、0.39％。

溃疡病：发生于 1—3 月，累计发病率和死亡率分别为 1.31％、0.08％。

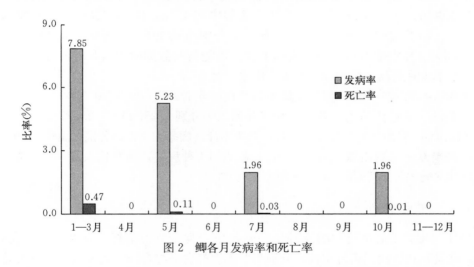

图 2　鲫各月发病率和死亡率

5. 鳊　监测面积 112.57 hm²，共监测到 5 种病害，分别为鳊细菌性败血症、溃疡病、赤皮病、水霉病、指环虫病。从总体来看，病害的发生主要集中在 1—7 月，其余月份未监测到病害发生。全年发病率以 5 月最高，为 3.25％，7 月次之，为 2.84％；全年死亡率 1—3 月最高，为 0.05％；5、7 月次之，为 0.03％（图 3）。

细菌性败血症：发生于 5、7 月，全年累计发病率和死亡率分别为 4.91％、0.05％。

赤皮病：发生于 1—3 月，累计发病率和死亡率分别为 1.18％、0.03％。

溃疡病：发生于 5 月，累计发病率和死亡率分别为 0.77％、0.01％。

水霉病：1—3、4、5 月均有发生，全年累计发病率和死亡率分别为 2.07％、0.03％。

指环虫病：发生于 6 月，累计发病率为 0.18％，造成鳊少量死亡。

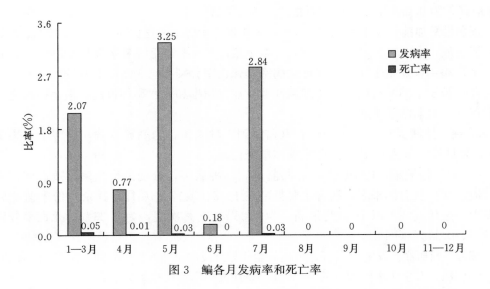

图 3　鳊各月发病率和死亡率

6. **黄颡鱼**　监测面积 4.8 hm²，共监测到 3 种病害，分别为黄颡鱼溃疡病、赤皮病、车轮虫病。从总体来看，病害发生主要集中在 4、8—10 月；从全年各月发病率来看，4、8、10 月发病率均为 50.0%，死亡率分别为 0.39%、0.53%、0.28%；9 月发病率为 25%，死亡率为 0.36%，发病率较高可能与其监测面积（4.8 hm²）较少相关。全年死亡率 8 月最高，为 0.53%，4 月次之，为 0.39%。

溃疡病：发生于 8 月，累计发病率和死亡率分别为 25.00%、0.35%。

赤皮病：发生于 10 月，累计发病率和死亡率分别为 25.00%、0.27%。

车轮虫病：发生于 4、8、9、10 月，全年累计发病率和死亡率分别为 100%、0.94%。

7. **翘嘴鲌**　监测面积 12.87 hm²，共监测到 1 种病害，为车轮虫病。病害发生在 5 月，累计发病率为 2.59%，未造成翘嘴鲌死亡。

（四）甲壳类病害

2021 年度，上海市监测的 4 种主要养殖甲壳类（罗氏沼虾、青虾、凡纳滨对虾、中华绒螯蟹）共监测到病害 4 种，分别为罗氏沼虾白斑综合征、肠炎病，中华绒螯蟹蜕壳不遂症及不明病因疾病。监测品种凡纳滨对虾、青虾在设定的监测点内全年未监测到疾病发生。

1. **罗氏沼虾**　监测面积 64.60 hm²，共监测到 2 种病害，为白斑综合征、肠炎病。总体来看，病害发生主要集中在 6、7、8 月，其余月份未监测到病害发生。全年发病率以 7 月最高，为 3.10%，8 月次之，为 2.06%；全年死亡率 7 月最高，为 3.14%，8 月次之，为 0.04%。

白斑综合征：发生在 6、7 月，全年累计发病率和死亡率分别为 3.93%、3.15%。

肠炎病：发生在 8 月，累计发病率和死亡率分别为 2.06%、0.04%。

2. **中华绒螯蟹**　监测面积 120.11 hm²，共监测到 2 种病害，为蜕壳不遂症、不明病因疾病。病害主要发生在 1—5、7—9 月，其余月份未监测到病害发生。全年发病率以 1—3 月最高，为 4.33％，4、5、7、8、9 月发病率均为 2.5％；全年死亡率以 1—3 月最高，为 0.4％，4 月次之，为 0.38％。

蜕壳不遂症：发生于 4、5、7、8 月，全年累计发病率和死亡率分别为 10.00％、0.50％。

不明病因疾病：发生于 1—3、9 月，全年累计发病率和死亡率分别为 6.83％、0.41％（图 4）。

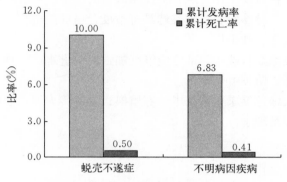

图 4  中华绒螯蟹全年累计发病率和死亡率

3. 凡纳滨对虾、青虾  监测面积分别为 134.34 hm²、43.32 hm²，这两个品种在监测点内全年未监测到病害。

（五）爬行类病害

2021 年度上海市主要养殖爬行类为中华鳖，监测面积 39.80 hm²，在监测点内全年未监测到病害。

# 三、2022 年病害流行趋势分析

2022 年上海市可能发生、流行的水产养殖病害与近两年疾病流行趋势一致，鱼类以细菌性和寄生虫病为主；但仍会散发鲫造血器官坏死病、草鱼出血病、鲤浮肿病等病毒性疾病，在养殖生产中也需引起足够重视。鱼类在春冬两季由于气温变化反复，还应警惕水霉病、赤皮病以及车轮虫病等疾病。此外，夏秋季节应警惕淡水鱼细菌性败血症、肠炎病、溃疡病、锚头鳋病、中华鳋病等病害。

2021 年，上海市在设定的监测点内未监测到凡纳滨对虾病害，这可能与监测点多为水产绿色健康养殖技术推广"五大行动"示范基地、采用健康生态养殖模式等因素相关，但从全市范围看，凡纳滨对虾的病害仍然较为严重。因此，2022 年度上海市甲壳类的病害仍将主要发生于凡纳滨对虾、罗氏沼虾等品种。从病原来看，仍将以病毒性疾病为主，少量出现细菌性疾病，如肠炎病。另外，根据上海市近年来对虾类疫病监测数据的统计分析，新发疫病虾肝肠胞虫病、虾虹彩病毒病和急性肝胰腺坏死病等病害也可能会对全市 2022 年养殖虾类产生较大潜在危害，养殖生产中应重点防范。

## 四、应对措施与建议

（1）继续强化健全市、区两级防疫体系，加强区级防疫站建设，不断提升全市水生动物病害病原监测、病情预测报及病害防控能力。

（2）积极争取水生动物疫病防控经费投入，致力于培养专业、精干的疫病防控人才队伍，切实提高基层专业技术水平。

（3）强化引进苗种检疫工作，从源头控制病害的发生。通过加强检疫宣传，提高养殖者科学防病意识，引导养殖者自觉挑选具有检疫合格证的苗种厂家，并做好引种后的消毒、隔离观察和日常管理工作。

（4）市、区两级渔业行政主管部门应继续加强对引进水产苗种的监督管理，杜绝无证（动物检疫合格证）苗种流入本市。

（5）进一步加大绿色健康养殖技术、养殖模式等宣传力度，使广大养殖者牢固树立绿色、生态、健康养殖理念。

# 2021 年江苏省水生动物病情分析

江苏省水生动物疫病预防控制中心

（王晶晶　陈　静　倪金俤　方　苹　刘肖汉）

2021 年江苏 13 市 76 县（市、区）共设立监测点 442 个，测报员 433 名，全年上报测报记录 5444 次。监测养殖品种共 35 种，其中鱼类 20 种、虾类 8 种、蟹类 2 种、藻类 1 种、其他类（龟鳖类）1 种、观赏鱼 3 种。监测面积 44 597.56 hm²，包括海水监测面积 239.34 顷（其中海水池塘 226.01 hm²、海水筏式 13.33 hm²、海水工厂化 3.67 hm²）、淡水监测面积 44 358.22 hm²（其中淡水池塘 42 293.72 hm²、淡水网箱 47.33 hm²、淡水工厂化 174.15 hm²、淡水其他 1 363.01 hm²）、半咸水池塘 480.01 hm²。

## 一、病害总体情况

监测数据显示，2021 年测报点共监测到发病种类 25 种，未发病种类 10 种。发病种类种鱼类占比 66.95%、虾类 9.28%、蟹类 22.34%、观赏鱼 1.28%、其他类 0.14%。测到的疾病种类有细菌性疾病、寄生虫疾病、病毒性疾病以及真菌性疾病等。其中，细菌性疾病占比 48.82%，病毒性疾病占比 5.00%，真菌性疾病 7.21%，寄生虫性疾病 18.20%，非病原性疾病 13.20%，病原不明（1.86%）及其他病害（5.71%）合计 7.57%。各养殖种类平均发病面积率以罗氏沼虾、脊尾白虾、梭子蟹最高，为 100%，其次为中华绒螯蟹 41.9%，其他品种平均发病面积率见表 1。

表 1　各养殖种类平均发病面积率

| 养殖种类 | | | 总监测面积（hm²） | 总发病面积（hm²） | 平均发病面积率（%） |
|---|---|---|---|---|---|
| 淡水 | 鱼类 | 青鱼 | 851.376 4 | 119.406 7 | 14.03 |
| | | 草鱼 | 5 208.949 3 | 1 559.254 1 | 29.93 |
| | | 鲢 | 4 722.182 4 | 750.867 | 15.9 |
| | | 鳙 | 5 231.382 6 | 531.066 9 | 10.15 |
| | | 鲤 | 435.733 6 | 91.822 | 21.07 |
| | | 鲫 | 5 570.549 5 | 1 770.787 6 | 31.79 |
| | | 鳊 | 180 5.134 2 | 644.200 3 | 35.69 |
| | | 泥鳅 | 85 | 15.893 3 | 18.7 |
| | | 鲴 | 473.433 6 | 85.8 | 18.12 |
| | | 黄颡鱼 | 141.666 7 | 21.066 7 | 14.87 |

（续）

| 养殖种类 | | | 总监测面积（hm²） | 总发病面积（hm²） | 平均发病面积率（%） |
|---|---|---|---|---|---|
| 淡水 | 鱼类 | 河鲀（淡） | 156.333 4 | 40 | 25.59 |
| | | 鳜 | 816.067 1 | 101.000 1 | 12.38 |
| | | 鲈（淡） | 194.466 8 | 73.486 7 | 37.79 |
| | | 乌鳢 | 41.333 4 | 5.266 7 | 12.74 |
| | | 白鲳 | 80 | 2.6 | 3.25 |
| | 虾类 | 罗氏沼虾 | 610.393 6 | 610.393 6 | 100 |
| | | 青虾 | 1 569.267 5 | 28.333 3 | 1.81 |
| | | 克氏原螯虾 | 3 570.851 1 | 219.451 2 | 6.15 |
| | | 凡纳滨对虾（淡） | 2 314.001 2 | 18.133 3 | 0.78 |
| | 蟹类 | 中华绒螯蟹 | 12 744.493 | 5 339.670 5 | 41.9 |
| | 其他类 | 鳖 | 226.866 8 | 6.933 3 | 3.06 |
| | 观赏鱼 | 金鱼 | 28.066 7 | 4.633 3 | 16.51 |
| 海水 | 虾类 | 凡纳滨对虾（海） | 282.666 8 | 20.133 3 | 7.12 |
| | | 脊尾白虾 | 40 | 40 | 100 |
| | 蟹类 | 梭子蟹 | 136.666 7 | 136.666 7 | 100 |

## 二、不同品种养殖病害情况分析

### （一）鱼类病害

鲫、草鱼、鲤等鲤科鱼类作为淡水鱼主要养殖品种，病害范围广。测报数据显示，1—4月水温偏低，水霉病、鳃霉病等真菌类疾病的暴发率较高，其次为体表细菌性疾病。除测报区外，多地草鱼、鲫混养池塘疾病暴发，病鱼症状多为赤皮、烂身、烂头，部分继发感染水霉病且累计死亡量大，治疗效果差。主要是越冬期间忽视管理，鱼吃料少，体质较差；早春前期投喂急，鱼内脏负担大，加上存塘鱼密度大，转塘或动网出鱼操作导致鱼病暴发。随着气温逐渐升高，水温平稳回升，鱼类生长迅猛，饲料投喂量也相应增加，水质很快富营养化，水产病害进入了高发期。5—6月主要病害有淡水鱼细菌性败血症、赤皮病、细菌性肠炎病、溃疡病、竖鳞病以及常见鱼类寄生虫性病害，尤其各种寄生虫性病害发病率较高；此外，6月鲫造血器官坏死病引起的死亡数量开始增多。7—8月随着温度上升，烂鳃病、腹水病、弧菌病、肠炎病等细菌性疾病导致的病害比例上升，夏季鱼类病毒病主要为草鱼出血病，发病水温的低限为25℃左右，暴发大多发生在水温几次陡降后的回升过程中；其次为鳜传染性脾肾坏死病，该病是当前鳜养殖的重要疾病，水温25℃以上多发，天气剧烈变化、缺氧、水质恶化、过量投喂等严重应激都可能诱发疾病。9—10月气温开始下降，气候适宜鱼类生长，也正是摄食旺季，但投饲量过高的塘口水质恶化，鱼类肝胆综合征和脂肪肝发病率高。11—12 月随着气温偏低，鱼类常见寄生虫病以及烂鳃病、水霉病等易发；此外，起捕水产品时也常常因拉网操作不当引起机械损伤，导致病害的发生（表 2）。

**表 2　2021 年监测到的鱼类病害汇总**

| 类别 | 疾病名称 | 2021 年上报疾病次数（次） | 2021 年占比（%） | 2020 年占比（%） |
|---|---|---|---|---|
| 细菌性疾病 | 赤皮病 | 53 | 5.65 | 5.45 |
| | 打印病 | 3 | 0.32 | 0.3 |
| | 迟缓爱德华氏菌病 | 0 | 0 | 0.3 |
| | 淡水鱼细菌性败血症 | 269 | 28.68 | 30.72 |
| | 竖鳞病 | 8 | 0.85 | 0.2 |
| | 鮰类肠败血症 | 0 | 0 | 0.4 |
| | 疖疮病 | 2 | 0.21 | 0.69 |
| | 溃疡病 | 11 | 1.17 | 2.18 |
| | 烂尾病 | 0 | 0 | 0.4 |
| | 柱状黄杆菌病（细菌性烂鳃病） | 37 | 3.94 | 8.53 |
| | 诺卡氏菌病 | 2 | 0.21 | 0.1 |
| | 细菌性肠炎病 | 124 | 13.22 | 10.51 |
| | 腹水病 | 0 | 0 | 0.4 |
| 病毒性疾病 | 草鱼出血病 | 12 | 1.28 | 0.69 |
| | 斑点叉尾鮰病毒病 | 0 | 0 | 0.1 |
| | 传染性脾肾坏死病 | 11 | 1.17 | 1.09 |
| | 鲫造血器官坏死病 | 19 | 2.03 | 4.07 |
| | 锦鲤疱疹病毒病 | 0 | 0 | 0.2 |
| 寄生虫疾病 | 三代虫病 | 0 | 0 | 0.1 |
| | 固着类纤毛虫病 | 1 | 0.11 | 0.2 |
| | 锚头鳋病 | 65 | 6.93 | 6.05 |
| | 黏孢子虫病 | 16 | 1.71 | 1.49 |
| | 车轮虫病 | 56 | 5.97 | 4.46 |
| | 指环虫病 | 48 | 5.12 | 3.67 |
| | 小瓜虫病 | 4 | 0.43 | 0.2 |
| | 中华鳋病 | 14 | 1.49 | 1.58 |
| | 斜管虫病 | 3 | 0.32 | 0.99 |
| | 舌状绦虫病 | 1 | 0.11 | 0 |
| | 嗜子宫线虫病（红线虫病） | 0 | 0 | 0.1 |
| | 鱼虱病 | 1 | 0.11 | 0 |
| | 头槽绦虫病 | 0 | 0 | 0.1 |

（续）

| 类别 | 疾病名称 | 2021年上报疾病次数（次） | 2021年占比（%） | 2020年占比（%） |
|---|---|---|---|---|
| 真菌性疾病 | 流行性溃疡综合征 | 9 | 0.96 | 0.3 |
| | 鳃霉病 | 3 | 0.32 | 0.59 |
| | 水霉病 | 82 | 8.74 | 7.33 |
| 非病原性疾病及其他 | 脂肪肝 | 8 | 0.85 | 0.3 |
| | 不明病因疾病 | 15 | 1.6 | 2.38 |
| | 肝胆综合征 | 19 | 2.03 | 1.75 |
| | 缺氧症 | 20 | 2.13 | 1.98 |
| | 维生素C缺乏 | 1 | 0.11 | 0 |
| | 冻死 | 2 | 0.21 | 0 |
| | 三毛金藻中毒 | 1 | 0.11 | 0 |

1. 异育银鲫　异育银鲫以淡水池塘养殖为主，采用草鲫混养模式较多。监测点平均发病面积比例1.76%，发病区死亡率4.04%。2021年测报点仍然监测到了鲫造血器官坏死症和常见细菌性、寄生虫性疾病和真菌性疾病（图1）。鲫造血器官坏死症近年来流行于盐城等鲫主养区域，已成为威胁鲫养殖业健康发展的主要疾病之一；其发病水温广泛，在15～30℃均可发病，25～28℃为流行高峰。目前鲫造血器官坏死症仍然是引起测报点经济损失较严重的病害。

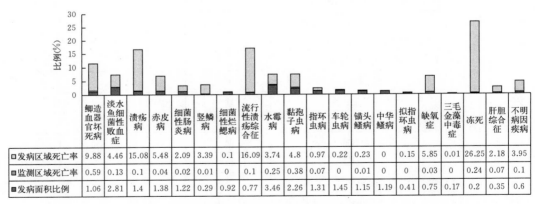

图1　异育银鲫发病面积比例和死亡率

2. 草鱼、青鱼　测报区平均发病面积比例2.78%，平均发病区死亡率4.51%。春季以溃疡病、赤皮病、竖鳞病、水霉病等疾病居多，主要发生在存塘鱼密度大，载鱼量多的池塘以及有过转鱼的池塘，病情发展快、死亡量大，给养殖户造成了很大损失。夏季淡水鱼细菌性败血症、草鱼出血病、细菌性肠炎病比例较高，秋季草鱼易发脂肪肝、肝胆综合征等疾病，此外也监测到车轮虫、指环虫、斜管虫、锚头鳋等常见寄生虫。斜管虫病对鱼苗、鱼种危害较大，能引起大量死亡，主要发生在春秋季节，病鱼鳃组织受到严重破坏，呼吸困难，鱼种、鱼苗阶段尤为严重（图 2）。

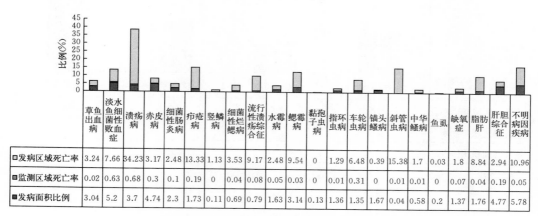

| | 草鱼出血病 | 淡水鱼细菌性败血症 | 溃疡病 | 赤皮病 | 细菌性肠炎病 | 疖疮病 | 竖鳞病 | 细菌性烂鳃病 | 流行性溃疡综合征 | 水霉病 | 鳃霉病 | 黏孢子虫病 | 指环虫病 | 车轮虫病 | 锚头鳋病 | 斜管虫病 | 中华鳋病 | 鱼虱 | 缺氧症 | 脂肪肝 | 肝胆综合征 | 不明病因疾病 |
|---|---|---|---|---|---|---|---|---|---|---|---|---|---|---|---|---|---|---|---|---|---|---|
| ▢ 发病区域死亡率 | 3.24 | 7.66 | 34.23 | 3.17 | 2.48 | 13.33 | 1.13 | 3.53 | 9.17 | 2.48 | 9.54 | 0 | 1.29 | 6.48 | 0.39 | 15.38 | 1.7 | 0.03 | 1.8 | 8.84 | 2.94 | 10.96 |
| ▪ 监测区域死亡率 | 0.02 | 0.63 | 0.68 | 0.3 | 0.1 | 0.19 | 0 | 0.04 | 0.08 | 0.05 | 0.03 | 0 | 0.01 | 0.31 | 0 | 0.01 | 0.01 | 0 | 0.07 | 0.04 | 0.19 | 0.05 |
| ▪ 发病面积比例 | 3.04 | 5.2 | 3.7 | 4.74 | 2.3 | 1.73 | 0.11 | 0.69 | 0.79 | 1.63 | 3.14 | 0.13 | 1.36 | 1.35 | 1.67 | 0.04 | 0.58 | 0.2 | 1.37 | 1.76 | 4.77 | 5.78 |

图 2　草鱼、青鱼发病面积比例和死亡率

3. **鲢、鳙**　测报区鲢、鳙平均发病面积比例 2.56％，平均发病区死亡率 2.09％。监测到病害主要有淡水鱼细菌性败血症、细菌性肠炎、烂鳃病、赤皮病、打印病、水霉病、鳃霉病、指环虫病、车轮虫病、锚头鳋病、中华鳋病等。淡水鱼细菌性败血症的发病面积比率和死亡率均为最高（图 3）。

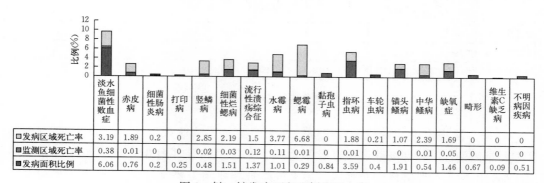

| | 淡水鱼细菌性败血症 | 赤皮病 | 细菌性肠炎病 | 打印病 | 竖鳞病 | 细菌性烂鳃病 | 流行性溃疡综合征 | 水霉病 | 鳃霉病 | 黏孢子虫病 | 指环虫病 | 车轮虫病 | 锚头鳋病 | 中华鳋病 | 缺氧症 | 畸形 | 维生素C缺乏病 | 不明病因疾病 |
|---|---|---|---|---|---|---|---|---|---|---|---|---|---|---|---|---|---|---|
| ▢ 发病区域死亡率 | 3.19 | 1.89 | 0.2 | 0 | 2.85 | 2.19 | 1.5 | 3.77 | 6.68 | 0 | 1.88 | 0.21 | 1.07 | 2.39 | 1.69 | 0 | 0 | 0 |
| ▪ 监测区域死亡率 | 0.38 | 0.01 | 0 | 0 | 0.02 | 0.03 | 0.12 | 0.11 | 0.01 | 0 | 0.01 | 0 | 0.01 | 0.05 | 0 | 0 | 0 |
| ▪ 发病面积比例 | 6.06 | 0.76 | 0.2 | 0.25 | 0.48 | 1.51 | 1.37 | 1.01 | 0.29 | 0.84 | 3.59 | 0.4 | 1.91 | 0.54 | 1.46 | 0.67 | 0.09 | 0.51 |

图 3　鲢、鳙发病面积比例和死亡率

4. **鳊**　测报区平均发病面积比例 19.53％，平均发病区死亡率 1.54％，监测到病害主要有细菌性败血症、指环虫病、锚头鳋病、舌状绦虫病等。测报点舌状绦虫病发病面积比例最高，为 50％。发病区死亡率最高的病害为淡水鱼细菌性败血症（图 4）。

5. **鲤**　测报区平均发病面积比例 5.52％，平均发病区死亡率 0.41％。主要疾病有淡水鱼细菌性败血症、细菌性烂鳃病、细菌性肠炎病、竖鳞病、水霉病及常见寄生虫病，测报区域主要分布在徐州、宿迁、连云港。细菌性肠炎病发病比例最高，为 11.12％（图 5）。

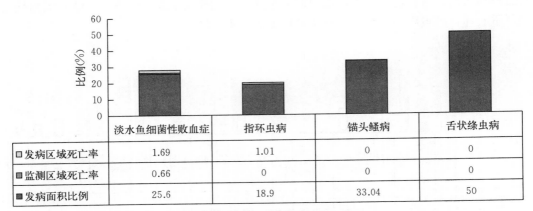

图 4 鳊发病面积比例和死亡率

| | 淡水鱼细菌性败血症 | 指环虫病 | 锚头鳋病 | 舌状绦虫病 |
|---|---|---|---|---|
| 发病区域死亡率 | 1.69 | 1.01 | 0 | 0 |
| 监测区域死亡率 | 0.66 | 0 | 0 | 0 |
| 发病面积比例 | 25.6 | 18.9 | 33.04 | 50 |

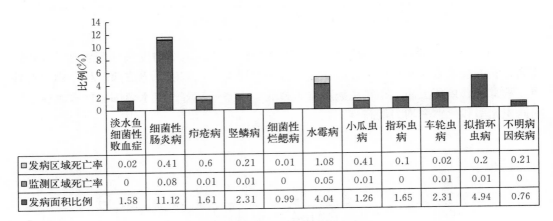

图 5 鲤发病面积比例和死亡率

| | 淡水鱼细菌性败血症 | 细菌性肠炎病 | 疖疮病 | 竖鳞病 | 细菌性烂鳃病 | 水霉病 | 小瓜虫病 | 指环虫病 | 车轮虫病 | 拟指环虫病 | 不明病因疾病 |
|---|---|---|---|---|---|---|---|---|---|---|---|
| 发病区域死亡率 | 0.02 | 0.41 | 0.6 | 0.21 | 0.01 | 1.08 | 0.41 | 0.1 | 0.02 | 0.2 | 0.21 |
| 监测区域死亡率 | 0 | 0.08 | 0.01 | 0.01 | 0 | 0.05 | 0.01 | 0 | 0.01 | 0.01 | 0 |
| 发病面积比例 | 1.58 | 11.12 | 1.61 | 2.31 | 0.99 | 4.04 | 1.26 | 1.65 | 2.31 | 4.94 | 0.76 |

6. 鳜 测报区平均发病面积比例 2.89%，平均发病区死亡率 41.67%。监测到病害主要是传染性脾肾坏死病、细菌性败血病、车轮虫病等（图 6）。病害范围分布在扬州江都、宝应、高邮等鳜养殖地区。传染性脾肾坏死病主要流行于 7—8 月，平均发病面积比例 4.82%，平均发病区死亡率 42.42%。该病是当前鳜养殖的重要疾病，水温 25 ℃以上多发，天气剧烈变化、缺氧、水质恶化、过量投喂等严重应激都可能诱发疾病。

7. 鮰 测报区平均发病面积比例 14.61%，平均发病区死亡率 0.97%。江苏鮰养殖主要分布在盐城、宿迁等地，养殖模式包括池塘精养和池塘工业化系统水槽养殖，测报区监测到的病害有淡水鱼细菌性败血症、水霉病、锚头鳋病等（图 7）。

8. 其他养殖鱼类 其他养殖鱼类测报面积少，病害范围较小。泥鳅、黄颡鱼、鲈、乌鳢等也不同程度地监测到了细菌性疾病和寄生虫病，以细菌性疾病和寄生虫疾病为主。

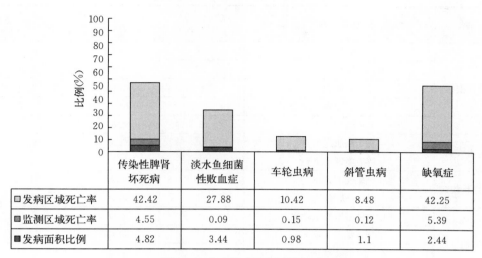

| | 传染性脾肾坏死病 | 淡水鱼细菌性败血症 | 车轮虫病 | 斜管虫病 | 缺氧症 |
|---|---|---|---|---|---|
| □ 发病区域死亡率 | 42.42 | 27.88 | 10.42 | 8.48 | 42.25 |
| ▨ 监测区域死亡率 | 4.55 | 0.09 | 0.15 | 0.12 | 5.39 |
| ■ 发病面积比例 | 4.82 | 3.44 | 0.98 | 1.1 | 2.44 |

图 6  鳜发病面积比例和死亡率

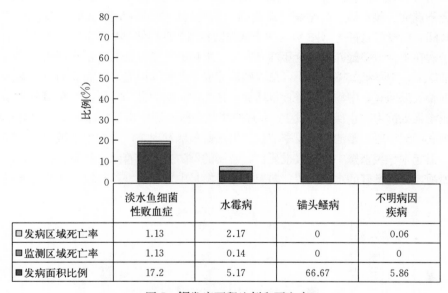

| | 淡水鱼细菌性败血症 | 水霉病 | 锚头鳋病 | 不明病因疾病 |
|---|---|---|---|---|
| □ 发病区域死亡率 | 1.13 | 2.17 | 0 | 0.06 |
| ▨ 监测区域死亡率 | 1.13 | 0.14 | 0 | 0 |
| ■ 发病面积比例 | 17.2 | 5.17 | 66.67 | 5.86 |

图 7  鲫发病面积比例和死亡率

## （二）蟹类病害

测报区平均发病面积比例 3.15%，平均发病区死亡率 4.54%。蟹类病害中，与 2020 年度相比，仍以蜕壳不遂症上报比例最多，占 34.82%，比 2020 年度增加了 2.89 个百分点。其次为肠炎病、烂鳃病、中华绒螯蟹水瘪子病等（表 4）。

表 3　2021 年监测到的蟹类病害汇总

| 类别 | 疾病名称 | 上报疾病次数（次） | 2021 年占比（%） | 2020 年占比（%） |
|---|---|---|---|---|
| 细菌性疾病 | 肠炎病 | 68 | 21.73 | 12.14 |
| | 腹水病 | 12 | 3.83 | 2.37 |
| | 弧菌病 | 8 | 2.56 | 3.96 |
| | 烂鳃病 | 32 | 10.22 | 14.25 |
| | 甲壳溃疡病 | 2 | 0.64 | 0.26 |
| 寄生虫疾病 | 梭子蟹肌孢虫病 | 1 | 0.32 | 0.26 |
| | 固着类纤毛虫病 | 18 | 5.75 | 5.54 |
| 非病原性疾病 | 蜕壳不遂症 | 109 | 34.82 | 31.93 |
| | 缺氧 | 11 | 3.51 | 4.22 |
| 其他 | 中华绒螯蟹螺原体病 | 9 | 2.88 | 2.38 |
| | 中华绒螯蟹水瘪子病 | 17 | 5.43 | 13.46 |
| | 不明病因疾病 | 20 | 6.39 | 8.71 |
| | 蓝藻中毒症 | 1 | 0.32 | 0.26 |

　　2021 年中华绒螯蟹病害平均发病面积比例 2.69%，发病区死亡率 3.63%，监测到的病害有蜕壳不遂症、腹水病、烂鳃病、弧菌病、肠炎病、中华绒螯蟹水瘪子病、固着类纤毛虫、颤抖病、白斑综合征等（图 8）。中华绒螯蟹养殖初期监测到病害为蜕壳不遂；中华绒螯蟹水瘪子病在中华绒螯蟹养殖的全年均有发生，影响中华绒螯蟹的产量和规格，造成中华绒螯蟹回捕率低、中华绒螯蟹规格小，给养殖户造成了严重的损失；该病症的高峰期是在 7 月以后，随着气温回暖，中华绒螯蟹食量增加，是强体防病的最佳时机，可在饲料中添加适量营养物质增强抵抗力防止疾病的发生。8 月中华绒螯蟹蓝藻中毒发病率较高，池塘水质富营养化，池底淤泥深厚，蟹池在高温季节往往出现蓝藻暴发现象，影响中华绒螯蟹蜕壳、生产和产量，引起中华绒螯蟹中毒、大批死亡，蓝藻的预防主要是管水、护草、控饵，高温期避免盲目投喂，营造良好的水质环境。防控蓝藻暴发是中华绒螯蟹养殖较为棘手的难题。

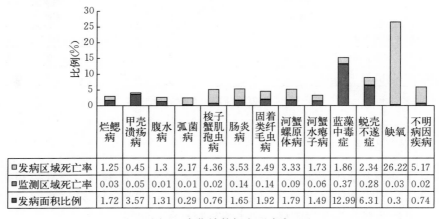

图 8　中华绒螯蟹主要病害

### （三）虾类病害

虾类养殖病害主要为弧菌病、肠炎病、固着类纤毛虫病、白斑综合征、蜕壳不遂等（表 4）。弧菌是一类条件致病菌，当水体环境变化等因素引起养殖动物体质下降，同时弧菌数量太多则容易发病。在育苗和养成期间，应注意消毒预防，合理放养，保持适宜的密度；在捕捞与运输过程中，避免受伤，及时更换新水，调节水质，保持水质清洁，以防止因有机质增多而导致该病发生。7 月测报区内虾白斑综合征病害较严重，虾类病毒性疾病重在预防，从提高对虾抗应激能力、改善和优化水体环境、切断病原体传播途径等方面着手，尽量少用药，要在准确诊断的基础上对症或对因用药，防止细菌继发感染等，实施全面健康的养殖管理。另外需要注意的是，虾类不明原因疾病上报仍较多，需加强检测，明确病原，提高测报精确度和测报水平。

**表 4　2021 年监测到的虾类病害汇总**

| 类别 | 疾病名称 | 上报疾病次数（次） | 2021 年占比（%） | 2020 年占比（%） |
|---|---|---|---|---|
| 细菌性疾病 | 肠炎病 | 14 | 10.77 | 5 |
| | 对虾肠道细菌病 | 0 | 0 | 3.57 |
| | 烂鳃病 | 2 | 1.54 | 16.43 |
| | 弧菌病 | 17 | 13.08 | 5.71 |
| 病毒性疾病 | 白斑综合征 | 13 | 10 | 2.85 |
| | 虾虹彩病毒病 | 1 | 0.77 | 0 |
| 寄生虫疾病 | 虾肝肠胞虫病 | 2 | 1.54 | 0.71 |
| | 固着类纤毛虫病 | 15 | 11.54 | 8.57 |
| 非病原性疾病 | 蜕壳不遂症 | 8 | 6.15 | 11.43 |
| 其他 | 水霉病 | 1 | 0.77 | 0.71 |
| | 不明病因疾病 | 45 | 34.62 | 34.62 |
| | 缺氧 | 3 | 2.31 | 2.9 |

1. **克氏原螯虾**　以弧菌病发病面积比例和死亡率最高；此外烂鳃病、蜕壳不遂、肠炎病、水霉病等也是常发病害（图 9）。养殖初期主要为弧菌病和水霉病，但 5 月随着温度升高，养殖密度增加，一旦虾肝胰腺出现问题，抵抗力就会随之下降，弧菌、病毒极易感染，"五月瘟"、肠炎、偷死病等集中暴发。因此，平时应做好养殖池消毒、育苗用水过滤消毒处理，及时清除池底污物，投喂适量饵料，做好疾病预防。

2. **凡纳滨对虾**　养殖主要分布在盐城、南通等沿海地区，测报区监测到虾虹彩病毒病、虾肝肠胞虫病、弧菌病、肠炎病等。发病区域死亡率最高的为虾虹彩病毒病，其次为虾肝肠胞虫病。虾类由于高密度养殖以及苗种质量等多种原因，不明原因疾病引起的死亡率也很高。对虾一旦发病，使用消毒剂、内服药等效果一般较难控制，导致死亡率较高（图 10）。

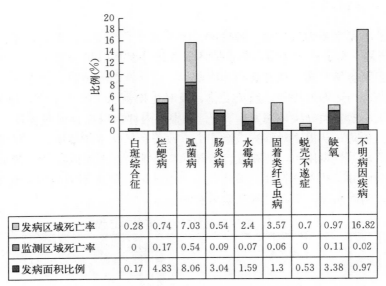

| | 白斑综合征 | 烂鳃病 | 弧菌病 | 肠炎病 | 水霉病 | 固着类纤毛虫病 | 蜕壳不遂症 | 缺氧 | 不明病因疾病 |
|---|---|---|---|---|---|---|---|---|---|
| □ 发病区域死亡率 | 0.28 | 0.74 | 7.03 | 0.54 | 2.4 | 3.57 | 0.7 | 0.97 | 16.82 |
| ■ 监测区域死亡率 | 0 | 0.17 | 0.54 | 0.09 | 0.07 | 0.06 | 0 | 0.11 | 0.02 |
| ■ 发病面积比例 | 0.17 | 4.83 | 8.06 | 3.04 | 1.59 | 1.3 | 0.53 | 3.38 | 0.97 |

图 9　克氏原螯虾主要病害

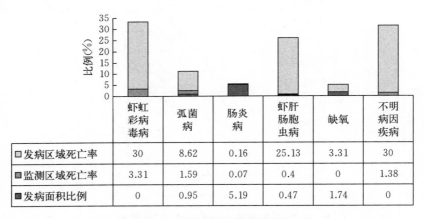

| | 虾虹彩病毒病 | 弧菌病 | 肠炎病 | 虾肝肠胞虫病 | 缺氧 | 不明病因疾病 |
|---|---|---|---|---|---|---|
| □ 发病区域死亡率 | 30 | 8.62 | 0.16 | 25.13 | 3.31 | 30 |
| ■ 监测区域死亡率 | 3.31 | 1.59 | 0.07 | 0.4 | 0 | 1.38 |
| ■ 发病面积比例 | 0 | 0.95 | 5.19 | 0.47 | 1.74 | 0 |

图 10　凡纳滨对虾主要病害

3. **青虾**　江苏青虾养殖主要分布常州、苏州、南京等地区，测报区监测到的病害有弧菌病、固着类纤毛虫病、蜕壳不遂等（图 11）。

4. **罗氏沼虾**　主要分布在扬州高邮、江都等地区，病害有烂鳃病、弧菌病、肠炎病、蜕壳不遂等（图 12）。

（四）其他种类病害

鳖类监测到病害为鳖溃烂病和鳖红底板病。

观赏鱼病害以细菌性疾病为主，包括细菌性败血症、烂鳃病、赤皮病、肠炎病等，

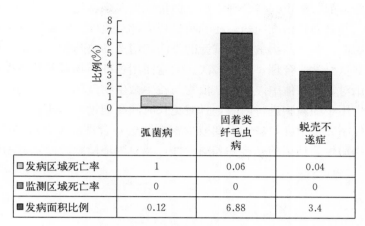

| | 弧菌病 | 固着类纤毛虫病 | 蜕壳不遂症 |
|---|---|---|---|
| □ 发病区域死亡率 | 1 | 0.06 | 0.04 |
| ■ 监测区域死亡率 | 0 | 0 | 0 |
| ■ 发病面积比例 | 0.12 | 6.88 | 3.4 |

图 11　青虾主要病害

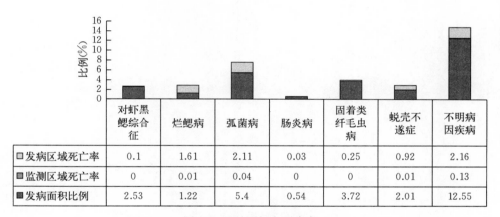

| | 对虾黑鳃综合征 | 烂鳃病 | 弧菌病 | 肠炎病 | 固着类纤毛虫病 | 蜕壳不遂症 | 不明病因疾病 |
|---|---|---|---|---|---|---|---|
| □ 发病区域死亡率 | 0.1 | 1.61 | 2.11 | 0.03 | 0.25 | 0.92 | 2.16 |
| ■ 监测区域死亡率 | 0 | 0.01 | 0.04 | 0 | 0 | 0.01 | 0.13 |
| ■ 发病面积比例 | 2.53 | 1.22 | 5.4 | 0.54 | 3.72 | 2.01 | 12.55 |

图 12　罗氏沼虾主要病害

其次为常见寄生虫疾病和水霉病。

## 三、病害流行预测与对策建议

### （一）病害流行预测

根据疾病流行规律和趋势来看，2022 年仍需重点关注鲫造血器官坏死症、鳜传染性脾肾坏死病、草鱼出血病、锦鲤疱疹病毒病、斑点叉尾鮰病毒病、虾类病毒性疾病以及常规细菌性疾病和寄生虫病。

### （二）对策建议

一是加强生产管理。通过改善池塘水质和底质条件，优化养殖环境、选择优质饲料，合理投喂，保证养殖动物充分摄食、健康生长，避免饵料过量投喂、营养不均衡。

适当添加免疫增强剂，精粗饲料合理搭配；适量拌入多维、免疫多糖等增强鱼体的免疫能力和抗病力。二是做到精准用药。在养殖过程中针对鱼体上的常见寄生虫和从患病鱼体中分离的致病菌，利用药物敏感性试验的方法，精选高效药物。对水产种类进行药物防控时，使用剂量科学、合理，避免多次、大量使用各种药物对养殖鱼类造成应激性刺激，尽可能选用对养殖水体中浮游动、植物与益生微生物破坏作用小的药物进行水体消毒，选用毒副作用小的药物进行内服，且避免长时间高剂量使用药物。三是完善病害生态防控机制。控制养殖密度，最大限度减少密度胁迫，合理配养，遵循生态互补原则，提高水产动植物对生长环境的抵抗性和耐受性，减少因环境刺激而暴发的病害现象。

# 2021年浙江省水生动物病情分析

浙江省水产技术推广总站

（朱凝瑜　郑晓叶　梁倩蓉　何润真　丁雪燕）

2021年在浙江省11市71县（市、区）共设立420个监测点，开展水产养殖病害监测工作，监测品种有草鱼、鲫、黄颡鱼、大口黑鲈、大黄鱼、凡纳滨对虾、鳖等22种，监测面积3 746.67 hm²。在2021年病害监测中监测到的发病品种和病害总数较上年有所减少，月平均发病率、月平均发病率死亡率略有增加，上年发生较严重的黄颡鱼春季暴发性死亡及青蟹血卵涡鞭虫病有所减轻；但大黄鱼内脏白点病、大口黑鲈苗期弹状病毒病及凡纳滨对虾的各种病毒性疾病发生较严重，经济损失总额依然较高。

## 一、总体发病情况

2021年开春水温、气温较往年偏高，早春病害多发；4月持续阴天水温偏低，梅雨期降水频繁、强度大、雨势集中，造成生产相对延后；7月台风"烟花"对浙江沿海地区水生动物影响较大，8—9月持续阴雨使虾蟹类易发生应激性反应；冬季气温相对偏高，增加了病害发生概率。22个品种420个监测点共监测到各类病害总数53种，较2020年略有减少；月平均发病率1.76%，月平均发病率死亡率0.52%，分别较上年增加0.33、0.11个百分点；测报点直接经济损失4 889.03万元，约为去年的1.89倍。发病较严重的品种有凡纳滨对虾、大黄鱼、鲫、大口黑鲈和黄颡鱼等。现将具体情况分析如下：

（一）发病品种和病害总数较往年有所减少

水产养殖品种病害全年发生较多，病害发生高峰期为4—10月；各月份病害发生种数均不少于15种（图1）。22个监测品种中，除鲢、鳙、罗氏沼虾、青虾、克氏原螯虾、中华绒螯蟹、三角帆蚌、泥蚶、缢蛏等9个品种外，其他13个发病品种共监测到各类病害42种，包括病毒性疾病8种、细菌性疾病16种、真菌性疾病2种、寄生虫疾病11种、非生物源性病害5种（表1）。生物源性病害仍为主要病害，其中又以细菌性疾病为重，寄生虫性疾病其次。与2020年相比，发病品种减少3种（罗氏沼虾、青虾、中华绒螯蟹），病害总数有所减少。此外，监测到病因不明11宗，比2020年减少1宗。从监测类别上看，鱼类发病总数较2020年增加1种，甲壳类减少3种，爬行类发病总数不变，贝类则未监测到病害发生。

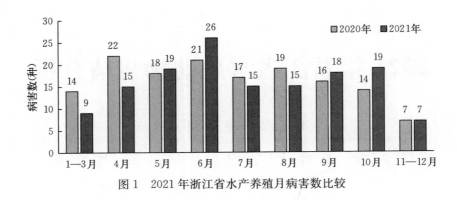

图 1　2021 年浙江省水产养殖月病害数比较

表 1　2021 年水产养殖发病种类、病害属性综合分析（种）

| 类别 | | 鱼类 | 甲壳类 | 爬行类 | 贝类 | 合计 | 2020 年 |
|---|---|---|---|---|---|---|---|
| 监测品种数 | | 11 | 7 | 1 | 3 | 22 | 22 |
| 监测品种发病数 | | 9 | 3 | 1 | 0 | 13 | 16 |
| 疾病性质 | 病毒性 | 4 | 3 | 0 | 0 | 8 | 7 |
| | 细菌性 | 9 | 4 | 3 | 0 | 16 | 18 |
| | 真菌性 | 2 | 0 | 0 | 0 | 2 | 2 |
| | 寄生虫 | 10 | 1 | 0 | 0 | 11 | 11 |
| | 非生物源性 | 2 | 3 | 0 | 0 | 5 | 6 |
| 合计 | | 28 | 11 | 3 | 0 | 42 | 44 |

注：2021 年还监测到 11 宗病因不明病例，比 2020 年减少 1 宗。

## （二）发病程度有所增加，经济损失加大

2021 年水产养殖全年监测点总发病率 8.03%，比 2020 年减少 3.18 个百分点；月平均发病率 1.76%，月平均死亡率 0.52%，分别比 2020 年增加了 0.33、0.11 个百分点，表明总体发病程度有所增加，且发病养殖场存在一年多次发病的情况。4 月、6 月、8—12 月发病情况较上年严重，6 月因梅雨天气导致病害频发，月平均发病率和死亡率高达 2.85% 和 1.20%。全省各月份水产养殖月平均发病率、月平均死亡率的变化情况见图 2、图 3。

各月份发病情况大致如下：1—3 月鱼类水霉病和大黄鱼内脏白点病多发，黄颡鱼大面积死亡现象有所减缓；4—6 月凡纳滨对虾发生白斑综合征和虹彩病毒病；6—8 月鱼类细菌性疾病、海水蟹类固着类纤毛虫病多有发生；9—10 月海水蟹类发不明病因性疾病，中华鳖发腮腺炎病；11—12 月鳃霉病、寄生虫病也有发生。

2021 年浙江省水产养殖监测点经济总损失 4 889.03 万元，约为 2020 年的 1.89 倍。各养殖大类单位面积的经济损失除蟹类和爬行类有所减少外，其他单位面积损失均比 2020 年大幅增加（表 2）。经济损失较严重的有：凡纳滨对虾因虾虹彩病毒病（十足目

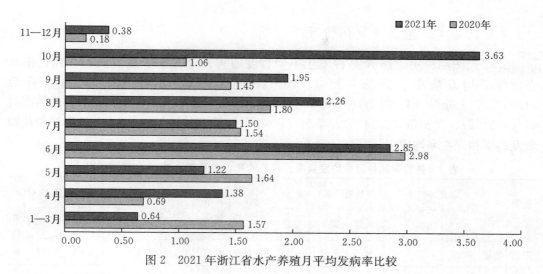

图 2　2021 年浙江省水产养殖月平均发病率比较

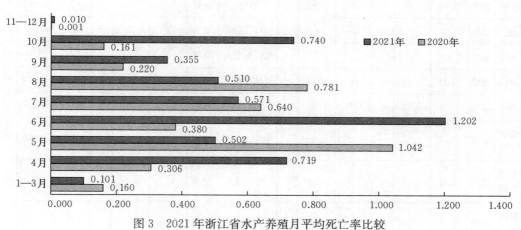

图 3　2021 年浙江省水产养殖月平均死亡率比较

虹彩病毒病）、急性肝胰腺坏死病和白斑综合征等病害发生，监测点经济损失 1 798.08 万元，占全年总损失的 36.78%；大黄鱼监测点经济损失 1 466.25 万元，主要为本尼登虫病、溃烂病、内脏白点病等；9 月七星鲈大量不明病因死亡造成经济损失 1 125 万元。

表 2　不同品种养殖单位经济损失对比

| 损失 | 年份 | 淡水鱼类 | 海水鱼类 | 虾类 | 蟹类 | 爬行类 |
|---|---|---|---|---|---|---|
| 经济损失（万元） | 2021 | 225.57 ↑ | 2 692.56 ↑ | 1 798.08 ↑ | 99.24 ↓ | 73.58 ↑ |
| | 2020 | 127.46 | 1 440.44 | 777.17 | 167.83 | 66.76 |
| 每 666.7m² 经济损失（元） | 2021 | 217.4 ↑ | 4 817.7 ↑ | 946.1 ↑ | 99.7 ↓ | 136.5 |
| | 2020 | 134.36 | 2 581.05 | 475.32 | 157.36 | 136.25 |

（三）各类养殖品种发病情况

22 个监测品种中，13 个品种发生不同程度的病害（表 3），从发病率和死亡率来看，月平均发病率较高的有鲫（4.76％）、鲤（4.24％）、青蟹（4.23％）、青鱼（4.05％）、七星鲈（4.02％）、凡纳滨对虾（3.43％）；月平均死亡率较高的有凡纳滨对虾（4.91％）、大黄鱼（2.24％）、草鱼（1.68％）、鲫（1.10％）。鲫、大口黑鲈和黄颡鱼发病率和死亡率均比上年升高。

表 3　各监测品种月平均发病率、月平均死亡率及其与 2020 年增减情况

| 监测品种 | 养殖模式 | 平均发病率（％） | | | 平均死亡率（％） | | | 监测品种 | 养殖模式 | 平均发病率（％） | | | 平均死亡率（％） | | |
| | | 2021 | 2020 | 增减 | 2021 | 2020 | 增减 | | | 2021 | 2020 | 增减 | 2021 | 2020 | 增减 |
| 青鱼 | 池塘 | 4.05 | 0.71 | ＋ | 0.45 | 1.88 | － | 凡纳滨对虾 | 池塘 | 3.43 | 4.53 | － | 4.91 | 1.47 | ＋ |
| 草鱼 | 池塘 | 2.10 | 3.76 | － | 1.68 | 0.61 | ＋ | 青虾 | 池塘 | / | 0.001 | | / | 0.001 | |
| 鲢 | 池塘 | / | / | / | / | / | / | 罗氏沼虾 | 池塘 | / | 0.001 | | / | 0.001 | |
| 鳙 | 池塘 | / | / | / | / | / | / | 克氏原螯虾 | 池塘 | / | / | | / | / | |
| 鲤 | 池塘 | 4.24 | 3.74 | ＋ | 0.03 | 0.16 | － | 梭子蟹 | 池塘 | 0.36 | 0.04 | ＋ | 0.008 | 0.01 | － |
| 鲫 | 池塘 | 4.76 | 3.44 | ＋ | 1.10 | 0.31 | ＋ | 青蟹 | 池塘 | 4.23 | 6.06 | － | 0.19 | 0.56 | － |
| 翘嘴红鲌 | 池塘 | 2.42 | 2.81 | － | 0.25 | 0.30 | － | 中华绒螯蟹 | 池塘 | / | 0.53 | | / | 0.07 | |
| 大口黑鲈 | 池塘 | 2.81 | 0.17 | ＋ | 0.05 | 0.001 | ＋ | 中华鳖 | 池塘 | 1.7 | 0.38 | ＋ | 0.03 | 0.12 | － |
| 黄颡鱼 | 池塘 | 1.54 | 0.54 | ＋ | 0.26 | 0.19 | ＋ | 泥蚶 | 池塘 | / | / | | / | / | |
| 七星鲈 | 海水网箱 | 4.02 | 4.06 | － | 0.73 | 0.80 | － | 缢蛏 | 池塘 | / | / | | / | / | |
| 大黄鱼 | 海水网箱 | 3.01 | 0.79 | ＋ | 2.24 | 2.46 | － | 三角帆蚌 | 池塘 | / | / | | / | / | |

注：“＋”表示发病率和死亡率比 2020 年增加，“－”表示发病率和死亡率比 2020 年减少，“/”表示未发病。

1. 淡水鱼类　9 个监测品种中有 7 个品种共监测到 24 种病害发生，其中翘嘴红鲌发病情况较上年有所减轻，其他品种发病情况均有所增加（发病率或死亡率增加），鲫、大口黑鲈和黄颡鱼发病较严重。鲫全年监测到细菌性肠炎、水霉病及多种寄生虫病等；大口黑鲈苗种期（3 月底至 5 月初）弹状病毒病、6—9 月虹彩病毒病较为厉害，9—10月诺卡氏菌病发病较上年略有减缓，但仍需引起重视；黄颡鱼春季发病较为厉害，主要为肠炎病、爱德华氏菌病、水霉病以及小 RNA 病毒病，8—9 月主要为裂头病、腹水病、溃疡病等细菌性疾病。发生品种较多的疾病有细菌性肠炎（黄颡鱼、草鱼、青鱼、

鲤、鲫，年总发病率 14.44%），4—10 月均有发生；水霉病（草鱼、黄颡鱼、鲤、鲫均有发生，年总发病率 19.15%）1—5 月及 10 月水温较低时发生。

2. 海水鱼类　大黄鱼 1—6 月主要为内脏白点病，7 月高温季节发溃疡病和大黄鱼白鳃症，8—12 月以本尼登虫病、刺激隐核虫病为主。其中，6 月和 8 月发病最为严重，发病率分别为 5.82% 和 6.55%，死亡率为 6.39% 和 3.76%。相比 2020 年，溃疡病发生较多，白鳃病发病减少，寄生虫性疾病发病时间延长。七星鲈监测到溃疡病、鱼虱病和不明病因性疾病。

3. 虾类病害　凡纳滨对虾总发病率虽有所下降，但总死亡率高于上年，共监测到白斑综合征、虾虹彩病毒病（十足目虹彩病毒病）、对虾黑鳃综合征、弧菌病、烂鳃病、急性肝胰腺坏死病、缺氧、冻死、偷死野田村病毒病和病因不明等 11 种病害。此外，5 月初因大棚被大风掀起导致对虾产生应激反应，部分地区发病较重，病原检测结果多为十足目虹彩病毒病；梅雨季节和台风天气对虾应激反应加重，白斑综合征、十足目虹彩病毒病、急性肝胰腺坏死及应激性红体多发。肠胞虫发病较上年减少。罗氏沼虾、青虾和克氏原螯虾未监测到病害。

4. 蟹类病害　青蟹主要监测到纤毛虫病、弧菌病、肠炎病、病因不明病等，其中 8 月发病率和死亡率较高，分别为 9.94%、0.94%。流行病学调查显示，血卵涡鞭虫病发生较多，宁海、三门、温岭等地养殖青蟹均有发生，但均为慢性感染，较 2020 年病情有所缓减，未出现暴发性规模性死亡。梭子蟹监测到固着类纤毛虫和病因不明病，此外虾虹彩病毒检出率较高，台风造成的暴雨与养殖水质改变也对梭子蟹养殖产生较大影响。中华绒螯蟹未监测到病害。

5. 贝类病害　发生较少，监测点未监测到病害发生，流行病学调查中较严重的有 8 月台州三门台风、连续暴雨导致海水盐度下降，引起二龄性腺发育成熟的泥蚶大量死亡。

6. 中华鳖病害　共监测到溃烂病、红脖子病、腮腺炎病和不明病因性疾病 4 种病害，发病率比往年增高，发病程度均较轻，死亡率较往年降低。但仍需警惕黄病毒和动脉炎病毒病发生。

## 二、2022 年病害流行预测

根据历年浙江省水产养殖病情监测结果，2022 年全省水产品在养殖过程中仍将发生不同程度的病害，疾病种类仍会是以细菌、病毒和寄生虫等生物源性疾病为主。

1—2 月气温、水温较往年偏低，持续降雨且有雨雪冰冻天气，病害发生概率较小，但要加强冰冻天气防范措施。提高池塘水位，提前加注新水，将水位提高 30～50 cm。适时开启增氧机，在结冰的水域，凿穿冰层形成若干通气孔，防止鱼类浮头及冻伤。强化亲本和苗种培育，保证苗种质量和数量。

3—5 月气温逐渐回升，随着鱼类摄食活动增加，残饵排泄物增多，水体营养丰富容易滋生细菌，容易发生水霉病和细菌性疾病。人工繁殖过程中要做好鱼卵、鱼苗水霉病的防范工作，投苗期要做好苗种检疫、放养消毒及水质调控。海水鱼类要预防内脏白点病、弧菌病等疾病；淡水鱼类要注意真菌性疾病、细菌性疾病以及寄生虫性疾病；大口黑鲈苗期易发弹状病毒病要选择优质苗种；凡纳滨对虾要特别注意水体条件变化，避免因应激反应而发病；鳖经过冬眠期消耗后体质较差，应注意加强营养，要重点预防白底板病。

6—9月水产养殖动物进入生长旺盛期，投饲量大大增加，导致残饵和排泄物增多；期间又逢梅雨季节和台风天气，连续降雨使水温下降，藻类等死亡使水体缺氧加剧，水体指标变化较大，水产养殖病害处于高发期。大口黑鲈易发诺卡氏菌病，黄颡鱼易发腹水病及溃疡病，大黄鱼以刺激隐核虫病、本尼登虫病等寄生虫性疾病和白鳃病、虹彩病毒病等病毒性疾病为主，凡纳滨对虾在天气骤变时易暴发白斑综合征、红体病、急性肝胰腺坏死病等，海水蟹类以黄水病、固着类纤毛虫病为主，鳖要注意细菌性疾病和腮腺炎病的防治工作，海水贝类要预防台风过后由于缺氧或盐度突变引起的死亡。

9月下旬至10月正值夏秋交替，气候多变，昼夜温差较大，可能出现鱼类寄生虫和细菌性疾病发生的小高峰。预计淡水鱼类仍将以细菌性肠炎、竖鳞病等为主，大黄鱼要特别注意细菌性疾病、本尼登虫病和刺激隐核虫病，凡纳滨对虾要注意弧菌病，海水蟹类要注意固着类纤毛虫类病等。各养殖品种都应注意天气突变导致的养殖生物的应激反应。

11—12月随着气温、水温的进一步下降，养殖动物病害将进一步减少，但仍然不能放松生产管理，要注意天气变化，提早做好应对恶劣天气的防范工作，做好越冬管理。

## 三、养殖注意要点

在养殖过程中要采取健康养殖技术、提高科学防病意识，认真做好养殖过程的管理工作，尤其要注意天气变化，特别是在特殊、恶劣天气期间，建议加强管理，使用优质饲料，做好病害的预防工作。对发病生物，有必要进行寄生虫镜检和细菌性病原分离及药敏试验，筛选敏感国标药物进行疾病防治，坚决抵制未获批准的假冒伪劣药。

淡水鱼类：定期做好水体、食台和工具等的消毒工作，抑制病原滋生；日常管理中要掌握好投饲量，避免投喂过量污染水质。细菌性疾病发生后，养殖水体可用生石灰或国标渔用含氯、含碘消毒剂消毒，结合药敏结果，使用氟苯尼考、甲砜霉素等敏感国标渔用抗生素药物内服治疗。中华鳋、锚头鳋、指环虫等寄生虫使用国标渔药敌百虫全池泼洒有一定治疗效果。

海水鱼类：做好池塘/网箱消毒工作，饲料中适当添加多维，增加免疫力。密切注意台风，预防台风造成鱼体擦伤、破网逃逸等。出现内脏白点病可拌料服用强力霉素等抗菌药物治疗；刺激隐核虫病发病时可采用低盐度或淡水处理，或在网箱边缘悬挂氧化钙固体和三氯异氰脲酸粉（水产用），定期用过氧化钙泼洒，以免附着包囊孵出重新感染；大黄鱼虹彩病毒病注重预防，及时巡塘，发现病、死鱼要及时清除。

虾类：保持良好水质，以提高苗种成活率。坚持从良种场或规范和声誉较好的苗种繁育场引进苗种，选择投放经检疫的无病无伤、体质健壮的苗种，合理控制放苗密度，加强水质管理，加强巡塘，多观察，发现池水变色要及时调控，遇到暴发性流行病时暂时封闭不换水。定时、定量、多点投喂营养全面的优质饵料，补充营养，减少应激，提高水中钙离子浓度，防止蜕壳不遂。对于一些达到商品规格的对虾，应及时捕捞上市，保持养殖池内合理的密度，促进对虾生长。

海水蟹类：保持海水盐度在适宜范围和相对稳定。保持池塘的水位，以利于水温快速回升，对出洞的蟹类要及时投喂钙源丰富、新鲜优质的饲料补充营养，减少应激。5—10 月蜕壳盛期每隔 15～20 d，用过氧化钙加水调配全池泼洒，以提高水体钙离子浓度，防止蜕壳不遂。定期用生石灰或漂白粉消毒，投喂优质饲料，可在饲料中添加水产用三黄散等增强抗病能力。尽量减少环境突变、污染以及人为的各种操作等原因对养殖蟹造成的应激反应。

鳖：做好日常消毒和水质调节工作；注意投喂新鲜饲料，控制投饲量，避免污染水质。发生细菌性疾病，水体用二氧化氯消毒，同时在饲料中投放药物氟苯尼考和维生素 C。

# 2021 年安徽省水生动物病情分析

安徽省水产技术推广总站

（魏 涛 魏泽能）

2021 年安徽省 14 市 55 县、区设立监测点 297 个，测报员 171 名。监测养殖品种共 29 种，其中鱼类 19 种、虾类 3 种、蟹类 1 种、贝类 1 种、其他类（龟鳖类）2 种、观赏鱼 3 种。监测面积 23 820 hm²，其中淡水池塘 16 953.3 hm²，池塘循环流水养殖 233.3 hm²，工厂化养殖 100.2 hm²，其他类型养殖水面 6 533.2 hm²。全年上报测报记录 2 141 次。

## 一、水产养殖动物病害总体情况

2021 年安徽省测报点共监测到发病养殖品种 16 种（表 1），未发病养殖品种 13 种。全年监测到的疾病种类有 43 种，其中细菌性疾病 22 种，占比 51.1%，较上年度增加 11.1 个百分点；病毒性疾病 4 种，占比 9.3%，较上年度减少 4.7 个百分点；真菌性疾病 3 种，占比 7%，较上年度增加 1 个百分点；寄生虫性疾病 6 种，占比 14%，较上年度减少 6 个百分点；非病原性疾病 4 种，占比 9.3%，较上年度减少 2.7 个百分点；其他类不明病因疾病 4 种，占比 9.3%，较上年度增加 1.3 个百分点（表 2）。

表 1　监测到发病的养殖种类汇总

| 类别 | | 种类 | 数量 |
|---|---|---|---|
| 淡水 | 鱼类 | 青鱼、草鱼、鲢、鳙、鲫、鳊、泥鳅、鲴、黄鳝、鳜、鲈（淡） | 11 |
| | 虾类 | 青虾、克氏原螯虾 | 2 |
| | 蟹类 | 中华绒螯蟹 | 1 |
| | 其他类 | 龟、鳖 | 2 |
| 合计 | | | 16 |

表 2　监测到的疾病种类汇总

| 类别 | 细菌性疾病 | 病毒性疾病 | 真菌性疾病 | 寄生虫性疾病 | 非病原性疾病 | 其他 | 合计 |
|---|---|---|---|---|---|---|---|
| 鱼类 | 10 | 3 | 3 | 5 | 3 | 1 | 25 |
| 虾类 | 5 | | | 1 | | 1 | 7 |
| 蟹类 | 3 | | | | 1 | 1 | 5 |
| 其他类 | 4 | 1 | | | | 1 | 6 |
| 合计 | 22 | 4 | 3 | 6 | 4 | 4 | 43 |

## 二、主要养殖水生动物疾病发生情况

### （一）养殖鱼类发病总体情况

2021 年监测到安徽省养殖鱼类平均发病面积比例为 9.8％，平均监测区域死亡率为 0.336％，平均发病区域死亡率为 3.978％。共监测到养殖发病鱼类 11 种。鱼类疾病 25 种，其中细菌性疾病 10 种、病毒性疾病 3 种、真菌性疾病 3 种、寄生虫性疾病 5 种、非病原性疾病 3 种、其他不明病因疾病 1 种（表 3）。

**表 3　监测养殖鱼类疾病种类汇总**

| 类别 | 病名 | 数量 | 合计 |
|---|---|---|---|
| 细菌性疾病 | 淡水鱼细菌性败血症、爱德华氏菌病、溃疡病、赤皮病、细菌性肠炎病、疖疮病、柱状黄杆菌病（细菌性烂鳃病）、打印病、鮰类肠败血症、诺卡氏菌病 | 10 | 25 |
| 病毒性疾病 | 草鱼出血病、病毒性出血性败血症、斑点叉尾鮰病毒病 | 3 | |
| 真菌性疾病 | 水霉病、鳃霉病、流行性溃疡综合征 | 3 | |
| 寄生虫性疾病 | 指环虫病、车轮虫病、锚头鳋病、中华鳋病（鳃蛆病）、小瓜虫病 | 5 | |
| 非病原性疾病 | 脂肪肝、肝胆综合征、缺氧症 | 3 | |
| 其他 | 不明病因疾病 | 1 | |

### （二）主要养殖鱼类疾病发生情况

1. 草鱼发病情况　2021 年安徽省监测草鱼养殖面积 8 450.4 hm²，总发病面积 2 287.67 hm²，平均发病率为 27.07％，较上年度增加了 16.17％。监测区域平均死亡率为 0.119％，发病区域平均死亡率为 4.741％。发病面积比例最高的疾病是柱状黄杆菌病（细菌性烂鳃病），监测区域死亡率最高的为水霉病，发病区域死亡率最高的为草鱼出血病（表 4）。

2. 鲫发病情况　2021 年安徽省监测鲫养殖面积 4 555.98 hm²，总发病面积 293.8 hm²，平均发病面积率为 6.45％，与 2020 年基本持平。监测区域平均死亡率为 0.361％，发病区域平均死亡率为 6.163％。发病面积比例最高的疾病是淡水鱼细菌性败血症，监测区域死亡率和发病区域死亡率最高的为溃疡病（表 5）。

表 4　草鱼各疾病发病面积比例和死亡率（%）

| 项目 | 草鱼出血病 | 淡水鱼细菌性败血症 | 溃疡病 | 赤皮病 | 细菌性肠炎病 | 疖疮病 | 柱状黄杆菌病（细菌性烂鳃病） | 水霉病 | 指环虫病 | 车轮虫病 | 锚头鳋病 | 中华鳋病（鳃蛆病） | 脂肪肝 | 肝胆综合征 |
|---|---|---|---|---|---|---|---|---|---|---|---|---|---|---|
| 发病面积比例 | 1.14 | 12.5 | 0.27 | 7.68 | 5.72 | 0.18 | 24.63 | 3.7 | 0.38 | 0.73 | 0.68 | 0.4 | 0.31 | 0.14 |
| 监测区域死亡率 | 0.08 | 0.04 | 0 | 0.11 | 0.17 | 0 | 0.08 | 0.46 | 0 | 0 | 0.04 | 0 | 0.01 | 0.02 |
| 发病区域死亡率 | 9.03 | 1.33 | 0.24 | 1.51 | 3.81 | 0.24 | 8.59 | 6.08 | 0.23 | 0 | 0.35 | 0 | 1.42 | 5.99 |

表 5　鲫各疾病发病面积比例和死亡率（%）

| 项目 | 淡水鱼细菌性败血症 | 溃疡病 | 赤皮病 | 细菌性肠炎病 | 柱状黄杆菌病（细菌性烂鳃病） | 水霉病 | 指环虫病 | 车轮虫病 |
|---|---|---|---|---|---|---|---|---|
| 发病面积比例 | 5.25 | 0.21 | 0.39 | 0.63 | 0.39 | 2.53 | 0.79 | 0.08 |
| 监测区域死亡率 | 0.41 | 0.85 | 0.01 | 0.01 | 0 | 0.47 | 0 | 0.1 |
| 发病区域死亡率 | 7.67 | 8.33 | 1.61 | 1.14 | 3.34 | 5.2 | 1.08 | 0.29 |

3. 鲢、鳙发病情况　2021 年安徽省监测鲢养殖面积 6 730.94 hm²，总发病面积 1 054.47 hm²，平均发病面积率为 15.67%；监测鳙面积 6 385.27 hm²，总发病面积 57 hm²，平均发病面积率 0.89%。鲢、鳙监测区域平均死亡率为 0.334%，发病区域平均死亡率为 4.167%。发病面积比例最高的疾病是淡水鱼细菌性败血症，监测区域死亡率和发病区域死亡率最高的为水霉病（表 6）。

4. 鳊（团头鲂）发病情况　2021 年安徽省监测鳊养殖面积 1 063.27 hm²，总发病面积 74.67 hm²，平均发病面积率为 7.02%。监测区域平均死亡率为 0.69%，发病区域平均死亡率为 1.481%。发病面积比例最高的疾病是流行性溃疡综合征，监测区域死亡率和发病区域死亡率最高的为赤皮病（表 7）。

**表 6 鲢、鳙各疾病发病面积比例和死亡率（%）**

| 项目 | 淡水鱼细菌性败血症 | 溃疡病 | 赤皮病 | 细菌性肠炎病 | 疖疮病 | 打印病 | 柱状黄杆菌病（细菌性烂鳃病） | 水霉病 | 鳃霉病 | 小瓜虫病 | 锚头鳋病 | 缺氧症 |
|---|---|---|---|---|---|---|---|---|---|---|---|---|
| 发病面积比例 | 9.14 | 0.16 | 0.4 | 0.57 | 0 | 0.39 | 0.28 | 3.34 | 0.76 | 0.16 | 3.36 | 1.92 |
| 监测区域死亡率 | 0.5 | 0 | 0.13 | 0 | 0.01 | 0.36 | 0 | 0.72 | 0.01 | 0.01 | 0.06 | 0.15 |
| 发病区域死亡率 | 4.49 | 0.57 | 2.44 | 0.83 | 0.25 | 0.61 | 0.54 | 17.74 | 0.39 | 0.31 | 0.68 | 6.67 |

**表 7 鳊各疾病发病面积比例和死亡率（%）**

| 项目 | 淡水鱼细菌性败血症 | 赤皮病 | 水霉病 | 锚头鳋病 | 肝胆综合征 |
|---|---|---|---|---|---|
| 发病面积比例 | 40.56 | 75 | 50.46 | 4.01 | 75 |
| 监测区域死亡率 | 0.69 | 3.23 | 0.23 | 0.03 | 0.5 |
| 发病区域死亡率 | 1.77 | 3.33 | 0.54 | 1.02 | 0.5 |

5. 斑点叉尾鮰发病情况 安徽省养殖鮰类主要为斑点叉尾鮰，养殖模式包括池塘精养和池塘工厂化流水槽养殖。2021 年监测斑点叉尾鮰养殖面积 27.2 hm$^2$，总发病面积 4.13 hm$^2$，平均发病面积率 15.2%。监测区域平均死亡率为 0.25%，发病区域平均死亡率为 0.29%。主要监测到的疾病为斑点叉尾鮰病毒病、鮰类肠败血症。

6. 鳜发病情况 2021 年安徽省监测鳜养殖面积 527.53 hm$^2$，总发病面积 36.6 hm$^2$，平均发病面积率为 6.94%。监测区域平均死亡率为 0.43%，发病区域平均死亡率为 0.88%。监测区域死亡率和发病区域死亡率最高的疾病均为肝胆综合征。同时还监测到的疾病有淡水鱼细菌性败血症、水霉病、指环虫病、车轮虫病和不明病因疾病（表 8）。

**表 8 鳜各疾病发病面积比例和死亡率（%）**

| 项目 | 淡水鱼细菌性败血症 | 水霉病 | 指环虫病 | 车轮虫病 | 肝胆综合征 | 不明病因疾病 |
|---|---|---|---|---|---|---|
| 发病面积比例 | 7.15 | 0.56 | 2.33 | 5.51 | 2.5 | 16.67 |
| 监测区域死亡率 | 0.2 | 0 | 0.19 | 0.62 | 1.03 | 0.02 |
| 发病区域死亡率 | 0.43 | 0.05 | 0.8 | 0.85 | 4 | 0.02 |

（三）主要养殖甲壳类动物疾病发生情况

1. 克氏原螯虾发病情况 近年来，随着虾类养殖经济效益好，安徽省大力发展稻田综合种养模式，克氏原螯虾养殖面积逐年增加，养殖规模不断扩大，但由于粗放的养殖模式、气候变化等影响，克氏原螯虾发生的疾病数量和种类也在增多，养殖风险增高。2021 年安徽省监测克氏原螯虾养殖面积 2 344.2 hm²，总发病面积 425.27 hm²，平均发病面积率为 18.14%。监测区域平均死亡率为 0.22%，发病区域平均死亡率为 2.62%。发病面积比例和监测区域死亡率最高的疾病是对虾黑鳃综合征。同时还监测到的疾病有烂鳃病、青虾甲壳溃疡病、弧菌病、肠炎病和其他不明病因疾病（表 9）。

表 9　克氏原螯虾各疾病发病面积比例和死亡率（%）

| 项目 | 对虾黑鳃综合征 | 烂鳃病 | 青虾甲壳溃疡病 | 弧菌病 | 肠炎病 | 不明病因疾病 |
|---|---|---|---|---|---|---|
| 发病面积比例 | 64.52 | 4.65 | 25.81 | 8.47 | 4.65 | 2.32 |
| 监测区域死亡率 | 1.11 | 0.02 | 0.13 | 0.08 | 0.05 | 0.72 |
| 发病区域死亡率 | 1.67 | 1.58 | 0.5 | 2.61 | 2.88 | 6.5 |

2. 中华绒螯蟹发病情况　2021 年安徽省监测中华绒螯蟹养殖面积 3 883.8 hm²，总发病面积 1 371.2 hm²，平均发病面积率为 35.31%。监测区域平均死亡率为 0.08%，发病区域平均死亡率为 2.14%。发病面积比例最高的疾病是肠炎病，监测区域死亡率和发病区域死亡率最高的是弧菌病。同时还监测到的疾病有烂鳃病、蜕壳不遂症和不明病因疾病（表 10）。

表 10　中华绒螯蟹各疾病发病面积比例和死亡率（%）

| 疾病名称 | 烂鳃病 | 弧菌病 | 肠炎病 | 蜕壳不遂症 | 不明病因疾病 |
|---|---|---|---|---|---|
| 发病面积比例 | 0.74 | 7.86 | 8.98 | 2.46 | 0.78 |
| 监测区域死亡率 | 0.01 | 0.36 | 0.05 | 0.03 | 0.01 |
| 发病区域死亡率 | 1.12 | 4.59 | 3.36 | 1.65 | 1.12 |

## 三、2021 年养殖水生动物疾病的危害情况

安徽省养殖水生动物病情测报区域主要品种青鱼、草鱼、鳙、鲢、鲫、鳜、鲈（加州鲈）、中华绒螯蟹、鳖的平均监测区域死亡率 1.456%、0.119%、0.229%、0.374%、0.361%、0.429%、1.843%、0.081%、0.074%。据安徽省养殖面积 475 333.3 hm²（其中池塘养殖面积 20.4 万 hm²），稻田养殖克氏原螯虾殖面积 348 000 hm² 进行综合分析测算，2021 年安徽省养殖水生动物因病害死亡量达到 1 620.88 万 kg，经济损失额约为 3.26 亿元。

## 四、2022 年养殖水生动物病害流行趋势研判

根据历年水产养殖病情监测结果预测，2022 年安徽省水产品养殖过程中仍将发生

不同程度的病害，疾病种类仍会是以细菌性和寄生虫疾病为主、病毒性疾病少量发生。如淡水鱼出血性败血症、锚头鳋病、中华鳋病仍会较严重发生。草鱼出血病、斑点叉尾鮰病毒病局部地区会较为严重发生，克氏原螯虾白斑综合征监测阳性率可能仍然较高，蟹瘪子病还会持续发生，寄生虫病会大范围发生，影响水生动物养殖，在养殖过程中应予以足够重视。此外，冬春季大水面增殖渔业的鲢鳙类疾病，皖北地区池塘养殖鲤的疾病应引起足够重视。

## 五、应对措施与建议

（一）加强苗种产地检疫工作

加强苗种产地检疫的宣传，提高行业科学防病意识，促进养殖单位自觉贯彻苗种检疫制度。继续做好安徽本省苗种的产地检验检疫工作，从外省引进苗种必须严格执行检疫制度，并做好引种后的消毒、隔离观察工作，不将新发疾病病原带入本地。

（二）扩大养殖水生动物疫病检测范围

加强草鱼出血病、鲫造血器官坏死症、鳜虹彩病毒、斑点叉尾鮰病毒病、鳖溃疡综合征等对本地水产养殖影响重大疾病的监测和流行病学调查，尤其是克氏原螯虾白斑综合征、冬季水产养殖动物疾病，要做好预防信息服务，为"稻渔综合种养百千万工程"实施筑牢生物安全基础。

（三）加大水生动物疫病防控人力物力投入

渔业行政主管部门要将水产养殖疫病防控纳入养殖生产的主要工作进行统筹谋划，稳定水生动物防疫机构，强化基层水产技术推广机构疫病防控职能。加大疫病防控经费投入，培养专业、精干疫病防控人才队伍，提高基层工作人员技能水平，才能做好病情测报和疾病的防控工作。

# 2021年福建省水生养殖动植物病情分析

福建省水产技术推广总站

（廖碧钗　王　凡　孙敏秋　王松发　游　宇　林国清）

2021年，福建省9个设区市50个县（市、区）共设立测报点178个，测报品种为十大福建省特色品种及大宗养殖品种草鱼、罗非鱼等13种（表1），测报面积1 631.62 hm²，包括海水监测面积856.31 hm²（其中，海水池塘69.27 hm²、海水网箱69.71 hm²、海水滩涂8.87 hm²、海水筏式671.73 hm²、海水工厂化16.56 hm²、海水高位池20.17 hm²），淡水监测面积764.98 hm²（其中，淡水池塘698.65 hm²、淡水网箱1.21 hm²、淡水工厂化52.49 hm²、淡水其他12.63 hm²），半咸水池塘10.33 hm²。

表1　测报的养殖品种

| 类　别 | 养 殖 品 种 | 数　量 |
|---|---|---|
| 鱼　类 | 草鱼、鳗鲡、罗非鱼、倒刺鲃、大黄鱼、石斑鱼、河鲀 | 7 |
| 虾　类 | 凡纳滨对虾 | 1 |
| 贝　类 | 鲍、牡蛎 | 2 |
| 藻　类 | 紫菜、海带 | 2 |
| 棘皮类 | 海参 | 1 |
| 合　计 | | 13 |

## 一、病害总体情况

2021年各主要养殖种类除海带外，其余品种均有不同程度病害发生（图1）。从监测结果看，2021年病害整体流行趋势与往年略有不同，呈现病害发生季节早（1—3月病害发生种类反而较多），全年病害发生种数呈现先降后升再降的趋势。

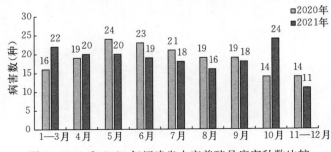

图1　2021和2020年福建省水产养殖月病害种数比较

2021 年全省共监测到发病养殖品种 12 种，监测到水产养殖动植物病害 41 种，其中病毒性疾病 2 种、细菌性疾病 14 种、寄生虫性疾病 12 种、真菌性疾病 3 种、非病原性疾病 5 种、不明病因疾病 5 种（表 2）。与 2020 年相比，病害种类减少 2 种，且均以细菌性疾病和寄生虫性疾病为主。

**表 2　监测到的各养殖种类病害分类汇总**

| 类　别 | 鱼　类 | 虾　类 | 贝　类 | 藻　类 | 棘皮类 | 合　计 |
|---|---|---|---|---|---|---|
| 病毒性疾病 | 2 | 0 | 0 | 0 | 0 | 2 |
| 细菌性疾病 | 9 | 3 | 1 | 0 | 1 | 14 |
| 寄生虫性疾病 | 11 | 1 | 0 | 0 | 0 | 12 |
| 真菌性疾病 | 2 | 1 | 0 | 0 | 0 | 3 |
| 非病原性疾病 | 4 | 1 | 0 | 0 | 0 | 5 |
| 不明病因疾病 | 2 | 1 | 1 | 1 | 0 | 5 |
| 合　计 | 30 | 7 | 2 | 1 | 1 | 41 |

2021 年水产养殖测报点月平均发病率 4.61%，比 2020 年增加了 0.42 个百分点（图 2）；主要是 4 月水温比往年同期偏高，河鲀较早感染刺激隐核虫病和 9 月因季节转化引起的不明病因疾病。月平均死亡率 0.43%，比 2020 年降低了 0.16 个百分点（图 3）；主要是因为 2020 年 5 月牡蛎养殖由于海区天然饵料缺乏和牡蛎养殖附着密度高引起较高的死亡率。

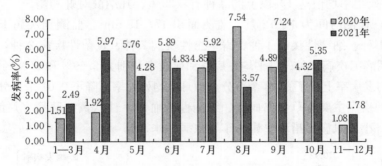

图 2　2021 年和 2020 年福建省水产养殖月平均发病率比较

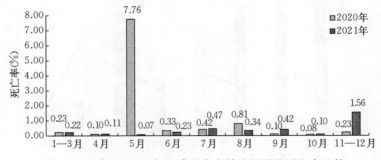

图 3　2021 年和 2020 年福建省水产养殖月平均死亡率比较

2021 年福建省水产养殖测报区域养殖种类因病害造成的直接经济损失为 1 437.12 万元（表 3），为 2020 年的 1.10 倍。除虾类和棘皮类，其余各养殖大类因病害造成的直接经济损失均比 2020 年有所增加。

表 3　不同品种养殖种类病害造成的经济损失（万元）

| 年份 | 淡水鱼类 | 海水鱼类 | 虾 类 | 贝 类 | 藻 类 | 棘皮类 |
|---|---|---|---|---|---|---|
| 2021 | 163.71 | 137.50 | 590.40 | 504.81 | 40.00 | 0.70 |
| 2020 | 120.55 | 110.89 | 650.00 | 422.60 | 2.28 | 1.20 |

## 二、不同品种发病情况

### （一）鱼类病害

2021 年，养殖鱼类总监测面积 712.45 hm²。测报数据显示，1—3 月淡水鱼类水霉病多发，海水鱼类大黄鱼内脏白点病多发；4—6 月淡水鱼类细菌性败血症、柱状黄杆菌病、指环虫病多发，海水鱼类大黄鱼内脏白点病、刺激隐核虫病多发；7—10 月淡水鱼类柱状黄杆菌病、链球菌病、肠炎病、指环虫病多发，海水鱼类大黄鱼白鳃症、溃疡病多发；11—12 月淡水鱼类水霉病、鳃霉病多发，海水鱼类大黄鱼内脏白点病多发。各养殖品种中，月平均发病率较高的有河鲀、鲍、罗非鱼、凡纳滨对虾、草鱼，均达到 5% 以上；月死亡率均值达 1% 以上的品种有罗非鱼、凡纳滨对虾和鲍。

1. 草鱼　监测时间为 1—12 月，监测面积 477.13 hm²。监测到疾病 17 种。其中，病毒性疾病 1 种、细菌性疾病 4 种、寄生虫性疾病 7 种、真菌性疾病 2 种，另有非病原性疾病和不明病因疾病 3 种。月平均发病率和死亡率分别为 5.69% 和 0.08%，与 2020 年相比，月平均发病率上升了 0.48 个百分点，月平均死亡率下降了 0.01 个百分点（图 4）。

监测到的疾病主要有草鱼出血病、细菌性败血症、柱状黄杆菌病（烂鳃病）、赤皮病、肠炎病、小瓜虫病、指环虫病、车轮虫病和水霉病等。

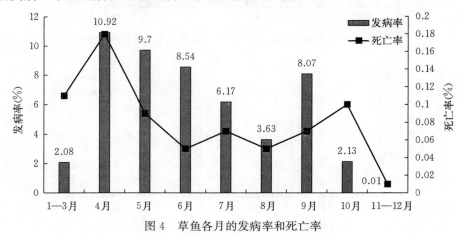

图 4　草鱼各月的发病率和死亡率

2. **鳗鲡** 监测时间为 1—12 月，监测面积 95.82 hm²。监测到疾病 8 种。其中，病毒性疾病 1 种、细菌性疾病 3 种、寄生虫性疾病 2 种和真菌性疾病 2 种。月平均发病率和死亡率分别为 2.62% 和 0.02%，与 2020 年相比，分别下降了 0.28 个百分点和 0.01 个百分点（图 5）。

常年监测到的疾病主要有柱状黄杆菌病（细菌性烂鳃病）和指环虫病，均未引起较高的死亡。

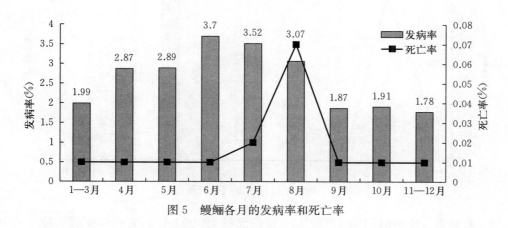

图 5 鳗鲡各月的发病率和死亡率

3. **罗非鱼** 监测时间为 1—12 月，监测面积 29.33 hm²。从 5 月开始到 10 月都监测到链球菌病。月平均发病率和死亡率分别为 13.50% 和 1.78%，与 2020 年相比，分别上升了 4.98 个百分点和 0.25 个百分点（图 6）。发病时间较 2020 年有所延长，整体呈现时间长、发病高峰集中在 7—9 月高温期。

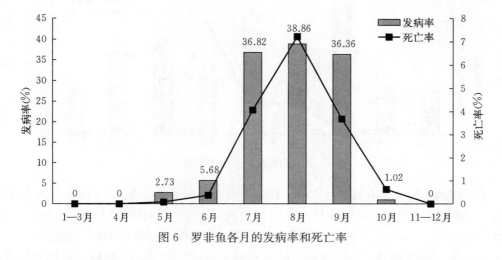

图 6 罗非鱼各月的发病率和死亡率

4. **倒刺鲃** 监测时间为 1—12 月，监测面积 1.69 hm²。监测到疾病 3 种。其中，细菌性疾病 1 种、寄生虫性疾病 1 种，另有不明病因疾病 1 种。月平均发病率和死亡率分别为 0.14% 和 0.29%，与 2020 年相比，月平均发病率下降了 1.28 个百分点，月平均死亡率上升了 0.27 个百分点（图 7）。仅 1—4 月监测到细菌性肠炎病，9—10 月监测到中华鳋病，其余各月未监测到明显的病害。

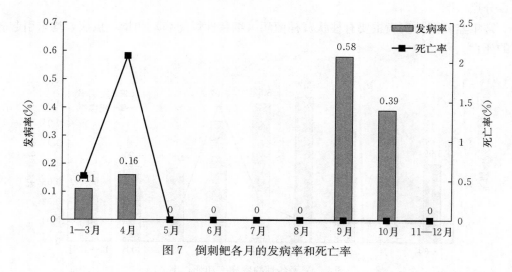

图 7　倒刺鲃各月的发病率和死亡率

5. 大黄鱼　监测时间为 1—12 月，监测面积 49.00 hm²。监测到疾病 7 种。其中，细菌性疾病 2 种、寄生虫性疾病 2 种，另有非病原性疾病和不明病因疾病 3 种。月平均发病率和死亡率分别为 2.64% 和 0.83%，与 2020 年相比，月平均发病率下降了 1.69 个百分点，月平均死亡率上升了 0.70 个百分点（图 8）。

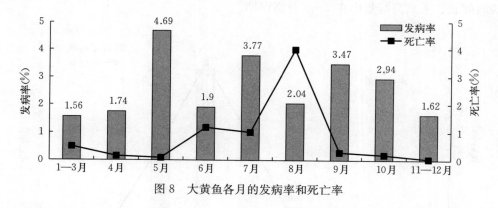

图 8　大黄鱼各月的发病率和死亡率

监测到的疾病主要有内脏白点病、盾纤毛虫病、刺激隐核虫病、白鳃症、虹彩病毒病等。内脏白点病在 1—5 月和 11—12 月有监测到，其中 2 月中旬发病较为严重，一般日死亡率 0.1%～0.3%。在 8—10 月的高温期，大黄鱼养殖普遍出现"内脏白点"症状，2021 年呈多发趋势，临床表现为脾脏和鳃上有白色结节，个别鳍条基部发红和皮肤溃烂现象，该病有别于低温期发生的内脏白点病，病原有待进一步确定。盾纤毛虫病在 3—5 月上旬监测到，主要影响部分养殖区网箱暂养的春苗，秋苗也有发现。当水温升至 22 ℃时，该虫大量消失。7—8 月各网箱养殖区均不同程度发生白鳃症，主要危害二龄鱼，严重的日损耗 2%～4%。虹彩病毒病 6 月下旬监测到，7 月上中旬较为严重，严重者日死亡 4%；停饵后，苗种会连续死亡多日，但一般死亡量会逐渐减少。刺激隐核虫病 5—8 月上旬监测到，反常于往年的是，11—12 月仍监测到该病，且发病率高，主要表现在 12 月上、中旬水温降至 18 ℃左右时，该病仍不消退，并且出现大潮汛鱼体表白点不减反增的异常现象。

6. 石斑鱼 监测时间为 1—12 月，监测面积 24.47 hm²，监测到疾病 6 种。其中，细菌性疾病 2 种、寄生虫性疾病 2 种，另有非病原性疾病 2 种。月平均发病率和死亡率分别为 0.59% 和 0.04%，与 2020 年相比，分别下降了 0.25 个百分点和 0.01 个百分点（图 9）。监测到的疾病主要有刺激隐核虫病、溃疡病等。

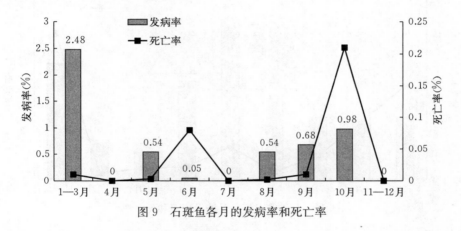

图 9 石斑鱼各月的发病率和死亡率

7. 河鲀 监测时间为 1—12 月，监测面积 35.00 hm²。监测到疾病 3 种。其中，细菌性疾病 1 种、寄生虫性疾病 2 种。月平均发病率和死亡率分别为 14.94% 和 0.67%，与 2020 年相比，分别上升了 6.56 个百分点和 0.35 个百分点（图 10）。主要是 1—4 月、6 月和 9 月监测到刺激隐核虫病、溃疡病等。

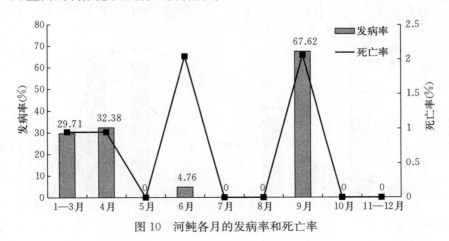

图 10 河鲀各月的发病率和死亡率

（二）虾类病害

**凡纳滨对虾** 监测时间为1—12月，监测面积215.47 hm²，监测到病害7种。其中，细菌性疾病3种、寄生虫性疾病1种、真菌性疾病1种，另有非病原性疾病和不明病因疾病2种。月平均发病率和死亡率分别为8.22%和1.78%，与2020年相比，月平均发病率下降了0.24个百分点，死亡率上升了1.04个百分点（图11）。1—3月监测到以肠炎病和急性肝胰腺坏死病为主，4—10月主要监测到肠炎病和弧菌病，11—12月监测到以虾肝肠胞虫病为主。

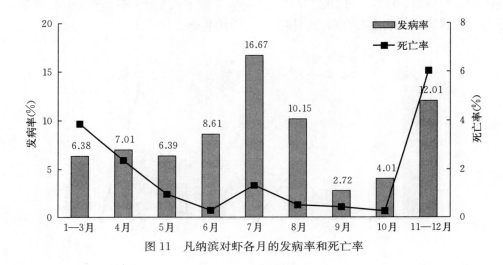

图11　凡纳滨对虾各月的发病率和死亡率

（三）贝类病害

**1. 鲍** 监测时间为1—12月，监测面积65.69 hm²。监测到鲍脓疱病和不明病因疾病。月平均发病率和死亡率分别为13.56%和1.57%，与2020年相比，分别上升了2.49个百分点和0.35个百分点（图12）。9—10月鲍的损耗主要是季节转换引起。

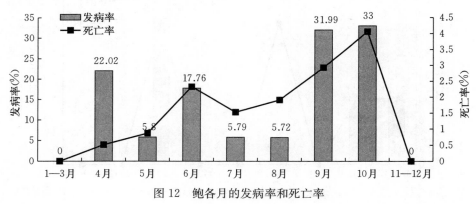

图12　鲍各月的发病率和死亡率

2. 牡蛎 监测时间为 1—12 月，监测面积 382.53 hm²。仅 7 月和 9—10 月监测到不明病因疾病，7 月是由于久旱雨后水质突变造成，9 月和 10 月是季节变换造成；其余各月均未监测到明显的病害。月平均发病率和死亡率分别为 1.36% 和 0.01%，与 2020 年相比，月平均发病率上升了 0.65 个百分点，死亡率下降了 1.64 个百分点（图 13）。

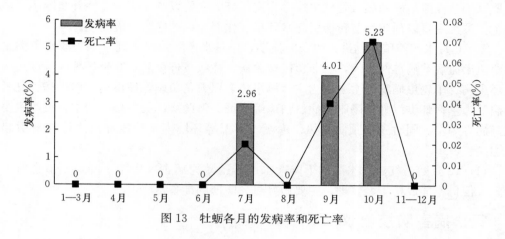

图 13　牡蛎各月的发病率和死亡率

（四）藻类病害

1. 紫菜 监测时间为 1—12 月，监测面积 115.20 hm²。仅 10 月监测到不明病因疾病，主要为高温引起脱苗，发病率为 19.04%，死亡率 0.01%。

测报点外，宁德地区海区养殖紫菜在采苗后发生较大面积的烂菜现象，达 0.6 万 hm²，占全市紫菜养殖总面积的 50%，导致紫菜大幅减产。其主要原因：一是养殖户为提早采收高价头水紫菜而过早采苗，造成采苗期气候偏暖，海区水温偏高导致烂菜；二是国庆节后连续阴雨天气，造成紫菜干露不充分影响生长。

2. 海带 监测时间为 1—5 月和 11—12 月，监测面积 134.27 hm²。2021 年测报点未监测到明显的病害。

（五）棘皮类病害

海参 监测时间为 1—4 月和 11—12 月，监测面积 6.00 hm²。1—3 月监测到腐皮综合征，发病率和死亡率分别为 2.78% 和 0.05%。2 月因受水质、气候等因素影响，部分海参还出现缩水、发硬等现象。

## 三、2022 年病害流行预测

根据往年水产养殖病情监测情况分析，2022 年全省水产养殖品种仍将发生不同程度的病害，疾病种类仍可能以细菌性疾病和寄生虫性疾病为主。

1—3 月气温、水温较低，主要做好防寒抗冻工作，注意加强防范水霉病、鳃霉病、小瓜虫病等低温期疾病，同时也要注意防范因水温剧变引起的应激反应和冻伤等现象。

4—6 月气温、水温逐渐回升，水产养殖动物摄食活动增加，残饵及排泄物增多，容易导致水中各类病原体繁殖，容易发生细菌性疾病和寄生虫性疾病；同时还需防范"倒春寒"引起的水体环境变化，造成对养殖动物的应激反应。淡水鱼类主要以肠炎病、柱状黄杆菌病、赤皮病等细菌性疾病及指环虫病、车轮虫病等寄生虫病为主；海水鱼类主要以细菌性溃疡病和刺激隐核虫病等为主；虾类主要以肠炎病、急性肝胰腺坏死病等为主；贝类主要以预防季节转换引起水环境变化而造成的应激反应为主。

7—10 月水产养殖动物进入生长旺盛期，也是水产养殖病害高发期。淡水鱼类主要以草鱼出血病等病毒性疾病，罗非鱼链球菌病、柱状黄杆菌病、肠炎病等细菌性疾病和指环虫病、车轮虫病等寄生虫病为主；海水鱼类以大黄鱼刺隐核虫病、白鳃病、虹彩病毒病等为主；虾类以虾肝肠胞虫病、白斑综合征、弧菌病、肠炎病等为主；贝类主要以弧菌病等为主，同时还要预防台风、赤潮、高温等环境因素造成养殖水体缺氧引起的死亡。

11—12 月随着气温、水温的下降，水产养殖动物病害发生率下降，病情也将不断减轻，但仍不能放松生产管理，主要做好过冬防寒的准备。

## 四、病害防控建议

养殖生产过程中，要采取健康养殖技术，坚持"预防为主、防治结合、防重于治"的原则，认真做好养殖过程的管理工作，尤其要注意天气变化，特别是在寒潮、赤潮、台风等恶劣天气期间，建议加强管理，可通过优化养殖环境、多选用国家颁布并已经选育的优良新品种的苗种、使用优质饲料提高养殖动物免疫力等来预防各类病害的发生。一旦发生病害，要找准病因，对症下药，有必要时可进行病原分离及药敏试验，筛选敏感国标药物进行疾病防治，不要盲目用药和滥用药。充分利用"鱼病远诊网"等科技平台，实现病害防治网络化、安全用药规范化，不断提高养殖水平和产品质量，实现渔业增产增收。

# 2021 年江西省水生动物病情分析

江西省农业技术推广中心（江西省水生动物疫病监控中心）

（董长华　田飞焱　孟霞　李小勇　徐节华　刘文珍）

## 一、基本情况

### （一）重要、新发水生动物疫病专项监测

2021 年江西省组织开展了鲤春病毒血症、白斑综合征、草鱼出血病、锦鲤疱疹病毒病、传染性皮下和造血器官坏死病、鲫造血器官坏死病、鲤浮肿病等 7 种疫病的专项监测，共计监测 45 批样品（表 1）。

**表 1　2021 年江西省重要、新发水生动物疫病监测情况表**

| 序号 | 监测疫病 | 监测批次 | 采样品种 |
|---|---|---|---|
| 1 | 鲤春病毒血症 | 5 | 鲤、锦鲤 |
| 2 | 锦鲤疱疹病毒病 | 5 | |
| 3 | 鲤浮肿病 | 5 | |
| 4 | 鲫造血器官坏死病 | 5 | 鲫 |
| 5 | 草鱼出血病 | 5 | 草鱼、青鱼 |
| 6 | 白斑综合征 | 10 | 克氏原螯虾、青虾 |
| 7 | 传染性皮下和造血器官坏死病 | 10 | |

### （二）常规水生动物疾病病情测报

2021 年，利用江西省 30 个县级防疫站建设项目，每个县设 3～4 个测报点，涵盖江西省国家级良种场和省级良种场等先进企业团队，组成水生动物病情测报队伍，对草鱼、鲢、鳙、鲫、鲴、鲤、白鲳、鳊、鳗鲡、黄颡鱼、倒刺鲃、罗非鱼、鳜、泥鳅、黄鳝、中华鳖、河蚌、中华绒螯蟹等 17 个品种开展了水产养殖病情测报工作，共设置 93 个测报点，测报面积合计 2 827.667 8 hm²。测报方式采用全国水产技术推广总站研发的"病情测报系统"软件进行实时上报，其中 1—3 月为一个监测月度，4—10 月期间，每个月为一个监测月度（表 2）。

表 2　江西省水产养殖病害监测种类、面积分类汇总表

| 省份 | 监测种类 | | | | | 养殖模式 | | | |
|---|---|---|---|---|---|---|---|---|---|
| | 鱼类 | 虾类 | 蟹类 | 贝类 | 其他类 | 淡水池塘 | 淡水网箱 | 淡水工厂化 | 淡水其他 |
| 江西省 | 13 | 1 | 1 | 1 | 1 | 2 025.000 7 | 12.000 0 | 9.000 0 | 781.667 1 |
| 合计 | 17 | | | | | 2 827.667 8 | | | |

注：监测水产养殖种类合计数不是监测种类的直接合计数，而是剔除相同种类后的数量。

## 二、监测结果与分析

根据病害监测的发病死亡率情况，以及江西省的水产养殖产量和 2021 年江西区域水产品零售价格行情的不完全统计、估算，2021 年江西省水产养殖因病害造成的测算经济损失约 6.5 亿元，与 2020 年（6.42 亿元）相比大致相当。

（一）重要新发水生动物疫病疫情监测风险分析

1. 鲤春病毒血症（SVC）　2021 年共监测 5 个批次 SVC 样品，品种包括锦鲤、鲤，经检测结果均为阴性。2005—2021 年，江西省共采集 621 批次的鲤科鱼类样品（图 1）监测鲤春病毒血症病毒（SVCV），持续 17 年的 SVCV 感染流行病学研究共发现了 23 个鲤春病毒血症病毒（SVCV）分离株，均属于 SVCV Ⅰa 亚型，阳性检出率为 3.7%，在锦鲤、鲤、草鱼、鲫中均检出 SVCV，但近 5 年均未有检出。在特殊条件下（气候、养殖环境等），SVCV 中国株存在引起一定规模疫情的可能性，需要加强生物安保意识的宣传，提高渔民在养殖环节中对染疫对象的生物无害化处理意识，筑牢生物安全屏障。

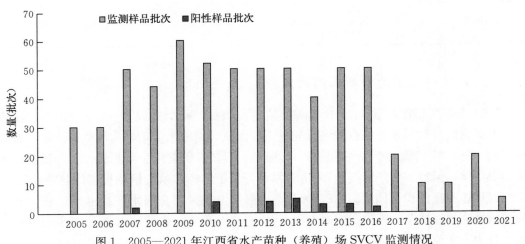

图 1　2005—2021 年江西省水产苗种（养殖）场 SVCV 监测情况

2. 白斑综合征（WSD） 2021 年监测 10 个批次 WSD 样品，品种均为克氏原螯虾，经检测结果均为阴性。2017—2021 年，江西省共采集 60 批次虾类样品监测白斑综合征病毒（WSSV）（图 2），连续 5 年的监测共检出阳性样品 25 批次，平均样品阳性率 41.7%。监测结果显示江西省区域内克氏原螯虾 WSSV 带毒率较高，说明近些年 WSSV 在克氏原螯虾中存在扩散传播，这给江西省该产业的发展带来了较大风险。

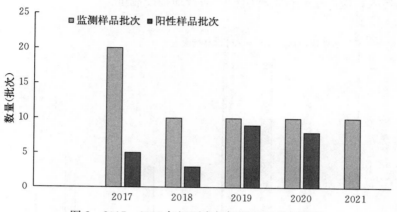

图 2 2017—2021 年江西省虾场 WSSV 监测情况

3. 草鱼出血病（GCHD） 2021 年共监测 5 个批次草鱼出血病样品，品种均为草鱼，经检测结果均为阴性。2015—2021 年，江西省共采集 235 批次草鱼、青鱼样品（图 3）监测草鱼呼肠孤病毒（GCRV），连续 7 年检出阳性样品 24 批次，平均样品阳性率 10.2%，阳性养殖场类型有省级原良种场、苗种场、成鱼养殖场、观赏鱼养殖场，表明江西省一些苗种场的草鱼苗种携带有草鱼呼肠孤病毒。苗种检疫和疫苗接种是预防草鱼出血病的有效措施，在做好苗种检疫的同时对引进的苗种及时做好疫苗接种，才能将草鱼出血病的发病风险降至最低。

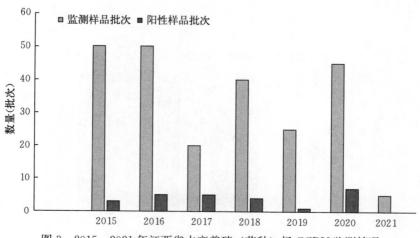

图 3 2015—2021 年江西省水产养殖（苗种）场 GCRV 监测情况

4. 锦鲤疱疹病毒病（KHVD） 2021 年共监测 5 个批次 KHVD 样品，品种为鲤、锦鲤，检测结果均为阴性。2014—2021 年，江西省共采集 130 批次鲤、锦鲤样品（图 4）监测锦鲤疱疹病毒（KHV），连续 8 年的监测在江西省均未发现锦鲤疱疹病毒病的病原。从监测情况来看，江西省辖区内处于 KHVD 无疫状态，近期内江西省出现该病疫情的可能性不大，但鉴于锦鲤疱疹病毒存在潜伏感染的特点，尤其应注意的是跨境引种时病原的传入，应严格执行苗种引种时的产地检疫制度。

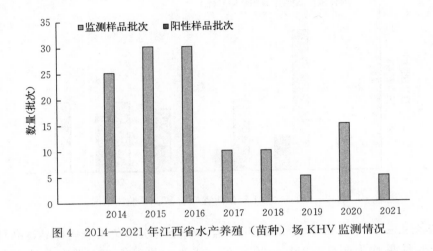

图 4　2014—2021 年江西省水产养殖（苗种）场 KHV 监测情况

5. 传染性皮下和造血器官坏死病 2021 年共监测 10 个批次传染性皮下和造血器官坏死病监测样品，品种为克氏原螯虾，结果均为阴性。2019—2021 年，江西省共采集 30 份样品监测传染性皮下和造血器官坏死病毒（IHHNV），共检出 3 例阳性，阳性率 10%。IHHNV 的易感宿主主要是对虾，包括细角滨对虾、凡纳滨对虾和斑节对虾等，而对于克氏原螯虾，在《WOAH 水生动物疾病诊断手册》（2017 版）的易感宿主和证据不充分的易感宿主中均未提及，IHHNV 是否引起克氏原螯虾致病的情况还有待进一步观察（图 5）。

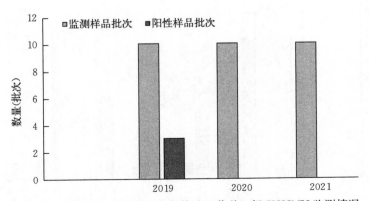

图 5　2019—2021 年江西省水产养殖（苗种）场 IHHNV 监测情况

6. **鲫造血器官坏死病（GHN）** 2021 年共监测 5 个批次 GHN 样品，监测品种主要是鲫，检测结果均为阴性。2015—2021 年，江西省共采集 170 批次鲫、观赏金鱼等样品（图 6）监测鲤疱疹病毒 II 型（CyHV-2）。连续 7 年的监测，共计有 12 批次阳性样品检出，平均样品阳性率 7.05%。根据疫病专项监测，以及一些鱼病门诊反映接诊过该病疑似病例，基本确定该外来疫病已传入江西省养殖区域，采取切实有效的监测和防控措施控制该病病原 CyHV-2 的进一步扩散十分必要。

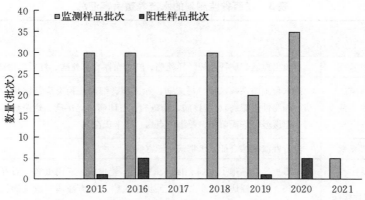

图 6 2015—2021 年江西省水产养殖（苗种）场 CyHV-2 监测情况

7. **鲤浮肿病（KSD）** 2021 年共监测 5 个批次 CEV 样品，品种包括锦鲤、鲤，检出阳性样本 1 例。自 2017 年江西省已经对 CEV 开展了 5 年的监测（图 7），就近 5 年监测结果来看，仅 2021 年有 1 例阳性检出，建议持续加强该疫病的监测和苗种产地检疫，严格控制苗种来源，遏制 CEV 在江西省的传播扩散。

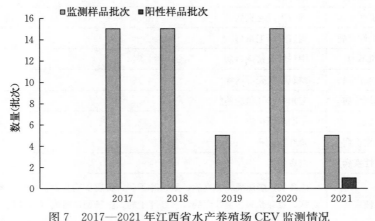

图 7 2017—2021 年江西省水产养殖场 CEV 监测情况

（二）常规水生动物疾病发生情况分析

2021 年，江西省水产养殖测报区共测报病害 75 种，其中鱼类病害 47 种、虾类

4 种、蟹类疾病 4 种、贝类疾病 2 种、其他类（鳖）疾病 18 种（表 3）。细菌性疾病占主要地位，占 57.43%，其次是寄生虫类疾病，占 16.34%，真菌性疾病 13.86%，其他 4.95%，病毒性疾病 3.96%，非病原性疾病 3.47%。监测结果表明引起水产养殖动物发病的原因较多、病因复杂。细菌性疾病依然是引起养殖鱼类发病死亡的主要病因，其次是寄生虫疾病和真菌性疾病，其他（病毒性等）疾病危害也在增大，感染发病病例增多。

**表 3　江西省监测到的水产养殖病害汇总**

| 类别 | | 病名 | 数量 |
|---|---|---|---|
| 鱼类 | 病毒性疾病 | 草鱼出血病、病毒性神经坏死病、鲫造血器官坏死病、虹彩病毒病 | 4 |
| | 细菌性疾病 | 淡水鱼细菌性败血症、烂鳃病、赤皮病、细菌性肠炎病、柱状黄杆菌病（细菌性烂鳃病）、溃疡病、疖疮病、打印病、烂尾病、烂身病、竖鳞病、迟缓爱德华氏菌病、鳗鲡红点病、诺卡氏菌病 | 14 |
| | 真菌性疾病 | 流行性溃疡综合征、水霉病、鳃霉病 | 3 |
| | 寄生虫性疾病 | 小瓜虫病、黏孢子虫病、指环虫病、车轮虫病、三代虫病、固着类纤毛虫病、锚头鳋病、斜管虫病、舌状绦虫病、中华鳋病、鱼虱病、头槽绦虫病、棘头虫病、卵鞭虫病（卵甲藻病）、复口吸虫病、裂头绦虫病、鳗居线虫病、嗜子宫线虫病 | 18 |
| | 非病原性疾病 | 缺氧症、脂肪肝、肝胆综合征、气泡病 | 4 |
| | 其他 | "春季鱼瘟"、黄颡鱼春季暴发性死亡病、窒息、跑马病 | 4 |
| 虾类 | 细菌性疾病 | 烂鳃病、肠炎病 | 2 |
| | 真菌性疾病 | 水霉病 | 1 |
| | 寄生虫性疾病 | 固着类纤毛虫病 | 1 |
| 蟹类 | 寄生虫性疾病 | 固着类纤毛虫病 | 1 |
| | 病原不明 | 中华绒螯蟹颤抖病 | 1 |
| | 非病原性疾病 | 缺氧、蜕壳不遂症 | 2 |
| 贝类 | 细菌性疾病 | 三角帆蚌气单胞菌病 | 1 |
| | 其他 | 不明病因疾病 | 1 |
| 其他类 | 病毒性疾病 | 鳖红底板病 | 1 |
| | 真菌性疾病 | 白斑病 | 1 |
| | 细菌性疾病 | 烂腮病、腮腺炎、肠炎病、鳖粗脖子病、鳖腐皮病、鳖白眼病、鳖白点病、鳖穿孔病、鳖溃烂病、鳖红脖子病、鳖肠型出血病（白底板病）、蛙"歪头"病、蛙"白内障"、蛙红腿病 | 14 |
| | 寄生虫性疾病 | 车轮虫病 | 1 |
| | 其他 | 不明病因疾病 | 1 |
| 合计 | | | 75 |

## 三、2021 江西省水生动物病害发生特点分析

1. 江西省部分地区存在散发水生动物疫情　与历年水产养殖病害发生情况相比，上半年总体上江西省水生动物疫情状况较为平稳，但 2021 年 2 月以来江西省个别地区养殖草鱼、鲢、鳙、鲫、黄颡鱼、鲈等陆续散发水生动物疫情，疾病在一定范围内扩散，发病快、苗种死亡率高，危害较大的疾病包括"春季鱼瘟"、鲫造血器官坏死病、黄颡鱼春季暴发性死亡病、草鱼出血病等。

2. 老病难根除，新病种类有上升趋势　对草鱼出血病、烂鳃病、赤皮病、肠炎病等，多年来江西省各地探索出了一些有效的防控方法，未造成较大危害，但年年都有报道，很难根除。同时，一些新发疾病，如鲫造血器官坏死病、"春季鱼瘟"、黄颡鱼春季暴发性死亡病等，还在不断出现。

3. 疾病发生时间有提早趋势　往年在水温比较低的 1—4 月，通常只发生少量的水霉病和寄生虫病，如车轮虫病、斜管虫病、指环虫病、锚头鳋病等，通常在 3 月下旬以后才开始零星出现，多集中发生于 4—6 月。2021 年这些寄生虫病从越冬苗种放养期的 1—2 月就反复出现，大量发生，导致在低温季节继发水霉病等引起大量死亡。此外还有"春季鱼瘟"、黄颡鱼暴发性死亡病等新发疾病在年初发生。

4. 新发疫病有暴发流行趋势　2019 年江西省个别乡镇养殖草鱼第一次出现"春季鱼瘟"，2021 年已扩散到该县大部分养殖区。此病潜伏期长，不易察觉，等发现后已到晚期，鱼已闭口停食，防控难度大，病程长，死亡率高。黄颡鱼春季暴发性死亡病发病急，传播快、病程短，死亡率高，一周左右损失达五成。鲫造血器官坏死病常被误诊，不但无治疗效果，反而因药物应激而引起大量死亡。

5. 并发症呈现普遍趋势　调研发现寄生虫、细菌、病毒等多种病原体并发，甚至伴随营养性疾病和气泡病，防治难度加大，部分发病严重的池塘死亡率超过 50%。如草鱼"老三病"并发病毒性出血病，寄生虫病并发真菌、细菌感染，鲫因应激引发鳃出血病等。鱼类疾病致病因子已经由单一病原向多元病原协同致病演化，病害特征多样化、复杂化，发病区域几乎涵盖所有养殖水域。

6. 苗种携带疾病病原风险高　此次调研过程中发现从外地购买的异育银鲫、加州鲈苗种死亡率非常高。江西省九江地区一些养殖户从江苏省引进的异育银鲫苗种因发生鲫造血器官坏死病、孢子虫病等，导致大部分池塘在放养鱼苗半月内成活率不足五成，有的甚至成活率不到一成。上饶市一些养殖户 6 月下旬从浙江省引进的加州鲈鱼苗在引进第二天即开始发病，半月累计死亡率高达 50%。引进未经检疫合格的水产苗种，在养殖过程中极易发生疾病，同时传播疾病风险高。

## 四、影响分析

1. 水生动物疾病暴发影响渔业安全生产　水生动物疾病暴发往往给渔民带来较大的经济损失，病害暴发导致一夜致贫的案例也时有发生，给渔业安全生产带来严峻挑战。

2. 水生动物疾病暴发影响水产品质量安全　随着水产养殖集约化程度的不断提高，水生动物疾病也逐渐增多。药物防治疾病是水产动物病害控制的主要措施之一，是目前我国包括江西省水产动物病害防治中最有效的方式。生产者为了挽回因病造成的经济损失，希望做到"药到病除"，因而存在滥用、乱用药物现象，在治愈疾病的同时却产生了"后遗症"——水产品渔药残留。保障水产品质量安全，还需从控制渔药残留产生的"源头"上即减少养殖病害的发生上着手。

3. 水生动物疾病暴发推升水产品市场价格　2021 年上半年，全国水产品价格出现连涨行情，尤以大宗淡水鱼涨幅最高，其中草鱼、鲢、鲫的价格同比涨幅已经接近甚至超过 50%，引起了国内很多媒体的关注。淡水鱼的价格高涨，背后原因之一就是水生动物病害因素。春季水生动物疾病暴发导致上半年鱼苗种供应紧张，如草鱼鱼种价格 16 元/kg，涨幅 30%以上；乌鳢水花价格在 550～800 元/万尾的高位震荡；加州鲈鱼苗达到了 18 000 元/万尾，鱼苗价格上涨带动养殖成本上涨，从而在一定程度上推升水产品市场价格。

## 五、2022 年江西省水产养殖病害发病趋势预测

根据历年的监测结果，结合江西省水产养殖特点，预测 2022 年主要发病养殖品种有草鱼、鲫、鲈、黄颡鱼、鲢、鳙、克氏原螯虾、鳗鲡、鳜、泥鳅、中华绒螯蟹、中华鳖等。可能发生、流行的水产养殖病害：鱼类易患春季细菌性败血症、烂鳃病、赤皮病、肠炎病、水霉病、草鱼出血病、鲫造血器官坏死病、指环虫病、小瓜虫病、车轮虫病、锚头鳋病等，同时注意防止细菌、寄生虫等多种病原混合感染；虾类中克氏原螯虾是江西省养殖面积较大的品种，易患白斑综合征、固着类纤毛虫病、肠炎病、蜕壳不遂等病（症）；蟹类易患腹水病、烂鳃病、肝胰腺坏死病等；鳖类易发腐皮病、疥疮病、穿孔病等；贝类易发车轮虫病、水霉病、钩介幼虫病等。江西省历年重大疫病专项监测中克氏原螯虾、草鱼、鲫等相关疫病病原检出率较高，2022 年需重点防范。

# 2021 年山东省水生动物病情分析

山东省渔业发展和资源养护总站

（倪乐海　徐涛　赵厚钧）

2021 年共组织全省 16 地市渔业重点养殖区域的 475 处测报点对全省 36 个优势养殖品种进行了动态监测报告。现将 2021 年全省水产养殖病情测报情况总结分析如下：

## 一、总体情况

测报品种：共 6 大类 36 个品种，其中有鱼类 20 种、甲壳类 6 种、贝类 6 种、藻类 2 种、爬行类 1 种、棘皮动物 1 种（表 1）。

**表 1　2021 年水产养殖病害监测品种情况**

| 类别 | 品种 | 数量（种） |
|---|---|---|
| 鱼类 | 草鱼、鲢、鳙、鲤、鲫、泥鳅、鲇、鲴、淡水鲈、罗非鱼、鲟、红鲌、白斑狗鱼、大菱鲆、牙鲆、河鲀、鲽、鲷、半滑舌鳎、许氏平鲉 | 20 |
| 甲壳类 | 凡纳滨对虾、中国明对虾、日本囊对虾、克氏原螯虾、中华绒螯蟹、梭子蟹 | 6 |
| 贝类 | 扇贝、牡蛎、蛤、鲍、螺、蛏 | 6 |
| 藻类 | 海带、江蓠 | 2 |
| 爬行类 | 中华鳖 | 1 |
| 棘皮动物 | 刺参 | 1 |

测报规模：测报总面积 3.4 万 hm²，占全省水产养殖总面积的 4.52%。测报区域的养殖模式涉及池塘、工厂化、网箱、海上筏式、底播、滩涂等多种模式。

测报数据显示，草鱼、鲤、鲢、鳙、鲟、淡水鲈、鲽、半滑舌鳎、凡纳滨对虾、克氏原螯虾、中华绒螯蟹、中华鳖 12 个测报品种监测到有病害发生，其余 24 个测报品种未监测到病害。

全年共监测到 18 种病害，其中有细菌性疾病 9 种、病毒性疾病 1 种、寄生虫疾病 1 种、真菌性疾病 2 种、非病原性疾病 1 种、不明病因疾病 4 种（表 2）。

表 2　2021 年水产养殖病害种类、疾病属性综合分析

| 类别 | 鱼类 | 甲壳类 | 爬行类 | 合计 |
|---|---|---|---|---|
| 细菌性疾病 | 6 | 2 | 1 | 9 |
| 病毒性疾病 |  | 1 |  | 1 |
| 寄生虫疾病 | 1 |  |  | 1 |
| 真菌性疾病 | 2 |  |  | 2 |
| 非病原性疾病 | 1 |  |  | 1 |
| 不明病因疾病 | 1 | 2 | 1 | 4 |
| 合计 | 11 | 5 | 2 | 18 |

　　山东省 2021 年水产养殖发生最多的病害类型是细菌性疾病（占比 69.49%）；其次为寄生虫病，占 10.17%；再次为真菌性疾病，占 8.47%；不明病因疾病占 6.78%，需要进一步研究确定其致病原因；非病原性疾病和病毒性疾病分别占 3.39% 和 1.69%。

## 二、监测结果与分析

### （一）各品种监测结果

　　1. 草鱼　2021 年草鱼共监测到 6 种病害（表 3），包括 3 种细菌性疾病、1 种寄生虫病、1 种真菌性疾病和 1 种非病原性病害。细菌性疾病中，肠炎病发生较多，在 6—8月发生，月平均发病率为 1.05%；赤皮病和烂鳃病月平均发病率分别为 0.06% 和0.06%。锚头鳋病的月平均发病率和发病区平均死亡率分别为 0.08% 和 0.13%。水霉病在 6 月发生，发病率为 0.15%。在 8 月发生肝胆综合征 1 种非病原性病害，发病率为 0.04%。

表 3　草鱼 2021 年病害情况统计表（%）

| 病害 | 5 月 | 6 月 | 7 月 | 8 月 | 月平均 |
|---|---|---|---|---|---|
| 赤皮病 | 0.06/0.18 |  |  |  | 0.06/0.18 |
| 烂鳃病 | 0.09/0.21 |  | 0.03/6 |  | 0.06/0.41 |
| 肠炎病 |  | 1.08/0 | 1.02/0.36 | 1.05/0.49 | 1.05/0.28 |
| 锚头鳋病 |  | 0.07/0.14 | 0.08/0.12 |  | 0.08/0.13 |
| 水霉病 |  | 0.15/2.4 |  |  | 0.15/2.4 |
| 肝胆综合征 |  |  |  | 0.04/0.17 | 0.04/0.17 |

　　注：表 3～表 11 中数据代表发病率/死亡率。

2. **鲤** 共发生 4 种病害，包括 3 种细菌性疾病和 1 种真菌性疾病（表 4）。细菌性疾病中，烂鳃病、肠炎病和细菌性败血症的月平均发病率分别为 0.04%、0.07% 和 0.02%，发病区内平均死亡率分别为 11.1%、0.31% 和 4%。水霉病仅在 4 月发生，其发病率为 0.001%。

**表 4 鲤病害情况统计表（%）**

| 病害 | 4 月 | 5 月 | 6 月 | 月平均 |
| --- | --- | --- | --- | --- |
| 烂鳃病 | | 0.04/11.1 | | 0.04/11.1 |
| 肠炎病 | | | 0.07/0.31 | 0.07/0.31 |
| 细菌性败血症 | 0.02/4 | | | 0.02/4 |
| 水霉病 | 0.001/4.29 | | | 0.001/4.29 |

3. **鲢** 发生打印病、细菌性败血症、锚头鳋病和鳃霉病 4 种病害（表 5）。打印病和细菌性败血症的月平均发病率分别为 0.15% 和 0.1%，发病区内平均死亡率分别为 4.29% 和 1.9%；锚头鳋病仅在 8 月发生，发病率为 0.12%，未发生死亡；鳃霉病的月平均发病率为 0.1%。

**表 5 鲢病害情况统计表（%）**

| 病害 | 5 月 | 8 月 | 9 月 | 10 月 | 月平均 |
| --- | --- | --- | --- | --- | --- |
| 打印病 | | | 0.15/4.29 | | 0.15/4.29 |
| 细菌性败血症 | | | | 0.1/1.9 | 0.1/1.9 |
| 锚头鳋病 | | 0.12/0 | | | 0.12/0 |
| 鳃霉病 | 0.1/20.8 | | | | 0.1/20.8 |

4. **鳙** 监测到细菌性败血症和锚头鳋病 2 种病害（表 6），其月平均发病率分别为 0.1% 和 0.15%；细菌性败血症的发病区内平均死亡率为 26.3%，锚头鳋病未造成死亡。

**表 6 鳙病害情况统计表（%）**

| 病害 | 5 月 | 8 月 | 月平均 |
| --- | --- | --- | --- |
| 细菌性败血症 | 0.1/26.3 | | 0.1/26.3 |
| 锚头鳋病 | | 0.15/0 | 0.15/0 |

5. **鲫** 发生肠炎病、细菌性败血症和不明病因疾病 3 种病害（表 7）。肠炎病和细菌性败血症的月平均发病率分别 0.37% 和 5.7%。不明病因疾病在 6 月发生，其月平均发病率和发病区平均死亡率分别为 0.11% 和 4.29%。

表 7　鲟病害情况统计表（%）

| 病害 | 6月 | 7月 | 8月 | 月平均 |
|---|---|---|---|---|
| 肠炎病 | | 0.57/0.24 | 0.17/2.5 | 0.37/1.37 |
| 细菌性败血症 | | 5.7/66.7 | | 5.7/66.7 |
| 不明病因疾病 | 0.11/4.29 | | | 0.11/4.29 |

6. 淡水鲈　在 4 月监测到水霉病 1 种病害，发病率为 1.64%，未发生死亡。

7. 鲽　监测到肠炎病 1 种病害（表 8），其月平均发病率和发病区平均死亡率分别为 0.07% 和 16.4%。

表 8　鲽病害情况统计表（%）

| 病害 | 5月 | 7月 | 月平均 |
|---|---|---|---|
| 肠炎病 | 0.07/16 | 0.06/16.7 | 0.07/16.4 |

8. 半滑舌鳎　发生上皮囊肿病和肝胆综合征 2 种病害（表 9），其月平均发病率分别为 6.8% 和 6.8%，发病区内平均死亡率分别为 10% 和 1.43%。

表 9　半滑舌鳎病害情况统计表（%）

| 病害 | 7月 | 10月 | 月平均 |
|---|---|---|---|
| 上皮囊肿病 | | 6.8/10 | 6.8/10 |
| 肝胆综合征 | 6.8/1.43 | | 6.8/1.43 |

9. 凡纳滨对虾　发生急性肝胰腺坏死病、弧菌病与不明病因疾病 3 种病害（表 10）。其中，急性肝胰腺坏死病发生较多，在 6—9 月都有发生，其月平均发病率和发病区内死亡率分别为 0.01% 和 0.04%。在 10 月监测到有弧菌病发生，其月平均发病率为 0.000 3%；8 月发生不明病因疾病，月平均发病率为 0.001%；弧菌病和不明病因疾病的发病区平均死亡率都很高，接近 100%。

表 10　凡纳滨对虾病害情况统计表（%）

| 病害 | 6月 | 7月 | 8月 | 9月 | 10月 | 月平均 |
|---|---|---|---|---|---|---|
| 急性肝胰腺坏死病 | 0.01/0.02 | 0.01/0.01 | 0.01/0.02 | 0.01/0.1 | | 0.01/0.04 |
| 弧菌病 | | | | | 0.000 3/100 | 0.000 3/100 |
| 不明病因疾病 | | | 0.001/100 | | | 0.001/100 |

10. 克氏原螯虾 在 6 月监测到白斑综合征 1 种病害，其月平均发病率和发病区内死亡率分别为 7.42％和 20％。

11. 中华绒螯蟹 在 6 月发生水瘪子病 1 种病害，其月平均发病率和发病区内死亡率分别为 1.15％和 2.5％。

12. 中华鳖 发生鳖溃烂病和不明病因疾病 2 种病害（表 11），其月平均发病率分别为 0.22％和 0.25％，发病区内平均死亡率分别为 1.2％和 0.34％。

表 11　鳖病害情况统计表（％）

| 病害 | 5 月 | 6 月 | 月平均 |
|---|---|---|---|
| 鳖溃烂病 | 0.22/1.2 | | 0.22/1.2 |
| 不明病因疾病 | | 0.25/0.34 | 0.25/0.34 |

（二）监测结果分析

4—10 月，病害发生种类的数量整体呈先升后降的趋势（图 1）。4 月，月度病害发生种类数量相对较少；5—8 月正值高温季节，月度病害发生种类数也相对较多，是养殖病害的高发期；9—10 月病害发生数量逐步减少。

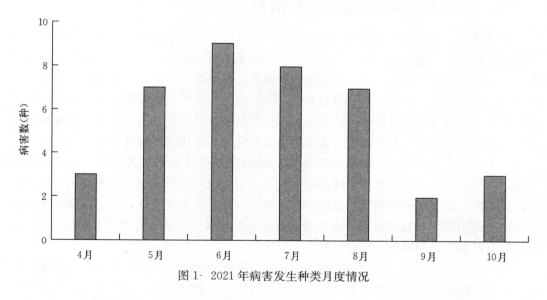

图 1　2021 年病害发生种类月度情况

2021 年鱼类的月平均发病率为 0.37％（表 12），较 2020 年（0.22％）升高；甲壳类的月平均发病率为 0.11％，较 2020 年（0.2％）降低；爬行类的月平均发病率为 0.24％，而 2020 年未监测到病害；贝类、藻类和刺参在 2021 年未监测到病害发生。2021 年各养殖种类整体发病数量减少。

表 12　各养殖种类平均发病率与平均发病区死亡率情况（％）

| | | 4 月 | 5 月 | 6 月 | 7 月 | 8 月 | 9 月 | 10 月 | 平均 |
|---|---|---|---|---|---|---|---|---|---|
| 鱼类 | 发病率 | 0.05 | 0.1 | 0.74 | 1.16 | 0.29 | 0.15 | 0.1 | 0.37 |
| | 死亡率 | 2.16 | 5.25 | 1.32 | 4.97 | 1.11 | 4.29 | 5.28 | 3.48 |
| 甲壳类 | 发病率 | | | 0.53 | 0.01 | 0.01 | 0.01 | 0.000 3 | 0.11 |
| | 死亡率 | | | 0.78 | 0.01 | 1.81 | 0.1 | 100 | 20.5 |
| 爬行类 | 发病率 | | 0.22 | 0.25 | | | | | 0.24 |
| | 死亡率 | | 1.2 | 0.34 | | | | | 0.77 |

　　2021 年对淡水鱼类危害较大的是烂鳃病、肠炎病、细菌性败血症等细菌性疾病，高温季节是淡水鱼类细菌性疾病的高发期；寄生虫病和真菌性疾病也时有发生。海水鱼类肠炎病发生较多。

　　2021 年甲壳类养殖发生较多的主要病害是急性肝胰腺坏死病，该病 6—9 月在凡纳滨对虾养殖中均有发生。克氏原螯虾在 6 月发生白斑综合征。中华绒螯蟹在 6 月监测到水瘪子病发生。

　　2021 年爬行类发生了溃烂病和不明病因疾病。

## 三、2022 年养殖病害发生趋势预测

　　1. 鱼类　淡水鱼类养殖的主要病害将是"草鱼三病"（赤皮病、烂鳃病和肠炎病）及细菌性败血症等细菌性疾病，发病持续时间较长，尤其是在 6—9 月高温季节是其高发期；养殖过程中，锚头鳋病、车轮虫病等寄生虫病也时有发生；水霉病在冬春季节发生较多。大菱鲆等海水鱼类易感染腹水病、肠炎病等细菌性疾病；防控此类病害，要注意保障养殖用水清洁，尽量使用配合饲料替代幼杂鱼，减少幼杂鱼使用量，保证饲料洁净，严格控制投饵量与养殖密度，多雨季节还需注意养殖用水的盐度变化。

　　2. 甲壳类　近年来，急性肝胰腺坏死病对对虾养殖造成了较大危害，要注意加强预防；白斑综合征、虾肝肠胞虫病也时有发生，也是威胁对虾养殖的主要病害。这些疾病以防为主，加强苗种检疫保障对虾苗种质量，同时强化生产管理，通过定期换水、适时增氧、施用微生态制剂和底质改良剂等措施调控好水质。梭子蟹易发生蜕壳不遂症，中华绒螯蟹易感染颤抖病，都需要提前做好预防。

　　3. 贝类　贝类养殖模式多采用筏式养殖、浅海底播等，因此贝类养殖易受苗种质量、海区环境和养殖密度等诸多因素影响。高温季节，养殖扇贝、牡蛎等可能会发生不明病因病害。

　　4. 刺参　养殖刺参易受到腐皮综合征、弧菌病等病害威胁。近年来，夏季高温持续降雨灾害导致部分地区刺参养殖户损失惨重，刺参养殖户和企业要特别注意关注气候变化，及时采取有效措施，做好刺参高温期安全度夏工作。

## 四、病害防控对策与建议

1. 推进水产养殖业绿色发展　建议各级渔业技术推广机构加大对适合本地区发展的水产养殖绿色养殖技术或模式的宣传推广力度，使广大养殖户或企业逐步树立水产养殖绿色发展理念。进一步推进水产绿色健康养殖"五大行动"实施，推广疫苗免疫、生态防控等措施，开展水产养殖用药减量行动，持续促进水产养殖用药减量，积极探索配合饲料替代幼杂鱼，稳步推动水产养殖尾水治理，加快推进养殖节水减排，促进水产养殖业向绿色发展转型升级。

2. 全面推进水产苗种产地检疫制度　推进水产苗种产地检疫，可以从源头控制重大水生动物疫病传播，有效降低病害暴发概率和经济损失。各级畜牧兽医和渔业主管部门通过理顺水产苗种产地检疫工作机制，形成工作合力，依法开展渔业官方兽医资格确认工作，健全渔业官方兽医队伍，加强苗种检疫执法监督，保障水产苗种产地检疫制度落到实处。

3. 科学防控养殖病害　防控养殖病害，应坚持"全面预防、科学治疗"的原则。未发病时，通过采取清塘消毒、苗种检疫、水质底质调控、投饵管理等措施做好病害预防。发现病害后，建议及时联系当地渔业技术推广部门或病害防控机构，争取对应领域病害防控专家的专业技术指导，减少"病急乱投医"等盲目用药现象，规范使用国标渔药，增强渔病防治科学性，有效降低养殖病害造成的经济损失。

4. 强化渔病远程辅助诊断　建议各级渔业技术推广机构积极借助物联网等现代信息化技术，使用"全国水生动物疾病远程辅助诊断服务网"等平台，依托省渔病防委和线上专家队伍，合理配置水产病害防治专家资源，运用已建设的渔病医院和水生动物疫病防治站，开展渔病远程辅助诊断服务，及时有效解决水产养殖病害难题，提升全省水产养殖病害的防控能力水平。

# 2021年河南省水生动物病情分析

河南省水产技术推广站

（李旭东　尚胜男）

## 一、基本情况

2021年，河南省监测的品种有鱼类、虾蟹类和其他类3个养殖大类、21个养殖品种（表1）。在17个地市64个县（区、市）设立了176个测报点，监测面积6 369 hm²，其中淡水池塘4 862 hm²。现将2021年河南省水产养殖病情监测结果分析如下：

表1　2020年河南省监测的养殖品种

| 类别 | 养殖品种 | 数量 |
|------|---------|------|
| 鱼 类 | 青鱼、草鱼、鲢、鳙、鲤、鲫、鳊、鲴、鮰、鳟、鲟、泥鳅、黄颡鱼、锦鲤、金鱼 | 15 |
| 虾蟹类 | 克氏原螯虾、青虾、中华绒螯蟹 | 3 |
| 其 他 | 龟、鳖、大鲵 | 3 |
| 合　计 | | 21 |

## 二、2021年河南省水产养殖病情分析

2021年监测养殖品种21种，其中11种发生了不同程度的病害，整体流行趋势与2020年基本一致。全年上报月报汇总数据9期，以5月、6月和7月三个月为发病高峰期，病害种类较多，发病周期长。病原以生物源性疾病为主，在生物源性疾病中又以细菌性疾病和寄生虫疾病较严重。

（一）水产养殖病情监测总体情况

1. 监测面积　全省监测的养殖模式主要有淡水池塘、淡水工厂化、淡水网栏和淡水其他，各养殖模式监测面积见表2，约占全省养殖面积的4.95%。

表2　各养殖模式的监测面积

| 养殖模式 | 面积（hm²） |
|---------|-----------|
| 淡水池塘 | 4 862.299 7 |
| 淡水工厂化 | 3 |
| 淡水网栏 | 533.467 1 |
| 淡水其他 | 970 |

2. 水产养殖发病种类　全省监测到水产养殖发病种类 11 种，其中鱼类 9 种、虾蟹类 1 种、观赏鱼 1 种，见表 3。

表 3　水产养殖发病种类

| 种类 | 品种 | 数量 |
|---|---|---|
| 鱼类 | 青鱼、草鱼、鲢、鳙、鲤、鲫、鳊、鲇、鲖 | 9 |
| 甲壳类 | 中华绒螯蟹 | 1 |
| 观赏鱼 | 锦鲤 | 1 |
| 合计 | | 11 |

3. 水产养殖病害种类　全年监测到的水产养殖病害种类有 21 种，其中病毒性疾病 3 种、细菌性疾病 6 种、真菌性疾病 2 种、寄生虫病 6 种、非病原性疾病 3 种、其他不明原因疾病 1 种，见表 4。

表 4　水产养殖病害种类

| 病害种类 | 名称 | 数量 |
|---|---|---|
| 病毒病 | 草鱼出血病、斑点叉尾鲖病毒病、锦鲤疱疹病毒病 | 3 |
| 细菌病 | 淡水鱼细菌性败血症、溃疡病、赤皮病、细菌性肠炎病、柱状黄杆菌病（细菌性烂鳃病）、打印病 | 6 |
| 寄生虫病 | 指环虫病、车轮虫病、锚头鳋病、裂头绦虫病、三代虫病、舌状绦虫病 | 6 |
| 真菌病 | 水霉病、鳃霉病 | 2 |
| 非病原性疾病 | 气泡病、缺氧症、蜕壳不遂症 | 3 |
| 其他 | 中华绒螯蟹水瘪子病 | 1 |
| 合计 | | 21 |

4. 各养殖种类平均发病面积率　各养殖种类平均发病面积率为 5%，最高的为鲇约 30%，最低的为鲫 0.16%，见表 5。与 2020 年相比，除鲇和中华绒螯蟹发病面积率上升外，其余品种呈下降趋势。

表 5　各养殖种类平均发病率

| 养殖种类 | 青鱼 | 草鱼 | 鲢鳙 | 鲤 | 鲫 | 鳊 | 鲇 | 鲖 | 黄颡鱼 | 中华绒螯蟹 | 锦鲤 |
|---|---|---|---|---|---|---|---|---|---|---|---|
| 总监测面积（hm²） | 189 | 1 731 | 8 189 | 1 783 | 1 066 | 25.1 | 0.67 | 543.7 | 147 | 58 | 19.67 |
| 总发病面积（hm²） | 0.33 | 51.9 | 27.2 | 57.2 | 1.67 | 0.33 | 0.2 | 6.67 | 5 | 6.97 | 0.67 |
| 平均发病面积率（%） | 0.18 | 3 | 0.33 | 3.21 | 0.16 | 1.33 | 30 | 1.23 | 3.39 | 12 | 3.39 |

（二）主要养殖种类病情流行情况

1. 草鱼 草鱼监测到的病害主要有淡水鱼细菌性败血症等 18 种，其中三代虫病发病面积比例最高，肝胆综合征和草鱼出血病死亡率较高，4 月的发病面积比例最高为018％，见图 1。

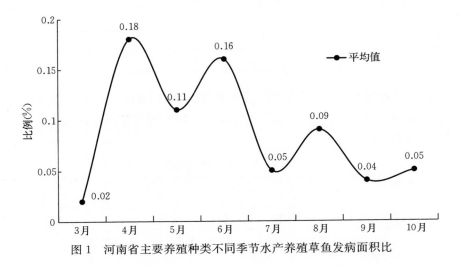

图 1 河南省主要养殖种类不同季节水产养殖草鱼发病面积比

2. 鲢鳙 鲢鳙监测到的病害主要有淡水鱼细菌性败血症等 12 种，其中细菌性肠炎和水霉病发病面积比例较高，溃疡病的死亡率最高，4 月的发病面积比例最高为0.12％，见图 2。

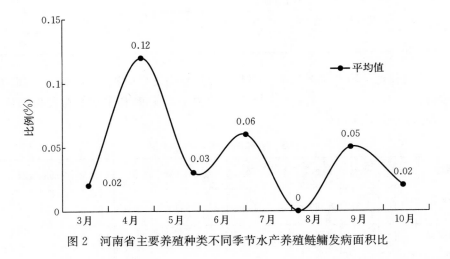

图 2 河南省主要养殖种类不同季节水产养殖鲢鳙发病面积比

3. 鲤 鲤监测到的病害主要有鲤浮肿病和烂鳃病等 14 种，其中淡水鱼细菌性败血症发病面积比例较高，鲤浮肿病的死亡率最高，6 月的发病面积比例最高为

0.12％，见图 3。

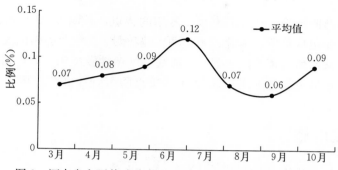

图 3　河南省主要养殖种类不同季节水产养殖鲤发病面积比

4. **斑点叉尾鮰**　斑点叉尾鮰监测到的病害主要有斑点叉尾鮰传染性套肠等 13 种，其中斑点叉尾鮰传染性套肠发病面积比和死亡率均最高，7 月的发病面积比例最高为 2.55％，见图 4。

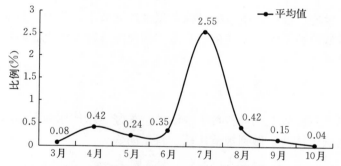

图 4　河南省主要养殖种类不同季节水产养殖斑点叉尾鮰发病面积比

（三）重要水生动物疫病专项监测

全年共送检 25 个样品，没有检出阳性样品，其中省级原良种场 3 个、苗种场 11 个、观赏鱼养殖场 5 个、成鱼养殖场 6 个，见图 5。

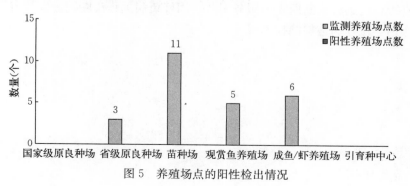

图 5　养殖场点的阳性检出情况

### 三、2022 年河南省水产养殖病害流行预测

根据历年的监测结果，结合河南水产养殖的特点，预测 2022 年可能发生、流行的水产养殖病害主要包括草鱼、鲢鳙、鲤、鲫、鳊和鲴等。主要养殖的大宗淡水鱼类仍可能以鲤浮肿病、淡水鱼细菌性败血症、烂鳃病、细菌性肠炎病、鲫类肠败血症、车轮虫病、孢子虫病和小瓜虫病等为主。2022 年需重点防范鲤浮肿病、斑点叉尾鲴传染性套肠和鲈虹彩病毒病等。

### 四、防控措施

（一）加强水产苗种产地检疫

引导养殖场主动申报检疫，加强购入种苗的检疫工作，建立苗种隔离池，加强日常管理，从源头杜绝疫病的发生。

（二）转变养殖模式，推广绿色健康养殖技术

围绕绿色、生态、健康、高效的目标，积极发展节水、节地、节能、减排型生态循环养殖模式，减低放养密度，发展鱼菜共生、稻田综合种养等生态养殖模式，保持养殖系统的稳定。

（三）规范用药，科学防病

继续做好水产养殖规范用药科普下乡活动，加强《水产用药明白纸》等的宣传培训力度，结合药物敏感试验，做到规范用药、科学防病。

（四）提高病情的预防预警能力

加强疫情监测，切实做好疫情预警预报。建立严格的疫情报告制度，做到早发现、早报告、早控制。

（五）用好鱼病远程诊断网，发挥防疫实验室的作用

建立省级鱼病远程诊断网专家服务团队，用好鱼病远程诊断网。发挥省级防疫实验室的带动作用，做好病害检测技术服务。

# 2021 年湖北省水生动物病情分析

湖北省水产科学研究所

（韩育章　卢伶俐　温周瑞　张惠萍　魏志宇）

## 一、基本情况

### （一）病害测报

根据湖北省水生动物养殖模式和养殖品种等特点，结合各养殖区域不同的养殖特色，2021 年全省 46 个县（市）级水生动物疫病防治站共设立 151 个监测点，监测面积 22 671.6 hm²。监测养殖品种 19 个，全年共监测到 13 种养殖品种发病，详见表 1。

表 1　2021 年监测到的水产养殖发病动物种类

| 类别 | | 种类 | 数量 |
|---|---|---|---|
| 淡水 | 鱼类 | 草鱼、鲢、鳙、鲤、鲫、鳊、黄颡鱼、鳜、鲟 | 9 |
| | 虾类 | 克氏原螯虾、凡纳滨对虾 | 2 |
| | 蟹类 | 中华绒螯蟹 | 1 |
| | 爬行类 | 鳖 | 1 |
| 合计 | | | 13 |

### （二）重大水生动物疫病专项监测

湖北省 2021 年全年承担鲤春病毒血症（SVC）、白斑综合征（WSD）、草鱼出血病（GCRV）、传染性皮下和造血器官坏死病（IHHN）、鲫造血器官坏死病（GHN）、鲤浮肿病（CEVD）等 6 种疫病的专项监测工作，共采集样品 45 个，样品检测全部由中国水产科学研究院长江水产研究所完成。

## 二、监测结果与分析

### （一）病害测报结果

2021 年湖北全省测报区内，共监测到鱼类疾病 23 种、虾类疾病 5 种、蟹类疾病 2 种、鳖疾病 5 种。其中，病毒性疾病 4 种，占 11.43%；细菌性疾病 14 种，占 40%；真菌性疾病 3 种，占 8.57%；寄生虫病 9 种，占 25.72%；非病原性疾病 2 种，占 5.71%；其他不明病因疾病 3 种，占 8.57%。2021 年全年监测到疾病种类比例及主要病害详见表 2。

表 2　2021 年监测到的水产养殖病害汇总

| 类别 | | 病名 | 数量 |
|---|---|---|---|
| 鱼类 | 病毒性疾病 | 草鱼出血病、鲫造血器官坏死病 | 2 |
| | 细菌性疾病 | 淡水鱼细菌性败血症、溃疡病、赤皮病、细菌性肠炎病、疖疮病、柱状黄杆菌病（细菌性烂鳃病）、打印病、竖鳞病 | 8 |
| | 真菌性疾病 | 流行性溃疡综合征、水霉病、鳃霉病 | 3 |
| | 寄生虫性疾病 | 指环虫病、车轮虫病、锚头鳋病、中华鳋病（鳃蛆病）、头槽绦虫病、黏孢子虫病、复口吸虫病（白内障病） | 7 |
| | 非病原性疾病 | 肝胆综合征、缺氧症 | 2 |
| | 其他 | 不明病因疾病 | 1 |
| 虾类 | 病毒性疾病 | 白斑综合征 | 1 |
| | 细菌性疾病 | 弧菌病、肠炎病 | 2 |
| | 寄生虫性疾病 | 固着类纤毛虫病 | 1 |
| | 其他 | 不明病因疾病 | 1 |
| 蟹类 | 细菌性疾病 | 肠炎病 | 1 |
| | 寄生虫性疾病 | 固着类纤毛虫病 | 1 |
| 其他类（鳖） | 病毒性疾病 | 鳖腮腺炎病 | 1 |
| | 细菌性疾病 | 鳖红脖子病、鳖溃烂病、鳖红底板病 | 3 |
| | 其他 | 不明病因疾病 | 1 |

## （二）测报范围内病害经济损失情况

2021 年湖北省测报范围内因病害造成经济损失合计 832.04 万元，较 2020 年增加 184.14 万元。主要原因是 2021 年春季，受持续低温以及气温大幅波动影响，武汉、荆州、宜昌、荆门、潜江等地养殖的黄颡鱼、草鱼、鲫、鳙等品种陆续暴发疾病，给部分养殖户造成较大经济损失。经专家会诊和实验室检测后认为是细菌、真菌及寄生虫等常见病原的一种或几种混合感染所致。发病诱因主要是大部分越冬鱼池没有经过清塘消毒、养殖管理操作不当、冬春持续低温及温度剧烈变化、养殖密度过大、饲料品质下降等。经过专家组两轮巡回指导，引导渔民现场进行鱼病预诊、预防控制、饲料投喂、环境消杀等，落实系列防控措施，病害及时得到有效控制。全省测报范围内各品种因病造成经济损失详见表 3。

表 3　2021 年全省测报区各品种经济损失情况（万元）

| 养殖品种 | 草鱼 | 鲢鳙 | 鲫 | 鳊 | 黄颡鱼 | 鳜 | 鲟 | 克氏原螯虾 | 中华绒螯蟹 | 鳖 | 合计 |
|---|---|---|---|---|---|---|---|---|---|---|---|
| 经济损失 | 250.47 | 348.51 | 42.01 | 10.01 | 101.13 | 0.17 | 9.6 | 0.14 | 55 | 15 | 832.04 |

（三）监测主要养殖品种病情分析

1. 草鱼　全年共监测到疾病 15 种，平均发病面积比 4.34％，监测区域平均死亡率 0.17％，发病区域平均死亡率 3.05％。其中，草鱼溃疡病是 2021 年湖北省大面积暴发疾病之一，全年发病区域死亡率高达 71.04％，在后续养殖过程中需重点关注，可以通过环境控制、强化水质管理、合理放养及科学投喂进行预防和控制。全年发病情况详见图 1。

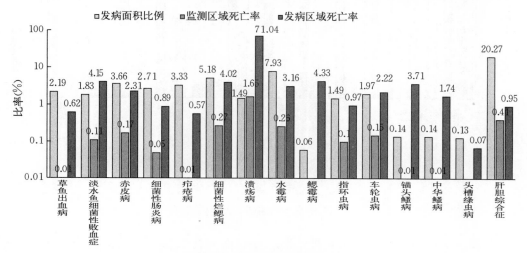

图 1　草鱼全年监测到病害发生情况

2. 鲢鳙　全年共监测到疾病 10 种，平均发病面积比 7.50％，监测区域平均死亡率 0.26％，发病区域平均死亡率 4.07％。全年发病情况详见图 2。

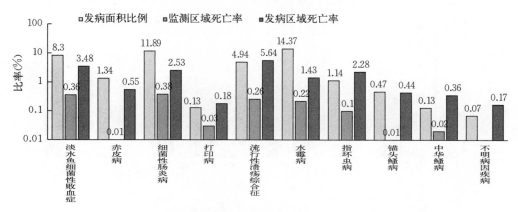

图 2　鲢鳙全年监测到病害发生情况

3. 鲫　全年共监测到疾病 13 种，平均发病面积比 5.14％，监测区域平均死亡率 0.15％，发病区域平均死亡率 4.32％。鲫造血器官坏死病发病区域死亡率高达 100％，在后续养殖过程中需重点关注和防范，避免疫情大面积暴发。鲫全年发病情况详见图 3。

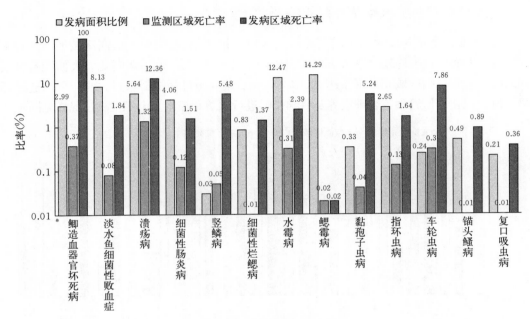

图 3　鲫全年监测到病害发生情况

4. 鳊　全年共监测到疾病 4 种，平均发病面积比 7.25％，监测区域平均死亡率 0.08％，发病区域平均死亡率 0.94％。全年发病情况详见图 4。

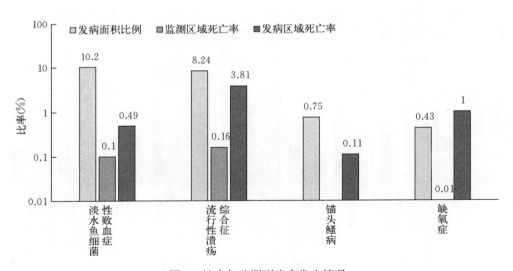

图 4　鳊全年监测到病害发生情况

5. 黄颡鱼　全年共监测到疾病 4 种，平均发病面积比 5.88％，监测区域平均死亡率 16.73％，发病区域平均死亡率 29.17％。全年发病情况详见图 5。

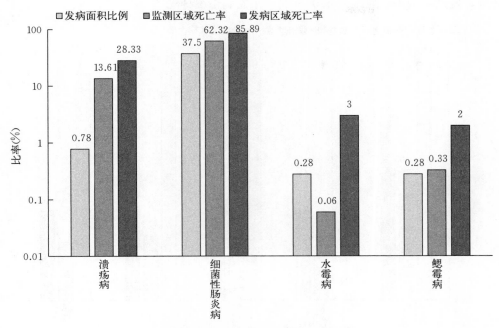

图 5　黄颡鱼全年监测到病害发生情况

6. 克氏原螯虾　全年共监测到疾病 4 种，平均发病面积比 4.12%，监测区域平均死亡率 0.04%，发病区域平均死亡率 0.88%。全年发病情况详见图 6。

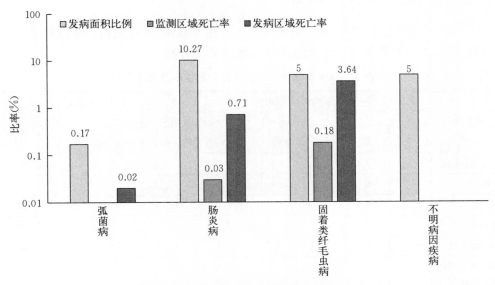

图 6　克氏原螯虾全年监测到病害发生情况

7. 鳖　全年共监测到疾病 5 种，平均发病面积比 37.30%，监测区域平均死亡率

0.49%，发病区域平均死亡率4.01%。全年发病情况详见图7。

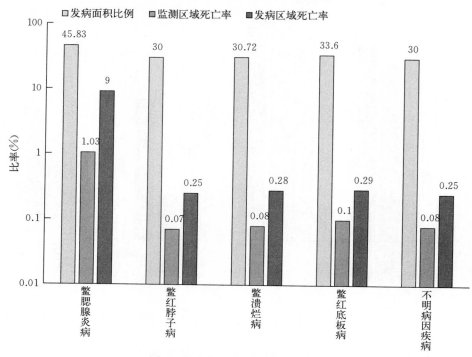

图7 鳖全年监测到病害发生情况

（四）重大疫病专项监测结果

2021年全年共完成7种疫病的监测任务，采集样品45个，共检出阳性样品12个。各种疫病的监测点设置情况、采样数量及监测结果详见表4。

表4 2021年湖北省重大水生动物疫病监测概况

| 监测疫病名称 | 监测养殖场（个） | | | | | | | 抽样总数（批次） | 阳性样品总数（份） | 阳性样品率（%） |
| | 区（县）数 | 乡（镇）数 | 国家级良种场 | 省级良种场 | 苗种场 | 观赏鱼养殖场 | 成鱼/虾养殖场 | | | |
| --- | --- | --- | --- | --- | --- | --- | --- | --- | --- | --- |
| 鲤春病毒血症 | 4 | 5 | 2 | 1 | 1 | | 1 | 5 | 1 | 20.0 |
| 鲤浮肿 | 4 | 5 | 2 | 1 | 1 | | 1 | 5 | 0 | 0 |
| 草鱼出血病 | 5 | 5 | 1 | 1 | 1 | | 2 | 5 | 2 | 40.0 |
| 鲫造血器官坏死 | 4 | 5 | | | 2 | | 3 | 5 | 0 | 0 |
| 白斑综合征 | 5 | 8 | | | | | 10 | 10 | 9 | 90.0 |
| 传染性皮下和造血器官坏死 | 5 | 8 | | | | | 10 | 10 | 0 | 0 |
| 合计 | | | | | | | | 40 | 12 | 26.7 |

监测结果显示，白斑综合征阳性率高达90.0%。从湖北省历年监测情况看，克氏原

鳌虾白斑综合征病毒携带率依然较高，暴发重大疫病的风险仍然较大，防控形势依然严峻。

对检出阳性样品采样点，及时将检测结果通知相关养殖场和县级水生动物防疫机构，组织开展流行病学调查和病原溯源，填写《流行病学调查表》。同时，要求当地县级水生动物防疫机构及时上报同级渔业主管部门，指导无害化处理以及消毒、隔离、禁止作为苗种销售等。

## 三、2022 年湖北省水产养殖病害流行预测及对策建议

### （一）病害流行预测

春季应警惕的疾病：鱼类要警惕黄颡鱼细菌病及病毒病、斑点叉尾鮰细菌病暴发，大宗品种草鱼、鲫等所患疾病类似，主要为水霉病、鳃霉病、赤皮病、溃疡病等多种常见病并发，有些还伴有车轮虫、小瓜虫等寄生虫病的发生。

夏季应警惕的疾病：大宗鱼类常见多发病害主要有淡水鱼细菌性败血症、草鱼出血病、鲫造血器官坏死病、烂鳃病、细菌性肠炎病、车轮虫病等，黄颡鱼细菌病及病毒病，加州鲈警惕诺卡氏菌病、溃疡病的发生。虾类要高度警惕白斑综合征暴发。鳌要警惕鳌腮腺炎病、鳌红脖子病、鳌溃烂病、鳌红底板病的发生。

秋季应警惕的疾病：大宗鱼类常见多发病害主要有淡水鱼细菌性败血症、烂鳃病、细菌性肠炎病、车轮虫病，黄颡鱼细菌病及病毒病等。

冬季应警惕的疾病：鱼类水霉病、冻伤。

### （二）对策建议

（1）建立科学的养殖管理制度　注意改良池塘底质和水质，培养出"肥、爽、嫩、活"的水体，给鱼提供良好的生活环境。采取科学规范养殖措施进行健康养殖、生态养殖，提高鱼体免疫力；优选抗病力强品种，降低发病率，减少渔药使用。

（2）加强水产苗种产地检疫　购买具有产地检疫证明的苗种，从源头管控，杜绝引进携带特定病原的苗种。苗种生产企业需选育优质亲本，强化培育工作，投喂优质配合饲料，并在饲料中适量添加增强免疫力的维生素 C、维生素 E 和免疫多糖等添加剂，以增强鱼体抵抗力。根据天气情况，对亲本培育池塘适当进行水位调控及水质调节，为亲本提供适宜环境，促进性腺发育。

（3）合理投喂饲料　选择优质的人工配合饲料，及时观察鱼、虾、蟹摄食情况，根据气候条件、水质、养殖阶段及健康状况及时调整每天饲料投喂量。对于养殖密度较高的成鱼，适当减少饵料的投喂，在饲料中适量添加增加免疫力的合规添加剂。天气异常时控制饲料投喂量，防止水质恶化。

（4）加强饲养管理，增强鱼体体质，提高抗病能力　在捕捞、运输过程中尽可能避免鱼体受伤。水温低于 15 ℃时，尽量减少人为操作，防止鱼体出现应激反应，导致擦伤或冻伤。

# 2021 年湖南省水生动物病情分析

湖南省畜牧水产事务中心渔业发展部

（周　文　何东波）

2021 年，全省水产养殖面积 43.31 万 hm²，其中养殖池塘 27.04 万 hm²，养殖品种涵盖了四大家鱼等近 20 个品种，水产品产量 266.1 万 t，其中草鱼、鲢、鳙和鲫，为全省主要大宗养殖品种，年产量约 152.2 万 t 左右，占全省水产品社会供给率的 57.1 ％。

## 一、2021 水产养殖病害监测总体情况

2021 年，根据全国水产技术推广总站的统一部署，湖南省通过使用"水产养殖动植物病情测报信息系统"开展测报工作。2021 年有长沙、湘潭、衡阳、益阳、岳阳、邵阳、常德、郴州、株洲等 9 个地区继续开展了水产养殖动植物病情测报工作，共设置 47 个县级测报站，水产养殖场布点 131 个，监测面积 16 395.16 hm²，其中淡水池塘养殖面 16 389.56 hm²。

各测报单位每月按时汇总、整理，审核相关测报数据。2021 年共上报省级数据 187 组，监测养殖种类 19 种，监测到发病养殖种类 10 种，监测养殖水面 16 395.16 hm²，监测到 18 种病害。其中，鱼类细菌病 7 种、鱼类寄生虫病 5 种、鱼类病毒病 1 种、鱼类真菌病 2 种、另有鱼类非病原性疾病 2 种（表 1、表 2）。

表 1　2021 年监测到发病的水产养殖种类汇总

| 类别 | | 种类 | 数量（种） |
|---|---|---|---|
| 淡水 | 鱼类 | 青鱼、草鱼、鲢、鳙、鲤、鲫、鳊、黄颡鱼、鳟、鲟 | 10 |

表 2　2021 年监测到的水产养殖病害汇总

| 类别 | | 病名 |
|---|---|---|
| 鱼类 | 病毒性疾病 | 草鱼出血病 |
| | 细菌性疾病 | 淡水鱼细菌性败血症、细菌性肠炎病、柱状黄杆菌病（细菌性烂鳃病）、赤皮病、打印病、疖疮病、溃疡综合征 |
| | 真菌性疾病 | 水霉病、鳃霉病 |
| | 寄生虫性疾病 | 小瓜虫病、指环虫病、车轮虫病、锚头鳋病、中华鳋病 |
| | 非病原性疾病 | 肝胆综合征、缺氧症 |
| | 其他 | 不明病因疾病 |

从监测的疾病种类比例（图1）可以看出：所有疾病中细菌性疾病所占比例最高，占 38%，寄生虫性疾病占 28%，真菌性疾病及病毒性疾病分别占 11% 和 6%。

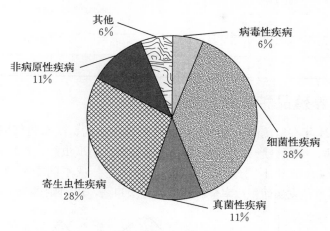

图1　2021 年监测到的疾病种类比例

从月发病面积比（图2）来看，2021 年水产养殖发病高峰在 8 月，发病面积比为 3.77%，死亡数量 8 月最高，为 33 418 尾；7 月次之，为 26 974 尾（表3）。

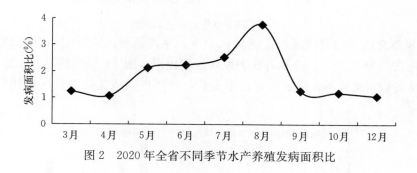

图2　2020 年全省不同季节水产养殖发病面积比

表3　水产养殖种类各月发病面积、发病率、死亡数量

| 月份 | 发病面积（hm²） | 发病面积比（%） | 死亡数量（尾） |
|---|---|---|---|
| 1—3 | 203.29 | 1.24 | 6 940 |
| 4 | 175.43 | 1.07 | 5 146 |
| 5 | 349.22 | 2.13 | 17 125 |
| 6 | 367.25 | 2.24 | 21 047 |
| 7 | 414.80 | 2.53 | 26 974 |
| 8 | 618.09 | 3.77 | 33 418 |

（续）

| 月份 | 发病面积（hm²） | 发病面积比（%） | 死亡数量（尾） |
|---|---|---|---|
| 9 | 206.58 | 1.26 | 19 748 |
| 10 | 195.11 | 1.19 | 4 326 |
| 11—12 | 175.43 | 1.07 | 4 103 |

## 二、主要养殖品种发生的病害情况

1. 草鱼    2021 年在监测的草鱼中共监测到草鱼出血病、淡水鱼细菌性败血症、细菌性烂鳃病、赤皮病、细菌性肠炎病、水霉病、鳃霉病、小瓜虫病、指环虫病、车轮虫病、锚头鳋病、肝胆综合征和不明原因疾病等 13 种病害。从不同季节草鱼的发病面积比（图 3）来看，7 月草鱼发病面积比率全年最高，为 0.14%，12 月则是全年最低，为 0.02%。

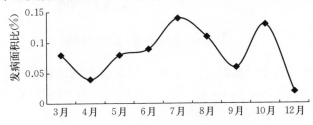

图 3    不同季节草鱼发病面积比

2021 年草鱼的平均发病面积比例为 0.44%，平均监测区域死亡率为 0.03%，平均发病区域死亡率为 2.79%。草鱼各病害发病面积比例（图 4）最高的是肝胆综合征，为 2.11%；从各病害造成的发病区域死亡率来看，指环虫病造成的发病区域死亡率最高，为 2.61%。

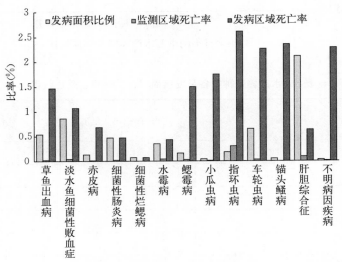

图 4    草鱼的平均发病面积比例、发病区域死亡率、监测区域死亡率

2. 鲢　2021 年在监测的鲢中共监测到淡水鱼细菌性败血症、溃疡病、烂鳃病、赤皮病、细菌性肠炎病、打印病、水霉病、指环虫病、车轮虫病、缺氧症等 10 种病害。从不同季节鲢的发病面积比（图 5）来看，8 月鲢发病面积比率全年最高，为 0.58%，4 月则是全年最低，为 0.04%。

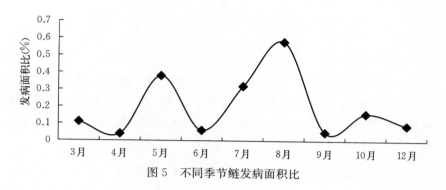

图 5　不同季节鲢发病面积比

2021 年鲢的平均发病面积比例为 1.03%，平均监测区域死亡率为 0.25%，平均发病区域死亡率为 1.79%。

鲢各病害发病面积比例（图 6）最高的是细菌性败血症，为 2.71%；从各病害造成的发病区域死亡率来看，细菌性肠炎病造成的发病区域死亡率最高，为 7.33%。

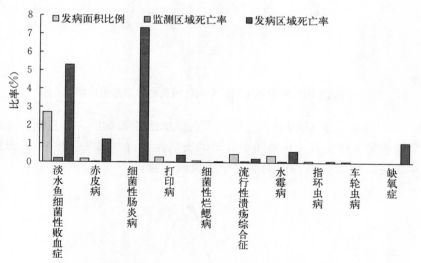

图 6　鲢的平均发病面积比例、发病区域死亡率、监测区域死亡率

3. 鳙　2021 年在监测的鳙中共监测到淡水鱼细菌性败血症、赤皮病、疖疮病、打印病、烂鳃病、水霉病、车轮虫病、锚头鳋病等 8 种病害。从不同季节鳙的发病面积比（图 7）来看，5 月鳙发病面积比率全年最高，为 0.22%，9 月则是全年最低，为 0.01%。

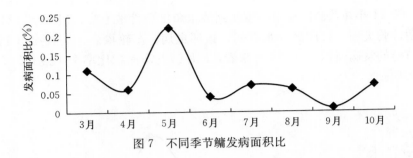

图 7　不同季节鳙发病面积比

2021 年鳙的平均发病面积比例为 0.46％，平均监测区域死亡率为 0.11％，平均发病区域死亡率为 1.48％。鳙各病害发病面积比例（图 8）最高的是细菌性败血症，为 0.93％；从各病害造成的发病区域死亡率来看，淡水鱼细菌性败血症病造成的发病区域死亡率最高，为 4.81％。

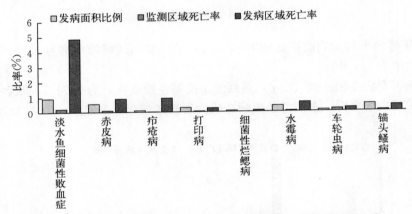

图 8　鳙的平均发病面积比例、发病区域死亡率、监测区域死亡率

4. 鲫　2021 年在监测的鲫中共监测到淡水鱼细菌性败血症、赤皮病、水霉病、鳃霉病、中华鳋病等 5 种病害。从不同季节鲫的发病面积比（图 9）来看，7 月鲫发病面积比率全年最高，为 0.46％，10 月则是全年最低，为 0。

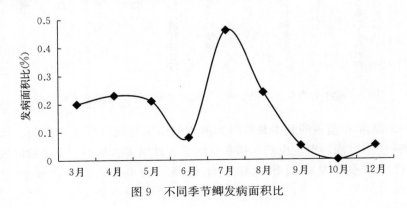

图 9　不同季节鲫发病面积比

2021 年鲫的平均发病面积比例为 0.98％，平均监测区域死亡率为 0.28 ％，平均发病区域死亡率为 2.31％。鲫各病害发病面积比例（图 10）最高的是细菌性败血症，为 1.1％；从各病害造成的发病区域死亡率来看，赤皮病造成的发病区域死亡率最高，为 5.2％。

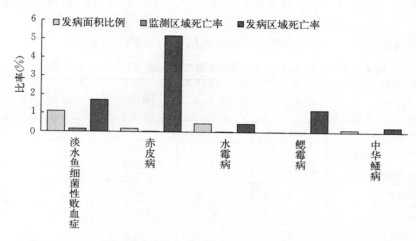

图 10  鲫的平均发病面积比例、发病区域死亡率、监测区域死亡率

## 三、重要疫病监测分析

根据《农业农村部关于印发〈2021 年国家水生动物疫病监测计划〉的通知》（农渔发〔2021〕10 号）的文件要求，2021 年湖南省在长沙、湘潭、岳阳、郴州等 4 市组织开展鲤春病毒血症、锦鲤疱疹病毒病、鲫造血器官坏死病、草鱼出血病和鲤浮肿病等 5 种重大水生动物疫病疫情监测，其中国家监测计划下达采集样品 25 个，省级监测计划采集样品 55 个。

（1）鲤春病毒血症监测  根据监测计划，2021 年在长沙、湘潭、郴州等 3 个地区，对鲤和锦鲤、金鱼、湘云鲫（鲤）等鲤科鱼类进行 SVC 等重要水生动物疫病监测与防治，落实 15 个监测点，包括 1 个国家级原良种场、省级良种场 9 个、苗种场 3 个、观赏鱼养殖场 2 个，共采样 20 个，送农业农村部渔业渔政管理局指定检测机构长沙海关技术中心进行检测。

（2）鲫造血器官坏死病监测  2021 在长沙市确定了 5 个监测采样点，包括 1 个国家级原良种场、省级良种场 4 个，共采样 5 个送长沙海关技术中心进行检测。

（3）锦鲤疱疹病毒病监测  2021 年，在长沙、湘潭、郴州等 3 市，对锦鲤、金鱼等鲤科鱼类进行 KHVD 重大水生动物疫病监测与防治，落实 15 个监测点，包括 1 个国家级原良种场、省级良种场 9 个、苗种场 3 个、观赏鱼养殖场 2 个。共采样 15 个送长沙海关技术中心进行检测。

（4）草鱼出血病监测  在长沙、湘潭、岳阳、郴州等 4 市设立监测点，共 20 个养殖场，包括 1 个国家级原良种场、省级良种场 14 个、苗种场 5 个。共采样 25 个采样送长沙海关技术中心进行检测。

（5）鲤浮肿病监测　2021 年，在长沙、湘潭、郴州等 3 市，对锦鲤等鲤科鱼类进行鲤浮肿病重大水生动物疫病监测，落实 15 个监测点，包括 1 个国家级原良种场、省级良种场 9 个、苗种场 3 个、观赏鱼养殖场 2 个。共采样 15 个送长沙海关技术中心进行检测。

2021 年湖南省 80 个样品采集送检的检测结果均为阴性（表 4）。

表 4　2021 年国家水生动物疫病监测情况统计（个，结果全为阴性）

| 疫病 | 长沙 | 岳阳 | 湘潭 | 郴州 | 合计 |
| --- | --- | --- | --- | --- | --- |
| 鲤春病毒血症 | 10 | 0 | 5 | 5 | 20 |
| 鲫传染性器官坏死病 | 5 | 0 | 0 | 0 | 5 |
| 草鱼出血病 | 5 | 10 | 5 | 5 | 25 |
| 锦鲤疱疹病 | 5 | 0 | 5 | 5 | 15 |
| 鲤浮肿病 | 5 | 0 | 5 | 5 | 15 |
| 合计 | 30 | 10 | 20 | 20 | 80 |

虽然检测结果表明在监测区域中不存在大的隐患，全省水生动物疫病防控形势基本稳定，没有发生大规模流行性水生动物疫病，没有发生因感染疫病而大量死鱼的事件，养殖病害死亡率也低于全国死亡率平均水平。但是水生动物疫病病原仍然有潜在的危险，加强对鱼类疫病的专项监测，深入研究致病机理和防控技术，才能确保湖南省鱼类产业的健康持续发展。

## 四、存在的问题

（1）防控工作机制亟待理顺　各地因机构改革，全省原已设立的 6 个市级和 79 个县（区）级水生动物防疫检疫机构绝大部分都已撤销，其职能被划分到不同的部门，使得水生动物疫病防控工作程序不顺，检疫工作难以开展。

（2）人员紧缺，专业技术力量薄弱　基层人员编制少，机构改革后人员变化大，病防人员往往都是身兼数职。大部分疫病防控人员欠缺疫病样品采集、检测技术，监测工作停留在数据和情况统计上，指导产业发展、服务养殖生产等方面的作用发挥不明显，疫病防控得不到有效落实。

（3）防疫经费投入严重不足　水生动物防控工作开展了多年，各级财政基本没有把这项工作纳入预算。虽然各级渔业主管部门每年也投入资金，但资金也非常有限。

## 五、2022 年病害流行预测

近年来，湖南省通过在各地大力推广生态环保、产品安全的稻渔综合种养等绿色健康技术模式，鱼类的主要养殖病害呈现下降趋势。2022 年湖南省可能发生、流行的水产养殖病害与 2021 年大致相同，主要如下：

全省常规养殖鱼类易得烂鳃病、赤皮病、肠炎病、淡水鱼细菌性败血症，草鱼易得草鱼出血病。应预防细菌、寄生虫等多种病原混合感染；应提前预防淡水鱼细菌性败血症对常规养殖鱼类造成的危害；草鱼出血病可通过注射疫苗预防。出血病、烂鳃病、肠炎病、赤皮病预计 4—8 月有可能在全省范围，尤其是洞庭湖区普遍流行；鱼类细菌性败血症仍然是养殖鱼类的主要细菌性病害，4—10 月将在全省流行；养殖鱼类细菌性烂鳃病将继续对鳙、草鱼、鲫养殖生产造成较大损失，从 4 月开始到 10 月流行；锚头鳋病、中华鳋病全年都会流行，随着水温升高，在 3 月底 4 月初有可能出现第一次流行。另外，4—5 月，水温 13～18 ℃时，长沙市和湘潭市、衡阳市等地要重点注意监测鲤春病毒血症；尤其是近年来在 5—6 月，水温 21～28 ℃时，长沙市和岳阳市养殖的鲤科鱼类送检的样品中都有鲤浮肿病阳性病原检出，也要重点加强监测。

## 六、建议采取的措施

（1）落实疫病防控技术人员和工作经费　各级财政加大对水生动物防疫经费投入，是建立水生动物防疫长效机制的有力保障措施。争取水生动物防疫检疫工作所需经费列入同级财政预算，并积极向上级争取项目资金，以确保水生动物防疫检疫工作顺利开展。

（2）完善全省防控体系能力建设　依托《全国动植物保护能力提升工程建设规划（2017—2025 年)》，持续推进省级和区域性水生动物疫病监测相关建设项目的落实；切实加强机构和队伍建设，各级部门尽快建立水生动物疫病预防控制机构，压实基层属地责任，明确相应机构职责和工作流程。加强基层水生动物疫病防控人才储备，配齐配强水产专业技术人员，确保水生动物疫病监测各项工作任务有所对接，落到实处。

（3）深化重大水生动物疫病专项监测　完善全省水生动物疫病监控计划，进一步扩大水生动物重大疫病监控的种类和覆盖面，重点将省级以上水产原良种场及近年有申报检疫需求的其他苗种生产单位全部纳入疫病监控范围。

（4）持续开展水产养殖动植物病害测报及预测预报　坚持统一管理、分级实施、科学布局的原则，不断扩大监测范围，增加监测数量。进一步加强测报信息的收集、整理和病原监测、流行病学调查，为全面掌握疫情形势和制定防控措施提供科学依据。进一步加强测报人员技术培训，不断提高病害监测数据上报、统计、分析、预警信息化水平，提高防疫工作效率和水平。

（5）全面推进水产苗种产地检疫　加快各县（市、区）检疫申报点建设，配备相应的办公设施和检疫设备，宣贯有关法律法规以及水产苗种产地检疫工作有关要求，增强苗种生产单位主动申报产地检疫、养殖单位外购苗种应索要检疫证明等法制意识，提高全社会对水产苗种检疫工作的认识，努力为群众提供便捷、高效、规范的服务。

# 2021 年广东省水生动物病情分析

广东省动物疫病预防控制中心

（唐　姝　林华剑　张　志　孙彦伟　张远龙）

广东省 2021 年无重大病情发生，偶有小规模死亡事件，总体发病态势与 2020 年趋同，但发病死亡率有所上升。全年鱼类养殖发病面积有所降低，发病区死亡率上升，经济损失较 2020 年上升；虾类养殖发病面积增加，发病区死亡率下降，经济损失较 2020 年下降。广东省因病害造成的直接经济损失较 2020 年增加，达 22.92 亿元（2020 年 19.74 亿元）。其中，淡水鱼类 9.94 亿元，占总数的 43.36％；其次为甲壳类 8 亿元，占总数的 34.9％；海水鱼类 4.19 亿元，占总数的 18.28％；其他种类 0.79 亿元，占总数的 3.45％。

**总体病害呈现**：造成淡水养殖鱼类死亡的细菌性病害主要是细菌性肠炎病、细菌性败血症、溃疡病、链球菌病和气单胞菌病；病毒性病害主要是草鱼出血病、虹彩病毒病和弹状病毒病；真菌性病害主要是水霉病；寄生虫性病害主要是车轮虫病、指环虫病。造成海水养殖鱼类死亡的细菌性病害主要是弧菌病、诺卡氏菌病；病毒性病害主要是神经坏死病毒病、虹彩病毒病；寄生虫性病害主要是刺激隐核虫病。对虾最主要的病害是虾肝肠胞虫病、弧菌病、传染性皮下及造血组织坏死病、虾虹彩病毒病。

## 一、水产养殖病害常规监测情况

2021 年广东省优化监测点，重新设立常规监测点 177 个，实现一人一点。分布于广东省 17 个地级以上市、70 个县（区），监测养殖面积 15 043.52 hm²，其中淡水养殖面积 13 043.25 hm²，海水养殖面积 2 000.27 hm²。监测养殖种类 38 种（表1）。广东省实行全年常规监测，每月由监测点上报监测数据，县、市、省水生动物疫病防控机构审核和分析水产养殖病害监测数据，上报全国水产技术推广总站。

表 1　2021 年监测水产养殖种类汇总

| 类别 | | 种类 | 数量 |
|---|---|---|---|
| 淡水 | 鱼类 | 青鱼、草鱼、鲢、鳙、鲤、鲫、泥鳅、鲖、黄颡鱼、长吻鮠、鳜、鲈（淡）、乌鳢、罗非鱼、鲟、鳗鲡、鲮、倒刺鲃、笋壳鱼、鳊、红鲌 | 21 |
| | 虾类 | 罗氏沼虾、凡纳滨对虾（淡）、澳洲龙虾（淡） | 3 |
| | 其他类 | 龟、鳖 | 2 |
| | 观赏鱼 | 锦鲤 | 1 |

（续）

| 类别 | | 种类 | 数量 |
|---|---|---|---|
| 海水 | 鱼类 | 鲷、河鲀（海）、石斑鱼、卵形鲳鲹 | 4 |
| | 虾类 | 凡纳滨对虾（海）、斑节对虾 | 2 |
| | 蟹类 | 锯缘青蟹 | 1 |
| | 贝类 | 鲍、牡蛎、螺、扇贝 | 4 |

## 二、病害流行与监测结果

### （一）水产养殖病害流行情况

1. 总体流行情况　全年监测到水产养殖病害 84 种。按病原分，病毒性病害 16 种、细菌性病害 28 种、寄生虫性病害 20 种、非病原性病害 10 种、真菌性病害 6 种、不明病因病害 4 种。按养殖种类分，鱼类病害 55 种、甲壳类病害 24 种、其他养殖种类病害 6 种、贝类病害 1 种（表 2）。

表 2　2021 年水产养殖病害种类分类统计

| 类别 | | 病名 | 数量 |
|---|---|---|---|
| 鱼类 | 细菌性病害 | 打印病、淡水鱼细菌性败血症、爱德华氏菌病、溃疡病、赤皮病、细菌性肠炎病、竖鳞病、柱状黄杆菌病（细菌性烂鳃病）、烂鳃病、鲷类肠败血症、链球菌病、诺卡氏菌病、疖疮病、腹水病、肠炎病、类结节病、杀鲑气单胞菌病、上皮囊肿病 | 18 |
| | 寄生虫性病害 | 指环虫病、小瓜虫病、车轮虫病、锚头鳋病、斜管虫病、侧殖吸虫病、舌状绦虫病、裂头绦虫病、鱼虱病、固着类纤毛虫病、中华鳋病（鳃蛆病）、黏孢子虫病、艾美虫病、鱼蛭病、鱼波豆虫病、三代虫病、刺激隐核虫病 | 17 |
| | 病毒性病害 | 草鱼出血病、真鲷虹彩病毒病、流行性造血器官坏死病、传染性脾肾坏死病、鳜弹状病毒病、病毒性神经坏死病（病毒性脑病和视网膜病）、病毒性出血性败血症、石斑鱼虹彩病毒病、淋巴囊肿病（皮肤瘤病） | 9 |
| | 真菌性病害 | 鳃霉病、水霉病、流行性溃疡综合征 | 3 |
| | 非病原性病害 | 缺氧症、脂肪肝、肝胆综合征、维生素 C 缺乏病、氨中毒症、气泡病、冻死 | 7 |
| | 其他 | 不明病因病害 | 1 |

（续）

| 类别 | | 病名 | 数量 |
|---|---|---|---|
| 甲壳类 | 病毒性病害 | 罗氏沼虾白尾病（罗氏沼虾肌肉白浊病）、虾虹彩病毒病（十足目虹彩病毒病）、白斑综合征（白斑病）、传染性皮下及造血组织坏死病、肝胰腺细小病毒病、青蟹呼肠孤病毒病 | 6 |
| | 细菌性病害 | 对虾黑鳃综合征、青虾甲壳溃疡病、弧菌病、肠炎病、对虾肝杆菌感染（坏死性肝胰腺炎）、烂鳃病、急性肝胰腺坏死病 | 7 |
| | 真菌性病害 | 水霉病、链壶菌病 | 3 |
| | 寄生虫性病害 | 虾肝肠胞虫病、固着类纤毛虫病、梭子蟹肌孢虫病 | 2 |
| | 非病原性病害 | 蜕壳不遂症、缺氧、冻死 | 3 |
| | 其他 | 不明病因病害 | 1 |
| 其他养殖种类 | 病毒性病害 | 鳖腮腺炎病 | 1 |
| | 细菌性病害 | 鳖溃烂病、鳖红脖子病、鳖穿孔病 | 3 |
| | 寄生虫性病害 | 固着类纤毛虫病 | 1 |
| | 其他 | 不明病因病害 | 1 |
| 贝类 | 其他 | 不明病因病害 | 1 |

全年监测到发病种类比例中，鱼类发病占 83.6%（2020 年占 87.12%）、虾类发病率占 13.3%（2020 年占 9.29%）、其他养殖种类发病率占 1.99%（2020 年占 2.67%）、观赏鱼类占 0.72%（2020 年占 0.74%）、蟹类 0.32%、贝类发病率占 0.08%（2020 年占 0.09%）（表 3）。与 2020 年相比，发病种类比例基本一致。

**表 3　发病种类比例**

| 类别 | 鱼类 | 虾类 | 其他类 | 观赏鱼 | 蟹类 | 贝类 | 总数 |
|---|---|---|---|---|---|---|---|
| 数量（个） | 1 050 | 167 | 25 | 9 | 4 | 1 | 1 256 |
| 占比（%） | 83.6 | 13.3 | 1.99 | 0.72 | 0.32 | 0.08 | 100 |

2021 年广东省水产养殖病害以细菌性病害和寄生虫性病害为主。不同的养殖品种发生的病害各不相同，如罗非鱼主要为细菌性病害（罗非鱼链球菌病），而大口黑鲈主要为病毒性病害（大口黑鲈虹彩病毒病与大口黑鲈弹状病毒病），凡纳滨对虾主要为细菌性病害（弧菌病）和寄生虫性病害（虾肝肠胞虫病）。所有监测到的病害种类中，细菌性病害占 51.67%（2020 年占 51.79%），寄生虫性病害占 22.45%（2020 年占 24.84%），病毒性病害占 9.16%（2020 年占 7.54%），真菌性病害占 6.37%（2020 占

年 6.99％），非病原性病害占 7.25％（2020 年占 6.16％），其他占 3.11％（2020 年占 2.67％），与历年的监测结果相近。细菌性病害仍然是广东水产养殖最严重的病害，其次是寄生虫性病害，与历年的监测结果基本一致（表 4）。

表 4　2021 年监测病害种类比例表

| 病害类别 | 病毒性 | 细菌性 | 真菌性 | 寄生虫性 | 非病原性 | 其他 | 总数 |
|---|---|---|---|---|---|---|---|
| 数量（个） | 115 | 649 | 80 | 282 | 91 | 39 | 1 256 |
| 占比（％） | 9.16 | 51.67 | 6.37 | 22.45 | 7.25 | 3.11 | 100 |

2. 鱼类病害流行情况　根据监测数据分析，养殖鱼类共监测到 55 种病害，其中细菌性病害 18 种、寄生虫性病害 17 种、病毒性病害 9 种、真菌性病害 3 种、非病原性病害 7 种、不明病因病害 1 种。发病比例较高的病害主要有：细菌性肠炎病 11.99％、淡水鱼细菌性败血症 8.78％、车轮虫病 8.31％、溃疡病 6.80％、诺卡氏菌病 6.33％、指环虫病 5.67％、柱状黄杆菌病 4.25％、链球菌病 4.15％、水霉病 4.06％（表 5）。

表 5　2021 年鱼类病害发生情况

| 病害名称 | 个数（个） | 占比（％） | 病害名称 | 个数（个） | 占比（％） |
|---|---|---|---|---|---|
| 细菌性肠炎病 | 127 | 11.99 | 病毒性神经坏死病（病毒性脑病和视网膜病） | 6 | 0.57 |
| 淡水鱼细菌性败血症 | 93 | 8.78 | 冻死 | 6 | 0.57 |
| 车轮虫病 | 88 | 8.31 | 固着类纤毛虫病 | 5 | 0.47 |
| 溃疡病 | 72 | 6.80 | 黏孢子虫病 | 5 | 0.47 |
| 诺卡氏菌病 | 67 | 6.33 | 杀鲑气单胞菌病 | 5 | 0.47 |
| 指环虫病 | 60 | 5.67 | 石斑鱼虹彩病毒病 | 4 | 0.38 |
| 柱状黄杆菌病（细菌性烂鳃病） | 45 | 4.25 | 上皮囊肿病 | 3 | 0.28 |
| 链球菌病 | 44 | 4.15 | 鱼波豆虫病 | 3 | 0.28 |
| 水霉病 | 43 | 4.06 | 鱼蛭病 | 3 | 0.28 |
| 斜管虫病 | 39 | 3.68 | 中华鳋病（鳃蛆病） | 3 | 0.28 |
| 肝胆综合征 | 38 | 3.59 | 烂鳃病 | 3 | 0.28 |
| 锚头鳋病 | 37 | 3.49 | 刺激隐核虫病 | 3 | 0.28 |
| 赤皮病 | 28 | 2.64 | 肠炎病 | 2 | 0.19 |
| 草鱼出血病 | 26 | 2.46 | 传染性脾肾坏死病 | 2 | 0.19 |
| 真鲷虹彩病毒病 | 25 | 2.36 | 类结节病 | 2 | 0.19 |
| 爱德华氏菌病 | 18 | 1.70 | 疖疮病 | 2 | 0.19 |
| 不明病因病害 | 16 | 1.51 | 流行性造血器官坏死病 | 2 | 0.19 |

（续）

| 病害名称 | 个数（个） | 占比（%） | 病害名称 | 个数（个） | 占比（%） |
|---|---|---|---|---|---|
| 鮰类肠败血症 | 16 | 1.51 | 三代虫病 | 2 | 0.19 |
| 小瓜虫病 | 16 | 1.51 | 裂头绦虫病 | 1 | 0.09 |
| 缺氧症 | 15 | 1.42 | 淋巴囊肿病（皮肤瘤病） | 1 | 0.09 |
| 流行性溃疡综合征 | 14 | 1.32 | 腹水病 | 1 | 0.09 |
| 鳜弹状病毒病 | 14 | 1.32 | 艾美虫病 | 1 | 0.09 |
| 脂肪肝 | 11 | 1.04 | 侧殖吸虫病 | 1 | 0.09 |
| 氨中毒症 | 9 | 0.85 | 鱼虱病 | 1 | 0.09 |
| 打印病 | 8 | 0.76 | 舌状绦虫病 | 1 | 0.09 |
| 鳃霉病 | 7 | 0.66 | 竖鳞病 | 1 | 0.09 |
| 气泡病 | 7 | 0.66 | 维生素 C 缺乏病 | 1 | 0.09 |
| 病毒性出血性败血症 | 6 | 0.57 | | | |

3. **甲壳类病害流行情况** 根据监测数据分析，养殖甲壳类共监测到 24 种病害，其中细菌性病害 8 种、寄生虫性病害 3 种、病毒性病害 6 种、真菌性病害 3 种、非病原性病害 3 种、不明病因病害 1 种（表6），总病例数 172 个。发病比例较高的病害有：弧菌病 28.49%、肠炎病 11.63%、不明病因病 11.05%、虾肝肠胞虫病 6.98%、急性肝胰腺坏死病 5.23%。

广东省养殖虾类发病主要在粤西和珠三角高密度养殖区域，影响最大的病害是细菌性病害，特别是弧菌病。传染性皮下及造血组织坏死病发病面积最广，发病面积比例达 43.78%。虾虹彩病毒病感染发病平均死亡率最高，发病区域死亡率为 47.89%。

**表6 2021年甲壳类病害发生情况**

| 病害名称 | 个数（个） | 占比（%） | 病害名称 | 个数（个） | 占比（%） |
|---|---|---|---|---|---|
| 弧菌病 | 49 | 28.49 | 传染性皮下及造血组织坏死病 | 4 | 2.33 |
| 肠炎病 | 20 | 11.63 | 罗氏沼虾白尾病（罗氏沼虾肌肉白浊病） | 4 | 2.33 |
| 不明病因病害 | 19 | 11.05 | 对虾黑鳃综合征 | 3 | 1.74 |
| 虾肝肠胞虫病 | 12 | 6.98 | 水霉病 | 3 | 1.74 |
| 急性肝胰腺坏死病 | 9 | 5.23 | 梭子蟹肌孢虫病 | 2 | 1.16 |
| 白斑综合征（白斑病） | 8 | 4.65 | 缺氧 | 2 | 1.16 |
| 虾虹彩病毒病（十足目虹彩病毒病） | 8 | 4.65 | 蜕壳不遂症 | 1 | 0.58 |
| 固着类纤毛虫病 | 8 | 4.65 | 肝胰腺细小病毒病 | 1 | 0.58 |

（续）

| 病害名称 | 个数（个） | 占比（%） | 病害名称 | 个数（个） | 占比（%） |
|---|---|---|---|---|---|
| 对虾肝杆菌感染（坏死性肝胰腺炎） | 5 | 2.91 | 冻死 | 1 | 0.58 |
| 青虾甲壳溃疡病 | 5 | 2.91 | 链壶菌病 | 1 | 0.58 |
| 烂鳃病 | 5 | 2.91 | 青蟹呼肠孤病毒病 | 1 | 0.58 |

4. 其他类水生动物病害流行情况　根据监测数据分析，其他养殖品类共监测到 6 种病害，其中细菌性病害 3 种、寄生虫性病害 1 种、病毒性病害 1 种、不明病因性病害 1 种（表 7）。发病比例较高的病害主要有：鳖溃烂病 32%、鳖穿孔病 16%、鳖红脖子病 16%。

表 7　2021 年其他水生动物病害发生情况

| 病害名称 | 鳖溃烂病 | 鳖穿孔病 | 鳖红脖子病 | 鳖腮腺炎病 | 不明病因病害 | 固着类纤毛虫病 | 总个数 |
|---|---|---|---|---|---|---|---|
| 数量（个） | 8 | 4 | 4 | 3 | 3 | 3 | 25 |
| 占比（%） | 32 | 16 | 16 | 12 | 12 | 12 | 100 |

（二）重要水生动物病害监测结果

按照 2021 年国家水生动物疫病监测计划和广东省重大疫病监测要求，广东省各级水生动物疫病预防控制机构组织开展虾类白斑综合征（WSD）、传染性皮下及造血组织坏死病（IHHNV）、虾肝肠胞虫病（EHP）、虾虹彩病毒病（DIV）、虾急性肝胰腺坏死病（AHPND），鱼类草鱼出血病（GCRV）、锦鲤疱疹病毒病（KHV）、鲤浮肿病（CEV）、弹状病毒病、虹彩病毒病（ISKNV/RSIV/LMBV/SGIV）、病毒性神经坏死病（VNN）和刺激隐核虫病共 12 种重要水生动物病害的专项监测。从监测结果分析，对虾养殖与石斑鱼养殖暴发重大病害的风险仍然较大，防控形势依然较为严峻。

1. 对虾类病害　2021 年 2—11 月期间，在珠海、茂名、江门、湛江等 10 个地市采集凡纳滨对虾、斑节对虾样品共 2 079 份，检测白斑综合征、传染性皮下及造血组织坏死病、虾肝肠胞虫病、虾急性肝胰腺坏死病、虾虹彩病毒病、对虾野田村偷死病毒病、弧菌病、对虾肝胰腺细小病毒等 8 种常见虾类病害，监测点覆盖了广东省 21 家省级良种场及各大型虾苗种场和养殖场。

检测结果显示：白斑综合征共检测样品 470 份，检出阳性 1 份，阳性率 0.21%；传染性皮下及造血组织坏死病样品 288 份，阳性 13 份，阳性检出率 4.51%；虹彩病毒病样品 478 份，阳性 18 份，阳性检出率 3.77%；急性肝胰腺坏死病样品 295 份，阳性 20 份，阳性检出率 6.78%；肝肠胞虫病样品 479 份，阳性 95 份，阳性检出率 19.83%（图 1、图 2）。

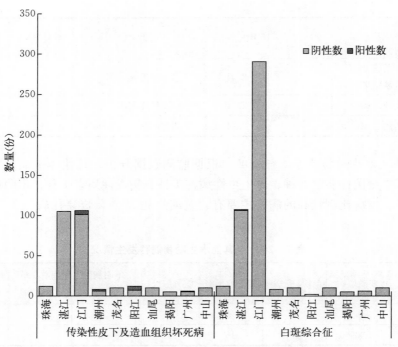

图 1　2021 年广东省虾类两种主要病害监测结果

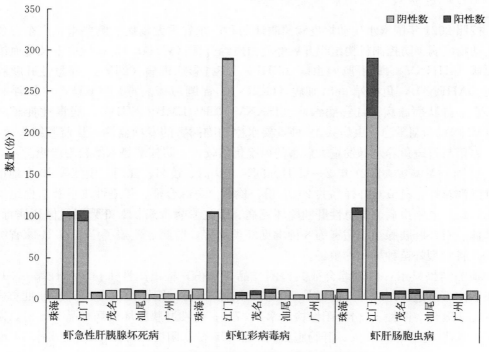

图 2　2021 年广东省虾类三种主要病害监测结果

与 2020 年相比，2021 年广东省对虾养殖主要病毒性病害阳性检出率相对较高，虾虹彩病毒病与急性肝胰腺坏死病的阳性检出率均是 2020 年的两倍以上。其余 3 种病害阳性检出率与 2020 年相近。肝肠胞虫病仍然是近年来对虾养殖过程中检出阳性率最高的病害。虾类白斑综合征监测阳性率逐渐减少，阳性率已低于 0.5%。虾肝肠胞虫病在虾苗中与养殖虾体内常被检测到，应注意从苗种开始防范。传染性皮下及造血组织坏死病、急性肝胰腺坏死病与虾虹彩病毒病则常在养殖虾体内检出，应加强在养殖过程中的管理。在做好水质调控前提下，即使发生传染性皮下及造血组织坏死病，也不太会出现大规模死亡现象。总体上看，虾类白斑综合征与传染性皮下及造血组织坏死病对对虾养殖业造成的风险在逐渐减少，而虾肝肠胞虫病、急性肝胰腺坏死病、虾虹彩病毒病呈多发、高发态势，成为制约对虾养殖业健康持续发展的主要因素。

2. 淡水鱼类病害

（1）草鱼出血病　2021 年 4—9 月，在中山、广州、韶关、梅州等 12 个草鱼主要养殖地市采集样品共 128 份，监测点覆盖 2 家省级草鱼良种场。检测出草鱼出血病阳性 16 份，阳性检出率 12.5%，主要集中在东莞、中山、云浮、揭阳、广州与清远 6 个地市；珠海、江门和肇庆 3 个地市没有检测出阳性样品。

（2）罗非鱼链球菌病　2021 年 1—9 月，在广州、湛江、茂名、珠海等 10 个罗非鱼养殖地市采集样品 126 份，检测阳性份数 6 份，阳性检出率 4.76%。

（3）锦鲤疱疹病毒病和鲤浮肿病　在广州、江门、清远和东莞 4 个地市，共采集锦鲤样品 86 份，检测锦鲤疱疹病毒病与鲤浮肿病毒病。其中，锦鲤疱疹病毒病检测份数 86 份，阳性 4 份，阳性检出率 7.14%；鲤浮肿病毒病检测份数 44 份，阳性 4 份，阳性检出率 9.09%。

（4）淡水鱼虹彩病毒病与弹状病毒病　2021 年 1—12 月期间，在广州、佛山、中山、珠海、肇庆、清远、阳江、惠州等 8 个地市，采集加州鲈、乌鳢、鳜、笋壳鱼、黄颡鱼等样品 1 427 份，检测传染性脾肾坏死病、蛙属虹彩病毒病和弹状病毒病。其中检测蛙属虹彩病毒病 473 份，阳性 51 份，阳性检出率 10.78%；检测肿大属虹彩病毒病 463 份，阳性份数 20 份，阳性检出率 4.32%；检测弹状病毒病 491 份，阳性份数 56 份，阳性检出率 11.41%。佛山与广州 2 地市均检测出 2 种虹彩病毒病；弹状病毒病阳性检出面更广，除珠海与惠州没有检出外，其余地市均有检出。

3. 海水鱼类病害　2021 年 4—12 月，在湛江、阳江、惠州、江门 4 个海水鱼主要养殖地市采集石斑鱼、卵形鲳鲹、黄鳍鲷等海水鱼样品 284 份，监测点覆盖 2 家省级石斑鱼良种场、1 家省级真鲷良种场。检测病毒性神经坏死病和 2 种虹彩病毒病（蛙属虹彩病毒病、肿大属虹彩病毒病）和海水鱼寄生虫病。其中病毒性神经坏死病检测 68 份，阳性 22 份，阳性检出率 32.35%；蛙属虹彩病毒病检测 56 份，阳性 10 份，阳性检出率 17.86%；真鲷虹彩病毒病（肿大属虹彩病毒病）样品 54 份，阳性 12 份，阳性检出率 22.22%；海水鱼寄生虫样品 106 份，阳性 17 份，阳性检出率 16.04%。阳江市 4 种病害均检测出阳性，湛江市仅检测出病毒性神经坏死病。

## 三、流行态势与分析

### （一）流行态势

1. 虾类病害　虾类白斑综合征的流行情况呈现逐渐稳定降低趋势，阳性检出率从 2018 年的 1.8% 下降到 2021 年的 0.21%。传染性皮下及造血组织坏死病的阳性检出率呈波浪状起伏，但最高也未超过 10%。2018 年虾虹彩病毒首次在粤东地区发病（黑脚病）的虾类中检出后，按时间顺序，呈从粤东地区的潮州、汕头→惠州→珠三角中山、江门、珠海→阳江→粤西茂名、湛江蔓延态势；初期阳性检出率高，2019—2020 年检出率逐渐降低，2021 年检出率呈上升态势。虾肝肠胞虫病是近年来影响养殖对虾成活率的主要病害之一，除 2019 年外，其他年份在省内的对虾养殖中都呈较高的流行趋势。急性肝胰腺坏死病从 2020 年才纳入国家疫病监测以及省级疫病监测计划中，其阳性检出率逐年增高。

2. 鱼类病害　2018—2021 年，海水鱼的病毒性神经坏死病阳性率居高不下，主要影响在苗期过程。该病仍然是影响石斑鱼苗期成活率的决定性因素。RSIV 与 SGIV 两种虹彩病毒的阳性率呈逐年上升态势，对海水鱼养殖的制约性越来越高。淡水鱼类中，虹彩病毒病和弹状病毒病也逐渐成为加州鲈、乌鳢与鳜养殖的重要病害。

罗非鱼、草鱼与锦鲤类的相关病害历年来变化不大。

草鱼出血病阳性样品主要出现在未免疫注射或使用"土疫苗"的监测点；在 5～18 cm 长的鱼苗身上，主要为草鱼呼肠孤病毒Ⅱ型。危害罗非鱼养殖的最主要病害仍是链球菌病，在温度高的 8—10 月更易爆发流行，每天死亡数量少，但是持续时间长。蛙属虹彩病毒病和弹状病毒病是危害加州鲈育苗的主要病害，且加州鲈存在多种病害一起暴发的可能。

除一直制约海水鱼养殖的病毒性神经坏死病与刺激隐核虫感染两种病害外，真鲷虹彩病毒病对海水鱼养殖的危害比例也逐渐加重。

### （二）原因分析

（1）种质退化、种苗质量差、带毒率高　监测发现 2021 年种苗带毒率比往年高。加州鲈苗的病毒携带率高达四成。

（2）养殖密度过大　如对虾养殖放苗达每 666.7 m² 10 万尾（土塘）或 30 万尾以上（高位池），乌鳢养殖每 666.7 m² 产量 1 万 kg，加州鲈每 666.7 m² 产量 5 000 kg，且同一口池塘养殖同一品种年限超过 10 年，造成池塘老化和养殖水质富营养化。

（3）病害监测预警覆盖面积较小，无法实时掌握疫情；一线测报员无财政资金补助，工作积极性不高，未能做到完整的实验室检测监测。

（4）养殖从业者防控意识和水平偏低　养殖户源头防控认识不到位，苗种检疫意识淡薄；家庭式养殖场专业技术水平偏低；乡村渔医短缺，养殖前期防控意识不足。

（5）防治技术研究滞后　水产养殖病害防控技术研究和推广应用落后于生产实际需

要，水产商品化疫苗少。病菌、寄生虫的耐药性逐年增强。

## 四、防控对策建议

（1）加强苗种检疫和质量检测，切断垂直传播途径  健康苗种是保证水产养殖成功的第一因素。要以水产苗种产地检疫为抓手，加快检疫制度实施，做到"责有人负、活有人干、事有人管"；同时，鼓励养殖企业开展苗种质量自检，择优选取苗种，倒逼苗种生产企业选育优良亲本，促进苗种质量提升，亲本选育良性循环。

（2）加大病害监测预警和病害测报力度  虽然广东省每年在国家监测计划基础上，制订并实施《广东省水生动物疫病监测预警实施方案》。2021 年广东省水生动物疫病预防控制机构共监测水生动物病害病原学样品 4 万多份，病害监测面积不到 1 万 hm²，病害测报面积也仅超过 1.4 万 hm²，相对广东省超 52 万 hm² 的养殖面积来说，监测、测报面积太小，应加大财政扶持力度，扩大监测、测报范围，达到"早发现、早预报、早控制"目标。

（3）加大疫苗研发扶持力度和免疫防病引导，提升免疫防病水平  加大大宗养殖品种草鱼、罗非鱼、鲈、海水养殖鱼类及对虾多发性病害疫苗研发与应用推广力度，提升免疫防病水平。宣传引导养殖企业使用工厂化生产疫苗，提升养殖体抗病能力。

（4）转变思想，控制养殖密度，高质量养殖  提倡"以绿色健康为宗旨，控制养殖密度；以提质增效为目标，竖立品牌价值"的新养殖观念，降低病害因密度过高而暴发的风险。传统追求万斤亩产的养殖模式，容易造成养殖环境过早、过快恶化，养殖环境破坏导致病害滋生，养殖成功率降低。

（5）加强科学管理，建立病害、水质预警机制，提升防控意识  加强病害和养殖水环境全过程监管，强化养殖品种与环境的动态监管。做到及时清塘消毒，病害、水质监测，建立环境容纳预警机制，通过监测水环境变化，及时发出预警信息，提升养殖防控意识。人员、物料进出严格按照生物安全管控方式进行管理，尽量做到防止病原外源性输入。

（6）加大主要养殖品种主要病害流行病学调查，及时掌握流行动态  组织力量对历年来严重影响广东省水产养殖安全的草鱼出血病、鱼（虾）虹彩病毒病、病毒性神经坏死病、急性肝胰腺坏死病、刺激隐核虫病、对虾肝肠胞虫病、气单胞菌病、罗非鱼链球菌病、对虾弧菌病开展流行病学调查，掌握病害分布、耐药性、毒株类型等原始数据，利用大数据技术，预测预警流行态势，科学指导养殖生产行为，保障养殖生产安全。

（7）加强联合攻关，着力解决养殖技术关键问题  联合各高校科研机构，针对重要病害问题增加投入，开展专项研究，建设病害防控示范点，解决时下养殖关键问题。

（8）加强技术培训，提升基层一级技术人员技术水平和渔民养殖技能。

## 五、2022 年病害流行预测

根据 2021 年广东省水产养殖病害流行态势和 2022 年预测天气情况分析，2022 年广东省水产养殖病害仍呈高发态势。其中，细菌性病害依然是养殖中常发且危害最广的病害，其次是寄生虫性病害；草鱼出血病仍需密切关注，特别是家庭式养殖场和广泛使用土法疫苗的地区；虾类急性肝胰腺坏死病和虾虹彩病毒病发病率可能比 2021 年高，虾肝肠胞虫病仍呈高发态势的可能性极大，且要注意"玻璃虾苗"的问题（由弧菌感染引起）；环境与营养胁迫仍然是导致贝类死亡的主要原因。制约海水养殖鱼类的病害依然是病毒性神经坏死病，但需密切关注虹彩病毒病的流行态势，以及局部暴发刺激隐核虫病风险，特别是深水网箱养殖；加州鲈虹彩病毒病、弹状病毒病暴发可能性较高；海鲈养殖仍需加强诺卡氏菌病防治，但要重点关注近两年危害性越来越大的气单胞菌病流行动态。除了重视往年常见病害之外，还要关注新型病原的出现，以及病原混合感染的普遍性。

# 2021年广西壮族自治区水生动物病情分析

广西壮族自治区水产技术推广站

（韩书煜　胡大胜　施金谷　乃华革　梁　怡）

广西壮族自治区根据农业农村部的要求，2021年在17个县区开展以"鱼病诊治服务"为主要措施的水产养殖动物病情精准测报工作，掌握了广西水产养殖病害的流行危害情况，为进一步提升广西水产养殖病害防治水平提供技术支撑。

## 一、监测基本情况

1. 监测点设置　2021年，共在17个县（市、区）设置了137个监测点。各测报单位的有效监测点情况详见表1。

表1　测报单位有效测报点详细情况

| 测报单位 | 监测点数量（个） | 监测面积（hm²） | 监测区放养数量（尾） |
|---|---|---|---|
| 港口区 | 5 | 49.566 7 | 83 375 000 |
| 合浦县 | 8 | 62.326 7 | 13 304 000 |
| 柳州市 | 6 | 104.733 3 | 7 192 000 |
| 柳城县 | 5 | 95.133 4 | 4 671 600 |
| 梧州市 | 13 | 53.356 9 | 27 767 500 |
| 蒙山县 | 11 | 24.400 1 | 305 200 |
| 玉州区 | 8 | 65.066 6 | 3 813 200 |
| 都安县 | 8 | 65.666 7 | 747 200 |
| 大化县 | 11 | 31.113 5 | 2 761 700 |
| 田东县 | 8 | 62.316 6 | 1 681 500 |
| 凭祥市 | 5 | 58.000 0 | 1 471 040 |
| 桂平市 | 12 | 224.866 6 | 5 730 400 |
| 全州县 | 7 | 28.736 7 | 20 935 900 |
| 临桂区 | 2 | 49.400 0 | 3 178 800 |
| 象州县 | 13 | 55.200 0 | 918 500 |
| 武宣县 | 14 | 103.133 3 | 5 659 400 |
| 浦北县 | 1 | 26.666 7 | 1 334 000 |
| 合　计 | 137 | 1 159.683 8 | 184 846 940 |

2. 测报面积和放养数量　2021 年，137 个监测点合计测报面积 1 159.683 8 hm²，总放养数量 18 484.7 万尾/只，各养殖模式的监测点数量和测报面积及放养数量详见表 2。

表 2　各养殖模式的有效监测点详细情况

| 养殖模式 | 监测点数（个） | 监测面积（hm²） | 监测区放养数量（尾） |
|---|---|---|---|
| 海水池塘养虾 | 3 | 25.333 4 | 23 400 000 |
| 海水网箱养鱼 | 1 | 0.233 3 | 175 000 |
| 海水滩涂养贝 | 1 | 33.333 4 | 50 000 100 |
| 海水浮筏养贝 | 1 | 5.333 3 | 20 799 870 |
| 海水池塘养鱼 | 1 | 10.000 0 | 1 200 000 |
| 淡水池塘养鱼 | 98 | 999.993 5 | 78 806 120 |
| 淡水池塘养龟 | 2 | 14.000 0 | 27 500 |
| 淡水网箱养鱼 | 22 | 11.657 0 | 8 486 190 |
| 淡水其他养鱼 | 7 | 56.666 6 | 1 892 000 |
| 淡水其他养鳖 | 1 | 3.133 3 | 60 160 |
| 合计 | 137 | 1 159.683 8 | 184 846 940 |

3. 监测品种　2021 年，共监测了 23 个养殖品种。各品种的监测点数量和测报面积及放养数量详见表 3。

表 3　各品种的有效测报点详细情况

| 种类 | 监测点数（个） | 监测面积（hm²） | 监测区放养数量（尾） |
|---|---|---|---|
| 凡纳滨对虾 | 3 | 25.333 4 | 23 400 000 |
| 石斑鱼 | 1 | 0.233 3 | 175 000 |
| 文蛤 | 1 | 33.333 4 | 50 000 100 |
| 牡蛎 | 1 | 5.333 3 | 20 799 870 |
| 罗非鱼 | 47 | 271.146 6 | 12 653 920 |
| 草鱼 | 92 | 702.023 7 | 13 705 870 |
| 鲢 | 81 | 574.066 8 | 2 444 370 |
| 鳙 | 81 | 572.213 4 | 2 078 540 |
| 鲤 | 61 | 487.503 3 | 26 885 090 |
| 鲫 | 24 | 104.533 4 | 3 674 970 |

（续）

| 种类 | 监测点数（个） | 监测面积（hm²） | 监测区放养数量（尾） |
|---|---|---|---|
| 鲫 | 26 | 127.365 1 | 7 782 900 |
| 黄颡鱼 | 12 | 56.253 4 | 7 263 800 |
| 鲇 | 6 | 30.499 9 | 7 165 090 |
| 鳟 | 5 | 0.246 7 | 978 100 |
| 鲮 | 9 | 39.666 8 | 3 793 780 |
| 泥鳅 | 4 | 1.700 0 | 1 045 150 |
| 倒刺鲃 | 5 | 0.163 4 | 135 070 |
| 青鱼 | 8 | 17.366 8 | 230 660 |
| 大口黑鲈 | 3 | 1.114 7 | 239 000 |
| 短盖巨脂鲤 | 2 | 10.866 7 | 143 000 |
| 鲟 | 1 | 0.733 3 | 165 000 |
| 鳖 | 1 | 3.133 3 | 60 160 |
| 龟 | 2 | 14.000 0 | 27 500 |
| 合计 | 476 | 3 078.830 7 | 184 846 940 |

4. 监测方法　2021 年，结合鱼病诊疗服务，采取定点监测的方法开展水产养殖动物病情精准测报，指导养殖户防治疾病，跟踪调查疾病防治疗效。

（1）现场检测　监测点发生病情，立即赶赴现场开展流行病学调查，结合现场检测水质、剖检观察病症、镜检寄生虫和详细问询测报点的养殖生产情况，初步判断病因，同时现场分离病原菌和固定病毒样品带回实验室进一步检测。

（2）基础防治措施建议　初步判断病因后，指导养殖户采取消除病因等基础防治措施。

（3）实验室检测　分离的病原菌和固定病毒样品带回实验室后，及时进行病原菌鉴定和病毒检测，并对病原菌进行药敏试验和筛选有效国标水产用渔药等。

（4）针对性防治措施建议　根据实验室检测和筛选有效国标水产用渔药结果，指导养殖户采取针对性措施防治疾病。

（5）病情信息录入系统　完成实验室检测和指导养殖户防治疾病后，将详细的病例信息录入测报系统。

（6）疗效跟踪　指导养殖户防治疾病一周后，采取电话联系或现场调查的方式，开展疗效跟踪调查，研究调整防治措施。

## 二、病情测报的监测结果

1. 累计发病面积　2021 年，有效监测点 137 个，发病监测点 100 个，发病监测点率72.99%；总监测面积1 159.7 hm²，发病面积597.8 hm²，发病面积率51.55%。各养殖模式的发病监测点和累计发病面积比率详见表4。

**表4　各养殖模式累计发病面积比率情况**

| 养殖模式 | 发病监测点 | | | 发病面积 | | |
|---|---|---|---|---|---|---|
| | 有效（个） | 发病（个） | 比率（%） | 监测面积（hm²） | 发病面积（hm²） | 比率（%） |
| 海水池塘养虾 | 3 | 3 | 100.00 | 25.333 4 | 14.900 0 | 58.81 |
| 海水池塘养鱼 | 1 | 1 | 100.00 | 10.000 0 | 0.533 3 | 5.33 |
| 海水网箱养鱼 | 1 | 0 | 0.00 | 0.233 3 | 0 | 0.00 |
| 海水滩涂养贝 | 1 | 1 | 100.00 | 33.333 4 | 36.933 4 | 110.80 |
| 海水浮筏养贝 | 1 | 1 | 100.00 | 5.333 3 | 1.133 4 | 21.25 |
| 淡水池塘养鱼 | 98 | 74 | 75.51 | 999.993 5 | 472.297 8 | 47.23 |
| 淡水池塘养龟 | 2 | 0 | 0.00 | 14.000 0 | 0.000 0 | 0.00 |
| 淡水网箱养鱼 | 22 | 17 | 77.27 | 11.657 0 | 70.048 3 | 600.91 |
| 淡水其他养鱼 | 7 | 3 | 42.86 | 56.666 6 | 1.937 9 | 3.42 |
| 淡水其他养鳖 | 1 | 0 | 0.00 | 3.133 3 | 0 | 0.00 |
| 合计 | 137 | 100 | 72.99 | 1 159.683 8 | 597.784 1 | 51.55 |

2. 监测品种的发病情况　2021年，23个监测品种共监测到20个品种发病，占监测品种的86.96%。共监测到39种病害，草鱼、鲤、罗非鱼、鲫、鲇、鲫、黄颡鱼、鲢、青鱼监测到的疾病种类超过10种，鳙、鳟、倒刺鲃、鲮、大口黑鲈监测到的疾病种类超5种，泥鳅、凡纳滨对虾、短盖巨脂鲤、鲟、牡蛎、蛤监测到的疾病种类分别为4、2、2、1、1、1种；各品种监测到的疾病次数详见表5。

**表5　各品种监测到的疾病数量和发病次数**

| 监测品种 | 监测到疾病名称 | 疾病数量 | | 发病次数 | |
|---|---|---|---|---|---|
| | | 数量（种） | 比率（%） | 次数（次） | 比率（%） |
| 凡纳滨对虾 | 弧菌病、不明病因疾病 | 2 | 5.13 | 13 | 1.21 |
| 牡蛎 | 不明病因疾病 | 1 | 2.56 | 5 | 0.47 |
| 文蛤 | 不明病因疾病 | 1 | 2.56 | 5 | 0.47 |
| 罗非鱼 | 链球菌病、细菌性肠炎病、细菌性败血症、赤皮病、溃疡病、水霉病、细菌性烂鳃病、小瓜虫病、指环虫病、车轮虫病、斜管虫病、舌状绦虫病、华支睾吸虫病、肝胆综合征、氨中毒症、缺氧症、冻死、脂肪肝、不明病因疾病 | 19 | 48.72 | 86 | 8.01 |

（续）

| 监测品种 | 监测到疾病名称 | 疾病数量 | | 发病次数 | |
|---|---|---|---|---|---|
| | | 数量（种） | 比率（%） | 次数（次） | 比率（%） |
| 草鱼 | 草鱼出血病、细菌性烂鳃病、细菌性肠炎病、溃疡病、赤皮病、细菌性败血症、爱德华氏菌病、水霉病、鳃霉病、流行性溃疡综合征、指环虫病、三代虫病、小瓜虫病、中华鳋病、斜管虫病、车轮虫病、锚头鳋病、鲺病、固着类纤毛虫病、黏孢子虫病、舌状绦虫病、头槽绦虫病、不明病因疾病、肝胆综合征、氨中毒症、缺氧症、脂肪肝、冻死 | 28 | 71.79 | 465 | 43.34 |
| 倒刺鲃 | 细菌性烂鳃病、水霉病、溃疡病、流行性溃疡综合征、指环虫病、肝胆综合征、脂肪肝、不明病因疾病 | 8 | 20.51 | 38 | 3.54 |
| 短盖巨脂鲤 | 车轮虫病、指环虫病 | 2 | 5.13 | 2 | 0.19 |
| 鲤 | 细菌性败血症、细菌性烂鳃病、细菌性肠炎病、爱德华氏菌病、溃疡病、赤皮病、流行性溃疡综合征、水霉病、鳃霉病、三代虫病、小瓜虫病、斜管虫病、指环虫病、车轮虫病、固着类纤毛虫病、黏孢子虫病、卵鞭虫病（卵甲藻病）、肝胆综合征、缺氧症、不明病因疾病 | 20 | 51.28 | 110 | 10.25 |
| 鲢 | 细菌性败血症、打印病、水霉病、锚头鳋病、鲺病、小瓜虫病、斜管虫病、指环虫病、三代虫病、缺氧症、不明病因疾病 | 11 | 28.21 | 47 | 4.38 |
| 鳙 | 细菌性败血症、细菌性肠炎病、打印病、水霉病、锚头鳋病、斜管虫病、鲺病、指环虫病、缺氧症 | 9 | 23.08 | 31 | 2.89 |
| 泥鳅 | 指环虫病、三代虫病、车轮虫病、细菌性肠炎病 | 4 | 10.26 | 6 | 0.56 |
| 青鱼 | 细菌性烂鳃病、链球菌病、赤皮病、溃疡病、水霉病、鳃霉病、小瓜虫病、指环虫病、车轮虫病、锚头鳋病、肝胆综合征 | 11 | 28.21 | 23 | 2.14 |
| 鲫 | 细菌性败血症、细菌性肠炎病、细菌性烂鳃病、赤皮病、水霉病、鳃霉病、溃疡病、锚头鳋病、三代虫病、黏孢子虫病、斜管虫病、指环虫病、车轮虫病 | 13 | 33.33 | 28 | 2.61 |
| 鲮 | 细菌性败血症、细菌性肠炎病、细菌性烂鳃病、水霉病、鳃霉病、溃疡病、缺氧症 | 7 | 17.95 | 19 | 1.77 |

（续）

| 监测品种 | 监测到疾病名称 | 疾病数量 | | 发病次数 | |
|---|---|---|---|---|---|
| | | 数量（种） | 比率（%） | 次数（次） | 比率（%） |
| 鳟 | 赤皮病、细菌性烂鳃病、爱德华氏菌病、水霉病、小瓜虫病、斜管虫病、指环虫病、复口吸虫病（白内障病）、不明病因疾病 | 9 | 23.08 | 31 | 2.89 |
| 鲫 | 斑点叉尾鮰传染性套肠症、细菌性烂鳃病、细菌性败血症、鮰爱德华氏菌病、鮰类肠败血症、细菌性肠炎病、水霉病、溃疡病、指环虫病、车轮虫病、小瓜虫病、固着类纤毛虫病、氨中毒症、不明病因疾病、肝胆综合征、脂肪肝、缺氧症 | 17 | 43.59 | 77 | 7.18 |
| 黄颡鱼 | 爱德华氏菌病、细菌性败血症、细菌性烂鳃病、细菌性肠炎病、链球菌病、流行性溃疡综合征、水霉病、溃疡病、小瓜虫病、指环虫病、车轮虫病、脂肪肝 | 12 | 30.77 | 34 | 3.17 |
| 大口黑鲈 | 细菌性烂鳃病、溃疡病、车轮虫病、指环虫病、黏孢子虫病 | 5 | 12.82 | 9 | 0.84 |
| 鲟 | 不明病因疾病 | 1 | 2.56 | 2 | 0.19 |
| 鲇 | 细菌性烂鳃病、爱德华氏菌病、细菌性肠炎病、细菌性败血症、水霉病、溃疡病、流行性溃疡综合征、指环虫病、车轮虫病、固着类纤毛虫病、肝胆综合征、氨中毒症、疖疮病、冻死、脂肪肝 | 15 | 38.46 | 42 | 3.91 |

23 个监测品种中，有效监测点数 476 个，发病监测点数 229 个，发病监测点率 48.11%；监测面积 3 078.8 hm²，累计发病面积 2 139.4 hm²，发病面积率 69.49%。各发病品种的发病监测点和发病面积比率详见表 6。

表 6　各发病品种的发病监测点和发病面积比率情况

| 养殖模式 | 发病监测点 | | | 发病面积 | | |
|---|---|---|---|---|---|---|
| | 有效（个） | 发病（个） | 比率（%） | 监测面积（hm²） | 发病面积（hm²） | 比率（%） |
| 凡纳滨对虾 | 3 | 3 | 100.00 | 25.333 4 | 14.899 9 | 58.82 |
| 石斑鱼 | 1 | 0 | 0.00 | 0.233 3 | 0 | 0.00 |
| 文蛤 | 1 | 1 | 100.00 | 33.333 4 | 36.933 4 | 110.80 |
| 牡蛎 | 1 | 1 | 100.00 | 5.333 3 | 1.133 4 | 21.25 |

（续）

| 养殖模式 | 发病监测点 | | | 发病面积 | | |
|---|---|---|---|---|---|---|
| | 有效（个） | 发病（个） | 比率（%） | 监测面积（hm²） | 发病面积（hm²） | 比率（%） |
| 罗非鱼 | 47 | 29 | 61.70 | 271.146 6 | 111.698 0 | 41.19 |
| 草鱼 | 92 | 60 | 65.22 | 702.023 7 | 1 118.692 8 | 159.35 |
| 鲢 | 81 | 24 | 29.63 | 574.066 8 | 176.733 2 | 30.79 |
| 鳙 | 81 | 16 | 19.75 | 572.213 4 | 123.066 6 | 21.51 |
| 鲤 | 61 | 24 | 39.34 | 487.503 3 | 145.840 3 | 29.92 |
| 鲫 | 24 | 9 | 37.50 | 104.533 4 | 61.600 4 | 58.93 |
| 鲴 | 26 | 19 | 73.08 | 127.365 1 | 36.833 6 | 28.92 |
| 黄颡鱼 | 12 | 10 | 83.33 | 56.253 4 | 12.846 9 | 22.84 |
| 鲇 | 6 | 5 | 83.33 | 30.499 9 | 237.305 8 | 778.05 |
| 鳟 | 5 | 5 | 100.00 | 0.246 7 | 1.45 | 587.76 |
| 鲮 | 9 | 5 | 55.56 | 39.666 8 | 50.667 1 | 127.73 |
| 泥鳅 | 4 | 2 | 50.00 | 1.700 0 | 1.399 9 | 82.35 |
| 倒刺鲃 | 5 | 5 | 100.00 | 0.163 4 | 2.037 | 1 246.63 |
| 青鱼 | 8 | 7 | 87.50 | 17.366 8 | 3.501 4 | 20.16 |
| 大口黑鲈 | 3 | 2 | 66.67 | 1.114 7 | 1.876 | 168.30 |
| 短盖巨脂鲤 | 2 | 1 | 50.00 | 10.866 7 | 0.8 | 7.36 |
| 鲟 | 1 | 1 | 100.00 | 0.733 3 | 0.06 | 8.18 |
| 鳖 | 1 | 0 | 0.00 | 3.133 3 | 0 | 0.00 |
| 龟 | 2 | 0 | 0.00 | 14.000 0 | 0 | 0.00 |
| 合计 | 476 | 229 | 48.11 | 3 078.830 7 | 2 139.375 7 | 69.49 |

表 6 显示，20 个发病品种中，倒刺鲃、鲇、鳟、大口黑鲈、草鱼、鲮、文蛤的累计发病面积均超过监测面积，其累计发病面积率分别达 1246.63%、778.059%、587.76%、168.30%、159.35%、127.73%和110.80%，排除监测范围较小这一因素，属疾病超易感品种；泥鳅、鲫、凡纳滨对虾、罗非鱼、鲢、鲤、鲴、黄颡鱼、鳙、牡蛎、青鱼则为疾病易感品种，其发病面积率分别 82.35%、58.93%、58.82%、41.19%、30.79%、29.92%、28.92%、22.84%、21.51%、21.25%、20.16%；其余品种的累计发病面积率均在 20%以下，属疾病低易感品种。

3. 监测品种类别的发病情况　23 个监测品种来源于 4 个类别，其中虾类 1 个品种、贝类 2 个品种、鱼类 18 个品种、龟鳖 2 个品种，各品种类别的发病监测点率、累计发病面积率、监测区死亡率和发病区死亡率详见表 7。

表 7 各种监测品种类别的发病情况（%）

| 监测类别 | 发病测报点率 | 发病面积率 | 监测区域死亡率 | 发病区域死亡率 |
|---|---|---|---|---|
| 虾类 | 100.00 | 58.82 | 9.15 | 39.04 |
| 贝类 | 100.00 | 98.45 | 2.76 | 25.10 |
| 鱼类 | 47.86 | 69.60 | 0.95 | 1.05 |
| 龟鳖 | 0.00 | 0.00 | 0.00 | 0.00 |

表 7 显示，贝类的发病监测点率和累计发病面积率最高，达 100.00% 和 98.45%；而虾类的监测区死亡率和发病区死亡率则较高，分别为 9.15% 和 39.04%；龟鳖因监测范围太小而未监测到疾病。

4. 监测到的疾病种类 2021 年，共监测到 39 种疾病，其中病毒性疾病 1 种、细菌性疾病 12 种、真菌性疾病 3 种、寄生虫性疾病 15 种、非病原性疾病 5 种、其他疾病 3 种。各养殖类别监测到的疾病种类和数量详见表 8。

表 8 监测到的疾病详细情况

| 类别 | | 病名 | 数量 |
|---|---|---|---|
| 鱼类 | 病毒性疾病 | 草鱼出血病 | 1 |
| | 细菌性疾病 | 链球菌病、溃疡病、赤皮病、柱状黄杆菌病（细菌性烂鳃病）、淡水鱼细菌性败血症、爱德华氏菌病、细菌性肠炎病、打印病、疖疮病、鲴类肠败血症、斑点叉尾鮰传染性套肠症 | 11 |
| | 真菌性疾病 | 水霉病、鳃霉病、流行性溃疡综合征 | 3 |
| | 寄生虫性疾病 | 小瓜虫病、指环虫病、车轮虫病、锚头鳋病、黏孢子虫病、三代虫病、固着类纤毛虫病、斜管虫病、舌状绦虫病、鱼虱病、鲺病、头槽绦虫病、卵鞭虫病（卵甲藻病）、复口吸虫病（白内障病）、华支睾吸虫病 | 15 |
| | 非病原性疾病 | 肝胆综合征、缺氧症、氨中毒症、脂肪肝、冻死 | 5 |
| | 其他 | 不明病因疾病 | 1 |
| 虾类 | 细菌性疾病 | 弧菌病 | 1 |
| | 其他 | 不明病因疾病 | 1 |
| 贝类 | 其他 | 不明病因疾病 | 1 |
| 合计 | | 39 | 39 |

39 种疾病共监测到 1 073 次，其中监测到鱼类的细菌性烂鳃病 144 次、指环虫病 135 次、车轮虫病 115 次，属超易发疾病；监测到鱼类的水霉病 84 次、淡水鱼细菌性败血症 71 次、溃疡病 68 次、赤皮病 55 次、细菌性肠炎病 55 次，属易发疾病；其余 31

种疾病监测到的次数均在 50 次以下，为常发疾病。各种疾病监测到的次数详见表 9。

表 9  各种疾病监测到的次数及比率情况

| 疾病名称 | 次数（次） | 比率（%） | 疾病名称 | 次数（次） | 比率（%） |
|---|---|---|---|---|---|
| 草鱼出血病 | 1 | 0.09 | 锚头鳋病 | 26 | 2.42 |
| 细菌性烂鳃病 | 144 | 13.42 | 三代虫病 | 8 | 0.75 |
| 淡水鱼细菌性败血症 | 71 | 6.62 | 斜管虫病 | 25 | 2.33 |
| 鲴类肠败血症 | 1 | 0.09 | 鳋病 | 6 | 0.56 |
| 爱德华氏菌病 | 23 | 2.14 | 固着类纤毛虫病 | 10 | 0.93 |
| 溃疡病 | 68 | 6.34 | 黏孢子虫病 | 7 | 0.65 |
| 斑点叉尾鲴传染性套肠症 | 10 | 0.93 | 卵鞭虫病（卵甲藻病） | 1 | 0.09 |
| 赤皮病 | 55 | 5.13 | 舌状绦虫病 | 3 | 0.28 |
| 细菌性肠炎病 | 55 | 5.13 | 鱼不明病因疾病 | 17 | 1.58 |
| 链球菌病 | 26 | 2.42 | 肝胆综合征 | 14 | 1.30 |
| 疖疮病 | 1 | 0.09 | 缺氧症 | 14 | 1.30 |
| 打印病 | 2 | 0.19 | 氨中毒症 | 5 | 0.47 |
| 水霉病 | 84 | 7.83 | 脂肪肝 | 38 | 3.54 |
| 鳃霉病 | 14 | 1.30 | 冻死 | 7 | 0.65 |
| 流行性溃疡综合征 | 8 | 0.75 | 弧菌病 | 4 | 0.37 |
| 鱼虱病 | 2 | 0.19 | 头槽绦虫病 | 3 | 0.28 |
| 华支睾吸虫病 | 1 | 0.09 | 复口吸虫病（白内障病） | 2 | 0.19 |
| 指环虫病 | 135 | 12.58 | 虾不明病因疾病 | 9 | 0.84 |
| 车轮虫病 | 115 | 10.72 | 贝不明病因疾病 | 10 | 0.93 |
| 小瓜虫病 | 48 | 4.47 | 总次数 | 1073 | 100.00 |

5. 各种疾病的危害情况   2021 年，监测到的 39 种疾病中，死亡率高于 10% 的有虾类的不明原因疾病（24.87%）和弧菌病（17.44%），属高危害疾病；各种疾病的发病次数率、发病面积率和死亡率详见表 10。

表 10  各种疾病的发病率和死亡率情况（%）

| 品种类别 | 疾病名称 | 发病次数率 | 发病面积率 | 死亡率 |
|---|---|---|---|---|
| 虾类 | 弧菌病 | 0.37 | 45.79 | 17.44 |
| | 不明病因疾病 | 0.84 | 13.03 | 24.87 |
| 贝类 | 不明病因疾病 | 0.93 | 98.45 | 6.99 |
| 鱼类 | 草鱼出血病 | 0.09 | 0.14 | 0 |
| | 链球菌病 | 2.42 | 3.97 | 0.07 |

（续）

| 品种类别 | 疾病名称 | 发病次数率 | 发病面积率 | 死亡率 |
|---|---|---|---|---|
| 鱼类 | 爱德华氏菌病 | 2.14 | 1.86 | 0.05 |
| | 细菌性肠炎病 | 5.13 | 9.70 | 0.06 |
| | 细菌性烂鳃病 | 13.42 | 32.90 | 0.95 |
| | 淡水鱼细菌性败血症 | 6.62 | 20.20 | 0.43 |
| | 赤皮病 | 5.13 | 17.98 | 0.17 |
| | 鲷类肠败血症 | 0.09 | 0.03 | 0 |
| | 打印病 | 0.19 | 0.21 | 0 |
| | 斑点叉尾鮰传染性套肠症 | 0.93 | 0.24 | 0 |
| | 溃疡病 | 6.34 | 8.39 | 0.56 |
| | 疖疮病 | 0.09 | 0.09 | 0 |
| | 流行性溃疡综合征 | 0.75 | 2.35 | 0.05 |
| | 水霉病 | 7.83 | 12.29 | 0.44 |
| | 鳃霉病 | 1.30 | 1.85 | 0.34 |
| | 指环虫病 | 12.58 | 23.79 | 0.52 |
| | 三代虫病 | 0.75 | 0.38 | 0 |
| | 车轮虫病 | 10.72 | 28.86 | 0.89 |
| | 黏孢子虫病 | 0.65 | 0.15 | 0 |
| | 小瓜虫病 | 4.47 | 22.63 | 0.30 |
| | 斜管虫病 | 2.33 | 1.11 | 0.02 |
| | 锚头蚤病 | 2.42 | 11.11 | 0.04 |
| | 鱼虱病 | 0.19 | 0.25 | 0 |
| | 鲺病 | 0.56 | 0.26 | 0 |
| | 固着类纤毛虫病 | 0.93 | 0.83 | 0 |
| | 头槽绦虫病 | 0.28 | 0.42 | 0.04 |
| | 华支睾吸虫病 | 0.09 | 0.03 | 0 |
| | 卵鞭虫病（卵甲藻病） | 0.09 | 0.03 | 0 |
| | 舌状绦虫病 | 0.28 | 0.04 | 0 |
| | 复口吸虫病（白内障病） | 0.19 | 0.02 | 0.03 |
| | 鱼不明病因疾病 | 1.58 | 0.48 | 0.06 |
| | 肝胆综合征 | 1.30 | 2.77 | 0.04 |
| | 脂肪肝 | 3.54 | 1.43 | 0.04 |
| | 缺氧症 | 1.30 | 3.74 | 0.09 |
| | 氨中毒症 | 0.47 | 1.27 | 0.02 |
| | 冻死 | 0.65 | 1.99 | 0.01 |

表 10 显示，细菌性烂鳃病、指环虫病、车轮虫病的发病次数率均超过 10％，分别为 13.42％、12.58％、10.72％，属超常发疾病；溃疡病、水霉病、淡水鱼细菌性败血症、赤皮病的发病次数率在 5％～10％，属常发疾病。贝类不明病因疾病、虾类的不明病因疾病和弧菌病的发病监测点累计发病面积率分别为 98.45％、13.03％和 45.79％，其死亡率分别为 6.99％、24.87％和 17.44％；鱼类的细菌性烂鳃病、车轮虫病、指环虫病、小瓜虫病、淡水鱼细菌性败血症、赤皮病、水霉病、锚头鳋病的发病监测点累计发病面积率分别为 32.90％、28.86％、23.79％、22.63％、20.20％、17.98％、12.29％、11.11％，其死亡率分别为 0.95％、0.89％、0.52％、0.30％、0.43％、0.17％、0.44％、0.04％，属高危害疾病。

6. 各种疾病的流行规律 2021 年，共监测到 39 种疾病，各月份监测到的疾病名称、数量和次数及累计发病面积详见表 11、表 12。

**表 11 各月份监测到的疾病情况**

| 月份 | 监测到疾病名称 | 个数 |
|---|---|---|
| 1 | 斑点叉尾鮰传染性套肠症、细菌性烂鳃病、赤皮病、溃疡病、水霉病、鳃霉病、指环虫病、小瓜虫病、斜管虫病、车轮虫病、锚头鳋病、头槽绦虫病、脂肪肝、冻死 | 14 |
| 2 | 斑点叉尾鮰传染性套肠症、细菌性烂鳃病、细菌性肠炎病、水霉病、赤皮病、溃疡病、锚头鳋病、三代虫病、指环虫病、小瓜虫病、斜管虫病、车轮虫病、不明病因疾病、固着类纤毛虫病、脂肪肝、缺氧症 | 16 |
| 3 | 斑点叉尾鮰传染性套肠症、细菌性败血症、赤皮病、溃疡病、细菌性烂鳃病、细菌性肠炎病、链球菌病、水霉病、鳃霉病、车轮虫病、舌状绦虫病、指环虫病、三代虫病、小瓜虫病、斜管虫病、固着类纤毛虫病、锚头鳋病、不明病因疾病、肝胆综合征、脂肪肝 | 20 |
| 4 | 爱德华氏菌病、细菌性败血症、细菌性烂鳃病、赤皮病、细菌性肠炎病、链球菌病、水霉病、鳃霉病、流行性溃疡综合征、指环虫病、鲺病、锚头鳋病、三代虫病、车轮虫病、舌状绦虫病、斜管虫病、小瓜虫病、不明病因疾病、肝胆综合征 | 19 |
| 5 | 爱德华氏菌病、细菌性烂鳃病、赤皮病、斑点叉尾鮰传染性套肠症、细菌性败血症、溃疡病、疖疮病、链球菌病、卵鞭虫病（卵甲藻病）、细菌性肠炎病、鳃霉病、水霉病、锚头鳋病、斜管虫病、小瓜虫病、指环虫病、三代虫病、车轮虫病、固着类纤毛虫病、肝胆综合征、不明病因疾病、缺氧症、脂肪肝 | 23 |
| 6 | 爱德华氏菌病、草鱼出血病、细菌性烂鳃病、细菌性败血症、赤皮病、细菌性肠炎病、溃疡病、链球菌病、小瓜虫病、指环虫病、车轮虫病、黏孢子虫病、头槽绦虫病、固着类纤毛虫病、不明病因疾病、氨中毒症、肝胆综合征、脂肪肝 | 18 |
| 7 | 细菌性烂鳃病、细菌性败血症、赤皮病、细菌性肠炎病、链球菌病、爱德华氏菌病、溃疡病、车轮虫病、头槽绦虫病、三代虫病、指环虫病、小瓜虫病、黏孢子虫病、固着类纤毛虫病、不明病因疾病、氨中毒症、肝胆综合征、缺氧症、脂肪肝 | 19 |

（续）

| 月份 | 监测到疾病名称 | 个数 |
|---|---|---|
| 8 | 细菌性烂鳃病、爱德华氏菌病、斑点叉尾鮰传染性套肠症、细菌性败血症、细菌性肠炎病、链球菌病、弧菌病、赤皮病、溃疡病、华支睾吸虫病、车轮虫病、黏孢子虫病、舌状绦虫病、鱼虱病、指环虫病、小瓜虫病、不明病因疾病、氨中毒症、缺氧症、脂肪肝、肝胆综合征 | 21 |
| 9 | 细菌性烂鳃病、细菌性败血症、赤皮病、细菌性肠炎病、链球菌病、爱德华氏菌病、斑点叉尾鮰传染性套肠症、弧菌病、溃疡病、车轮虫病、指环虫病、锚头鳋病、黏孢子虫病、小瓜虫病、复口吸虫病（白内障病）、不明病因疾病、肝胆综合征、缺氧症、脂肪肝 | 19 |
| 10 | 斑点叉尾鮰传染性套肠症、细菌性烂鳃病、赤皮病、鲫类肠败血症、溃疡病、细菌性肠炎病、打印病、链球菌病、细菌性败血症、鳃霉病、水霉病、三代虫病、指环虫病、车轮虫病、小瓜虫病、锚头鳋病、斜管虫病、不明病因疾病、肝胆综合征、固着类纤毛虫病、脂肪肝 | 21 |
| 11 | 细菌性烂鳃病、细菌性肠炎病、鳃霉病、水霉病、溃疡病、流行性溃疡综合征、指环虫病、斜管虫病、小瓜虫病、车轮虫病、锚头鳋病、脂肪肝 | 12 |
| 12 | 水霉病、溃疡病、链球菌病、流行性溃疡综合征、锚头鳋病、鱼虱病、指环虫病、肝胆综合征、冻死 | 9 |

**表 12　各月份监测到的疾病数量和次数及发病面积**

| 疾病数量 | 发病次数 | | | | 发病面积 | |
|---|---|---|---|---|---|---|
| | 数量（种） | 比率（%） | 次数（次） | 比率（%） | 发病面积（hm²） | 比率（%） |
| 1 | 14 | 35.90 | 56 | 5.22 | 132.134 0 | 11.39 |
| 2 | 16 | 41.03 | 65 | 6.06 | 154.864 5 | 13.35 |
| 3 | 20 | 51.28 | 86 | 8.01 | 129.643 3 | 11.18 |
| 4 | 19 | 48.72 | 92 | 8.57 | 63.946 6 | 5.51 |
| 5 | 23 | 58.97 | 141 | 13.14 | 218.697 9 | 18.86 |
| 6 | 18 | 46.15 | 111 | 10.34 | 313.093 6 | 27.00 |
| 7 | 19 | 48.72 | 102 | 9.51 | 219.024 3 | 18.89 |
| 8 | 21 | 53.85 | 112 | 10.44 | 209.383 1 | 18.06 |
| 9 | 19 | 48.72 | 150 | 13.98 | 353.410 8 | 30.47 |
| 10 | 21 | 53.85 | 89 | 8.29 | 178.932 0 | 15.43 |
| 11 | 12 | 30.77 | 51 | 4.75 | 143.989 6 | 12.42 |
| 12 | 9 | 23.08 | 18 | 1.68 | 22.256 1 | 1.92 |

表 12 显示，2021 年 1—11 月监测到的疾病种类均超过 10 个，发病次数也超过 50 次，疾病呈周年流行态势；全年除 4 月和 12 月外，监测到的发病面积比率均超过 10%，呈现双峰流行规律，这也和广西水产养殖的特点有关联。

7. 各类疾病的流行规律　2021 年 1—12 月，淡水养殖鱼类监测到病毒性疾病、细菌性疾病、真菌性疾病、寄生虫性疾病、不明病因疾病和非病原疾病，各类疾病各月份的发病次数曲线详见图 1；养殖凡纳滨对虾监测到细菌病和不明病因疾病，各类疾病各月份的发病次数曲线详见图 2；养殖贝类监测到不明病因疾病，各月份的发病次数曲线详见图 3。

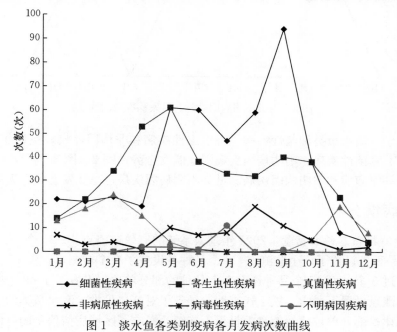

图 1　淡水鱼各类别疫病各月发病次数曲线

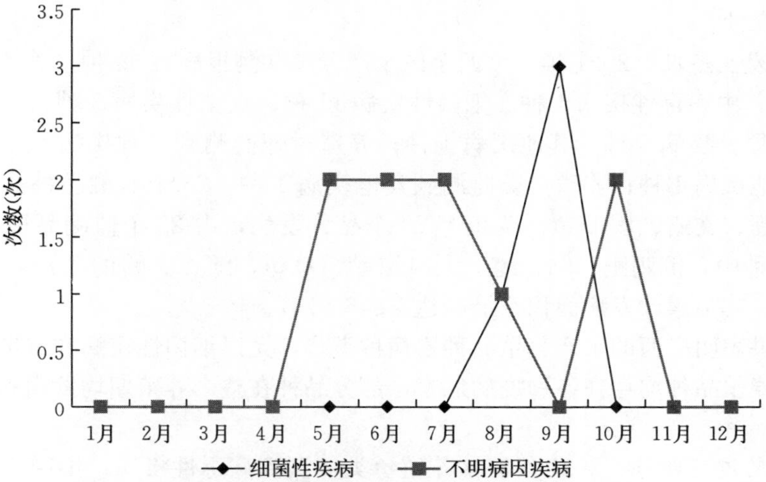

图 2　虾类各类别疫病各月发病次数曲线

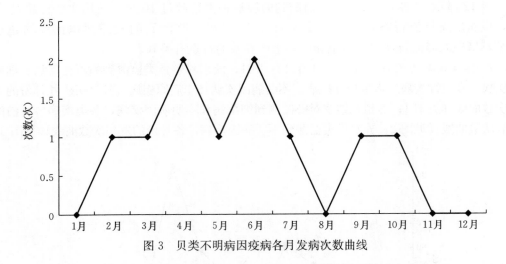

图 3　贝类不明病因疫病各月发病次数曲线

　　图 1 显示，淡水鱼类细菌性疾病、寄生虫性疾病和非病因性疾病呈周年流行态势，病毒性疾病、真菌性疾病、不明病因疾病则呈偶发态势；图 2、图 3 显示，因病情报送不连续，对虾弧菌病和不明病因疾病、贝类不明病因疾病也呈偶发态势，无规律可循。

## 三、病情分析

　　1. 病情测报信息的数据量　2021 年录入系统的有效监测点为 137 个，23 个监测品种中，5 个品种各设置了 1 个监测点，2 个品种各设置了 2 个监测点，仅 16 个品种设置的监测点超过 3 个；而 16 个品种还有 5 个品种的部分单位仅设置了 1～2 个监测点。多数品种的监测点设置不科学，缺乏代表性，导致了对虾、贝类、海水鱼类的病情无法得出应有的规律；部分单位病情信息上报得不连续，影响了区域病情信息的可信度；部分单位上报病情信息的数据量严重不足，导致了区域病情信息的缺损，严重影响了区域病情信息的可靠性。

　　2. 疫病发生情况　2021 年，广西全区水产养殖共测报病害 39 种，养殖鱼类监测到 36 种疾病，其中病毒性疾病 1 种、细菌性疾病 11 种、真菌性疾病 3 种、寄生虫性疾病 15 种、非病原性疾病 5 种、其他疾病 1 种；养殖对虾监测到 2 种疾病，其中细菌性疾病 1 种、其他疾病 1 种；养殖贝类监测到其他疾病 1 种。23 个监测品种共监测到凡纳滨对虾、牡蛎、文蛤、罗非鱼、草鱼等 20 个品种发病，占 23 个监测品种的 86.96%。20 个发病品种中，倒刺鲃、鲇、鳟、大口黑鲈、草鱼、鲮、文蛤的累计发病面积均超过监测面积，其中累计发病面积率最高达 1 246.63%。

　　监测结果表明广西的水产养殖品种疫病种类多，尤以细菌性疾病和寄生虫性疾病为主。大部分养殖品种均存在各种疫病危害，部分品种在整个养殖期均发病和出现病情反复的情况。

　　3. 疾病的流行趋势　2021 年淡水养殖鱼类监测到病毒性疾病、细菌性疾病、真菌性疾病、寄生虫性疾病、不明病因疾病和非病原疾病，细菌性疾病、寄生虫性疾病和非病原疾病全年均监测到，真菌性疾病发生在水温较低的 1—5 月和 10—12 月。细菌性疾病全年监测到 456 次，是各类别病害中最多者，高峰期为 5—9 月；寄生虫性疾病全年监测到 392 次，是各类别病害中第二，高峰期为 4—5 月。养殖凡纳滨对虾监测到细菌病和不明病因疾病，发生在 5—10 月的养殖期内。养殖贝类监测到不明病因疾病，发生在 2—10 月，高峰期为 4—6 月。

监测结果表明细菌性疾病和寄生虫性疾病是广西流行及危害较为严重的疾病。同时在检测病样中显示并发病的流行危害已成为主流，细菌和霉菌与寄生虫并发感染、2 种以上细菌并发感染在病样检测中经常出现，并呈常态化趋势。

4. 病因分析

（1）养殖环境日益恶化　由于养殖环境日益严重的富营养化及普遍受病原微生物污染，以及养殖密度的增加导致养殖水体环境质量日益下降，养殖水体的自身净化能力削弱，使得养殖动物的抗病能力下降，造成养殖病害频繁发生和迅速流行。

（2）苗种质量问题　广西各地的养殖苗种存在来源复杂、未经检疫等问题，造成养殖病害的交叉感染。部分苗种繁育场使用的亲本或者幼体没有检测病害就用于生产及销售，造成病害的进一步传播。部分养殖户由于贪小便宜购买质量差的苗种，也造成病害的频繁发生。

（3）病原微生物对水体的污染　引种的随意性、发病水体的随意排放和养殖水体的交叉污染，造成病原微生物对水源及养殖水体的污染非常严重，一旦养殖水质恶化或养殖动物抗病力下降，就导致养殖病害的流行。这是近年来养殖疾病严重危害的主要因素。

# 四、2022 年病害预测

（一）总体发病趋势预测

预测会延续上年度水产养殖病害严重的势头，2022 年广西水产养殖病害仍然维持高危害、局部暴发流行的局面。

（二）各养殖种类发病趋势预测

1. 养殖对虾　白斑综合征等病毒病和弧菌病及肝肠孢子虫病将严重危害养殖对虾，3—6 月和 9—10 月为高发高危害期。

2. 养殖鱼类　草鱼出血病、鲫疱疹病毒病、流行性溃疡综合征、细菌性败血症、链球菌病、爱德华氏菌病、肠炎病、烂鳃病、赤皮病等细菌病和刺激隐核虫病、小瓜虫病、斜管虫病、指环虫病、车轮虫病、孢子虫病和水霉病等将危害养殖鱼类，呈现季节性危害和周年行流行危害态势。

春秋两季危害养殖鱼类主要病害为缺氧、流行性溃疡综合征、烂鳃病、刺激隐核虫病、小瓜虫病、斜管虫病和水霉病等，夏季危害养殖鱼类主要病害为草鱼出血病、鲫疱疹病毒病、细菌性败血症、链球菌病、爱德华氏菌病、肠炎病、指环虫病、车轮虫病和孢子虫病等，冬季危害养殖鱼类主要病害为细菌性败血症、肠炎病、刺激隐核虫病、小瓜虫病、指环虫病、车轮虫病和孢子虫病等。

3. 养殖龟鳖　腮腺炎、腐皮病、白眼病等将危害养殖龟鳖，呈周年流行危害态势。

4. 养殖贝类　类立克次氏体病等原虫病将危害养殖贝类，1—5 月为流行危害高峰期。

## 五、防控对策与建议

1. 强化疫病监管　加强水产苗种产地检疫，预防疾病的交叉感染；实行水产原良种场疫病一票否决制度，杜绝染病苗种的扩散；开展水产苗种生产场所的疫病与重大疾病普查，及时发现疫病或重大疾病并采取措施清除，逐步建设无疫病水产苗种场。

2. 改善养殖环境　制定中长远养殖发展规划，合理布局，推行生态健康养殖技术；加强水产养殖基础设施建设，完善水产养殖配套设施，提高养殖水体水质调控的能力，改善水产养殖内部环境条件，减少养殖病害的交叉感染，从而最大限度地降低病害发生和危害；推广生态立体养殖技术，提高养殖水体自身的自净能力，保持良好的养殖水体环境。

3. 广泛开展鱼病诊疗服务　建设完善乡村鱼病诊疗机构；充分发挥水生动物防疫实验室的作用，广泛开展诊疗服务；推广淡水养殖鱼类病害自主诊治软件——淡水鱼病害诊治 App 的使用，逐步改变基层技术人员和养殖户的病害防治观念；依据实验室检测和药敏试验结果来防治病害，切实做到"对症下药"，避免错诊、误诊、漏诊现象发生，提高病害防治疗效，减少病害的危害；加强水产养殖病害病原体的耐药性监测，掌握各地水产养殖病害病原体耐药性情况，筛选其敏感药物，杜绝滥用、乱用药物现象，指导基层诊疗服务机构和养殖户进行病害防治，切实提高病害防治效果，减少病害流行与危害，保证养殖产品的质量安全。

4. 实施养殖投入品质量承诺制度　广泛实行养殖投入品质量承诺制度，凡进入广西的饲料及鱼药厂商，必须先到当地县级渔业主管部门备案、取得经营许可证，并承诺产品没有违禁药物和假冒伪劣产品后，才能在当地销售，以提高饲料及鱼药等养殖投入品的质量水平，减少水产养殖病害严重危害的诱因。

# 2021 年海南省水生动物病情分析

海南省水产品质量安全检测中心（海南省水产技术推广站）

（刘天密　王秀英）

## 一、水产养殖病害测报基本情况

2021 年海南省水产养殖品种监测工作涵盖 18 个市县，测报员 75 人，监测点 75 个，上报监测数据 145 次，监测面积约 937.574 hm²，涵盖海水池塘、海水工厂化、海水网箱、海水滩涂、淡水池塘等养殖模式。监测品种有 4 大类 6 个养殖品种，其中鱼类 2 种、甲壳类 3 种、贝类 1 种（表 1），测报时间为 2021 年 1—12 月。

**表 1　2021 年海南省水生动植物病害监测养殖品种**

| 类别 | 测报的养殖品种 | 合计（种） |
|---|---|---|
| 鱼类 | 石斑鱼、罗非鱼 | 2 |
| 虾类 | 凡纳滨对虾（海）、斑节对虾 | 2 |
| 蟹类 | 锯缘青蟹 | 1 |
| 贝类 | 东风螺 | 1 |

注：监测水产养殖种类为剔除相同种类后的数量。

## 二、监测结果与分析

### （一）监测病害总体情况

2021 年海南省共检测到 4 个养殖品种发生 16 种病害，以细菌性疾病、真菌性疾病和寄生虫疾病为主，其中细菌性疾病 6 种、真菌性疾病 2 种、寄生虫疾病 2 种、非病原性疾病 2 种、其他不明病因疾病 4 种（表 2）。

**表 2　2021 年不同养殖品种全年发生的病害种类统计**

| 类别 | | 病名 | 数量 |
|---|---|---|---|
| 鱼类 | 细菌性疾病 | 淡水鱼细菌性败血症、链球菌病、细菌性肠炎病、柱状黄杆菌病（细菌性烂鳃病）、烂鳃病、肠炎病 | 6 |
| | 真菌性疾病 | 水霉病、鳃霉病 | 2 |
| | 寄生虫性疾病 | 车轮虫病、黏孢子虫病 | 2 |
| | 非病原性疾病 | 缺氧症、冻死 | 2 |
| | 其他 | 不明病因疾病 | 1 |

（续）

| 类别 | | 病名 | 数量 |
|---|---|---|---|
| 虾类 | 其他 | 不明病因疾病 | 1 |
| 蟹类 | 其他 | 不明病因疾病 | 1 |
| 贝类 | 其他 | 不明病因疾病 | 1 |

从监测的疾病种类比例可以看出，所有疾病中细菌性疾病所占比例最高，占40%，真菌性疾病占7%，寄生虫性疾病占13%，非病原性疾病占11%，其他占29%。

从月发病面积比（图1）来看，2021年水产养殖发病高峰期为4月，发病面积比为20.96%，其次为10月，发病面积比为19.26%。

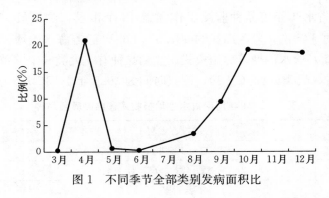

图1 不同季节全部类别发病面积比

从监测品种发病种类比例可以看出，所有发病品种中，鱼类发病比例最高为34.76%，其次为贝类，发病比例为6.13%，虾类发病比例为4.9%，蟹类发病比例为1.2%。

（二）主要养殖品种病害情况

鱼类养殖监测病害有淡水鱼细菌性败血症、链球菌病、细菌性肠炎病、柱状黄杆菌病（细菌性烂鳃病）、烂鳃病、肠炎病水霉病、鳃霉病、车轮虫病、黏孢子虫病（图2）等。

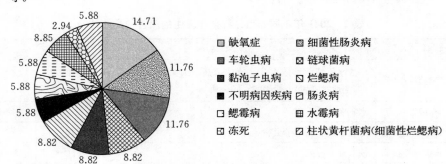

图2 2021年海南省鱼类疾病比例（%）

1. **罗非鱼** 2021 年海南省罗非鱼养殖过程监测发现的病害有淡水鱼细菌性败血症、链球菌病、细菌性肠炎病、柱状黄杆菌病（细菌性烂鳃病）、水霉病、鳃霉病、车轮虫病、缺氧症、烂鳃病、肠炎病、不明病因疾病。从监测数据分析发现，2021 年平均发病面积比例为 0.502%，平均监测区域死亡率为 0.293%，平均发病区域死亡率为 12.663%。各病害发病面积（图 3）比例最高为不明病因疾病，发病面积比例为 2.24%；监测区域死亡率最高为烂鳃病，发病率为 0.89%；水霉病造成的发病区域死亡率最高，为 50%。

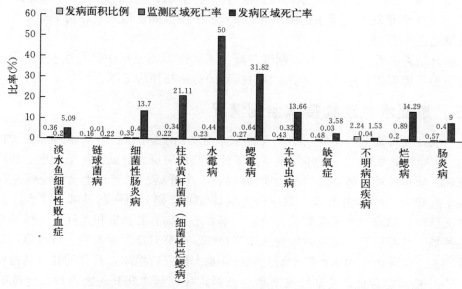

图 3　2021 年罗非鱼发病面积比例、发病死亡率、监测区域死亡率

2. **石斑鱼** 2021 年海南省石斑鱼养殖过程监测发现的病害有黏孢子虫病及冻死。从监测数据分析发现，2021 年平均发病面积比例为 0.045%，平均监测区域死亡率为 4.367%，平均发病区域死亡率为 5.973%。黏孢子虫病发病时间在 9 月，发病面积比例为 0.04%，监测区域死亡率为 5.71%，发病区域死亡率为 5.8%。因气温骤降引发的发病面积比例为 0.06%，监测区域死亡率为 0.34%，发病区域死亡率为 6.5%（图 4）。

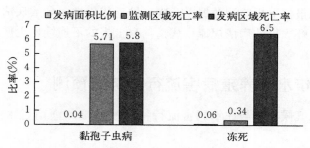

图 4　2021 年石斑鱼发病面积比例、发病死亡率、监测区域死亡率

3. 凡纳滨对虾　2021 年海南省凡纳滨对虾养殖过程监测发现不明病因疾病。从监测数据分析发现，2021 年平均发病面积比例为 0.91%，平均监测区域死亡率为 1.49%，平均发病区域死亡率为 20.12%。

4. 斑节对虾　在 2021 年的监测过程中未发现疾病。

5. 锯缘青蟹　2021 年海南省锯缘青蟹养殖过程监测发现不明病因疾病。从监测数据分析发现，2021 年平均发病面积比例为 12.0%，平均监测区域死亡率为 2.52%，平均发病区域死亡率为 70%。

6. 东风螺　2021 年海南省东风螺养殖过程监测发现不明病因疾病。从监测数据分析发现，2021 年平均发病面积比例为 49.08%，平均监测区域死亡率为 36.52%，平均发病区域死亡率为 39.72%。

从统计结果来看凡纳滨对虾、锯缘青蟹、东风螺养殖过程中都发生不明病因疾病，反映出防控效果不佳，还需进一步加强对疾病的检测与预防工作。

## 三、重要水生动物疫病监测情况

据《农业农村部关于印发〈2021 年国家水生动物疫病监测计划〉的通知》（农渔发〔2021〕10 号）文要求，2021 年海南省全年计划监控白斑综合征、传染性皮下和造血器官坏死病、病毒性神经坏死病等水生动物疫病 20 个样品。国家水生动物疫病监控工作分别在 7 月和 10 月协同中国水产科学研究院珠江水产研究所一起开展，在水产苗种集中市县文昌市、琼海市、乐东黎族自治县、东方市、临高县抽取相关样品。样品来源于省级良种场、苗种场等。监测对象为凡纳滨对虾、斑节对虾、罗非鱼、石斑鱼，以虾苗和鱼苗为主。样品由中国水产科学研究院珠江水产研究所检测，共收到其出具检验报告 55 份，其中白斑综合征、传染性皮下和造血器官坏死病、虾肝肠胞虫病、急性肝胰腺坏死病、虾虹彩病毒病各 10 份，病毒性神经坏死病 5 份。检验结果全部为阴性。

## 四、存在问题

2021 年，因机构职能变化，水产养殖动物病害测报工作由海南省海洋与渔业科学院变更为海南省水产品质量安全检测中心（海南省水产技术推广站）负责，在工作交接过程中，年度预算未统筹安排完善，使得测报工作受到一定的影响，导致病害信息滞后和漏报，存在部分监测点数据未上报或上报不及时等情况，上报数据不完整。因此，全年水生动物病害测报仅上报监测数据 145 次，缺乏代表性，导致病情信息缺失，以至于无法分析得出鱼、虾、贝的病情规律；病情信息上报的不连续，也使得病情信息可信度不高。

## 五、2022 年水产养殖病害流行趋势的预测

根据海南省的气候特征与往年病害流行特点，2022 年海南省水产养殖病害有暴发的可能。

（1）养殖鱼类　神经坏死病毒病、石斑鱼脱黏病、链球菌病、细菌性败血症、细菌

性肠炎病、柱状黄杆菌病（细菌性烂鳃病）、烂身病（细菌性）、肠炎病、小瓜虫病、刺激隐核虫病、本尼登虫病等呈现季节性危害和流行危害态势。春秋两季易出现缺氧、水霉病、小瓜虫病、孢子虫病、肠炎病、链球菌病、刺激隐核虫、烂身病（细菌性）等；夏季危害养殖鱼类主要病害为细菌性败血症、链球菌、细菌性肠炎等；冬季危害养殖鱼类主要病害为肠炎病、小瓜虫病、刺激隐核虫病等。

（2）养殖对虾　白斑综合征、急性肝胰腺坏死病等病毒病及虾肝胞虫病可能严重制约对虾养殖的发展。

（3）养殖贝类　方斑东风螺养殖受种质退化、养殖环境恶化与交叉感染等众多因素影响，细菌性疾病有日趋严重的趋势。

## 六、水产养殖病害的防治与对策建议

（1）推进水产苗种产地检疫制度实施，从源头控制重点水生动物疫病的传播，降低疫病暴发概率，减少经济损失。加强官方兽医队伍建设，及苗种产地检疫监督，保障制度落实。

（2）加强生产管理，推广绿色健康养殖模式。加强水产养殖基础设施建设，完善水产养殖配套设施，提高养殖水体水质调控能力，改善内部环境条件，减少密度，避免交叉感染。

（3）科学防控养殖病害，在养殖过程中应坚持"全面预防，科学治疗"。通过采取清塘消毒、苗种检疫、水质底质调控、投饵管理等管理措施做好病害预防工作。发病后，应及时与主管部门联系，寻求专家的专业指导，减少乱用、滥用药物现象，增强鱼病防治的科学性，降低病害造成的经济损失与环境污染。

# 2021 年重庆市水生动物病情分析

重庆市水产技术推广总站

（张利平　马龙强　卓东渡　李　虹　王　波）

2021 年重庆市纳入病害监测重点区县 16 个，测报点共计 89 个，区县测报员 69 人，监测总面积 962.8 hm²，全年测报点共计上报 465 次，测报总面积较去年同比下降 16%。监测养殖品种 19 种，包括青鱼、草鱼、鲢、鳙、鲤、鲫、鳊、泥鳅、鲴、黄颡鱼、鲈（淡）、鲟、胭脂鱼、红鲌、罗氏沼虾、克氏原螯虾、中华绒螯蟹、鳖、大鲵。监测到发病品种主要为草鱼、鲢、鳙、鲫、黄颡鱼、鲈（淡）、红鲌（表 1）。

**表 1　2021 年监测到发病种类汇总**

| 类别 | | 种类 | 数量 |
|---|---|---|---|
| 淡水 | 鱼类 | 草鱼、鲢、鳙、鲫、黄颡鱼、鲈（淡）、红鲌 | 7 |

## 一、水产养殖病害总体情况

（一）重要水生动物疫病监测情况

根据《农业农村部关于印发〈2021 年国家水生动物监测计划〉的通知》（农渔发〔2021〕10 号）、全国水产技术推广总站《关于做好 2021 年国家水生动物疫病监测工作的通知》（农渔技疫函〔2021〕58 号）精神，重庆市水产技术推广总站根据本市水产养殖情况，科学制定实施方案并及时印发至各个区县，做到监测点全覆盖，重点区域、重点塘加强监测和检测。2021 年重庆市部市两级检测样品 55 批次，涵盖了草鱼出血病、鲤浮肿病、锦鲤疱疹病毒病、鲤春病毒血症、鲫造血器官坏死病五项重要疫病监测指标。项目实施方案根据每种疫病的发病特点和水温，规范抽采样，按照确定的标准方法进行检测，及时将检测结果上报至国家监测系统。在市级监测任务中，重庆市检测出 2 例草鱼出血病病原阳性，及时报送市农业农村委，属地农业执法部门按照规定进行了规范化处理。

（二）常规水生动物病害测报情况

2021 年监测到鱼类病害种类 17 种（表 2），鱼病共计 74 个，占比 100%，其中细菌性疾病 7 种，占比 60.81%；寄生虫性疾病 7 种，占比 27.03%；真菌性疾病 1 种，占比 6.76%；非病原性疾病 2 种，占比 5.41%。与 2020 年相比减少了 6 种，病害种类以细菌性疾病和寄生虫性疾病为主。

表 2　2021 年监测到的水产养殖病害汇总

| 类别 | | 病名 | 数量 |
|---|---|---|---|
| 鱼类 | 细菌性疾病 | 赤皮病、细菌性肠炎病、柱状黄杆菌病（细菌性烂鳃病）、淡水鱼细菌性败血症、疖疮病、溃疡病、诺卡氏菌病 | 7 |
| | 真菌性疾病 | 水霉病 | 1 |
| | 寄生虫性疾病 | 指环虫病、车轮虫病、舌状绦虫病、锚头鳋病、中华鳋病（鳃蛆病）、黏孢子虫病、小瓜虫病 | 7 |
| | 非病原性疾病 | 肝胆综合征、缺氧症 | 2 |

2021 年监测淡水池塘面积为 601.799 hm$^2$，其他面积为 19.000 hm$^2$，鱼类平均发病面积为 4.095%，平均监测区域死亡率为 0.256%，平均发病区域死亡率为 2.294%。发病面积比例较高的疾病主要为淡水鱼细菌性败血症、细菌性肠炎病、柱状黄杆菌（细菌性烂鳃病）、水霉病、指环虫病、缺氧症、肝胆综合征，分别为 3.76%、6.63%、5.85%、3.71%、4.13%、13.64%、4.75%。发病区域死亡率较高的为淡水鱼细菌性败血症、锚头鳋、舌状绦虫病、缺氧症、肝胆综合征等，死亡率分别为 1.5%、2.03%、1.76%、66.67%、1.92%。

（三）主要养殖鱼类病害情况

通过监测数据分析，2021 年无重大水生动物疫情发生，但是小病害不断，主要为细菌性疾病和寄生虫性疾病，尤其 3 月水生动物疫情出现一个小高峰，可能是由于气温转暖，水温逐步升高，鱼类摄食活动逐渐增加，引发一些细菌性疾病及寄生虫性疾病。

1. 草鱼　监测时间为 1—12 月，监测到的疾病共计 5 种，平均发病面积比例为 5.476%，平均监测区域死亡率为 0.101%，平均发病区域死亡率为 0.749%，与 2020 年相比均有所上升。2021 发病面积比例较高的主要为细菌性肠炎病、柱状黄杆菌病、水霉病、舌状绦虫病、肝胆综合征，分别为 6.63%、5.85%、1.2%、2.57%、4.72%。发病区域死亡率较高的为舌状绦虫病、肝胆综合征，分别为 1.76%、7.92%（图 1）。

2. 鲢　监测时间为 1—12 月，监测到的疾病主要为 2 种，平均发病面积比例为 1.346%，平均监测区域死亡率为 0.290%，平均发病区域死亡率为 3.139%。监测到的疫病种类主要为淡水鱼细菌性败血症、锚头鳋病，发病区域死亡率分别为 3.71%、1.71%（图 2）。

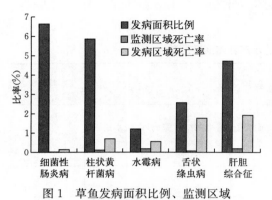

图1 草鱼发病面积比例、监测区域
死亡率和发病区域死亡率

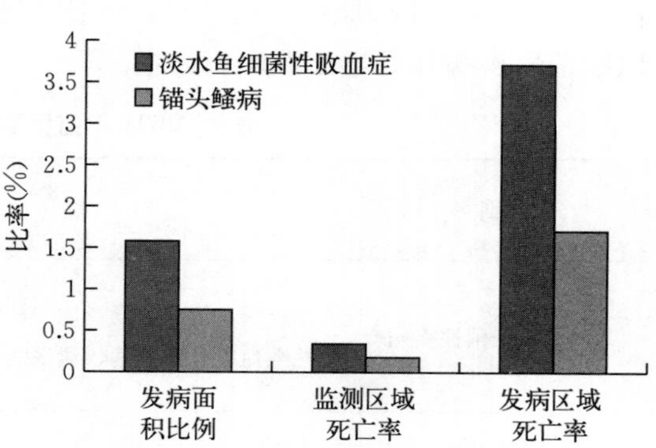

图2 鲢发病面积比例、监测区域
死亡率和发病区域死亡率

3. 黄颡鱼　监测时间为1—12月，监测到的疾病主要为2种，平均发病面积比例为6.135%，平均监测区域死亡率为0.030%，平均发病区域死亡率为0.227%。监测到的疫病种类主要为淡水鱼细菌性败血症、溃疡病，平均发病面积比例分别为6.36%和5.45%（图3）。

4. 红鲌　监测时间为1—12月，监测到的疾病主要为2种，平均发病面积比例为4.523%，平均监测区域死亡率为0.085%，平均发病区域死亡率为0.560%。监测到的疫病种类主要为柱状黄指环虫病、锚头鳋病，平均发病面积比例分别为6.36%和5.45%（图4）。

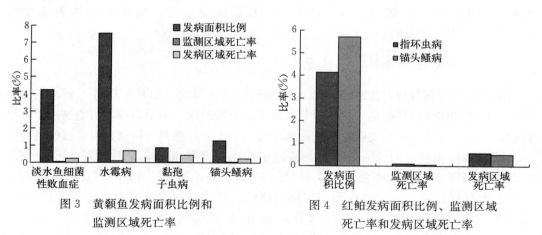

图3 黄颡鱼发病面积比例和
监测区域死亡率

图4 红鲌发病面积比例、监测区域
死亡率和发病区域死亡率

5. 鲈　监测时间为1—12月，监测到的疾病主要为4种，平均发病面积比例为3.586%，平均监测区域死亡率为1.167%，平均发病区域死亡率为9.930%。监测到的疫病种类主要为溃疡病、诺卡氏菌病、水霉病、缺氧病，其中缺氧病平均发病面积和发病区域死亡率分别为13.64%、66.67%（图5）。

6. 鳜　监测时间为1—12月，监测到的疾病为锚头鳋病，发病面积比例为

2.020％，监测区域死亡率为 0.360％，发病区域死亡率为 4.487％（图 6）。

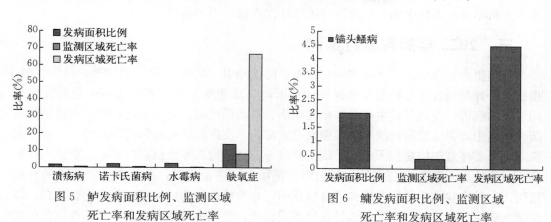

图 5　鲈发病面积比例、监测区域死亡率和发病区域死亡率

图 6　鳙发病面积比例、监测区域死亡率和发病区域死亡率

7. 鲫　监测时间为 1—12 月，监测到的疾病主要为 4 种，平均发病面积比例为 3.452％，平均监测区域死亡率为 0.038％，平均发病区域死亡率为 0.349％。监测到的疫病种类主要为淡水鱼细菌性败血症、水霉病、黏孢子虫病、锚头鳋病，其中细菌性败血症和水霉病平均发病面积为 4.26％和 7.5％，发病区域死亡率分别为 0.3％、0.7％（图 7）。

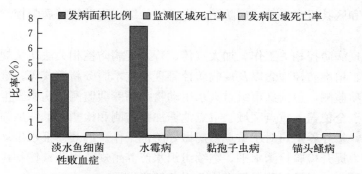

图 7　鲫发病面积比例、监测区域死亡率和发病区域死亡率

## 二、存在问题

一是各测报点的确定及其数据代表性有待进一步改进和规范，测报员诊断技术参差不齐，随着岗位调动，新测报员不熟悉"全国水产养殖动植物病情测报系统"，使测报工作受到一定影响。

二是水生动物防疫体系需要进一步健全。水产技术推广机构相对弱势，特别是基层水产技术推广专业机构逐渐转为综合机构，水生动物防疫机构、人员配置严重缺位。

三是进一步提高对水产苗种产地检疫重要性的认识。水产苗种流通性大，未经检疫的苗种具有极高的风险。水生动物防疫工作起步晚、推动慢、队伍人员流动性大、专业技术人员不足，工作中的一些政策性障碍还没有较好得到解决。

## 三、2022 年病害流行预测

养殖生产过程中，要坚持"预防为主、防治结合、防重于治"的原则，科学投喂。根据水产养殖病害测报数据及掌握统计数据，2022 重庆市水产养殖过程中仍将发生不同程度的病害，疫病种类主要是细菌性疾病、真菌性疾病、寄生虫性疾病。在鱼类的细菌性疾病中，要注意防控淡水鱼细菌性败血症、赤皮病、烂鳃病和打印病等；在寄生虫疾病中，要注意防控黏孢子虫病、锚头鳋病等，另外近几年监测数据显示，草鱼出血病病原时常检出，2022 年要继续加强监测。渔民在选购苗种时，要从有生产资质的种苗场购买，并查验水产苗种产地检疫合格证明；在投放苗种前，注意对苗种进行消毒，以防带入病原；投放过程中最好选择在早晨或傍晚，还可适当注入新水；严格控制苗种的放养密度。

## 四、应对措施及建议

一是持续推进水产养殖"五大行动"，大力做好水产技术推广工作。

二是贯彻落实《农业农村部中编办印发〈关于加强基层动植物疫病防控体系建设的意见〉》，将基层水生动物疫病防控纳入国家动植物疫病防控体系建设。大力加强水产推广机构队伍建设，加强疫病防控实验室与试验基地建设，积极争取建设区域性水生动物疫病监控中心和区县级水生动物病防站，提升区县级水生动物疫病防控能力，助推乡村振兴。

三是做好疫病防控相关工作。加大宣传、普及疫病防控相关法律法规，宣传源头防控、绿色防控、精准防控理念以及疫病防控管理和技术服务新模式等。继续开展重大水生动物疫病专项监测，包括部市级重大水生动物疫病专项监测、病原微生物耐药性监测等，做到监测点全覆盖，重点区域、重点池塘加强监测和检测。继续加强预测预报与智能渔技相结合，指导养殖户对于重点疫病做好防范工作。继续参报水生动物防疫系统实验室能力验证，提升检验检测水平。继续组织水产养殖规范用药宣传和科普下乡，指导养殖业主规范用药、减量用药，促进渔业绿色健康发展。

四是按照《中华人民共和国动物防疫法》和《动物检疫管理办法》的规定，对水产苗种严格实行产地检疫，保障水生动物及其产品安全，保护人体健康、维护公共安全。

五是加强技术培训，提高渔民技能。组织区县水产技术推广机构、水生动物病害防治员、一线水产养殖者参与水生动物疫病防控培训、知识讲座等，不断提升从业者水平。

六是积极利用现代信息技术装备，提升渔业生产、技术服务、管理信息化水平。充分利用智能渔技平台，将科学分析运用到理论和实践中，制定有效防控措施，预防水生动物疾病的发生。

# 2021 年四川省水生动物病情分析

四川省水产技术推广总站

（王 俊 莫 茜）

## 一、基本情况

2021 年，四川省在成都、资阳、内江、自贡、宜宾、眉山、乐山、雅安、德阳、遂宁、南充、广安、巴中、达州等 19 个市（州），116 个测报监测点开展了水产养殖动物病害测报，主要监测模式为池塘养殖，监测面积 3 363.6 hm²，主要监测养殖品种 15 个。

## 二、监测结果与分析

### （一）发病品种与疾病类型

2021 年，在全省监测到发病水产养殖品种 9 种（表 1），水产养殖动物疫病共 22 种，以细菌性和寄生虫性疾病为主，其中细菌性疾病 10 种，寄生虫性疾病 6 种，非病原性疾病 2 种，真菌性疾病 2 种，病毒性疾病 1 种，不明病因疾病 1 种（表 2）。

**表 1　2021 年监测到发病的水产养殖种类汇总**

| 类别 | 种类 | 数量 |
|---|---|---|
| 鱼类 | 草鱼、鲢、鳙、鲤、鲫、鲴、黄颡鱼、鲈（淡） | 8 |
| 虾类 | 克氏原螯虾 | 1 |
| 合计 | | 9 |

**表 2　2021 年监测到发病的水产养殖病害汇总**

| 类别 | | 病名 | 数量 |
|---|---|---|---|
| 鱼类 | 病毒性疾病 | 草鱼出血病 | 1 |
| | 细菌性疾病 | 淡水鱼细菌性败血症、溃疡病、赤皮病、细菌性肠炎病、柱状黄杆菌病（细菌性烂鳃病）、打印病、竖鳞病、鲴类肠败血症、斑点叉尾鲴传染性套肠症 | 9 |

（续）

| 类别 | | 病名 | 数量 |
|---|---|---|---|
| 鱼类 | 真菌性疾病 | 水霉病、鳃霉病 | |
| | 寄生虫性疾病 | 车轮虫病、锚头鳋病、小瓜虫病、三代虫病、黏孢子虫病、指环虫病 | 6 |
| | 非病原性疾病 | 缺氧症、肝胆综合征 | 2 |
| | 其他 | 不明病因疾病 | 1 |
| 虾类 | 细菌性疾病 | 弧菌病 | 1 |
| 合计 | | | 22 |

## （二）病害流行情况

2021年，各养殖品种中总发病面积比例值最高的是草鱼，为16.21%，鳙、鲢、鲫的总发病面积也较高，均值在10%以上（表3）。从鱼类疾病的占比来看，危害最严重的为细菌性败血症，占比为18.04%，其次为柱状黄杆菌病，占比为16.49%（图1）。

**表3　2021年各养殖种类平均发病面积率**

| 养殖种类 | 淡水 | | | | | | | | 虾类 |
|---|---|---|---|---|---|---|---|---|---|
| | 鱼类 | | | | | | | | |
| | 草鱼 | 鲢 | 鳙 | 鲤 | 鲫 | 鳜 | 黄颡鱼 | 鲈（淡） | 克氏原螯虾 |
| 总监测面积（hm²） | 630.73 | 412.20 | 353.80 | 523.00 | 332.80 | 295.27 | 235.00 | 50.07 | 72.33 |
| 总发病面积（hm²） | 102.27 | 54.67 | 17.20 | 38.40 | 42.60 | 46.20 | 0.27 | 1.20 | 0.67 |
| 平均发病面积率（%） | 16.21 | 13.26 | 4.86 | 7.34 | 12.8 | 15.65 | 0.11 | 2.4 | 0.92 |

## （三）疾病危害情况

全省疾病平均发病面积比例为3.13%，平均监测区域死亡率为0.35%，平均发病区域死亡率为10.18%。草鱼出血病发病面积最大，达到38.46%，但监测区域和发病区域死亡率并不高；鲟类肠败血症、斑点叉尾鲴套肠症、不明病因病监测区域死亡率超过1%；鲟类肠败血症、缺氧症、指环虫病、不明病因疾病、斑点叉尾鲴套肠症、鳃霉病、黏孢子虫病、竖鳞病、打印病、淡水鱼细菌性败血症的发病区域死亡率超过10%，发病死亡率较高（图2）。

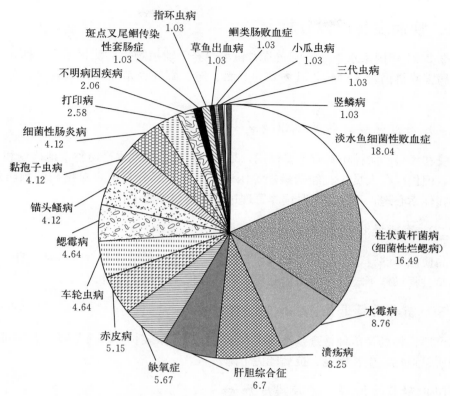

图 1　2021 年四川省监测到的鱼类疾病比例（％）

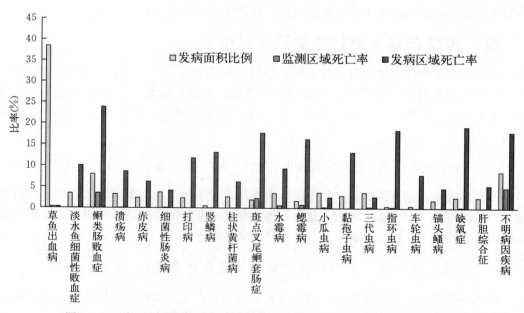

图 2　2021 年四川省监测发病面积比例、监测区域死亡率、发病区域死亡率

## 三、疾病发生原因分析

根据 2021 年国家水生动物疫病监测和水产养殖动植物疾病测报结果，四川省水产养殖的病害威胁仍较为严峻，其中草鱼、鲫、鲢、鲫等养殖品种发病较多，分析原因如下：

### （一）检疫薄弱，防治意识缺乏

检疫在疫病的防控中具有重要作用，尽管四川省已实现水产苗种产地检疫和联网电子出证，但仍存在人员少、经费短缺等困难；另外，部分养殖户对疫病的预防意识淡薄，存在侥幸心理，不注重平时饲养管理过程的疫病预防工作。

### （二）管理操作不规范，增加病害隐患

药品使用不够科学，给鱼类疾病埋下隐患，增加了养殖成本，达不到预期的治疗效果。养殖过程操作不规范，使鱼体受伤，为病害发生提供了条件。

### （三）苗种质量退化、抗病力下降

水产原良种场及苗种繁育基地均存在亲本使用年限较长，缺乏基因交流等问题，导致苗种质量退化，生长性能、抗病能力下降。

### （四）耐药性增强，治疗难度加大

病原的变异导致其侵袭力与致病力增强，对水产养殖动物危害加大。病原菌的耐药性增强，发病后使用药物的治疗效果降低，致使疫病的损失加大。

## 四、2022 年病害流行趋势及应对措施

从近几年水产养殖情况看，四川省面临水产养殖动植物疾病种类多而复杂的局面，由于药物使用不当或盲目用药，细菌耐药性增强，养殖环境恶化，常见病毒病、细菌病、寄生虫病、营养性疾病等都将直接影响水产养殖生产。为此，要需采取以下应对措施：

### （一）加强检疫及专业知识培训，进一步提高行业疫病防控意识与水平

积极推进水产苗种产地检疫制度的全面实施，组织行业内专家与技术能手在四川省主要养殖区定期与不定期开展技术培训，逐步提升从业者的疫病防控意识，并传授可操作的疫病防控技术，提高全省水产行业的疫病防控水平。

### （二）进一步完善水产动物疫病监测与预报体系建设

在现有基础上，进一步指导各级实验室充分运行，完善工作机制、技术体系，稳定人员、保障经费等，提高水产动物疫病监测的准确性，摸清全省水产动物疫病流行的基

本情况，为制订更为科学、有效的疫病防控体系提供必要的基础。

（三）积极指导规范用药，降低养殖损失

积极开展水产养殖减量用药行动和水产养殖规范用药科普下乡等活动，普及规范用药技术知识，减少因药物使用不当造成的耐药性增强，从而减少因疫病造成的损失。

# 2021 年贵州省水生动物病情分析

贵州省水产技术推广站

（温燕玲 许劲松 安元银 杨 曼 曹 英）

## 一、水产养殖病害总体情况

2021 年贵州省的水产养殖动植物病情测报点覆盖了全省 9 个市（州）的 56 个区（县），测报员 83 人，测报点 103 个。2021 年监测面积共计 8 581.474 4hm²，其中淡水池塘 286.275 9hm²、淡水工厂化 17.000 7hm²、淡水网栏 25.000 2hm²、淡水其他（含大水面生态养殖）8 253.190 9 hm²、半咸水工厂化 0.006 7 hm²（表 1）。

**表 1　2021 年水产养殖病情监测种类及面积分类汇总**

| 监测种类数量 | | | | 监测面积（hm²） | | | | |
|---|---|---|---|---|---|---|---|---|
| 鱼类 | 虾类 | 蟹类 | 其他类 | 淡水池塘 | 淡水工厂化 | 淡水网栏 | 淡水其他 | 半咸水工厂化 |
| 16 | 2 | 1 | 2 | 286.275 9 | 17.000 7 | 25.000 2 | 8 253.190 9 | 0.006 7 |
| 合计 | 21 | | | 合计 | 8 581.474 4 | | | |

2021 年病害测报品种共 21 个，包括草鱼、鲤、大口黑鲈、鲟、青鱼、鲢、鳙、鲫、泥鳅、鲇、鮰、黄颡鱼、鳟、长吻鮠、乌鳢、裂腹鱼、凡纳滨对虾（淡）、克氏原螯虾、中华绒螯蟹、蛙、大鲵，涵盖了贵州省主要养殖品种。2021 年监测到发病的养殖种类有草鱼、鲤、大口黑鲈、鲟、克氏原螯虾 5 个品种。监测到的病害有 12 种，见表 2。监测到养殖种类发病数量有 34 个，其中鱼类 32 个（占比 94.12%），虾类 2 个（占比 5.88%）；细菌性疾病发病比例最高，真菌性疾病次之，各类疾病的数量及所占比例见表 3。2021 年监测到发生的 34 次鱼虾类疾病中，发病率最高的是细菌性肠炎病，赤皮病及水霉病次之（表 4）。

**表 2　2021 年监测到的水产养殖病害汇总**

| 类别 | | 病名 | 数量（个） | 占比（%） |
|---|---|---|---|---|
| 鱼类 | 真菌性疾病 | 水霉病、鳃霉病 | 2 | 16.67 |
| | 寄生虫性疾病 | 卵鞭虫病（卵甲藻病） | 1 | 8.33 |
| | 病毒性疾病 | 鲤浮肿病 | 1 | 8.33 |
| | 细菌性疾病 | 赤皮病、细菌性肠炎病、柱状黄杆菌病（细菌性烂鳃病） | 3 | 25.00 |

（续）

| 类别 | | 病名 | 数量（个） | 占比（%） |
|---|---|---|---|---|
| 鱼类 | 非病原性疾病 | 缺氧症、气泡病、氨中毒症 | 3 | 25.00 |
| | 其他 | 不明病因疾病 | 1 | 8.33 |
| 虾类 | 非病原性疾病 | 蜕壳不遂症 | 1 | 8.33 |
| 合　计 | | | 12 | |

**表 3　2021 年监测到的疾病类别发病数量及比例**

| 疾病类别 | 病毒性疾病 | 细菌性疾病 | 真菌性疾病 | 寄生虫性疾病 | 非病原性疾病 | 其他 | 合计 |
|---|---|---|---|---|---|---|---|
| 数量（个） | 1 | 20 | 6 | 1 | 5 | 1 | 34 |
| 占比（%） | 2.94 | 58.82 | 17.65 | 2.94 | 14.71 | 2.94 | 100 |

**表 4　2021 年监测到鱼虾类发生的疾病数量及比例**

| 疾病名称 | 细菌性肠炎病 | 赤皮病 | 水霉病 | 柱状黄杆菌病（细菌性烂鳃病） | 氨中毒症 | 不明病因疾病 | 鲤浮肿病 | 卵鞭虫病（卵甲藻病） | 气泡病 | 缺氧症 | 鳃霉病 | 蜕壳不遂症 | 总数 |
|---|---|---|---|---|---|---|---|---|---|---|---|---|---|
| 数量（个） | 12 | 6 | 5 | 2 | 1 | 1 | 1 | 1 | 1 | 1 | 1 | 2 | 34 |
| 占比（%） | 35.29 | 17.65 | 14.71 | 5.88 | 2.94 | 2.94 | 2.94 | 2.94 | 2.94 | 2.94 | 2.94 | 5.88 | 100 |

　　按照《农业农村部关于印发〈2021 年国家水生动物疫病监测计划〉的通知》（农渔发〔2021〕10 号）的要求，贵州省的任务是对全省主要养殖区域草鱼出血病及鲤浮肿病进行专项监测，分别对草鱼、鲤各采了 5 个样品送至中国水产科学研究院珠江水产研究所进行检测，草鱼出血病 5 个样品检测结果均为阴性，鲤浮肿病 5 个样品中有 2 例阳性。对出现阳性样品的养殖场进行隔离并限制流通，以及净化及无害化处理，组织开展生产销售情况调查和病原溯源工作，避免了疫情扩散。

## 二、监测结果与分析

　　2021 年监测到的鱼类平均发病面积比例 1.555%，平均监测区域死亡率 0.307%，平均发病区域死亡率 20.186%，发病面积比例最高的是氨中毒症，其次是鳃霉病；监测区域死亡率最高的是鳃霉病，其次是缺氧症和鲤浮肿病；发病区域死亡率最高的是鲤浮肿病，其次是赤皮病（表 5）；发病面积比最高的是 10 月（表 6）。

表5 2021年监测到的鱼类平均发病面积比例、监测区域及发病区域死亡率（%）

| 疾病名称 | 鲤浮肿病 | 赤皮病 | 细菌性肠炎病 | 柱状黄杆菌病（细菌性烂鳃病） | 水霉病 | 鳃霉病 | 卵鞭虫病（卵甲藻病） | 气泡病 | 缺氧症 | 氨中毒症 | 不明病因疾病 |
|---|---|---|---|---|---|---|---|---|---|---|---|
| 发病面积比例 | 0.1 | 0.1 | 2.11 | 0.21 | 0.93 | 8 | 1 | 1.48 | 1.11 | 8.13 | 0.66 |
| 监测区域死亡率 | 1.49 | 0.24 | 0.03 | 0.01 | 0.01 | 3.33 | 0.24 | 0.04 | 1.64 | 0.87 | 0.07 |
| 发病区域死亡率 | 60 | 57.94 | 12.89 | 0.78 | 1.71 | 3.33 | 10 | 1.2 | 50 | 4.55 | 8.37 |

表6 主要养殖种类不同季节水产养殖发病面积比（%）

| 时间 | 3月 | 4月 | 5月 | 6月 | 7月 | 8月 | 9月 | 10月 | 12月 |
|---|---|---|---|---|---|---|---|---|---|
| 发病面积比例 | 0.61 | 0.41 | 0.11 | 0.05 | 0.34 | 0.02 | 0.06 | 1.37 | 0.81 |

2021年监测到养殖品种的发病情况：草鱼有水霉病、鳃霉病、卵鞭虫病（卵甲藻病），鲤有鲤浮肿病、赤皮病、水霉病、缺氧症，鲈有细菌性肠炎病，鲟有细菌性肠炎病、柱状黄杆菌病（细菌性烂鳃病）、水霉病、气泡病、氨中毒症、不明病因疾病，克氏原螯虾有蜕壳不遂症。鲟、草鱼、鲤发生的病害较多。2021年因病害造成的经济损失18.174万元，虽然没有发生严重疫情，但是发生的一些病害不可忽视，如2021年10月印江某养殖场发生的氨中毒症，造成经济损失10万元，还有锦屏县一养殖场在9月发生的鲤浮肿病，由于及时采取正确应对措施，没有造成疫情蔓延。

## 三、2022年病害流行预测

根据2021年监测点发生的病害情况，细菌性疾病发生数是最多的，预测2022年细菌性疾病发生频率也是最高的，要重点做好烂鳃病、赤皮病、细菌性肠炎病、细菌性败血症等的防控。病毒性疾病要重点预防鲤浮肿病、锦鲤疱疹病毒病、草鱼出血病等。特别是鲤浮肿病这种新发疫病，检测出的鲤浮肿病毒阳性不论没有发病或已发病都必须采取正确的防控措施：保持水体环境稳定，防止水变、换水、拉网等造成应激过大；避免缺氧、气泡病等诱发该病的发生；少用药或不用药、少投饲或不投饲，增开增氧机等控制病情；在没有发病前或病情稳定后可投喂酵母多糖、三黄粉等免疫增强剂提高鱼体抵抗力。非病原性疾病要重点预防缺氧症、气泡病、氨中毒症，预防肝胆综合征、蜕壳不遂症等。

2022 年要重点关注鲤、草鱼等常规品种以及鲟、大口黑鲈、克氏原螯虾等名特优品种的易发病害。随着贵州省鲟产量不断增加，鲟发生的病害也逐渐增多，如细菌性肠炎病、赤皮病、细菌性败血症、小瓜虫病发生频率呈上升趋势；贵州省大口黑鲈产量也增长较快，要重点预防弹状病毒病、虹彩病毒病、诺卡氏菌病、丝囊霉菌病及肝胆综合征等；克氏原螯虾对水质环境要求高，溶氧要求 4 mg/L 以上，对钙需求大，要重点预防缺氧症和蜕壳不遂症的发生。

## 四、建议采取的措施

（1）强化水产养殖日常病情测报、重大水生动物疫病专项监测及预警工作　提升病情测报工作质量，做好疫情的预警预报，做到早发现、早报告、早控制。建议各级单位要从思想上、行动上重视病情测报工作，稳定测报人员队伍；建议用财政资金给病害监测点配备显微镜、解剖器械、水质检测仪器等简易仪器设备；将此项工作纳入单位绩效目标考核，对工作做得好的地区、单位给予项目资金倾斜，对按时保质完成测报任务的测报员给予补助或奖励，提高他们的工作积极性和责任感。

（2）加快水生动物疫病防疫体系软硬件能力建设　加快贵州省水生动物疫病监控中心实验室建设，为已建有水生动物防疫实验室的 6 个县级防疫站配备专业人员和运行经费，使这些实验室能正常运作，为水产苗种产地检疫和疫病防控提供技术支撑。2021 年贵州省首次参加了全国水生动物防疫系统实验室检测能力验证，通过了草鱼出血病、锦鲤疱疹病毒病、鲫造血器官坏死病的检测，获得了国家及省级水生动物疫病监测计划相应疫病检测实验室备选资格，2022 年继续组织单位参加全国防疫体系实验室能力验证，增加疫病检测项目，提升贵州省疫病防控的软实力。

（3）加强水产苗种体系建设，自繁自育优质苗种减少病害发生　尽快建设一批特色鱼种繁育基地，加强良种繁育和苗种培育，提高水产苗种质量和良种覆盖率，满足本省养殖需求，减少染疫苗种跨区域流入的风险。

（4）严格落实水产苗种产地检疫制度，从源头上控制疫病传播　加强水产苗种生产流通各环节的监管，加大检疫合格证明检查力度，加强对养殖单位的宣传培训。水产苗种生产单位在出售、运输、捕苗前要主动申报检疫，购买苗种时要向销售方索要水产苗种产地检疫合格证明。

（5）继续实施水产绿色健康养殖技术推广"五大行动"，推广生态健康养殖模式，减少病害的发生　通过推广池塘工程化循环水养殖、工厂化循环水养殖、集装箱式循环水养殖、多营养层级综合养殖、稻渔综合种养、大水面生态增养殖等生态健康养殖技术模式，开展养殖尾水治理、用药减量行动等措施改善水体养殖环境，减少疾病的发生，提升水产品质量安全水平。

# 2021 年云南省水生动物病情分析

云南省渔业科学研究院

（王　静　熊　燕）

2021 年云南省继续开展重大水生动物疫病专项监测、区域性水产养殖病情测报和预警工作，了解掌握云南省水产养殖病害流行情况，做到科学预防、合理用药，保障水产品食用安全。

## 一、工作开展情况

### （一）重大水生动物疫病专项监测——传染性造血器官坏死病（IHN）监测工作

1. 监测基本情况　2021 年云南省 IHN 监测工作主要集中在 8 月开展。云南省渔业科学研究院在曲靖市会泽县大桥乡的 2 个养殖场、金钟街道的 3 个养殖场共采集了 5 份样品，监测品种为 IHN 易感品种虹鳟鱼苗、金鳟鱼苗。采集的样品送至深圳海关动植物检验检疫技术中心进行检测。

2. 监测结果分析　深圳海关动植物检验检疫技术中心采用《传染性造血器官坏死病诊断规程》（GB/T 15805.2—2017）检测并通过"国家水生动物疫病信息管理系统"反馈，5 份 IHN 送检样品未检出阳性，均为阴性。

2017—2021 年监测阳性场检出率如图 1 所示，结果显示 2017—2018 年阳性场检出率较高，2019—2021 云南省均未检测出 IHN 阳性。出现此现象的原因主要有：一是云南省监测任务少，采样点覆盖面不够广，数据不全面；二是 2018 年后一些养殖户选择养殖经济效益好的鲟或其他品种，虹鳟量在减少；三是近两年受新冠疫情影响，大多数养殖场虹鳟压塘严重，养殖户为降低损失减少养殖量，一些规模小的养殖场直接关闭；四是云南省境内养殖的三倍体虹鳟苗种均来源于美国、挪威、丹麦、西班牙等的"发眼卵"，疫情暴发后虹鳟苗种引进受限，苗种量大大减少，养殖面积也相应减少。

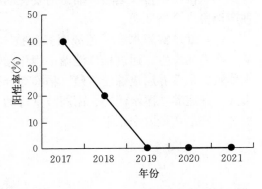

图 1　2017—2021 年云南省 IHN 阳性场检出率

（二）区域性水产养殖病害测报

根据《全国水产技术推广总站关于做好 2021 年水产养殖病情测报和预警工作的通知》的要求，2021 年云南省渔业科学研究院通过"全国水产养殖动植物病情测报系统"对全省水产养殖动物病情开展了测报工作，并认真分析测报数据，做到科学预警。通过及时发布预测预报和预警信息，使养殖生产单位了解病害发生情况，控制病害流行，减少养殖生产损失。

## 二、病情分析

### （一）病害流行情况及特点

（1）病害流行范围广，发病种类多，遍及各养殖区、各养殖种类。

（2）病害发生有明显的季节性。全年均有疾病发生，发病主要集中在 6—10 月，7—9 月最严重。不同种类和不同疾病的发病高峰期不同。

（3）病害种类多，同一种类多种疾病交叉感染。同一品种并发病毒、细菌、寄生虫等多种疾病的现象普遍。

（4）发病率与死亡率高，发病率与死亡率呈明显的正相关。

### （二）水产养殖病害主要灾种

2021 年，云南省范围内受病害侵袭的水产养殖品种涉及鱼类、甲壳类、两栖类和爬行类动物等，病原体涉及细菌、病毒、真菌、原生动物、寄生虫和藻类等。同时，无病原烂鳃、营养代谢综合征等非病原性病害亦有发生。全省范围烂鳃病、赤皮病、肠炎病、竖鳞病、水霉病、白点斑病及各种寄生虫疾病均有发生。

### （三）2022 年云南水产养殖病害流行趋势预测

根据对 2021 年监测数据进行汇总、分析，2022 年在鱼类、虾类、两栖/爬行类的养殖中，预测将发生不同程度的病害，疾病种类主要是细菌性、病毒性、寄生虫性疾病。

1. 鱼类　发病主要集中在 6—10 月，7—9 月最为严重。草鱼四病（肠炎病、赤皮病、烂鳃病、出血病）将继续在全省流行，鱼类寄生虫性疾病可能有上升的趋势，在继续做好防治的同时，应加强管理和监测。

2. 鳖类　各中华鳖养殖场仍将可能发生各种类型的疾病（白点斑病、红脖子病、腐皮病等），应加强管理，做好防治工作。

## 三、2022 年云南水产养殖发展方向

2022 年，云南省将坚持创新工作，以科技为先导，加强病害预测预报、综合防治、药政管理、水产品检疫、新技术开发等，发展渔业社会化服务网络体系，促进全省渔业健康、稳步发展。继续加大健康绿色养殖新模式和无公害水产品养殖的推广，保持渔业经济可持续发展。

# 2021 年陕西省水生动物病情分析

陕西省水产研究与技术推广总站

（李海建　夏广济　王西耀）

## 一、水产养殖病害测报基本情况

2021 年我们对陕西省 19 个主要水产养殖品种进行了全年的病害监测和预报工作，以农业农村部"提质增效、减量增收、绿色发展、富裕渔民"为目标，通过实施"五大行动"，有效防控渔病发生，减少病害造成的损失，促进了渔业高质量发展。

监测结果表明，2021 年水产养殖品种发病率及死亡率较上年有所下降，全年无重大疫病发生，水产品质量安全水平得到提高。

（一）监测点设置

根据陕西省各地水产养殖生产实际，全省共设置 33 个测报县（区），共设置鱼类病情监测点 119 个（表 1），监测水生动物 19 种，监测面积 4 689.52 hm²（表 2），覆盖了全省所有国家级健康养殖示范场。

表 1　陕西省 2021 年度水产养殖病情测报县分布（个）

| 测报区域 | 市名 | 测报县 | 测报点数 |
|---|---|---|---|
| 关中片区 | 西安 | 长安区、临潼区、蓝田县 | 9 |
| | 宝鸡 | 陈仓区、凤翔区、扶风县 | 10 |
| | 咸阳 | 礼泉县 | 3 |
| | 渭南 | 临渭区、合阳县、大荔县 | 13 |
| 陕南片区 | 汉中 | 汉台区、南郑区、西乡县、城固县、勉县、佛坪县 | 39 |
| | 安康 | 市辖区、汉滨区、汉阴县、石泉县、紫阳县、岚皋县、旬阳市、白河县 | 18 |
| | 商洛 | 商州区、镇安县、洛南县、山阳县、商南县 | 11 |
| 陕北片区 | 铜川 | 耀州区 | 3 |
| | 延安 | 黄陵县、吴起县 | 6 |
| | 榆林 | 靖边县 | 7 |
| 合计 | 10 | 33 | 119 |

**表 2　2021 年陕西省水产养殖病害监测种类、面积分类汇总**

| 省份 | 监测种类数量 | | | | 监测面积（hm²） | | | |
|------|------|------|--------|--------|----------|----------|----------|----------|
| | 鱼类 | 虾类 | 其他类 | 观赏鱼 | 淡水池塘 | 淡水网箱 | 淡水工厂化 | 淡水其他 |
| 陕西省 | 12 | 4 | 2 | 1 | 1 811.98 | 14.77 | 7.86 | 2 854.91 |
| 合计 | 19 | | | | 4 689.52 | | | |

注：监测水产养殖种类合计数是剔除相同种类后的数量。

## （二）测报内容

对草鱼、青鱼、鲤等 19 个养殖品种的 38 种病害（表 3）开展监测预报工作。

**表 3　监测养殖品种和病情种类**

| 养殖品种 | 病 害 种 类 |
|----------|------------|
| 草鱼、鲤、鲫、鲢、鳙、罗非鱼、虹鳟、杂交鲟、鲴、黄颡鱼、鲈、齐口裂腹鱼、泥鳅、大鲵、澳洲龙虾、青虾、克氏原螯虾、鳖、锦鲤 | 病毒性疾病：草鱼出血病、鲤春病毒病、传染性造血器官坏死病、传染性胰脏坏死病、病毒性出血性败血症、暴发性出血病（6 种） |
| | 细菌性疾病：出血性败血症、溃疡病、烂鳃病、肠炎病、赤皮病、疖疮病、白皮病、打印病、竖鳞病、链球菌病、爱德华氏病、白头白嘴病（12 种） |
| | 真菌性疾病：水霉病、鳃霉病（2 种） |
| | 藻类疾病：楔形藻病、卵甲藻病、淀粉卵甲藻病、丝状藻附着病、三毛金藻病（5 种） |
| | 原生动物病：黏孢子虫病、小瓜虫病、车轮虫病（3 种） |
| | 后生动物病：三代虫病、复口吸虫病、指环虫病、中华鳋病、锚头鳋病、鱼虱病（6 种） |
| | 其他：缺氧症、中毒、脂肪肝、肝胆综合征（4 种） |
| 合计：19 个 | 38 种 |

# 二、监测结果与分析

## （一）监测结果

2021 年全省监测点共向全国水产养殖病害监测数据库传送有效数据 1 558 条，其中无病上报 1 384 条，有病上报 174 条，可见在养殖周期内绝大部分时间、绝大部分养殖品种处于健康状态。部分养殖品种发生了疾病，监测出草鱼、鲢、鳙、鲤、鲫、鳟、鲟、大鲵 8 个养殖品种发生疾病。其中，草鱼、鲤发病率较高，年均发病面积比率分别为 17.51% 和 8.08%；鲢、大鲵次之，年均发病面积比率分别为 7.75% 和 1.89%；鳙、杂交鲟发病率较小，年均发病面积比率分别为 0.26% 和 0.29%。其他养殖品种如泥鳅、黄颡鱼、鲈（淡）、罗非鱼、裂腹鱼、青虾、克氏原螯虾、凡纳滨对虾（淡）、澳洲龙虾（淡）、鳖、锦鲤等 11 个品种因养殖规模小、数量少、监测点少，各监测点未监测出病害（表4）。

**表4 各养殖种类平均发病面积率**

| 养殖种类 | 淡水 | | | | | | | 其他类 |
| --- | --- | --- | --- | --- | --- | --- | --- | --- |
| | 鱼类 | | | | | | | 大鲵 |
| | 草鱼 | 鲢 | 鳙 | 鲤 | 鲫 | 鳟 | 鲟 | |
| 总监测面积（hm²） | 1 547.14 | 1 412.31 | 1 612.70 | 1 692.34 | 164.70 | 12.56 | 13.63 | 3.53 |
| 总发病面积（hm²） | 270.96 | 109.50 | 4.26 | 136.67 | 2.4 | 0.08 | 0.04 | 0.07 |
| 平均发病面积比率（%） | 17.51 | 7.75 | 0.26 | 8.08 | 1.46 | 0.69 | 0.29 | 1.89 |

全年共监测出细菌性疾病、真菌性疾病、寄生虫类疾病等5类水产养殖病害。其中，病毒性疾病未监测出、细菌性疾病59例、真菌性疾病33例、寄生虫病15例、非病源疾病（缺氧症、脂肪肝、肝胆综合征、气泡病）59例、不明病因疾病8例。全年无重大疫情发生，渔业生产总体平稳（表5）。

**表5 疾病种类比例**

| 疾病类别 | 病毒性疾病 | 细菌性疾病 | 真菌性疾病 | 寄生虫性疾病 | 非病原性疾病 | 其他 | 总数 |
| --- | --- | --- | --- | --- | --- | --- | --- |
| 个数 | 0 | 59 | 33 | 15 | 59 | 8 | 174 |
| 占比（%） | 0 | 33.91 | 18.96 | 8.62 | 33.91 | 4.60 | 100 |

### （二）经济损失

据统计，2021年陕西省水产养殖监测区域因病害造成的经济损失381.87万元，其中自然灾害损失（陕南持续大暴雨）105万元。从养殖品种看，草鱼、鲤损失较大，分别为154.05万元和133.77万元，鲫、虹鳟损失较小，分别为3.30万元和6.93万元（表6）。

**表6 2021年养殖品种经济损失统计**

| 品种 | 草鱼 | 鲤 | 鲢 | 鳙 | 鲫 | 虹鳟 | 鲟 | 大鲵 | 合计 |
| --- | --- | --- | --- | --- | --- | --- | --- | --- | --- |
| 金额（万元） | 154.05 | 133.77 | 21.45 | 16.11 | 3.30 | 6.93 | 10.65 | 28.59 | 381.87 |
| 比例（%） | 40.34 | 35.03 | 5.62 | 4.22 | 0.86 | 1.81 | 2.79 | 7.49 | 100 |

注：养殖品种价格以养殖场出塘价计，鲤、草鱼、鳙均价15元/kg，鲢8元/kg，虹鳟、鲟40元/kg，鳖200元/kg，大鲵100元/kg。

（三）主要养殖品种病情分析

1. 草鱼　草鱼养殖期间发病率、死亡率较高，全年共监测出草鱼病害83例，分别为细菌性肠炎病、爱德华氏菌病、溃疡病、赤皮病、细菌性肠炎病、细菌性烂尾病、流行性溃疡综合征、水霉病、烂鳃病、车轮虫病、小瓜虫病、锚头鳋病、缺氧症、脂肪肝、肝胆综合征、不明病因疾病等，其中爱德华氏菌病、细菌性肠炎病、溃疡病发病率较高。全年发病率最高出现在5月（图1），发病面积

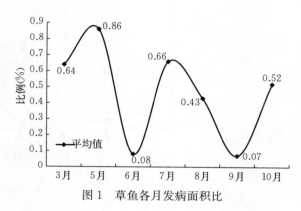

图 1　草鱼各月发病面积比

比率为0.86%。全年共监测到草鱼疾病6类，以细菌性疾病、真菌性疾病和非病原性疾病为主，细菌性疾病30例，占发病比例36.14%；真菌性疾病18例，占发病比例21.69%；非病原性疾病22例，占发病比例26.51%。

2. 鲤　全年共监测出鲤病害55例，分别为爱德华氏菌病、溃疡病、烂鳃病、细菌性肠炎病、疖疮病、烂尾病、水霉病、小瓜虫病、车轮虫病、锚头鳋病、缺氧症、肝胆综合征和不明病因疾病。其中烂鳃病、细菌性肠炎病危害较大。从时间上看，10月发病率、死亡率最高，分别为0.51%和0.03%（图2）。

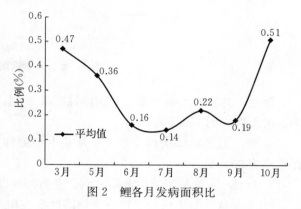

图 2　鲤各月发病面积比

鲤全年共发生疾病5类，非病原性疾病20例，占发病比例36.36%；细菌性疾病17例，占发病比例30.91%；真菌性疾病10例，占发病比例18.18%。

3. 鲢　共监测出鲢疾病18例，分别是烂鳃病、打印病、水霉病、中华鳋病、缺氧症和不明病因疾病。10月发病率最高，为2.22%，死亡率0.23%；9月发病率次之，为1.11%，死亡率0.13%。缺氧症发病率0.33%，死亡率0.04%。鲢发病原因主要是拉网受伤所致（图3）。

鲢全年共发生疾病5类，非病原性疾病9例，占发病比例50%；细菌性疾病6例，占发病比例33.33%；真菌性疾病和寄生虫性疾病各1例，占发病比例5.56%。

4. 鳙　监测出鳙疾病9例，其中细菌性疾病1例，为淡水鱼细菌性败血症；非病原性疾病8例，为缺氧症。5月发病率最高，为全省监测区域的0.13%。缺氧症发病区域发病率3.56%，死亡率0.20%（图4）。

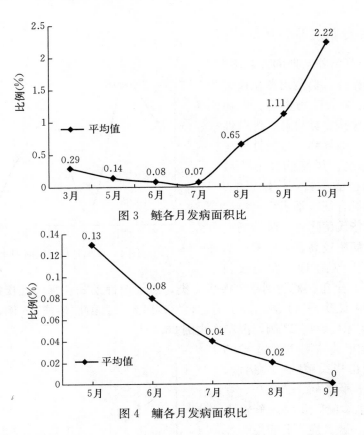

图 3　鲢各月发病面积比

图 4　鳙各月发病面积比

鳙全年共发生疾病 2 类，非病原性疾病 8 例，占发病比例 88.89%；细菌性疾病 1 例，占发病比例 11.11%。

5. 鲫　监测出鲫疾病 1 种，8 月发生细菌性烂鳃病，发病区域发病率为 5.17%，死亡率为 0.43%。

6. 虹鳟　4 月监测到水霉病 2 例，发病区域发病率为 4.07%，死亡率为 0.05%。

7. 杂交鲟　监测出杂交鲟发生细菌性疾病和真菌性疾病各 1 种。3 月监测到水霉病 1 例，发病区域发病率为 2.50%，死亡率为 0.03%；5 月监测到溃疡病 1 例，发病区域发病率为 2.50%，死亡率为 0.08%。

8. 大鲵　监测出大鲵病害 1 例，3 月发生大鲵烂嘴病 1 例，发病区域发病率为 2%，死亡率为 0.07%。

（四）疾病种类分析

全年共监测到水产养殖病害如草鱼出血病、细菌性败血症、赤皮病、肠炎病、车轮虫病等 20 种。经济鱼类病害 19 种，其中病毒性疾病未检测出、细菌性疾病 7 种、真菌性疾病 3 种、寄生虫性疾病 4 种、非病源疾病 4 种、不明原因疾病 1 种。大鲵烂嘴病 1 种（表 7）。

按疾病种类分：细菌性疾病占 33.91％，非病源疾病占 33.91％，真菌性疾病占 18.97％，寄生虫疾病占 8.62％。细菌性疾病、非病源疾病和寄生虫疾病为主要病害。

按疾病分：养成阶段的疾病以缺氧症、水霉病、细菌性肠炎危害最为严重。

表 7　2021 年水产养殖病害汇总

| 类别 | | 病名 | 数量 |
|---|---|---|---|
| 鱼类 | 细菌性疾病 | 淡水鱼细菌性败血症、爱德华氏菌病、溃疡病、赤皮病、细菌性肠炎病、柱状黄杆菌病（细菌性烂鳃病）、斑点叉尾鮰传染性套肠症 | 7 |
| | 真菌性疾病 | 流行性溃疡综合征、水霉病、鳃霉病 | 3 |
| | 寄生虫性疾病 | 小瓜虫病、车轮虫病、锚头鳋病、中华鳋病（鳃蛆病） | 4 |
| | 非病原性疾病 | 缺氧症、脂肪肝、肝胆综合征、气泡病 | 4 |
| | 其他 | 不明病因疾病 | 1 |
| 其他类 | 细菌性疾病 | 大鲵烂嘴病 | 1 |

1. **细菌性疾病**　监测到的有细菌性肠炎病、细菌性烂鳃病、赤皮病、溃疡病、爱德华氏菌病等。

（1）细菌性肠炎病　细菌性肠炎病全年监测区域发病 13 次，占疾病比例 7.51％。病原为嗜水气单胞菌和豚鼠气单胞菌。主要危害草鱼，近年发现鲤、鲢、鳙也有少量发病。陕西省 2021 年发病为 3—9 月，8 月达到发病高峰期，发病率为 4.49％，4、5、6 月为死亡高峰期，死亡率均为 0.04％（图 5）。

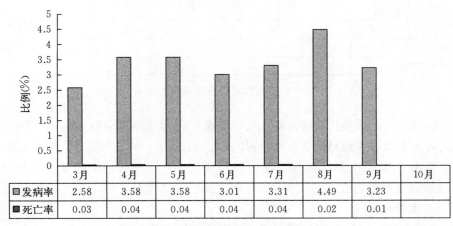

| | 3月 | 4月 | 5月 | 6月 | 7月 | 8月 | 9月 | 10月 |
|---|---|---|---|---|---|---|---|---|
| 发病率 | 2.58 | 3.58 | 3.58 | 3.01 | 3.31 | 4.49 | 3.23 | |
| 死亡率 | 0.03 | 0.04 | 0.04 | 0.04 | 0.04 | 0.02 | 0.01 | |

图 5　肠炎病月均发病率及死亡率

（2）细菌性烂鳃病　细菌性烂鳃病全年发病 8 次，占疾病比例 4.62％。9 月发病率最高达 14.28％，死亡率最高达 0.69％。烂鳃病主要危害草鱼、鲤和鲫（图 6）。

（3）赤皮病　2021 年陕西省赤皮病发病时间 3—9 月，全省监测到赤皮病 13 例，

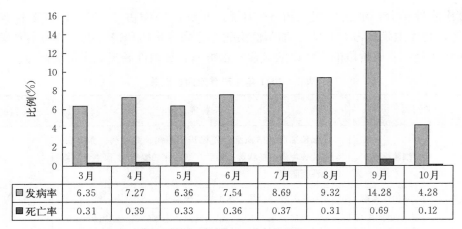

图 6　烂鳃病月均发病率及死亡率

占疾病比例 7.51%，发生此病原因主要是拉网后鱼体受伤。发病高峰期在 5 月，为 12.03%；死亡率高峰期在 3 月，为 0.25%（图 7）。

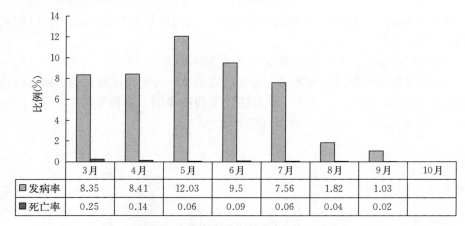

图 7　赤皮病病月均发病率及死亡率

　　（4）溃疡病　鱼体表溃疡病由嗜水气单胞菌、温和气单胞菌和豚鼠气单胞菌等感染引起。此病危害多种养殖品种，特别是对乌鳢、加州鲈、齐口裂腹鱼和大口鲇等的危害较大，水温在 15 ℃以上开始流行，发病期是 3—10 月；外伤是本病发生的重要诱因。2021 年陕西省发病高峰在 9 月，为 16.83%；死亡率高峰在 3 月，为 2.18%（图 8）。

　　2. 寄生虫性疾病

　　（1）车轮虫病　车轮虫病是常见的一种寄生虫性疾病，陕西省监测区域全年发病 7 次，占鱼类发病比例的 5.20%。陕西省各个地区一年四季均有发生，能够引起病鱼大批死亡，主要发病是在 5—8 月。6 月发病率最高为 1.54%，死亡率为 0.09%。车轮虫可以直接接触鱼体而传播，离开鱼体的车轮虫能够在水中游泳，转移宿主，可以随水、水中生物及工具等而传播。池小、水浅、水质不良、食料不足、放养过密、连续阴雨天

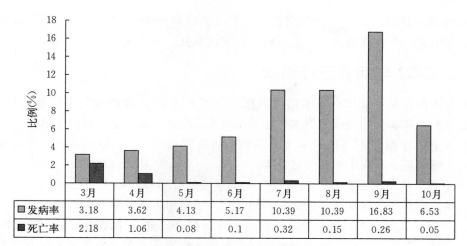

图 8　溃疡病月均发病率及死亡率

气等均容易引起车轮虫病的暴发（图 9）。

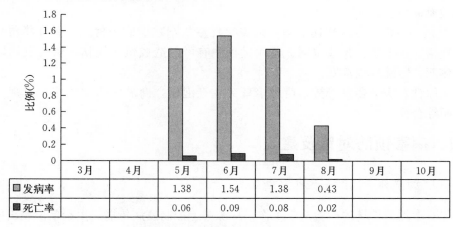

图 9　车轮虫病月均发病率及死亡率

（2）小瓜虫病　小瓜虫寄生于鱼的鳃、体表，其胞囊呈白色，故小瓜虫病又称为白点病。小瓜虫病对饲养鱼类的危害主要在鱼种阶段，流行季节在 4—6 月（水温 15～25℃），发病后若不及时治疗，鱼种死亡率可达 60%～90%。今年陕西省监测到小瓜虫病 3 例，占鱼类发病比例的 1.73%。5、6、9 月各监测到 1 例。

3.真菌性疾病

（1）水霉病　陕西省各养殖品种均有发生。此病主要发生在春季和秋季水温较低时，2021 年发生 29 次，占疾病比例的 16.76%。

（2）鳃霉病　此病流行于水质很坏、有机质含量很高的池塘，常在 4—10 月发生，危害严重。2021 年鳃霉病发生 2 次，占鱼类发病比例的 1.16%。2021 年 3、4 月此病各监测到 1 例，发病率为 0.51%，死亡率为 0.1%。

4. 非病源疾病　2021年陕西省监测到非病源疾病59次，占比33.91％。该病由于管理不善引起，主要有缺氧症、脂肪肝、肝胆综合征、气泡病。

## 三、2022年病害流行预测

依据陕西省多年来水产病害监测数据，2022年水产养殖病害发生以细菌性疾病、寄生虫性疾病和非病原性病害为主。随着季节水温变化，预计会出现以下病情：

1—4月，水温在18℃以下，水产养殖病害发生较少，病害以水霉病为主，细菌性烂鳃病、肠炎病、赤皮病也有一定危害。

5—6月，随着水温上升，池塘有机质变多，各种病原开始大量滋生，赤皮病、烂鳃病、肠炎病等细菌病以及车轮虫病开始流行，负荷量大的池塘开始缺氧。

7—8月，气温、水温持续升高，养殖病害发病率、死亡率迅速上升，细菌性败血症、肠炎病、疱疹病毒病、草鱼出血病时有发生。高密度养殖水域要预防缺氧泛塘。

9月气温、水温开始下降，水产养殖病害发病率也开始下降。但由于池底鱼类粪便积累较多，水质较肥，水环境变差，养殖病害还能发生。主要以指环虫病、车轮虫病、细菌性败血症为主。

10月后，气温、水温快速下降，鱼类吃食量急剧减少或停食。大部分养殖品种达到商品规格，在出售、并塘拉网、运输过程中有可能造成鱼体损伤，鱼类发病以赤皮病、溃疡病、竖鳞病较常见。

非病原性疾病呈多发趋势，苗种培育关注气泡病，商品鱼养殖关注缺氧症、脂肪肝、肝胆综合征。

## 四、病害预防对策及建议

### （一）加强水产苗种产地检疫工作

加强对本地苗种场的检验检疫工作，从源头上控制疫病传播。生产单位在出售水产苗种前要主动申报检疫，养殖单位在购买苗种时要索取水产苗种产地检疫合格证明。从外省份引进苗种，必须严格执行检疫制度，加大检疫合格证明查验力度，并做好引种后的消毒、隔离观察工作，切断病原传播途径。

### （二）深入实施水产绿色健康养殖"五大行动"

通过实施"五大行动"生态健康养殖模式，减少病害的发生。推广池塘工程化循环水养殖、稻渔综合种养、大水面生态增养殖等生态健康养殖技术模式，开展养殖尾水治理、用药减量行动等措施改善水体养殖环境，减少疾病的发生。

### （三）加强病害监测及预警工作

做好水生动物病情的持续监测工作，特别是重大疫病的监测，强化测报人员队伍、提高病害测报质量、做好疫情的预警预报，做到早发现、早报告、早控制。

# 2021 年甘肃省水生动物病情分析

甘肃省渔业技术推广总站

（孙文静）

## 一、基本情况

2021 年，甘肃省 13 个市（州）30 个县（区）共设立 80 个测报点开展水产养殖病情监测，监测鱼类和甲壳类 10 个养殖品种（表 1）。监测面积 274.597 hm²，其中，池塘面积 267.890 1 hm²（表 2）。

表 1  2021 年甘肃省监测的养殖品种

| 类别 | 养殖品种 | 数量 |
|------|---------|------|
| 鱼类 | 草鱼、鲢、鲤、鲫、鳊、鲈、鲑、鳟、鲟 | 9 |
| 甲壳类 | 中华绒螯蟹 | 1 |

表 2  2021 年监测面积分类汇总（hm²）

| 池塘 | 网箱 | 工厂化 | 其他 |
|------|------|--------|------|
| 267.890 1 | 3.013 6 | 3.16 | 0.533 3 |

## 二、监测结果及病情分析

2021 年共完成病情月报 9 期，预测预报 7 期。监测信息按时上报全国水产技术推广总站疫病防控处，同时在省内病害测报 QQ 群发布病害预警信息，指导做好病害防控工作。通过一年的监测，鱼类有草鱼、鲤、鲢、鲑、鳟共监测到 7 种养殖病害，甲壳类中华绒螯蟹没有监测到病害。详见表 3。

表 3  2021 年监测到的水产养殖病害汇总

| 类别 | 疾病名称 | 数量 |
|------|---------|------|
| 细菌性疾病 | 细菌性肠炎 | 1 |
| 病毒性疾病 | 传染性造血器官坏死病、传染性胰脏坏死病 | 2 |

（续）

| 类别 | 疾病名称 | 数量 |
|---|---|---|
| 寄生虫病 | 车轮虫病、锚头鳋病 | 2 |
| 非病原性疾病 | 冻死 | 1 |
| 其他 | 不明病因疾病 | 1 |

2021 年养殖病害平均发病面积比例 8.401%，平均监测区域死亡率 0.249%，平均发病区域死亡率 1.225%。疾病情况详见图 1 所示。

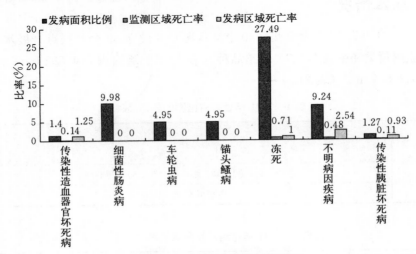

图 1　2021 年监测疾病情况

（一）常规监测及结果分析

1. 草鱼　监测面积 123.67 hm²。草鱼全年监测到细菌性肠炎和不明病因疾病，平均发病面积比例 11.220%，平均监测区域死亡率 0.303%，平均发病区域死亡率 2.055%。其中，监测到 8 月发病比较严重，平均发病面积比为 2.66%。详见图 2 所示。

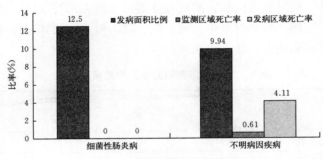

图 2　2021 年草鱼监测情况

2. 鲤 监测面积 116.07 hm²。监测到细菌性肠炎、车轮虫病、锚头鳋病、不明病因疾病 4 种养殖病害，平均发病面积比例 9.070%，平均监测区域死亡率 0.120%，平均发病区域死亡率 0.375%。其中，监测到 4 月发病比较严重，平均发病面积比为 5.7%。详见图 3 所示。

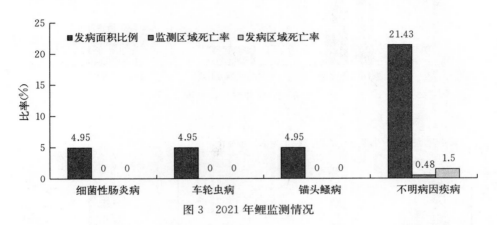

图 3　2021 年鲤监测情况

3. 鲢 监测面积 50.07 hm²。监测到冻死病害，平均发病面积比例 27.490%，平均监测区域死亡率 0.710%，平均发病区域死亡率 1.000%。其中，4 月发病比较严重，平均发病面积比为 13.23%。详见图 4 所示。

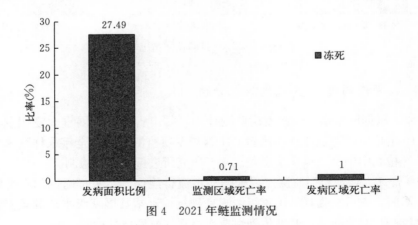

图 4　2021 年鲢监测情况

4. 鲑 监测面积 2.19 hm²。监测到不明病因疾病，平均发病面积比例 4.650%，平均监测区域死亡率 0.680%，平均发病区域死亡率 1.500%。其中，5 月发病比较严重，平均发病面积比为 1.82%。详见图 5 所示。

5. 虹鳟 监测面积 4.98 hm²。监测到传染性造血器官坏死病（IHN）、传染性胰脏坏死病（IPN）和不明病因疾病 3 种疾病，平均发病面积比例 1.080%，平均监测区域死亡率 0.100%，平均发病区域死亡率 1.232%。其中，3 月发病比较严重，平均发病面积比为 0.74%。详见图 6 所示。

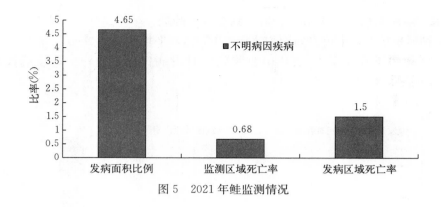

图 5　2021 年鲑监测情况

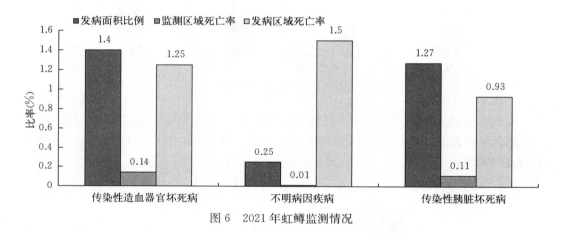

图 6　2021 年虹鳟监测情况

（二）重要疫病专项监测及结果分析

2021 年，根据国家水生动物疫病监测计划，甘肃省继续开展重大疫病专项监测工作，承担 10 个传染性造血器官坏死病（IHN）专项监测任务，全年采样鲑鳟鱼苗共计 1 500 尾，送检到中国水产科学院黑龙江水产研究所进行实验室检测。

1. 抽样情况　合理布局监测点，根据病害流行规律确定采样时间。在鲑鳟养殖水温 10～15 ℃时，先后在临夏县国家级鲑鳟良种场、永靖县国家级水产健康养殖示范场等虹鳟渔场抽取 10 个样品，开展传染性造血器官坏死病样品检测。

2. 检测结果及分析　抽检的 10 个样品都没有检出传染性造血器官坏死病病毒（IHNV），IHNV 检出率为零。在做 IHNV 检测的同时也进行了传染性胰脏坏死病（IPN）的检测，永靖县个体虹鳟养殖场有 5 个样品均检出传染性胰脏坏死病病毒（IPNV），IPNV 阳性检出率为 50%。

2021 年，抽检样品中虽然没有 IHNV 检出，但在虹鳟养殖的日常监测中，鱼种死亡率仍然比较高，IHN 的隐患依然存在。现阶段，三个疫区中临泽、永昌的虹鳟养殖生产在逐步恢复，苗种期成活率低，引进成鱼养殖成活率约 50%；永登县虹鳟养殖基本处于停产状态，现有的虹鳟、金鳟大部分都是外地运来的暂养成鱼，供当地餐饮消费。传染性造血器官坏死病仍然严重威胁着全省的虹鳟养殖业。

## 三、2022 年水产养殖病害发展趋势预测

### （一）越冬期病害预测及防控

1—3 月，大宗鱼类池塘养殖处于越冬期，全省各地天气寒冷，静水池塘水面结冰，病害发生率和死亡率较低。加强越冬池塘管理，及时采取清扫冰上积雪、打冰眼等措施，保证冰下池水溶氧充足，同时做好安全警示，谨防安全生产事故的发生；虹鳟、鲟等此时正是生长旺季，要加强日常管理，做好细菌性肠炎、传染性造血器官坏死病（IHN）以及传染性胰脏坏死病（IPN）等疾病的防控。养殖的鲑鳟类如发现 IHN 或 IPN 疑似症状（体色发黑、昏睡、上窜下跳、皮下肌肉出血、拖便等）的个体，要及时按相关程序报告。

### （二）放养阶段的病害预测及防控

4—5 月，随着气温逐渐回暖，越冬鱼类经过 100 多天的越冬期，体质弱、抗病力较差，主要做好水霉病、赤皮病、竖鳞病等疾病防控。鱼种放养前，做好清塘消毒工作，用生石灰杀灭寄生虫虫卵、幼虫和病原菌。加强引进苗种的产地检疫，严格控制苗种质量，选用优质苗种，在苗种运输和放养时规范操作，避免鱼体受伤感染疾病。

### （三）养殖高峰期鱼病预测及防控

6—9 月，水产养殖进入生长旺季。随着投饲量的增加，养殖水体残饵、排泄物逐渐增多，水质极易恶化，养殖病害将会出现高发趋势，主要病害有烂鳃病、竖鳞病、赤皮病、肠炎病等细菌性疾病和锚头鳋病、车轮虫病等寄生虫性疾病。日常管理中要勤巡塘、勤观察，要根据水温、天气变化，鱼体活动情况等因素合理控制好饲料投喂量，做好配合饲料投喂，严禁投喂动物性饲料和霉变饲料，同时做好水质调控，减少不良水质的影响。

### （四）加强日常管理，做好病害防控

10 月，池塘载鱼量全年最大，水产养殖风险大，要加强日常管理，在做好水霉病、竖鳞病、赤皮病等疾病防控的同时严格预防鱼类浮头、泛塘事故发生。此时，大部分养殖鱼类达到商规格准备上市销售，在做好病害防控的同时，上市商品鱼要严格执行休药期管理制度。

### （五）越冬前病害预测及防控

11—12 月，随着气温下降。各地养殖病害逐渐减少，池塘养殖品种主要做好越冬前的培肥工作，加深池水准备越冬；鲑鳟、鲟将进入生长旺季，要加强饲养管理，做好水霉病、烂鳃病、肠炎病等病害的防控。虹鳟养殖一旦发现有传染性造血器官疑似病症的个体，应及时按相关程序报告并做好防控措施。

# 2021 年青海省水生动物病情分析

青海省渔业技术推广中心

（赵　娟　龙存敏　王明柱　马苗苗　蔡　赟　火兴民）

## 一、水产养殖动物疾病总体情况

2021 年对全省 19 个监测点 1 个水产养殖品种（虹鳟）开展了疾病监测工作，监测到发病品种 1 种（虹鳟），监测面积 26.72 hm²。监测到水产养殖动物疾病 6 种（表 1）。其中，细菌性疾病占 29%，真菌性疾病占 14%，寄生虫性疾病占 14%，病毒性疾病占 29%，其他疾病占 14%。

表 1　2021 年监测到的水产养殖动物疾病种数统计结果

| 类别 | 鱼类（种） | 合计（种） | 比例（%） |
|---|---|---|---|
| 真菌性疾病 | 1 | 1 | 14 |
| 寄生虫性疾病 | 1 | 1 | 14 |
| 细菌性疾病 | 2 | 2 | 29 |
| 病毒性疾病 | 2 | 2 | 29 |
| 其他疾病 | 1 | 1 | 14 |
| 合　计 | 7 | 7 | 100 |

2021 年水产养殖动物发病率 1 月最高，为 14.98%；4 月次之，为 14.29%；10 月最低，为 0.51%；2—3 月、5 月、12 月未发病。死亡率 9 月最高，为 1.12%；8 月次之，为 0.98%；10 月最低，为 0.07%；2—3 月、5 月、12 月未死亡。月平均发病率为 3.939%，月平均死亡率为 0258%（表 2）。

表 2　水产养殖动物月发病率、月死亡率（%）

| 项目 | 1 月 | 2 月 | 3 月 | 4 月 | 5 月 | 6 月 | 7 月 | 8 月 | 9 月 | 10 月 | 11 月 | 12 月 | 月均值 |
|---|---|---|---|---|---|---|---|---|---|---|---|---|---|
| 发病率 | 14.98 | 0 | 0 | 14.29 | 0 | 1.67 | 3.66 | 0.87 | 7.92 | 0.51 | 3.37 | 0 | 3.939 |
| 死亡率 | 0.48 | 0 | 0 | 0.05 | 0 | 0.13 | 0.05 | 0.98 | 1.12 | 0.07 | 0.09 | 0 | 0.258 |

注：月发病率均值＝监测期月发病面积总和÷监测期月监测面积总和×100%，月死亡率均值＝监测期月死亡尾数总和÷监测期月监测尾数总和×100%。

2021 年青海省水产养殖动物表现出以下发病特点：水产养殖动物疾病主要流行于 1 月、4—11 月。各种疾病中，真菌性疾病和寄生虫性疾病的危害范围广，尤其是水霉病和三代虫病对虹鳟危害较重。

## 二、虹鳟疾病发病情况

监测时间 1—12 月，监测面积 26.72 hm²。2021 年共监测到虹鳟疾病 6 种，见表 3。总体来看，水霉病对虹鳟类危害较重，发生在 1 月、6 月、7 月、9 月、10 月；三代虫发生在 8 月、11 月。主要疾病的发病情况见表 4 所示。

表 3　虹鳟疾病

| 类别 | 疾病名称 | 种数 |
|---|---|---|
| 细菌性疾病 | 溃疡病、疖疮病 | 2 |
| 真菌性疾病 | 水霉病 | 1 |
| 寄生虫性疾病 | 三代虫病 | 1 |
| 病毒性疾病 | 传染性造血器官坏死病、传染性胰脏坏死病 | 2 |
| 其他 | 不明病因疾病（持续高温） | 1 |
| 合　计 | | 7 |

表 4　虹鳟主要疾病发病情况（%）

| 品种 | 项目 | 1 月 | 2 月 | 3 月 | 4 月 | 5 月 | 6 月 | 7 月 | 8 月 | 9 月 | 10 月 | 11 月 | 12 月 | 月均值 |
|---|---|---|---|---|---|---|---|---|---|---|---|---|---|---|
| 水霉病 | 发病率 | 14.98 | 0 | 0 | 0 | 0 | 1.67 | 3.66 | 0 | 0.84 | 0.51 | 0 | 0 | 1.805 0 |
| | 死亡率 | 0.48 | 0 | 0 | 0 | 0 | 0.13 | 0.05 | 0 | 0.04 | 0.07 | 0 | 0 | 0.064 2 |
| 三代虫 | 发病率 | 0 | 0 | 0 | 0 | 0 | 0 | 0 | 0.87 | 0 | 0 | 3.37 | 0 | 0.353 3 |
| | 死亡率 | 0 | 0 | 0 | 0 | 0 | 0 | 0 | 0.98 | 0 | 0 | 0.09 | 0 | 0.089 2 |
| 溃疡病 | 发病率 | 0 | 0 | 0 | 0.61 | 0 | 0 | 0 | 0 | 0 | 0 | 0 | 0 | 0.050 8 |
| | 死亡率 | 0 | 0 | 0 | 0.03 | 0 | 0 | 0 | 0 | 0 | 0 | 0 | 0 | 0.002 5 |
| 疖疮病 | 发病率 | 0 | 0 | 0 | 13.68 | 0 | 0 | 0 | 0 | 0 | 0 | 0 | 0 | 1.140 0 |
| | 死亡率 | 0 | 0 | 0 | 0.02 | 0 | 0 | 0 | 0 | 0 | 0 | 0 | 0 | 0.001 7 |
| 不明病因疾病 | 发病率 | 0 | 0 | 0 | 0 | 0 | 0 | 0 | 0 | 7.08 | 0 | 0 | 0 | 0.590 0 |
| | 死亡率 | 0 | 0 | 0 | 0 | 0 | 0 | 0 | 0 | 1.08 | 0 | 0 | 0 | 0.090 0 |
| 传染性造血器官坏死病 | 发病率 | 0 | 0 | 0 | 0 | 0 | 0 | 0 | 0 | 0 | 0 | 0 | 0 | 0 |
| | 死亡率 | 0 | 0 | 0 | 0 | 0 | 0 | 0 | 0 | 0 | 0 | 0 | 0 | 0 |
| 传染性胰脏坏死病 | 发病率 | 0 | 0 | 0 | 0 | 0 | 0 | 0 | 0 | 0 | 0 | 0 | 0 | 0 |
| | 死亡率 | 0 | 0 | 0 | 0 | 0 | 0 | 0 | 0 | 0 | 0 | 0 | 0 | 0 |

## 三、病情分析

2021 年，对养殖虹鳟危害较严重的疾病有水霉病、三代虫病。从疾病的流行分布来看,水霉病、三代虫病主要分布于龙羊峡水库。9月不明病因疾病死亡率达到0.09%,是因为7月下旬降雨少,天气持续高温,水温一度达到24℃,互助军军水产养殖专业合作社三倍体虹鳟大量死亡。2021年养殖虹鳟发病较严重的月份集中在1月、4月,9月死亡率最高,为1.12%。从历年月平均发病率、月平均死亡率来看,发病率和死亡率呈逐年上升趋势,月平均发病率由2016年的0.3033%上升到2021年3.939%,月平均死亡率由2016年0.0612%上升到2021年0.258%。疾病对鱼类的危害呈上升趋势,应引起广大从业者的高度重视。以上疫情分析结果表明,青海省网箱养殖鱼类疫情防控形势依然严峻。从应对策略方面看,应加强对真菌性疾病、寄生虫病、细菌性疾病、病毒性疾病的防控。病毒性疾病应采取强化苗种检疫、疾病检测,加强对发病鱼和发病池塘的隔离管控等措施,防止疾病传播。

## 四、2022 年水产养殖病害发病趋势预测

根据历年青海省水产养殖病害监测结果,2022年全省水产养殖过程中仍将发生不同程度的病害,疾病种类主要为真菌性疾病、细菌性疾病、寄生虫病和病毒性疾病。

1—4月,天气寒冷,气温、水温偏低,病害相对发生减少,重点防范水霉病。在生产操作过程中,要尽量避免人为操作不当造成鱼类机械损伤,导致水霉病发生。做好网箱遮盖工作,防止鸟类侵害网箱及网箱中的鱼。

5—10月,随着气温、水温的上升,鲑鳟进入生长旺盛期,鲑鳟容易发生三代虫病、小瓜虫病、传染性造血器官坏死病、传染性造胰脏坏死病、疖疮病等。在养殖过程中,加强生产管理,开展水产苗种产地检疫,严格按照青海省《虹鳟网箱养殖技术规范》中的投饵率和鱼类生长情况及时调整投喂量,做好水质监测及水体和工具的消毒工作,根据实际情况及时清洗网衣,保证网箱内外水流正常交换,做好汛期和水电站泄洪期间的防范工作。

11—12月,随着气温、水温下降,鲑鳟的病害发生率也将降低,易发生水霉病。仍然不能放松生产管理,及时分箱,尽量减少对养殖鱼类的人为刺激和干扰。

# 2021 年宁夏回族自治区水生动物病情分析

宁夏回族自治区鱼病防治中心

（杨　锐　王　灏）

## 一、基本情况

### （一）常规水生动物疾病病情监测

2021 年，宁夏回族自治区常规水生动物疾病病情测报区域，覆盖了主要发展渔业生产的银川、石嘴山、吴忠、中卫 4 个地级市、12 个水产养殖重点县（市、区），共设置水产养殖动植物病情测报点 43 个（表 1），重点对产量占总产量 5％以上且在监测区域内的种类进行常规监测，计划监测的养殖种类有鲤、草鱼、鲢、鳙、鲫、鲴、鲇、鲈、中华绒螯蟹、凡纳滨对虾等 10 种，监测的病害类别主要包括病毒性疾病、细菌性疾病、真菌性疾病、寄生虫疾病以及非病原性疾病，监测面积 3 656.24 hm²，其中池塘 3 476.24 hm²，其他类型 180.00 hm²。监测面积占总面积 23 102 hm² 的 15.83％。

全年开展常规水生动物疾病病情测报 9 次。其中，1—3 月为 1 个监测月，4—10 月期间每月为 1 个监测月，11—12 月为 1 个监测月。监测数据通过全国水产技术推广总站的"智能渔技综合信息服务平台"及时上传。

表 1　水产养殖病害监测点分布统计（个）

| 地市级 | 县（市、区）级 | 监测点 |
|---|---|---|
| 银川市 | 兴庆区、西夏区、永宁县、贺兰县、灵武市 | 21 |
| 石嘴山市 | 大武口区、惠农区、平罗县 | 8 |
| 吴忠市 | 利通区、青铜峡市 | 4 |
| 中卫市 | 沙坡头区、中宁县 | 10 |
| 合计 | | 43 |

### （二）重要水生动物疫病专项监测

重点监测《水生动物检疫疫病名录》中的 4 种淡水鱼病毒性疫病，分别为鲤春病毒血症（SVC）、草鱼出血病（GCRV）、锦鲤疱疹病毒病（KHVD）和鲤浮肿病（CEVD），监测品种为鲤和草鱼，由中国水产科学研究院珠江水产研究所抽样检测，抽样场点覆盖宁夏境内所有 7 家省级原良种繁育场，全年共专项抽样监测样品 20 份。

## 二、常规水生动物疾病监测结果及分析

### （一）监测结果

宁夏监测区域内全年共测报发病鱼类6种，分别为鲤、草鱼、鲢、鳙、鲫、鮰。鱼类病害年平均发病率0.53％，年平均死亡率0.11％。

全年测报鱼类病害5大类、14种。其中，细菌性疾病7种，占50.00％；寄生虫类病害4种，占28.57％；真菌性疾病1种，占7.14％；非病源性疾病1种，占7.14％；病毒性疫病1种（疑似），占7.14％（表2）。

**表2 水产养殖鱼类病害监测情况统计**

| 疾病类别 | 病害名称 | 数量（种） | 占比（％） |
|---|---|---|---|
| 细菌性 | 细菌性败血症、赤皮病、细菌性肠炎病、疖疮病、打印病、柱状黄杆菌病、竖鳞病 | 7 | 50.00 |
| 寄生虫 | 指环虫、车轮虫、锚头鳋病、中华鳋病 | 4 | 28.57 |
| 真菌性 | 水霉病 | 1 | 7.14 |
| 非病原 | 气泡病 | 1 | 7.14 |
| 病毒性 | 草鱼出血病（疑似病例） | 1 | 7.14 |
| 合　计 | | 14 | 100 |

在监测区域内，全年累计监报鱼类病害14种，发病次数72次，发病次数占比在10％以上的主要病害有3种，分别为柱状黄杆菌病累计发病18次，占25.00％；细菌性肠炎病累计发病13次，占18.00％；车轮虫病累计发病10次，占13.89％。鱼类病害发病比例见图1。

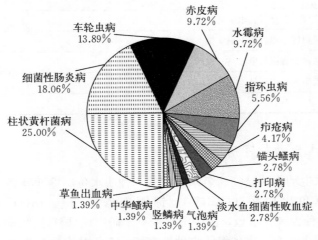

图1 水产养殖病害年发病频次

（二）鲤、草鱼发病情况监测分析

1. **鲤** 鲤是宁夏最主要的水产养殖品种，产量占总产量的 40％左右，位列第一。全年共测报疾病 8 种，累计发病 28 次。其中，细菌性疾病 5 种，发病 19 次，占总发病频次的 67.86％；寄生虫性疾病 2 种，发病 7 次，占总发病频次的 25.00％；真菌性疾病 1 种，发病 2 次，占总发病频次的 7.14％。

按照平均发病率和平均死亡率的百分比统计分析，全年各月的发病率均在 0.64％以下，年平均发病率 0.42％，比 2020 年降低 0.34 个百分点，高峰期出现在 8 月和 10 月；全年各月死亡率均在 0.8％以下，年平均死亡率 0.03％，与 2020 年持平，高峰期出现在 1—3 月和 6 月。具体统计情况见图 2。

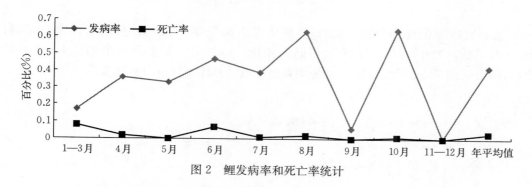

图 2 鲤发病率和死亡率统计

按照发病面积统计分析，7 月和 8 月最高，均为 0.24％；其次是 5 月，为 0.16％；3 月最低，为 0.03％。与 2020 年同期相比，7 月和 8 月略有增长，3 月和 5 月均有所减少；其他月份基本持平。具体统计情况见图 3。

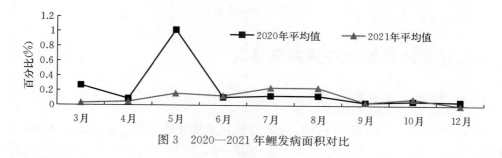

图 3 2020—2021 年鲤发病面积对比

2. **草鱼** 草鱼在宁夏水产养殖品种中位列第二，产量占总产量的 29％。全年共测报疾病 13 种，累计发病 40 次。其中，细菌性疾病 6 种，发病 23 次，占 57.50％；寄生虫性疾病 4 种，发病 10 次，占 25.00％；真菌性疾病 1 种，发病 5 次，占 12.50％；非病原性疾病 1 种，发病 1 次，占 2.50％；病毒性疾病（疑似病例）1 种，发病 1 次，占 2.50％。

按照平均发病率和平均死亡率的百分比统计分析，草鱼全年平均发病率 0.63％，年平均死亡率 0.17%。发病率、死亡率高峰期出现在 11—12 月，分别达到 3.40% 和 3.00%。具体统计情况见图 4。

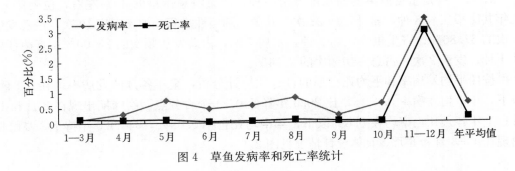

图 4　草鱼发病率和死亡率统计

按照发病面积统计分析，2021 年草鱼发病面积中，11—12 月最高，为 0.57%；1—3 月最低，为 0.02%。与 2020 年同期相比，11—12 月的监测月增幅较大，8 月和 10 月略有增加，7 月持平，其他月份均有所降低。具体统计情况见图 5。

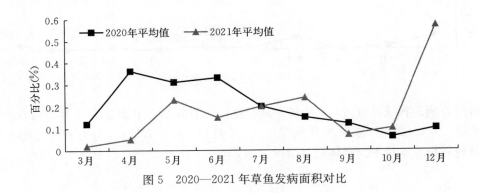

图 5　2020—2021 年草鱼发病面积对比

## 三、重要水生动物疫病监测情况

### （一）鲤春病毒血症（SVC）

2021 年，鲤春病毒血症（SVC）疫病监测共采集样品 5 份，监测品种为鲤，平均规格 3～5cm。检测结果均为阴性。2017—2021 年，宁夏共采集鲤春病毒血症（SVC）疫病监测样本 35 份，连续 5 年的鲤春病毒血症病毒（SVCV）检测，共发现阳性样本 4 份（2018 年样品 10 份，阳性 3 份；2020 年样品 5 份，阳性 1 份），5 年的阳性检出率 11.43%。具体统计情况见图 6。

### （二）草鱼出血病（GCRV）

2021 年，草鱼出血病（GCRV）疫病监测共采集样品 5 份，平均规格 5～7cm，检

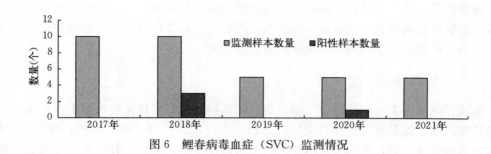

图 6　鲤春病毒血症（SVC）监测情况

测结果均为阴性。2017—2021 年，宁夏共采集草鱼出血病（GCRV）疫病监测样本 33 份，连续 5 年均未发现阳性样本。

（三）锦鲤疱疹病毒病（KHVD）

2021 年，锦鲤疱疹病毒病（KHV）疫病监测共采集样品 5 份，监测品种为鲤，平均规格 3～5cm，检测结果均为阴性。2017—2021 年，宁夏共采集锦鲤疱疹病毒病（KHV）疫病监测样本 33 份，连续 5 年的锦鲤疱疹病毒（KHV）检测未发现阳性样本。

（四）鲤浮肿病（CEVD）

2021 年，鲤浮肿病（CEVD）疫病监测共采集样品 5 份，监测品种为鲤，平均规格 3～5 cm，检测结果均为阴性。2018—2021 年，宁夏共采集鲤浮肿病（CEVD）样品 25 份，连续 4 年的鲤浮肿病毒（CEV）检测共发现 2 例阳性样品（2018 年样品 10 份，阳性 2 份），样品阳性率 8%。具体统计情况见图 7。

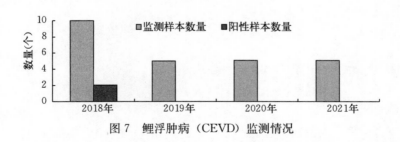

图 7　鲤浮肿病（CEVD）监测情况

# 四、2022 年水产养殖病害发病趋势预测

（一）病害发病预测

根据历年宁夏养殖鱼类病害的监测结果、发病特点和流行趋势，预测 2022 年病害流行趋势与往年大致相同，仍可能以细菌性疾病为主。春季发生细菌性肠炎病、柱状黄杆菌病、赤皮病、竖鳞病、水霉病、气泡病、指环虫和车轮虫病的可能性较大。夏秋季

发生细菌性肠炎病、柱状黄杆菌病、细菌性败血症、打印病、三毛金藻中毒症、肝胆综合征、舌状绦虫病以及中华鳋病、锚头鳋、车轮虫病和指环虫病的可能性较大。冬季发生赤皮病、烂尾病、水霉病和缺氧症的可能性较大。

（二）对策建议

坚持"以防为主、防治结合"的鱼病防治原则。做好优良苗种选育工作，加大苗种产地检疫力度，提升养殖企业自觉报检意识；规范饲养管理，调整水质，增加溶解氧，减少发病率和死亡率；发挥宁夏水生动物疫病监控中心的功能，开展常规疾病的药物敏感性试验，精准用药，减量用药，促进水产养殖绿色发展。加强各基层病害测报点日常病害监测，完善日常病害的监测报告制度，做好提前预警预报。

# 2021 年新疆维吾尔自治区水生动物病情分析

新疆维吾尔自治区水产技术推广总站

（韩军军　封永辉　陈　朋）

## 一、新疆水生动物疫病监测基本信息

2021 年新疆维吾尔自治区水产技术推广总站在全疆 11 个地（州、市）31 个县（市、区）开展了水产养殖动物病情监测工作。本年度监测点 59 个，较 2020 年增加了 6 个，测报员 43 人，常规监测草鱼、鲢、鳙、鲤、鲫、鳊、鲴、黄颡鱼、鲑、鳟、鲈、乌鳢、罗非鱼、鲟、白斑狗鱼、克氏原螯虾、凡纳滨对虾、中华绒螯蟹等 18 个水产养殖品种，覆盖监测总面积 759.35 hm²。其中，淡水池塘监测面积为 552.36 hm²，淡水工厂化监测面积为 2.73 hm²。

## 二、2021 年新疆养殖鱼类疾病监测结果

### （一）新疆养殖鱼类疾病发生情况

根据新疆水产养殖动植物病情测报结果，2021 年监测到发病的养殖种类有 8 种，较 2020 年增加鲴和白斑狗鱼 2 种。监测到发病鱼类 7 种，虾类 1 种（表 1）。

**表 1　2021 年度发病养殖种类**

| 类别 | 种类 | 数量 |
|---|---|---|
| 鱼类 | 草鱼、鲢、鲤、鲴、鲈（淡）、鲟、白斑狗鱼 | 7 |
| 虾类 | 凡纳滨对虾（淡） | 1 |

### （二）主要疾病

2021 年共监测到水生动物疾病 12 种。其中细菌性疾病 7 种、寄生虫性疾病 2 种、非病原性疾病 2 种，真菌性疾病 1 种（表 2）。

本年度上报细菌性疾病 11 次、真菌性疾病 3 次、寄生虫性疾病 4 次、非病原性疾病 3 次，共 21 次。其中细菌性肠炎上报次数最多，共 5 次，占上报疾病的 23.81%；锚头鳋病和水霉病次之，上报 3 次，占比 14.29%；缺氧症上报 2 次；其他种类疾病上报 1 次。

表 2　2021 年度发病种类汇总

| 类别 | | 病名 | 数量 |
|---|---|---|---|
| 鱼类 | 细菌性疾病 | 赤皮病、细菌性肠炎病、打印病、疖疮病、斑点叉尾鮰传染性套肠症、溃疡病 | 6 |
| 鱼类 | 寄生虫性疾病 | 锚头鳋病、车轮虫病 | 2 |
| | 真菌性疾病 | 水霉病 | 1 |
| | 非病原性疾病 | 缺氧症、气泡病 | 2 |
| 虾类 | 细菌性疾病 | 急性肝胰腺坏死病 | 1 |

（三）主要养殖鱼类疾病监测结果

养殖鱼类不同季节发病面积比显示，8 月发病面积占比例最高，为 32.65％；4 月次之，为 16.61％；10 月由于进入养殖末期，无病上报（图 1）。养殖鱼类中草鱼、白斑狗鱼在 4 月发病面积最高，发病面积比例分别为 1.61％和 1.90％；鲈和鲴在 5 月发病面积最高，发病面积比例分别为 0.87％和 4.46％；虾类中凡纳滨对虾在 8 月发病面积最高，发病面积比例为 65.22％。

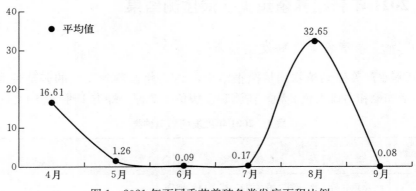

图 1　2021 年不同季节养殖鱼类发病面积比例

2021 年鱼类平均发病面积比例为 25.39％，平均监测区域死亡率为 5.33％，平均发病区域死亡率 13.66％。主要养殖鱼类中草鱼上报细菌性肠炎病、打印病、锚头鳋病 3 种疾病，其中打印病发病面积比例最高，为 57.14％，监测区域死亡率 3.33％，发病区域死亡率 15.00％；锚头鳋病发病面积比例最低，为 1.02％，死亡率为 0。白斑狗鱼上报疾病为溃疡病，发病面积为 100％，死亡率为 3％。斑点叉尾鮰为传染性套肠症，发病面积为 100％，死亡率为 30％。鲈为车轮虫病和缺氧症，其中车轮虫病发病面积比例最大，为 3.36％，监测区域和发病区域死亡率分别为 4.92％和 100％。凡纳滨对虾为急性肝胰腺坏死病，发面面积比例为 75％，监测区域和发病区域死亡率分别为 25％和 33.33％（表 3）。

表 3　2021 年发病面积比例、死亡率（%）

| 疾病名称 | 溃疡病 | 细菌性肠炎病 | 打印病 | 斑点叉尾鮰传染性套肠症 | 水霉病 | 车轮虫病 | 锚头鳋病 | 缺氧症 | 急性肝胰腺坏死病 |
|---|---|---|---|---|---|---|---|---|---|
| 发病面积比例 | 100.00 | 1.68 | 57.14 | 100.00 | 100.00 | 3.43 | 1.60 | 3.57 | 75.00 |
| 监测区域死亡率 | 3.00 | 0.57 | 3.33 | 30.00 | 33.33 | 0.03 | 0.06 | 3.64 | 25.00 |
| 发病区域死亡率 | 3.00 | 1.71 | 15.00 | 30.00 | 33.33 | 0.13 | 0.50 | 56.67 | 33.33 |

## 三、新疆重要水生疫病监测

### （一）监测区基本情况

2021 年在 12 个监测点采集样品 30 个，包含鲤春病毒血症（SVC）5 份样品、草鱼出血病（GCRV）5 份样品、锦鲤疱疹病毒病（KHV）5 份样品、鲤浮肿病（CEV）5 份样品、传染性造血器官坏死病（IHNV）5 份样品、传染性胰腺坏死病（IPNV）5 份样品。

### （二）检测结果

2021 年监测 6 种疫病 30 个样品检测结果均为阴性。其中，GCRV 连续 2 年检测未发现阳性样本；2016—2021 年共采集 30 个 IHN 样本，发现 2 例阳性样本，阳性检出率 6.67%；2014—2021 年共采集 35 个 SVC 样本，发现 2 例阳性样本，阳性检出率 5.71%；2018、2021 年共采集 10 个 CEV 样本，所有样本检测均为阴性。

## 四、存在问题和建议

### （一）存在问题

1. 基层水生动物防疫人员短缺　新疆基层农业推广机构的改革和合并，导致从事水产工作的大部分为畜牧、农业等其他行业人员，对水产养殖的病害监测和病害防治工作不熟悉，实践经验不足。

2. 基础设施缺乏　基础设施缺乏严重制约了重大疫病监测工作的开展，部分重大疫病的检测无法在本地完成，而送检周期又长，不能及时获取结果。

3. 各级水生动物防疫技术水平参差不齐　目前，各地（州、市）水产技术人员技术水平参差不齐，对水生动物疫病的诊断多数依靠经验判断，仅凭现场和显微镜观察对疾病进行检查和判定，缺乏精准检测手段及设备对病原进行分析，易产生误诊，错过最佳的治疗时间，导致病害损失加大。

（二）建议

（1）加强基层能力建设经费支持。加大水生动物疫病防控经费投入，提升基层病害监测能力建设，进一步完善测报网络，及时掌握病害发生情况，提高水产养殖病害测报数据的准确性，切实能为养殖户带来帮助。

（2）加强病害监测和预警工作，有效提升全区病情测报和渔业病害防治能力。积极组织开展病害测报、疫病防控、科学用药等技术培训，不断提高基层技术服务能力和测报水平。

（3）加强与渔业主管部门的配合，推进水产绿色健康养殖"五大行动"的实施，推广生态健康养殖模式，推广改善水体养殖环境，减少病害的发生。推进水产苗种产地检疫工作，加强对苗种生产和养殖单位的监督、检查、宣传和培训，加强水产苗种流通环节的监管，做到从源头控制疫病传播。

## 五、2022 年水产养殖病害预测

根据历年新疆水产养殖病害测报结果，2022 年发生的疾病种类仍将是以细菌病、病毒病和寄生虫病等生物源性疾病为主。4—5 月，应以预防鱼病为主，在运输、放苗、分塘时避免造成鱼体机械损伤，导致水霉病发生。6—9 月属于养殖中期，应加强日常管理工作，密切关注天气变化，科学把控投喂量，定期投喂保肝护胆制剂提高鱼体免疫力。采用生石灰等全池泼洒对水体消毒，使用微生态制剂改良底质。定期调节水质或加注新水，保证养殖水质良好。10 月开始存塘，鱼种要做好越冬准备，拉网并塘和消毒时避免鱼体损伤，引起继发性感染。

在养殖过程中，应坚持"预防为主、防治结合"的原则，做好养殖日常管理工作，加强水产苗种产地检疫。认真做好养殖管理，注意天气变化，尤其是特殊、恶劣天气期间，做好水质调控，使用优质饲料合理投喂，做好病害的预防工作，提高科学防病意识。一旦发病，建议及时与当地渔业病害防控机构联系，利用"全国水生动物疾病远程辅助诊断服务网"等平台寻求疾病防控专家的技术指导，做到规范用药、科学防病，有效提高疾病防治效果，降低水产养殖病害造成的损失。

# 2021 年新疆生产建设兵团水生动物病情分析

新疆生产建设兵团水产技术推广总站

（艾　涛）

## 一、基本情况

2021 年在兵团所辖渔业水域继续开展了水产养殖病害测报工作，兵团十一个师市共设立监测点 79 个，测报品种涉及鱼类 9 种、虾类 2 种、蟹类 1 种，测报面积 10 839.29 hm²，其中淡水池塘 499.75 hm²、淡水坑塘 4 399.21 hm²、淡水水库 5 906.67 hm²、淡水其他 33.67 hm²。

## 二、常规大宗淡水养殖鱼类病情

兵团渔业水域常规大宗淡水养殖鱼类品种主要为草鱼、鲤、鲫、鲢、鳙等，经过多年的养殖，技术较为成熟，且近年来国家、新疆、兵团各级渔业部门和单位持续推广水产健康养殖技术，广大水产养殖户已在实际养殖生产中广泛应用，养殖病害大为减少。测报数据显示，2021 年兵团渔业水域常规大宗淡水养殖鱼类基本没有发生较大的病害。

## 三、名特水产养殖鱼类病情

现今，新疆的名特水产养殖业已在全疆各地逐渐兴起，虾、蟹、罗非鱼、武昌鱼、黄颡鱼、加州鲈、乌鳢、斑点叉尾鲴等内地引进品种和丁鱥、河鲈、白斑狗鱼等新疆土著品种的养殖已形成一定规模，既增加了养殖效益，又丰富了新疆各族群众的肉食供应。由于新疆水质、环境条件与内地明显不同，且缺乏养殖经验，养殖病害时有发生，每年均会造成一定的经济损失，尤其是凡纳滨对虾养殖，虾病是目前面临的主要瓶颈问题。

## 四、2022 年鱼病流行趋势

根据兵团渔业水域近几年鱼病的发生情况，2022 年春季化冰后（3 月底至 4 月初），在分塘、放苗等操作时，鱼体容易受伤，以预防水霉病为主。夏季为鱼类生长旺季，投饲量大，水温高，水质易恶化，是鱼病（特别是烂鳃病、肠炎病等细菌性鱼病）高发季节，要通过换水、消毒等措施，加强水质管理，防止鱼病发生。秋季水体鱼载量大，水质老化，注意防范缺氧泛塘。冬季鱼池表面封冰，要坚持定期监测水质指标（特别是溶解氧），发生异常时及时采取措施，避免因水质变化造成病害或缺氧死亡。

**图书在版编目（CIP）数据**

2022 我国水生动物重要疫病状况分析 / 农业农村部
渔业渔政管理局，全国水产技术推广总站编 . —北京：
中国农业出版社，2022.8
ISBN 978 - 7 - 109 - 29858 - 3

Ⅰ.①2… Ⅱ.①农… ②全… Ⅲ.①水生动物—动物
疾病—研究—中国—2022 Ⅳ.①S94

中国版本图书馆 CIP 数据核字（2022）第 149577 号

2022 我国水生动物重要疫病状况分析
2022 WOGUO SHUISHENG DONGWU ZHONGYAO YIBING ZHUANGKUANG FENXI

中国农业出版社出版
地址：北京市朝阳区麦子店街 18 号楼
邮编：100125
责任编辑：肖　邦　王金环
版式设计：杜　然　　责任校对：刘丽香
印刷：中农印务有限公司
版次：2022 年 8 月第 1 版
印次：2022 年 8 月北京第 1 次印刷
发行：新华书店北京发行所
开本：787mm×1092mm　1/16
印张：25.25
字数：555 千字
定价：80.00 元